国 家 科 技 支 撑 计 划 项 目2007BAK24B01资 助
中国煤炭科工集团有限公司科技项目2014MS004资助

水体下采煤宏观分类与发展战略

康永华　申宝宏等　著

煤 炭 工 业 出 版 社
·北　京·

内 容 提 要

本书结合我国煤炭资源的分布、成煤环境、区域地质构造特征、水文地质环境及水体下压煤条件等，总结了水体下采煤技术现状及发展趋势，描述了我国煤矿水体下开采的典型水害特征及实例，对我国煤矿水体下压煤问题进行了宏观分类，探讨了我国水体下采煤技术的发展战略。

本书可为煤矿现场正确认识水体下压煤问题提供技术参考，为政府等有关部门管理水体下压煤开采及水害防治等问题提供决策参考。

前 言

我国地大物博，矿产资源十分丰富，煤矿地质采矿条件及水文地质条件千差万别、复杂多变，煤层赋存条件千变万化，水体类型千奇百态，水体压煤现状错综复杂，水体下采煤的风险和难度变幻莫测。据不完全统计，我国受水害威胁的煤炭储量约占探明储量的27%，重点煤矿受水威胁的煤炭储量约250×10^8 t，其中，水体下压煤储量约近百亿吨。

我国水体下压煤的现状与我国煤炭资源的分布、成煤环境、区域地质构造特征、水文地质环境、含煤岩系的形成年代及沉积环境、水资源尤其是地下水的分布等都有着密切的关系。我国煤炭资源具有成煤期多、分布面广、类型复杂、含煤性及开发条件差异大、煤质多样、储量分布不平衡等特点，呈现西多东少、北富南贫特征。我国水资源的分布具有地区不均等特点，呈现西少东多、南富北贫特征。我国煤炭资源的富集与水资源的丰度及地区经济的发展程度呈现出明显的逆向分布特征。我国煤矿集中分布于区域缺水的北方和西北地区，许多煤矿区水资源短缺，其中约70%缺水，30%严重缺水。

与煤矿开采相关的水体有江、河、湖、海、水库、坑塘、山沟、稻田、沼泽、地表下沉区积水和松散层中的砂层水以及煤层顶板石灰岩及砂岩含水层水、老采空区积水等许多类型。据统计，我国煤矿区约有125条较大的各种类型的河流，200多个矿井有河下采煤问题。淮河、黄河、太子河、耒河、蒲河、资江等大河流都压了大量的煤炭资源。山东微山湖、江苏太湖、湖北大冶湖、山东滨海等地的煤田，在水体下压了大量煤炭。在我国南方几省的矿区，更是江河纵横，湖泊、水库、池塘星罗棋布，灌渠、稻田处处皆是。在华东、华北、东北平原地区，普遍有第四纪、新近纪、古近纪含水松散层覆盖。淮南、淮北、滕南、滕北、沛县、兖州、苏南、焦作、邢台、黄县、开滦、沈北、沈南、梅河、鹤岗、石嘴山等矿区，都有含水松散层下采煤及缩小松散层防水煤柱尺寸问题。湖南、江西等省的矿区存在着顶板石灰岩水问题。总之，我国煤矿区普遍存在着水体下压煤开采问题。

国内外在水体下进行采煤的历史有百余年，各产煤国家在海洋、江河、湖泊、含水松散层及基岩含水层等水体下进行了大量的开采试验，积累了较丰富的成功经验。我国早在20世纪50年代就开始了水体下采煤的系统研究和实践，已成功地进行了海、河、湖、水库、松散含水层、基岩含水层、岩溶等各种水体下的采煤，积累了丰富的数据和经验，取得了众多的成功实例和研究成果。我国水体下采煤实践的普遍性和经验的丰富性等已得到世界各国的公认。

我国煤矿的水体下安全采煤技术随着煤炭科学技术水平的不断进步、煤矿开采技术水平的不断提高而不断发展。通过将采煤方法的变革、控制技术的发展、现场监测及室内测试分析技术手段的进步、预测分析技术方法及理论水平的提高等与高产高效安全生产、当前水平和现实需要、新技术发展、实际应用等紧密结合，先后成功地在水体下应用了综采、综放等采煤方法，探索并发展了覆岩破坏程度及范围的控制技术，提出并实践了控水采煤技术，实现了可控条件下的安全合理开采，发展了覆岩破坏探测技术手段，探索了水体下采煤的安全监测技术及手段，研究发展了安全煤岩柱性能及质量的评价技术和覆岩破坏规律以及水体下采煤预测分析技术与理论，探索了回采工作面涌水量预计理论及方法和溃砂机理及判据，对我国煤矿特殊地质采矿条件下水体下采煤中水害问题的认知程度及防治水平也在逐步提高。

水体下采煤是一个十分复杂的、专业性很强的技术问题，它不仅关系到矿井本身的安全及人身安全和井下生产环境及经济效益，也关系到水资源的保护与利用等。所以，研究水体下压煤的开采，不但要注意开采安全问题，还应该充分注意水资源的保护与利用问题。

煤层赋存条件、覆岩结构特征、水体类型、开采技术条件及其时空关系等自然因素与水体下采煤的安全有着密不可分的关系，采煤工艺、机械化程度、采动破坏影响的程度与特征、生产矿井的防灾抗灾能力、有关人员的技术水平与管理能力等人为因素与水体下采煤的安全也有着密切的关系。所以，水体下压煤问题的宏观分类主要考虑煤层赋存条件、水体类型、地层结构特征、采动影响程度以及聚煤年代及成煤环境和煤炭资源与水资源分布等，水体下采煤技术发展战略则主要从水体下采煤技术本身的开发与发展战略、不同地域水体下压煤的宏观开发战略以及宏观管理等方面进行探讨。

本书的整体构思、统稿和审定由康永华负责。各章编写分工：第一章，康永华、申宝宏、刘秀娥、宋业杰；第二章，康永华、申宝宏、刘秀娥、刘治国、张玉军、李磊、宋业杰；第三章，康永华、申宝宏、刘秀娥、张玉军；第四章，康永华、刘秀娥、刘治国、李磊；第五章，康永华、申宝宏、刘秀娥、刘治国、李磊、陈佩佩。此外，煤炭科学研究总院开采研究分院特殊采煤与环境治理所的其他人员也参加了部分章节的编写。

本书的完成，得到了煤科总院特采所同仁的热心支持和无私帮助，在此谨表示衷心的感谢！作者在研究和写作过程中参考和引用了相关学者的文献和资料，在此谨向原作者表示衷心的谢意，如有引述不当或疏忽之处，也请原作者谅解。

本书在编写过程中，得到了长期同我们协作的许多煤矿的大力支持，并提供了有关资料，在此表示衷心的感谢。

由于作者的水平所限，书中不妥之处，恳请读者批评指正。

编　者

2016 年 8 月

目　次

1 我国煤矿水体下压煤的现状及分类

我国煤矿水体下压煤的现状与我国煤炭资源的分布、成煤环境、区域地质构造特征、水文地质环境、含煤岩系的形成年代及沉积环境乃至水资源尤其是地下水资源的分布等都有着密切的关系，而水体的类型及煤层上覆岩层的岩性与结构特征等则更是决定水体下压煤能否开采的重要条件。

1.1 我国煤炭资源概况及分布

在地球发展历史中，煤在地壳中的聚积是波浪式发展的。在各个聚煤期内，煤的聚积在时间和空间分布上是不均匀的，是受植物演化、古气候、古地理环境和地壳运动等的发展变化控制的。阐明聚煤作用在时间和空间上的分布规律，探索造成这种分布规律的各种地质因素，揭示不同地质时期煤层赋存的特征和水资源尤其是地下水分布资源的特点等[1-3]，是分析研究我国煤矿水体下压煤现状及其分类等的基础。

1.1.1 我国的聚煤期及分布

我国具有聚煤期多、聚煤环境复杂、分布面积广、煤田类型多样等特点，自震旦纪至现代都有聚煤作用的发生，但我国各地质时代的聚煤作用却是不均衡的。几个较强的聚煤作用时期是：早古生代的早寒武世，晚古生代的早石炭世、晚石炭世—早二叠世、晚二叠世，中生代的晚三叠世、早中侏罗世、早白垩世，新生代的古近纪、新近纪。

上述 8 个聚煤期中，除早寒武世属于菌藻植物时代且形成腐泥无烟煤外，其他 7 个聚煤期均为腐植煤的聚煤期，而且以晚石炭世—早二叠世、晚二叠世、早中侏罗世、早白垩世聚煤期的聚煤作用最强。其中，晚石炭世—早二叠世含煤建造广泛分布于华北、辽宁、吉林和陕西、宁夏，晚二叠世含煤建造广泛分布在南方各省、自治区，早中侏罗世含煤建造主要分布在西北、华北北部和东北南部，早白垩世含煤建造主要分布在东北和蒙东。这 4 个聚煤期含煤建造赋存的煤炭资源量分别占全国煤炭资源总量的 26%、5%、60%、7%，合计占全国煤炭资源总量的 98%。

1.1.2 我国主要聚煤区的划分

我国的大地构造存在着南北不同和东西差异。近东西分布的秦岭、昆仑构造带横亘于我国中部，把我国分成地史发展和矿产形成等方面迥然不同的南北两大部分。东西两部分的分界大致为南北向的贺兰山、六盘山、龙门山、横断山一线。此线以西地区，构造线主要为北西至北西西方向；此线以东地区，构造线主要为北东至北东东方向，东西两地区构造活动也不相同。结合我国各地区的地质情况、含煤岩系和聚煤作用的共同特点以及分布的地理位置等，将我国划分为 6 个聚煤区，并大体上以东西或南北方向的构造带等为界。

秦岭东西构造带以北为华北聚煤区，以南为华南聚煤区、台湾聚煤区；阴山构造带以北为东北聚煤区；贺兰山、六盘山一线以西为西北聚煤区；龙门山、横断山一线以西为西藏滇西聚煤区。每个聚煤区以最主要聚煤期命名，则我国6个聚煤区又可分别称为华北石炭二叠纪聚煤区，华南二叠纪聚煤区，东北白垩纪聚煤区，西北侏罗纪聚煤区，西藏滇西二叠纪、新近纪聚煤区，台湾新近纪聚煤区。

华北石炭二叠纪聚煤区是我国最重要的聚煤区，储量排序居首位。其范围包括山西、山东、河南全部，甘肃、宁夏东部，内蒙古、辽宁、吉林南部，陕西、河北大部，以及苏北、皖北。该区内石炭二叠纪煤田分布最广，有山西的沁水、大同、宁武、西山、平朔、阳泉、黄河东、运城、潞安、晋城，山东的济宁、兖州、淄博、新汶、莱芜、肥城、枣庄，河南的平顶山、焦作、鹤壁、安阳、永城、禹县、密县，河北的开滦、兴隆、峰峰、邢台、井陉，安徽的淮南、淮北，江苏的徐州、丰沛，辽宁的本溪、沈南、南票，吉林的浑江、长白，陕西的府谷、吴堡、渭北，宁夏的贺兰山及内蒙古桌子山、准格尔等。其次为早中侏罗世煤田，主要分布在鄂尔多斯盆地、燕山南麓、内蒙古大青山、豫西、山东、辽宁等地，其中，以内蒙古东胜，陕西神木、榆林、黄陵、彬县最为著称。古近纪煤田有山东黄县、山西繁峙、河北灵山等。

西北侏罗纪聚煤区的储量排序居其次。其范围包括新疆全部，甘肃大部，青海北部，宁夏和内蒙古西部。聚煤期为石炭纪和早中侏罗世，以早中侏罗世聚煤作用最强。

东北白垩纪聚煤区的储量排序居第三。其范围包括内蒙古东部，黑龙江全部，吉林大部和辽宁北部的广大地区。主要聚煤期为早白垩世，其次为古近纪。早白垩世煤田分布广，主要分布在大兴安岭西侧、松辽盆地及阴山构造带北缘。早中侏罗世煤田主要分布于该区的南部。古近纪煤田主要沿华夏式断裂及阴山构造带分布。该区目前探明和开采的煤田（或煤产地）主要有鸡西、双鸭山、鹤岗、和龙、延吉、蛟河、扎赉诺尔、牙克石、白音华、元宝山、北票、阜新、铁法、抚顺、沈北、舒兰、依兰、珲春等。

华南二叠纪聚煤区的储量排序居第四。其范围包括贵州、广西、广东、海南、湖南、江西、浙江、福建全部，云南、四川、湖北大部，以及苏皖两省南部，其范围跨越13个省（区）。该区聚煤期较多，早石炭世、早二叠世、晚二叠世、晚三叠世、早侏罗世及新近纪均有煤系生成。其中，以早二叠世晚期至晚二叠世聚煤作用最强，主要煤田有云南宣威，贵州六盘水、织金、纳雍，四川广旺，重庆南桐、天府、中梁山、松藻，湖南涟邵、郴耒，湖北黄石、松宜，江西丰城、乐平，广东曲仁、梅县，广西合山，福建天湖山、永安，浙江长兴，皖南宣泾等。其次为晚三叠世煤田，主要有四川渡口、威远、乐威，重庆永荣，云南一平浪，广东南岭、马安，湖南资兴；湖北秭归、荆当，江西萍乡、攸洛，贵州思南，福建邵武等。古近纪、新近纪煤田与晚三叠世煤田储量相当，主要煤田有云南小龙潭、昭通、先锋，广西百色、南宁、合浦，广东茂名等。该聚煤区除贵州西部煤田较大外，主要是中小型煤田。

西藏滇西二叠纪、新近纪聚煤区的范围包括西藏全部，青海南部，川西和滇西地区。主要聚煤期为二叠世和新近纪，早石炭世、晚三叠世和晚白垩世含煤岩系虽有分布，但含煤性差。该区仅有一些小煤矿开采，地质研究程度最低，煤炭资源贫乏。

1.1.3　我国煤炭资源和储量的地区分布

我国煤炭储量丰富。据第二次全国煤田预测，我国煤炭资源预测总量约为 50592×10^8 t，除上海市外，各省市自治区均有煤炭资源赋存。预测结果表明，中国煤炭资源丰富，居世界主要产煤国家的前列。我国煤炭资源分布的特点是，成煤期多，分布面广，类型复杂，含煤性、煤质及开发条件差异很大，储量分布不平衡，其突出特点是西多东少，北富南贫。其中，太行山—雪峰山一线以西的新疆、甘肃、宁夏、青海、山西、内蒙古（西）、云南、贵州、四川、西藏等 11 省（区）共有煤炭资源约 43778×10^8 t，约占全国煤炭资源总量的 86.5%，并主要集中在新疆（预测煤炭资源量 16210×10^8 t，约占全国的 32%）和山西、陕西、内蒙古（西）（预测煤炭资源量 20540×10^8 t，约占全国的 40.6%）。昆仑山—秦岭—大别山一线以北共有煤炭资源约 47367×10^8 t，约占全国煤炭资源总量的 93.6%；而该线以南的湖南、湖北、广东、广西、云南、贵州、四川、西藏、福建、浙江、江西、海南、台湾等 13 省（区）只有煤炭资源 3225×10^8 t，仅占全国煤炭资源总量的 6.4%，而且其中的 91% 又集中在云南、贵州、四川三省。

据统计，截至 1990 年底，我国已探明的煤炭储量约 9724×10^8 t，其中保有储量约 9544×10^8 t。

1.2　我国水资源概况及分布

我国不同地区的水资源分布很不均匀，各地的降水量和径流量差异很大。我国不同地区的地下水资源分布也是不均匀的。有的煤矿区的地下水较为丰富，有的煤矿区的地下水则较为贫乏。随着水体类型及规模或富水程度等不同，水体下压煤的特征也不同，而所应该采取的开采技术和方法及解决问题的难度等也都随之而不同。所需解决的问题则既有水害防治方面的，也有保水采煤方面的，或者二者兼有。所以，我国水资源分布情况也是分析研究我国水体下压煤现状及分类乃至水害防治规划研究等的基础。

1.2.1　地球上的水资源及分布

从太空上看，我们所居住的地球是一个极为秀丽的蔚蓝色大水球。水资源是世界上分布最广，数量最大的资源。水覆盖了地球表面的 70%。地球上水的总储量约 14×10^{16} m^3，其中 97.5% 是无法饮用的咸水。在淡水资源中，有 87% 是人类难以利用的两极冰盖、高山冰川和永冻地带的冰雪，人类真正能够利用的是江河湖泊以及地下水中的一部分，仅占地球总水量的 0.26%。我国幅员辽阔，水资源总量虽然较多，约 2.8×10^{12} m^3，居世界第六位，但因人口基数大，人均量并不丰富，人均淡水占有量仅 2220 m^3/a，占世界人均占有量的 31%，位居世界第 88 位。如果按耕地平均拥有的水资源量计算，我国更属于水资源贫乏的国家，已被列为世界 12 个贫水国家之一。我国的年平均降水量明显低于世界和亚洲的年平均值。我国大陆年平均降水量 648 mm，而全球陆地平均降水量为 834 mm，亚洲为 740 mm。

地球上水资源的分布很不均匀，各地的降水量和径流量差异很大。全球约有 1/3 的陆地少雨干旱，而另一些地区在多雨季节易发生洪涝灾害。我国水资源分布的特点是地区不均，水土资源组合不平衡。我国长江流域及其以南地区，水资源占全国的82%以上，耕地占36%，水多地少；长江以北地区，耕地占64%，水资源不足18%，地多水少，其中黄淮海流域的耕地占全国的41.8%，而水资源不到5.7%。我国660多个建制市中有400多个城市缺水，其中严重缺水城市有108个。尤其是我国北方地区，缺水问题一直制约着地区经济的快速发展。

1.2.2 我国的地下水资源及分布

调查显示，我国水资源总量中约1/3是地下水。我国地下淡水资源天然补给量每年为8840×10^8 m^3，占我国水资源总量的1/3，其中山区6560×10^8 m^3，平原区2280×10^8 m^3。全国地下淡水资源分布面积约810×10^4 km^2。我国平原区（含盆地）地下水储存量约23×10^{12} m^3，10 m含水层中的地下水储存量相当于840 mm，略大于全国平均降水量648 mm，这个比例与世界地下水储存量的平均值相近似。我国地下水资源分布呈现南多北少的基本特征，有明显的地区性差异。分布在长江以北的北方地区地下水资源量占全国的32.2%，而在长江以南的南方地区地下水资源量占全国的67.7%。因此，按人口平均分配的地下水资源量，最少的在北方。我国的水资源问题主要在北方，特别是西北。这主要是由自然区域条件所形成的，此外，人为因素也加剧了北方缺水状况。由于地形、地貌、地质构造、大气降水等自然条件的影响，我国地下水资源自然分配极不平衡，最多的地方每年可达10000 m^3，最少的地方每年不足200 m^3，资源量最少和最多的地区分布量相差50倍，特别是在西北地区形成了一系列极度缺水的贫困区。

我国地下水的赋存形式也存在着地区差异，北方地下水主要以孔隙水储存于中新生代以来形成的构造盆地中；西南多以岩溶地下水为主，地下水储存条件较差，易于排泄；东南沿海区多以基岩裂隙水为主。

1.2.3 我国地下水资源的开发

现在人类每年消耗的水资源数量远远超过其他任何资源，全世界总用水量约达3×10^{12} m^3。据联合国调查，全球约有4.6亿人生活在用水高度紧张的国家或地区内，还有1/4人口即将面临严重用水紧张的局面。20世纪以来，随着人口膨胀与工农业生产规模的迅速扩大，全球淡水用量飞快增长，近几十年来，用水量正以每年4%～8%的速度持续增加，淡水供需矛盾日益突出，在水资源短缺越发突出的同时，人们又在大规模污染水源，导致水质恶化。除水资源本身量少、分布不均以外，由于工业发展所带来的环境污染并由此而引发的水污染现象，也使我国的水资源短缺问题雪上加霜。

地下水资源在我国水资源中占有举足轻重的地位，由于其分布广、水质好、不易被污染、调蓄能力强、供水保证程度高，正被越来越广泛地开发利用。尤其在我国北方、干旱半干旱地区的许多地区和城市，地下水成为重要的甚至唯一的水源。目前，我国地下水开发利用主要是以孔隙水、岩溶水、裂隙水3类为主，其中以孔隙水的分布最广，资源量最大，开发利用得最多；岩溶水的分布、数量开发均居其次；而裂隙水则最小。在以往调查的1243个水源地中，孔隙水类型的有846个，占68%；岩溶水类型的有315处，占25%；而裂隙水类型的只有82处，仅占7%。

我国北方地区的城市地下水开采强度普遍处在一个较高的水平，华北地区地下水开采程度最高。我国南方地区雨量充沛，地表水资源比较丰富，区内的大中城市多以地表水为主要供水水源或以地表水与地下水联合供水，除个别城市外，地下水资源的开发利用程度一般较低。

目前全国有近400个城市开采地下水作为城市供水水源，300多个城市存在不同程度缺水，每年水资源缺口大约为$1000\times10^4\ m^3$。据不完全统计，其中以地下水作为主要供水水源的城市超过60个，如石家庄、太原、呼和浩特、沈阳、济南、海口、西安、西宁、银川、乌鲁木齐、拉萨等；以地下水与地表水联合供水的城市有北京、天津、大连、哈尔滨、南京、杭州、南昌、青岛、郑州、武汉、广州、成都、贵阳、昆明、兰州、长春、上海等。预计在21世纪，我国淡水资源供需矛盾突出的地区仍是华北、西北、辽中南地区及部分沿海城市。

调查显示，到2003年，我国有50多个城市发生了地面沉降和地裂缝灾害，沉降面积扩展到$9.4\times10^4\ km^2$，形成长江三角洲、华北平原和汾渭地等地面沉降严重区。长江三角洲地区累积沉降超过200 mm的面积近$1\times10^4\ km^2$，占区域总面积的1/3。而位于华北平原的平津塘沽，最大沉降量已经超过3.1 m，沿海一带出现负标高地区面积达20 km^2。在隐伏岩溶区，由于大量或高强度开采地下水引起地面塌陷。据不完全统计，全国23个省（自治区、直辖市）发生岩溶塌陷1400多例，塌坑总数超过40000个。全国有50%的省份发生地面塌陷，尤以广西岩溶区地面塌陷最为突出，塌陷范围最大达7600 m^2。全国出现地下水降落漏斗180多个，发生岩溶塌陷1400多例，海水入侵面积2457 km^2，西南岩溶石漠化和北方土地荒漠化面积有所增长。据统计，我国西南岩溶地区石漠化面积年均增长1650 km^2，年增长率为2%；北方地区沙漠和荒漠化土地面积总和达到$288.47\times10^4\ km^2$，占国土总面积的30%。

在全球气候变暖背景下，全球许多地区降雨减少和蒸发损失的增大正在缩减河流、湖泊和地下水的储量。从16世纪开始，冰川开始退缩，20世纪冰川退缩速度明显加快。21世纪某些极端天气事件将变得更加频繁、普遍与剧烈，造成以融雪为主要水源的地区水资源增多或减少，蒸腾、蒸发速率加快，淡水水质进一步恶化，某些地区水资源短缺加剧或缓解，海平面上升引起的海水倒灌导致沿海地区可用淡水减少。冰川和积雪中储藏水量将下降。随着冰川退缩，江河径流将减少。今后一段时间，气候变化将使全球水紧张程度提高20%。

1.2.4 我国煤矿区的地下水资源短缺与煤炭开发的矛盾

我国煤矿集中分布于区域缺水的北方和西北地区，许多煤矿区水资源短缺，其中约70%缺水，30%严重缺水。煤矿区水资源短缺既有自然因素，也有煤矿在开采过程中长期大量排水而引发地下水水位下降、储量减少甚至水质变差等人为因素。近年来，煤矿开采量逐年增加，老矿区缺水范围不断扩大，生产生活用水更为紧张，我国煤矿区水资源短缺问题越来越严重，尤其是随着煤炭开发的总体战略逐渐向缺水的西部转移，西部煤矿区水资源短缺问题将更为突出。

伴随着煤矿区水资源短缺的同时，煤炭生产过程中又不断排放大量的矿井水。我国煤矿每年排放矿井水量约为$45\times10^8\ m^3$，并呈逐年增加趋势。矿井水的水质差异十分明显，个别水质好的可以达到饮用标准，但更多的矿井水则是含有悬浮物、高矿化度、酸性甚至含重金属和其他毒性物质等，成为污染矿区环境、破坏矿区生态、影响矿区生产和生活的重要源头。

我国矿井水主要来自于奥陶及寒武系灰岩水、煤系灰岩水、煤系砂岩裂隙水、第四纪冲积层水等。矿井涌水量的大小取决于矿区地下水的补给、径流、排泄条件、开采方法、开采深度和开采范围等。而煤系内位于煤层顶板及其上覆的基岩含水层、松散层含水层乃至地表的各类水体等对于矿井充水的数量大小等则往往与水体下采煤的技术方法和工艺措施等有着密切的联系。

我国东北大部分矿井涌水量主要来自于第四纪冲积层水和二叠系砂岩裂隙水，吨煤涌水量一般为 2 ~ 3 m^3，矿井涌水量由东向西有逐渐减少的趋势，并随着开采深度的增加而呈现减少趋势。华北、华东大部分矿区的矿井涌水量主要来自于奥陶及寒武系灰岩水、石炭系灰岩水和二叠系砂岩裂隙水，涌水量较大，吨煤涌水量一般为 3 ~ 10 m^3，个别的吨煤涌水量超过 60 m^3。西北的新疆、甘肃、宁夏、陕西中部、内蒙古西部地区，矿井涌水量普遍较少，吨煤涌水量多在 1.6 m^3 以下，有的矿区吨煤涌水量甚至只有 0.1 ~ 0.2 m^3。西北地区除个别矿井外，大部分矿区缺水或严重缺水。

煤矿区水资源受煤矿开采的明显影响，主要反映在对水量的排泄和对水质的污染等方面。在富水矿区，地下水对矿井开采的影响关系主要表现为对采掘空间乃至矿井安全的影响或威胁，轻则恶化采煤作业环境、增加排水经济负担，重则导致采场甚至采区乃至全矿井被淹没，需要解决的主要是水害防治和安全开采等问题；在贫水矿区，则要求在矿井开采的同时对地下水作为水资源予以保护，其重点是要在煤层开采的同时严格防止地下水以渗透尤其是以涌水的方式进入井下的采掘空间，以达到对地下水资源乃至区域生态环境等予以保护和实现安全开采的双重目的。

我国是水资源比较贫乏的国家，许多地区尤其是北方干旱地区煤矿开采常常引起水资源破坏，并严重制约着煤矿工业的可持续发展。我国西北五省（区）约占全国面积的1/3，水资源占有量却不足全国的8%（约 2254×10^8 m^3）。干旱缺水是西北地区的主要自然灾害，也是西北地区生态环境脆弱的主要原因，典型表现有：沙漠众多且继续扩展；湖泊萎缩，冰川退缩，西北地区是我国水资源破坏的重灾区；水资源的时空分布不平衡，如新疆西北部 50% 面积的水资源量占全疆水资源总量的 93%，而其东南部分 50% 面积的水资源量仅为 7%，在时间分布上，需水量大的春季降水只占全年降水的 20%。

从目前科学技术水平与宏观调控机制来看，煤炭资源开发与矿区生态环境改善是相悖的。首先，煤炭资源开发会对矿区及流域水资源造成严重损耗。矿区的水资源主要以地表水（河流、池塘、水库）和地下水（孔隙水、裂隙水和岩溶水）为主。采矿对水资源的损耗在于两个阶段：一是开采之前，为了保证安全采矿，需要预先进行矿井排水，包括对地表水体和地下含水层（重力作用下地下水可在其中运动的储水岩层）、岩溶水等进行人工疏干；二是开采过程中，采动破坏性影响会对上覆含水层产生自然疏干。因此，煤炭资源开发需要损耗大量的水资源。据统计，全国平均开采每吨煤耗水 10 m^3。其次，煤炭资源开发会加快土地荒漠化趋势。从理论上讲，水环境是处在不断运动交替过程中，可以从大气降水、地表径流等得到平衡和补给。但违背客观规律的超强度疏降和破坏，尤其是由于矿山露天开挖和井工开采影响，会引起含水层水位下降、地表岩溶塌陷和井泉干涸，进而改变地表土壤的灌溉性、持水性和水土平衡，致使表土疏松、裸岩面积扩大，加剧矿区水土流失，使土地荒漠化趋势加快。近年的卫星遥感资料查明，受煤炭资源开发影响，地处陕北毛乌素沙漠前缘的榆神府矿区的沙生植物已大面积枯死、植被覆盖率减少、起沙风速显著降低、土地风蚀率增加、土地荒漠化趋势加快。此外，煤炭资源开发还会对矿区及流域水资源造成严重污染。矿区水污染主要来自矿山外排的酸性矿井水、洗（选）矿水、炸药厂废水、焦化厂废水和矿区生活污水。由于矿井污水处理费用很高，所以大部分矿井污水未加处理就直接被就近排掉，进而导致地表水体严重污染，使原本清澈的河水变得污浊并富含有毒有害元素。如陕北榆林地区的11条河流有9条受到不同程度的污染，神木、府谷等6县的饮用水源的水质已严重超标准。以我国西北地区为例，一方面，西北地区严重短缺的水资源本身难以保证矿业大开发的大规模用水需求（如准格尔、神府、东胜及榆林矿区均严重缺水）；另一方面，某些地区十分珍贵的含水层（如毛乌素沙漠前沿的陕北榆神府地区煤系地层上覆第四系的萨拉乌苏组含水层）又会因地下开采而遭受严重损耗和污染，二者矛盾十分尖锐。如神府东胜矿区范围内虽有4个长期的水源地，开采量为$6.9\times10^4\ m^3/d$，但实际上该矿区水资源缺口近$8\times10^4\ m^3/d$；准格尔矿区已查明的地下水资源量为$12.2\times10^4\ m^3/d$，若按开采每吨煤耗水10 m^3计，日产原煤能力为1.22×10^4 t，相当于年产原煤445×10^4 t，与设计生产能力2000 t/a相差甚远。目前，该地区的沙化土地正以每年0.5%的速度递进向东南扩展。尤其令人焦虑的是，该矿区煤系上部分布有第四系上更新统萨拉乌苏组含水层，水量丰富，矿化度小于0.5 g/L，是陕北沙漠草滩地前缘地区居民生活和工业优质用水水源，也是矿区唯一的含水层，但由于煤层顶板基岩一般较薄，随着矿区大规模开发，采动破坏性影响将直接波及或进入到该含水层，造成水源地的直接破坏，并导致原来接受该含水层补给的井泉、河流和水库干涸，区域生态环境将面临严重威胁。因此，针对矿产资源开发所带来的生态环境和水资源破坏问题，如何施行宏观调控和严格管制，将是决定我国西北严重缺水矿区的生态环境（主要是土地环境和水环境）能否避免造成无法弥补的破坏和深远影响的现实问题。

1.3　我国的地质构造及演化

煤炭资源在地壳中的分布是受地质构造条件控制的[4-5]。在地质历史时期中，地壳运动引起海陆变迁、气候更替，推动了植物界演化迁移和聚煤作用呈波浪式向前发展。同时，地壳运动引起的地壳形变，使地球表面出现一系列隆起和坳陷，为聚煤作用提供了适宜的天然场所，并在一定程度上决定着聚煤古地理景观。聚煤盆地形成的含煤建造又遭受后期构造变形的切割，保存下来的含煤建造都在一定构造的体系中占有相应的部位，并依着一定的规律展现。如一级构造带常控制广大的成矿区或成矿带，新华夏系的一级隆起带便是多金属矿带，其一级沉降带则是煤炭、石油的成矿带。事实证明，两个构造带的复合部位常形成重要矿床。而各种类型的储水构造或富水带，则常有规律地出现在某些构造体系的特定部位，如张性断裂的破碎带、“山”字形构造的前弧和反射弧部位等。许多温泉的出现也与一定构造有关，如东南沿海的许多温泉、天津地区的地热异常等常与新华夏构造体系有关。所以，我国的地质构造与成煤环境、煤层赋存特征以及地下水的分布情况等有着密切的关系，也是分析研究我国煤矿水体下压煤现状及分类等的基础。

1.3.1 我国地质构造区的划分

我国是世界上地质构造最复杂的大陆之一。根据沉积建造、岩浆活动、变质作用、构造运动等时空发育的总体特征，我国大陆可以划分为3种不同类型的地质构造区，即地台区、陆间增生褶皱区和陆缘增生褶皱区。

1.3.1.1 地台区

我国的地台主要包括前寒武纪形成的华北地台、扬子地台和塔里木地台，它们构成我国大陆的3个核心。其基底多为复杂的变质岩系，盖层主要为稳定类型沉积。

1. 华北地台

华北地台的主体位于我国华北地区，包括整个华北、西北东部、东北南部、渤海及北黄海，向东延伸可至朝鲜北部。总体呈三角形，与周围相邻构造单元以深断裂为界，包括阴山—燕山与秦岭—大别山之间，贺兰山以东以及渤海及黄海北部广大地区，北与乌拉尔—蒙古褶皱带东段接界，南与秦岭褶皱带相邻，东南部与扬子地台相连，向西过贺兰山与阿拉善地块相接。华北地台是我国最古老的一个地台，形成于18亿年前后的吕梁运动，有3套建造系列：太古宇和下元古界构成它的基底，中上元古界和古生界构成它的盖层，中新生代盆地沉积叠加在不同时代岩层之上。

基底岩系包括4套变质岩群，代表了地台演化的4个阶段。最老一套变质岩群出露于地台北缘，以冀东迁西群为代表，变质终止年代在36亿年以前，属早中太古代。第二套变质岩群主要见于地台南北边缘和鲁西地区，以太行山北段阜平群和鲁西泰山群为代表，变质终止年代略早于距今25亿年，属晚太古代。第三套变质岩群主要分布于地台中部及东部，以五台、太行山区五台群和辽东宽甸群为代表，变质终止年代为距今23亿年左右，时代为早元古代早期。第四套变质岩群广布于地台中部和周边，以五台山的滹沱群和辽东辽河群为代表，变质终止年代约距今18亿年，属早元古代晚期。

盖层沉积包括两套地层：①中上元古界浅海相碎屑岩、镁质碳酸盐岩，厚数千到万余米；②古生界海相碳酸盐岩、海陆交互相煤系沉积和上二叠统—下三叠统陆相红色碎屑岩系。中生界、新生界以陆相盆地型沉积为主。鄂尔多斯盆地广布有三叠系—白垩系沉积；华北及汾渭地堑有巨厚的新生代沉积；东部广泛发育中生代中酸性侵入岩和火山岩，构成环太平洋构造岩浆岩带的一个环节。

华北地台全部结束海侵的时间较早，一般自中奥陶世整体上升以后就没有完全广泛的海侵，二叠纪开始全部成为陆地。中生代以来，华北地台表现出明显的东西分异的特点，产生了一系列内陆盆地。地台盖层遭受了强烈的褶皱和断裂变动，主要是燕山运动造成的。

2. 扬子地台

扬子地台横跨我国中部及西南部，包括从云南东部至江苏整个长江中下游流域和南黄海，总体呈长条形。扬子地台是我国第二个重要的地台，位于秦岭—大别山以南，龙门山—哀牢山以东，雪峰山—怀玉山以北广大地区，向东延展没于黄河南部。

地台形成于元古宙末期晋宁运动，具有3层结构：前震旦纪变质基底，震旦纪、古生代—中三叠世的沉积盖层，中新生代上叠盆地沉积。地台边缘出露元古宙、古生代和中生代侵入岩。

前震旦纪基底主要由两套变质岩系组成：西部以昆阳群为代表，为陆源碎屑岩、碳酸盐建造；东部以四堡群、板溪群为代表，为火山碎屑岩、硬砂岩及复理石、类复理石建造。该区存在更老的基底岩石。这些岩系多处被晋宁期及更老的花岗岩类贯入，形成变质杂岩。

盖层为典型的稳定类型沉积，分3套建造系列：①下震旦统陆相磨拉石建造和冰碛岩建造，部分地区夹中酸性火山岩；②上震旦统—志留系碳酸盐建造、笔石页岩建造和砂页岩建造；③泥盆系—中三叠统碳酸盐岩和碎屑岩建造，上二叠统夹含煤岩系和火山岩系。

中新生代上叠盆地型沉积，上三叠统—下侏罗统为含煤砂页岩建造；中侏罗统—白垩系多磨拉石和红色碎屑岩建造，长江中下游夹中基性火山岩系；古近系、新近系多为含膏盐的红色岩系。

扬子地台的沉积盖层发育极为良好，震旦纪至三叠纪为海相沉积盖层发育阶段；晚三叠纪及其以后，因印支运动（中三叠世末）作用，地台全面上升为陆，属陆相沉积盖层发育阶段。新生代整个地台以强烈上升为主，大部分为剥蚀区。由于受燕山运动和喜马拉雅运动影响，扬子地台的盖层发育了褶皱和断裂。

3. 塔里木地台

塔里木地台位于新疆南部，介于天山、西昆仑山和阿尔金山之间，包括塔里木盆地及围绕盆地边缘的一些山脉，由若干隆起带和坳陷带组成。北邻天山褶皱系，南接秦祁昆仑褶皱系，向东过阿拉善地块与华北地台断续相连。地台形成于距今约8.5亿年的晋宁运动。新近纪以来，随着青藏高原和天山的大幅度隆升，地台大部分相对沉降，形成中国最大的内陆盆地，堆积了巨厚的新生代沉积。

前震旦系构成地台的基底，主要出露在盆地周围山系中，以库鲁克塔格及柯坪地区为代表，有4套变质岩群：太古宙达格拉格布拉克群片麻岩、结晶片岩，早元古代兴地塔格群片岩、石英岩、大理岩，中元古代扬吉布拉克群片岩夹石英岩、大理岩，晚元古代的浅变质碎屑岩、硅镁质碳酸盐岩。

震旦系和古生界构成盖层。震旦系为浅海—滨海相碎屑岩、碳酸盐岩夹火山岩、冰碛岩；寒武系、奥陶系主要为海相石灰岩，寒武系底部有含磷砂页岩；志留系、泥盆系主要为滨海—浅海相碎屑岩；石炭系、二叠系以碳酸盐岩和碎屑岩为主，局部地区下二叠统夹玄武岩。

中生界主要分布于盆地边缘，为山间盆地或山前坳陷型沉积。三叠系为河湖相沉积；下中侏罗统以含煤岩系为特征，上侏罗统出现红色碎屑岩；白垩系多河湖相砂页岩，西部有海相石灰岩。新生界主要为陆相地层，西部有海相古近系。盆地四周分布有元古宙和古生代为主的中酸性侵入岩和基性岩、超基性岩。

1.3.1.2　陆间增生褶皱区

介于地台之间的陆间增生褶皱区，多发育有巨厚活动类型沉积和蛇绿岩带，有强烈的褶皱变形和岩浆活动，并常夹持前寒武纪地块。

1. 准噶尔—兴安褶皱区

准噶尔—兴安褶皱区位于我国北部，属西伯利亚地台与塔里木地台、中朝地台之间巨大的蒙古褶皱带的一部分。它基本上是一个古生代的陆间增生褶皱区，由一系列褶皱断裂系和穿插其中的小型地块组成弧形构造带，有大量华力西期花岗岩、基性—超基性岩和蛇绿岩带贯穿其中。已知最老的岩层出露在区域东部，以老爷岭地块麻山群及黑龙江群为代表，主要为片麻岩、结晶片岩，时代归晚太古—元古宙。

准噶尔—兴安褶皱区以广泛发育古生代沉积岩、岩浆岩建造为特征，构成中国最重要的古生代构造岩浆岩带。以额尔齐斯断裂带和得尔布干断裂带为界，可划分为两大构造建造带：北带包括阿尔泰山和大兴安岭北段额尔古纳地区，属加里东褶皱带。下古生界以冒地槽型砂泥质和碳酸盐建造为主，普遍遭受中级变质作用；泥盆系—下石炭统主要为过渡类型碎屑岩、碳酸盐建造；一般缺失中石炭统—二叠系沉积。侵入岩以华力西期花岗岩类为主，少量基性、超基性岩。南带大部属华力西期褶皱带，中朝地台北缘可能存在加里东褶皱带。寒武奥陶系多深海相砂泥质岩、硅质岩和碳酸盐建造，局部夹中性火山岩；志留系—下石炭统主要为活动类型的沉积—火山岩建造，多处发现蛇绿岩带；中石炭统—二叠系多内陆盆地型沉积。南带中酸性侵入岩和基性、超基性岩发育，构成若干条侵入岩带，时代主要为华力西期。

中生界、新生界大部分属于盆地型沉积。准噶尔盆地持续时间较长，地层发育较全，主要为河湖相碎屑岩和煤系沉积。松辽盆地是在华力西褶皱基础上从白垩纪开始发展起来的大型裂陷盆地，充填以巨厚的白垩纪—新近纪含油岩系。在区域东部发育有一系列侏罗白垩纪含煤盆地和火山—沉积盆地，并广泛分布有印支—燕山期裂隙型花岗岩类和浅成侵入岩体。

2. 秦祁昆仑褶皱区

秦祁昆仑褶皱区贯穿我国中部，近东西向延伸，是介于塔里木地台、中朝地台和青藏—滇西褶皱区及扬子地台之间的一个陆间增生褶皱区，也是一条地壳消减带。其主体由一系列古生代为主的褶皱系、逆冲断裂带、走滑断裂带和蛇绿岩带组成，并包括有前寒武纪地块，有大量古生代为主的花岗岩类和基性、超基性岩类的岩体、岩带贯穿其中，形成横亘中国中部的一条重要的地质分界带。

祁连加里东褶皱系主要由前震旦纪变质岩和震旦纪、早古生代沉积—火山岩系所组成，泥盆系多磨拉石建造，不整合覆于较老岩系之上，贯以加里东期花岗石、花岗闪长岩。在北祁连发育有典型的寒武奥陶纪蛇绿混杂堆积和蓝闪石片岩带，在南祁连拉脊山也发现有蛇绿岩套。两条蛇绿岩带代表了两条早古生代的洋壳俯冲带。

昆仑山是一个经历多期构造变动的复杂褶皱系，主体由前震旦纪、震旦纪及早古生代变质岩系和晚古生代沉积岩系的紧密褶皱和断裂带所组成。西昆仑—阿尔金褶皱带以巨厚早古生代沉积岩及火山—沉积岩系为特征，晚泥盆世磨拉石沉积不整合覆于其上。东昆仑褶皱带出露有中晚元古代变质岩系，早古生代火山—沉积岩系及晚古生代中基性火山岩、碎屑岩及碳酸盐岩。有古生代—中生代花岗岩类穿插其中；在西昆仑北缘、东昆仑中带及东昆仑南缘发育 3 条蛇绿岩带，前两者属早石炭世，后者为晚二叠世—中三叠世。

柴达木可能是塔里木地台分割出来的一个中间地块，包括柴达木盆地及其北的欧龙布鲁克地块。柴达木盆地被巨厚新生代沉积所覆盖，局部出露白垩系。欧龙布鲁克发育有震旦纪—奥陶纪稳定类型沉积，上泥盆统—石炭系为陆相、海陆交互相沉积。

秦岭褶皱系是中朝地台与扬子地台相互作用、拼合汇聚而成的复合型造山带。以商丹断裂带（缝合带）为界，北秦岭为加里东期造山带，以前寒武纪、早古生代变质岩系为主，以大规模推覆构造为特征。南秦岭为印支期造山带，以古生代碳酸盐岩、砂页岩及三叠纪复理石建造为主，以基底与盖层之间深层滑脱及多层次滑脱构造为特征。南北秦岭之间为一大型韧性平移剪切带。大巴山—大洪山地区属加里东褶皱带，有大量晋宁期为主的辉长岩、辉绿岩体成群分布。

3. 青藏—滇西褶皱区

青藏—滇西褶皱区位于我国西南部，属特提斯构造域东段，由若干中生代褶皱系、推覆构造群、蛇绿混杂岩带和构造岩浆岩带组成，包括前寒武纪微型地块。以可可西里—金沙江缝合带和喀喇昆仑—澜沧缝合带为界，可以划分为3个褶皱系。

1）巴颜喀拉褶皱系

巴颜喀拉褶皱系是在晚二叠世—三叠纪沟弧盆系基础上发展起来的一个印支期褶皱系。金沙江沿岸断续出现的蛇绿岩带和混杂堆积代表了古洋壳残余；其东北侧的拉斑玄武岩、钙碱性火山岩及花岗岩带为一岛弧带；松潘—甘孜广大地区巨厚的三叠纪复理石、类复理石沉积，则属比较典型的弧后盆地建造序列。在复杂的三叠系褶皱之下可能存在一个以前震旦纪褶皱为基底的小型地块。

2）唐古拉褶皱系

唐古拉褶皱系主要由晚三叠—侏罗纪岩层的褶皱、逆冲断裂带和喀喇昆仑—澜沧蛇绿岩带所组成，有一系列花岗岩体和基性、超基性岩体贯穿其中，属早燕山褶皱系。西部的羌塘小型地块覆以地台型泥盆—三叠纪碎屑岩及碳酸盐岩，东部三叠侏罗纪复理石沉积被白垩纪陆相沉积不整合覆盖。

3）冈底斯—念青唐古拉褶皱系

冈底斯—念青唐古拉褶皱系主要由石炭二叠纪和晚侏罗世—白垩纪岩层的褶皱、逆冲断裂带、推覆构造群所组成，属晚燕山褶皱系，念青唐古拉一带出露前寒武纪及早古生代地层。古生界为冈瓦纳相地层，多处发现石炭—早二叠世冰海沉积和冷水型动物群；中生界为弧后盆地环境的复理石沉积夹火山岩、碳酸盐岩。区域南缘为著名的冈底斯火山—岩浆弧。

4）喜马拉雅褶皱区

喜马拉雅褶皱区是在印度地台北缘发展起来的新生代的褶皱系，它的主体是由前寒武纪—中生代岩层组成的几个褶皱—推覆构造带。高喜马拉雅是一大型推覆构造带，主要为前寒武纪变质岩系和古生代—中生代地台盖层沉积，有喜马拉雅期含电气石花岗岩贯穿其中。北喜马拉雅主要是中生代岩层组成的褶皱带，一些由古生代地层和岩体组成的穹隆构造沿东西方向断续出露。雅鲁藏布缝合带主要为侏罗白垩纪碎屑岩、火山岩和蛇绿混杂岩，构成雅鲁藏布蛇绿混杂岩带。

1.3.1.3　陆缘增生褶皱区

陆缘增生褶皱区主要指环太平洋构造域的一些大陆增生褶皱系，一般具有较厚的活动类型沉积，有强烈的褶皱变形和岩浆活动。

1. 乌苏里—锡霍特褶皱系

乌苏里—锡霍特褶皱系主要是由晚古生代—中生代岩层和印支、燕山期花岗岩、花岗闪长岩体组成的褶皱系，局部出露元古宙变质岩系。它的主体部分位于苏联境内，在中国包括那丹哈达褶皱带、延边褶皱带和兴凯地块的一部分。

那丹哈达褶皱带是在华力西褶皱基础上发展起来的早燕山期褶皱带。石炭二叠系和上三叠—中侏罗统都是巨厚的活动类型沉积建造；上侏罗统为海陆交互相含煤岩系，不整合于下中侏罗统之上；白垩系为陆相沉积—火山岩系。

延边褶皱带主要由石炭二叠纪活动类型沉积和晚华力西期花岗岩、花岗闪长岩体组成，朝鲜东北部有地槽型泥盆系。侏罗白垩纪陆相沉积—火山岩系不整合于较老地层之上，并有中生代花岗岩体侵入其中。

2. 华南褶皱系

华南褶皱系占我国华南的大部分地区，其主体属加里东褶皱系，但受到华力西期、印支期特别是燕山期构造运动和岩浆活动的强烈影响，呈现多期构造成分相互叠加的复杂构造格局。在浙闽地区，多处出露中高级变质的火山—沉积岩系，以陈蔡群为代表，时代为中晚元古代。震旦纪以来，该区出现三大套沉积—岩浆岩建造序列，形成具有3层结构的褶皱系。一是震旦纪—志留纪以复理石、类复理石为主的地槽型沉积，经加里东运动褶皱、变质，并伴有花岗岩的侵入，形成褶皱系的基底，即第一结构层。二是泥盆纪—中三叠世地台型碳酸盐岩夹砂页岩和煤系地层，印支运动使其褶皱，并伴以中酸性岩的侵入，构成褶皱系的第二结构层。三是晚三叠世—古近纪由于欧亚板块与太平洋板块的相互作用，具有明显的活动大陆边缘发育特点，形成一系列北东或北北东向断陷盆地，堆积了相当厚的盆地型沉积和沉积—火山岩系，伴有冲断及推覆构造活动，并有大规模花岗岩的侵入，形成褶皱系的第三个结构层。

3. 台湾褶皱系

台湾褶皱系是西太平洋岛弧褶皱系的组成部分，是一个新生代褶皱系和活动构造带，以巨厚新近纪地槽型沉积为主，中央山脉东侧的大南澳群变质岩中发现含化石的石炭二叠系，为台湾出露最老的地层。第四纪火山活动强烈，出现火山岛屿和玄武岩的喷溢。大南澳变质岩以东的台东大纵谷是一条缝合带，其东的台东褶皱带属菲律宾板块，以西的台西褶皱带属欧亚板块。

台东褶皱带主要为新近纪碎屑岩、岛弧火山岩，并发育有利吉混杂岩和蛇绿岩套。

台西褶皱带主要为厚达万米的新近纪复理石沉积夹煤系地层，其上不整合覆以上新统—更新统磨拉石沉积。褶皱带西部为新近纪—第四纪初期开始形成的坳陷带，大部分为第四系所覆盖，钻孔中见侏罗白垩系。

1.3.1.4 边缘海盆坳陷带

边缘海盆坳陷带包括渤海、黄海、东海和南海。它们具有不同的构造基底，但都是从古近纪或白垩世开始发展起来的沉降盆地，充填有巨厚的沉积。除渤海以外，各坳陷带内部都存在次一级的隆起带和坳陷带。

1.3.2 构造体系

构造体系是由许多不同形态、不同性质、不同等级和不同序次但具有成因联系的各项结构要素所组成的构造带以及它们之间所夹的岩块或地块组合而成的总体。我国境内已确立的构造体系大致可分为3种类型，即纬向构造体系、经向构造体系和扭动构造体系。

1.3.2.1 纬向构造体系

纬向构造体系是走向与地球纬度线一致的构造体系，又称横亘东西的复杂构造带，指出现在一定纬度上规模巨大的构造带，在大陆上往往表现为横亘东西的山脉，是全球性构造体系的主要类型之一。其主体构造是由走向东西的褶皱带、压性断裂带构成的强烈挤压带，一般常伴有东西走向的岩浆带分布；同时还有与它垂直的张断裂，和与它斜交的扭断裂，以及低序次的构造体系。纬向构造体系的生成与地球自转角速度的变化有密切关系。这一类型的构造带，往往经历了长期复杂的历史演变，一般切割地壳较深，往往有不同时期的各种类型的岩浆岩活动和相伴生的矿产。

纬向构造体系在地球表层以一定间隔（纬度8°~10°）持续出现，规模很大，在大洋底也有其踪迹。在我国境内有5条，但主要有3条发育极为良好，由北到南依次是阴山—天山构造带、秦岭—昆仑构造带、南岭构造带。此外，在黑龙江北部及海南岛、南海海域中，也有两条明显的构造带。

1. 阴山—天山构造带

阴山—天山构造带主体位于北纬40°30′~42°30′之间，是一条环球构造带，其中间部分构成阴山山脉，往西与大青山、乌拉山、天山山脉相连，往东越过燕山山脉在辽河流域埋伏于新华夏系沉降带之下，但在铁岭仍可见其踪迹。在我国大陆延长近4000 km。从整体看，大体呈向南凸出的弧形。主要由古老变质岩系、一部分古生代与中生代岩层的紧密褶皱和一些推覆构造与倒转构造构成，有时有压性的劈理，扭压性、张性和扭性断裂伴随。在这一带南缘的某些段落，还发现有南盘相对向西平移的断裂。有些花岗岩体和超基性岩体夹杂其中。这条构造带的历史悠久，在元古代时期已经存在。古生代以后，特别是晚古生代末期至中生代早期、中侏罗世末期、古近纪又经过多次强烈的构造运动和多次岩浆侵入活动，有些地段晚近时期仍有活动。在构造带东段，古生代其北部为夹有火山喷发的巨厚海相沉积，南部为厚度不大的浅海—海陆交互相沉积；中新生代该段继续保持隆起，构成中新生代盆地分界。阴山—天山构造带中在上古界和中生界有含煤岩系。

2. 秦岭—昆仑构造带

秦岭—昆仑构造带主体位于北纬32°30′~34°30′之间，也是一条环球构造带，在我国绵延达4000 km左右，形成我国地史发展和自然地理景观的南北分界线。主要由走向东西的强烈挤压带组成，其中段构成秦岭山脉，又分为两个亚带：北亚带由古老变质岩组成，挤压现象非常强烈，花岗岩相当发育，向东在华北平原南部表现为隆起、低凹等隐伏构造；南亚带由古生代海相地层组成，形成一系列褶皱和冲断层，并有大量花岗岩和超基性岩侵入，在苏北平原和黄海，主要表现为巨型的隆起和坳陷。有些花岗岩体和超基性岩带夹杂其中，有压性劈理、扭压性、张裂性、扭性断裂伴随。秦岭往西，走向转为北西西，至青海境内与昆仑山相连。秦岭往东，分为两支：一支经嵩山逐渐埋没于华北平原南部新华夏系沉降带之下，至鲁南复有零星出露，向东进入海底；另一支由伏牛山、大别山构造带组成，因受其他体系干扰而向南弯曲。秦岭—昆仑构造带至少从古生代以来，反复经过了多次强烈的构造运动，火成岩特别发育，内生矿床丰富，其中最后的一次大规模的构造运动大约发生在侏罗纪末期。在构造带内的复向斜沉降带有含煤岩系。

3. 南岭构造带

南岭构造带主体位于北纬23°30′~26°30′之间，其东段和中段包括闽南、赣南、湘南、粤北地区，主要由古生界、中生界地层、大量花岗岩及部分变质岩组成，发育有规模不等的东西走向冲断层及挤压褶皱。它的西段包括桂北、滇中地区，主要由古生界岩层组成，发育有局部褶皱或东西向隆起带。由于受到其他构造体系尤其是经向构造体系的强烈干扰，仅以分隔的、片段的形式出现，在众多地区被埋在地下，在南岭山地露出地表，长度超过2000 km。在台湾海峡至台湾西部平原表现为一隆起带，控制了古近纪的沉积。南岭构造带从晚元古代到古近纪经历了多次的活动，但主要生成于中生代。

在我国还存在着另外两条纬向构造带，其中一条为伊勒呼里构造带，展布于北纬49°～52°之间，位于黑龙江附近；另一条为南海西沙构造带，展布于北纬17°～19°之间，横亘海南岛。此外，在北纬37°～38°附近、北纬29°～30°附近还有一些规模较小的东西向构造带存在。

1.3.2.2　经向构造体系

经向构造体系是走向大体上与地球经度线一致的构造体系，也称经向构造带或南北向构造带，是全球性构造体系的主要类型之一，大陆及大洋底皆有发育。经向构造体系有两种力学性质不同的类型，一类为挤压性的，另一类为张裂性的，有时也显示出有压扭或张扭的迹象。经向构造体系也是全球性构造体系，是由地球自转角速度变化引起的纬向惯性力所致，随着角速度的增大，整个岩石圈上部都有向西滑动的趋势，但是岩石圈是分层的，不同部位上下黏着程度不同，黏着程度弱的部位被拉开形成裂谷，黏着程度强的部位被推挤成褶皱带。

经向构造带在我国南部及西南部最为突出。其中最显著的是集中出现于东经102°～103°30′之间，以四川西部的大雪山为主体一直延伸到云南中部的川滇南北构造带，在地理上称横断山脉，由一系列强烈褶皱和规模巨大的冲断层组成，也是我国巨型成矿带之一。这是一个以元古宙岩层为核部的巨型复背斜带，东西两侧为小江断裂和元谋—元江断裂。小江断裂为二叠纪峨眉山玄武岩的喷发通道，又控制了基性—超基性岩和酸性岩体的分布。元谋—元江断裂带为一构造岩浆杂岩带，动力变质作用明显。川滇南北构造带至少从古生代开始发育，到中三叠世末基本形成，侏罗纪以后至近代都有强烈活动。在我国其他一些地方，也有一些分散的不太强烈的南北向褶皱带与其他构造体系复合，如贺兰山、吕梁山南段、太行山南段、台湾山脉等，都有走向南北的褶皱带存在。

1.3.2.3　扭动构造体系

纬向构造带和经向构造带反映了经向和纬向的水平挤压或引张作用，是地壳构造的两个基本方向。但因地壳组成的不均一性，使经向或纬向作用力发生变化，导致局部地壳发生扭动，形成各种扭动构造体系，它往往反映区域地壳构造运动的特点。扭动构造体系是由地壳的某一部分对其毗邻部分发生相对扭动而形成的构造体系，又称扭动构造型式，是地壳表层普遍存在的构造现象。扭动构造型式较多，扭动方式可分为直线扭动和旋转扭动两种。直线扭动形成直扭构造体系，包括“多”字形构造、“山”字形构造、“入”字形构造和棋盘格式构造体系等构造型式；旋转扭动形成旋扭构造体系，包括帚状构造、莲花状构造、涡轮状构造、“歹”字形构造和“S”状构造、反“S”状构造等构造型式。导致扭动构造型式的水平应力场都是东西向和南北向水平运动发展不平衡的产物，可以把它们看做东西向与南北向构造的变种或派生构造。

在我国分布的扭动构造体系中，华夏系和新华夏系构造主要分布在我国东部和东亚濒太平洋地区，组成规模宏大的“多”字形构造，这个“多”字形构造系列与纬向构造和经向构造相复合，构成我国东部的基本构造格架，对古生代、中生代和新生代含煤建造起着十分重要的控制作用。西域系和河西系构造主要分布在我国西北地区直至中亚，是由一系列压扭性褶皱隆起和沉降带组成的反“多”字形构造，构成西北地区基本构造格架，控制了晚古生代及早中侏罗世含煤建造的形成、保存和分布。“山”字形构造体系规模巨大，发育时间较长，对我国含煤建造有明显控制作用的“山”字形构造主要有祁吕贺“山”字形构造体系、淮阴“山”字形构造体系和广西“山”字形构造体系。

1.3.2.3.1　直扭构造体系

1. “多”字形构造

“多”字形构造是最常见最基本的一种构造型式。地壳岩体在力偶的扭动下，必然产生一系列斜列的压性结构面和与其垂直的张性结构面，其组合形态像“多”字，故称“多”字形构造。压性结构面或张性结构面若发育程度不同，常分别单独斜列出现，称为雁行式，如雁行式褶皱、雁行式断裂等。

根据主要结构面的不同方位，“多”字形构造又可分为新华夏系构造、华夏系构造、西域系和河西系构造等。

1）新华夏系构造

新华夏系构造的主体由走向北北东（一般走向北18°～25°东或稍大）的褶皱隆起带和沉降带构成，主要由北北东向（一般为18°～25°）压性结构面（褶皱或压性断裂带）和与其近直交的北西西向张性结构面（断裂带）所组成，有时可伴生两组扭裂带，一组为北北西向张扭面，一组为北北东向压扭面。它是一个规模宏伟的“多”字形构造体系，构成我国东部和东亚地貌的地质基础。

新华夏系的主体由属于一级构造的3个隆起带和3个沉降带组成，从东向西依次相间排列。第一隆起带由东亚岛弧（千岛群岛、日本群岛、琉球群岛、台湾岛、菲律宾群岛到加里曼丹）组成，其东侧有一系列深海沟；其西侧紧与第一沉降带毗邻，主要包括若干个海盆（鄂霍次克海、日本海、东海、南海等）。第二隆起带由许多山脉（朱格朱尔山、锡霍特山、张广才岭、长白山、朝鲜的狼林山、辽东半岛和山东半岛山地、武夷山、戴云山等）；其西侧为第二沉降带，包括东北平原、华北平原和江汉平原等构造盆地。第三隆起带也由许多山脉（大兴安岭、太行山、雪峰山、湘黔边境诸山）组成；其西侧为第三沉降带，为阴山和秦岭所截断，成为许多盆地（呼伦贝尔—巴音和硕盆地、鄂尔多斯盆地、四川盆地等）。再往西，为贺兰山和龙门山，也受到这一巨型构造的影响。总之，前述东西构造带与新华夏系构造相复合，构成了我国东部地质构造的基本骨架。在两大构造体系的复合地带，新华夏系一级隆起带和沉降带多少受到一些影响，错开扭曲略具“S”形特征。

新华夏系构造是我国东部和东亚大陆濒太平洋地区特有的构造体系，主要在中生代晚期形成，有的地区至今仍有所活动。在隆起带内，花岗岩等火成岩特别发育，形成丰富的金属矿床；而在沉降带内，中生代以来接受大量沉积，基本控制了大小盆地的形成和分布，对中生代和新生代含煤建造起着十分重要的控制作用。

2）华夏系构造

在我国东部还有一系列呈北东向（45°）的褶皱挤压带，称为华夏系构造，主要是由走向东北的褶皱、压性和扭压性断裂带构成。在我国东部和东南部相当发育，形成时代比新华夏系早，大体在古生代末和白垩纪以前形成，对古生代、中生代含煤建造起着十分重要的控制作用。

3）西域系和河西系构造

西域系和河西系构造主要分布在我国西北地区直至中亚，呈北西向、北北西向，是由一系列压扭性褶皱隆起和沉降带组成的反“多”字形构造。它们与纬向构造体系、“山”字形构造体系等相复合，构成西北地区基本构造格架。各种构造体系相复合构成的菱形盆地和地槽，控制了晚古生代，特别是早中侏罗世含煤建造的形成、保存和分布。

4）青藏川滇“多”字形构造

青藏川滇“多”字形构造是一个反“S”形旋转构造，它的头部及外围褶带散布在青海、甘肃、西藏和川西北地区，中部通过藏东和川滇西部，尾部主要展布在东南亚地区。

2.“山”字形构造

“山”字形构造型式因像“山”字而得名。“山”字形构造是由于地壳表层产生不均匀滑动所形成的一种构造形式，由前弧、反射弧、脊柱、马蹄形盾地等部分组成。一般马蹄形盾地和两翼斜列的次级坳陷带是含煤建造形成与保存的有利部位，规模巨大，发育时间较长。对我国含煤建造有明显控制作用的“山”字形构造主要有祁吕贺“山”字形构造、淮阳“山”字形构造和广西“山”字形构造。

1）前弧

前弧由一系列弧形褶皱（背斜和向斜）、冲断层、挤压带等组成；而这些弧形褶皱多呈雁行式排列，是在弧顶外侧的引张力和内侧的挤压力联合作用下形成的。在各部分还常有与其垂直的张断裂及与其斜交的两组扭断裂。前弧又可分为弧顶和两翼，弧顶一般向南凸出（个别向西凸出），弧顶张断裂常呈放射状，有时沿断裂陷落形成地堑构造，在弧顶部分因断裂发育可能有花岗岩侵入体。在前弧两翼的散开方向，有时出现反向弯曲的弧形构造，称反射弧。

2）脊柱

在前弧的内侧，出现与前弧垂直的挤压带，称为脊柱。它常由褶皱、挤压破碎带、冲断层等构成。若岩性较脆硬，脊柱比较开阔，有时甚至压性特点不甚明显，而只表现为横向的张断裂和与之伴生的“X”形扭断裂；若岩石塑性较大，则脊柱比较狭窄，岩层褶皱也比较强烈。脊柱的延伸长度，一端不能达到或穿过前弧，而另一端不能超过二反射弧弧顶的连线，或超过不能太远。正是这脊柱和前弧构成“山”字形的基本轮廓。

3）马蹄形盾地

在脊柱和前弧之间，常出现一块“凹”形弯曲的构造形迹比较微弱的地区，称为马蹄形盾地。在这里，地层平缓，褶皱轻微。

在反射弧的凹侧，有时也会形成脊柱，称反射弧脊柱；如果在凹侧有先期存在的稳定地块，则称为砥柱。

由于大多数“山”字形构造的弧顶指向赤道，表明地壳表层曾发生从北向赤道方向的不均衡挤压，因此，“山”字形构造是纬向构造带的变种。

我国已发现有20多个“山”字形构造，规模最大的是祁吕贺“山”字形构造，即贺兰山、六盘山为脊柱，祁连山为前弧西翼，吕梁山为前弧东翼，弧顶在宝鸡、天水一带。此外，有淮阳“山”字形、广西“山”字形、河北遵化马兰峪“山”字形构造等。弧顶向西的“山”字形只有湖南祁阳“山”字形，脊柱为东西向，说明自东向西的压应力也可形成“山”字形构造。

1.3.2.3.2　旋扭构造体系

旋扭构造体系是在曲线扭动或旋转扭动力偶作用下形成的由一群弧形构造形迹和环绕的岩块或地块所组成的构造体系。其类型很多，包括帚状构造、“S”状构造、反“S”状构造、“歹”字形构造、莲花状构造、涡轮状构造等。

1.3.2.4　扭动构造体系对纬向构造体系的干扰

从地壳均衡代偿的角度分析，我国东域地壳相对西域地壳薄，故褶皱隆起带在大陆上的两组均为中等山脉（海拔低于3000 m，均在1500 m左右），在地质时期中，这些构造带的最后形成期相对较晚于纬向构造体系，故将后者的东延部分不同程度地干扰为北北东、北东向，这在北部尤为明显。

位于地球性纬向活动构造带的我国西域，由于地壳相对较厚，在巨大的南北向区域性水平剪力下褶皱成巍峨高耸的山脉。在地质时期中，我国西域北西西向—弧形褶皱带最后形成期晚于昆仑等西域纬向山脉，不同程度地把纬向构造体系的西伸部分干扰为北西西向甚至北北西向；同时北西西向—弧形褶皱带又被其他扭动构造体系所干扰，局部地改变走向，这在喜马拉雅诸地区东端尤为明显。

我国扭动构造体系在东域多呈北北东向，在西域多呈北西西向，并一定程度地干扰纬向构造体系，形成以川滇南北向构造带为轴，彼此干扰与交汇，致使我国经向构造体系内部构造形迹甚为复杂，同时亦形成我国东域、西域山脉呈羽状对称分布特征。

我国还有以祁吕贺“山”字形构造为代表的一系列“山”字形构造，祁吕贺“山”字形构造横亘于天山—阴山和秦岭—昆仑两个纬向构造带之间，东翼以吕梁山—恒山为主体，西翼以祁连山为主体，形成以贺兰山为主脊的巨大“山”字形构造。

上述构造体系由于受各种更小区域应力场的作用，必然产生许多亚构造体系表现其小区域的特征并干扰共性，以致地质构造分析更为复杂，如西域山脉中有独特的北东东向阿尔金山脉；另外、许多旋扭构造体系虽属扭动构造体系之次级，但却严重地干扰了后者的原状。

1.3.2.5　地质新期扭动构造体系的活动

与我国西域北西西向—弧形山脉在喜马拉雅造山期相继崛起的同时，我国西域和全国大多数山脉均在普遍抬升。现今喜马拉雅地区的继续抬升、受环太平洋活动构造带控制的我国东域台湾诸地区地质新期频繁的地震活动现象，均说明两个全球性活动构造带至今仍在影响我国；新构造活动正在进行，导致我国东域新华夏系和西域北西西向—弧形褶皱带的两组扭力在继续起作用。

1.3.3　区域构造特征及区域构造演化

区域构造通过对煤层形成、埋藏史、受热史、变形史和空间赋存状态的控制作用，影响到煤层的生成、富集和开发条件。因此，正确认识煤田区域构造特征及其时空演化，是分析含煤盆地演化及煤炭资源赋存规律的基础，也是研究水体下压煤现状及分类的基础。

1.3.3.1　区域构造特征

我国乃至亚洲大陆是由一些小型地台、中间地块和众多微地块及其间的褶皱带镶嵌起来的复合大陆。这一本质特征决定了我国绝大多数含煤盆地的构造稳定性较差，构造形态复杂多样，煤层赋存地质条件复杂，直接制约着煤炭的开发潜力。我国大陆主要由华北、扬子和塔里木3个地台组成，包括准噶尔、伊犁、阿拉善、松辽、佳木斯、柴达木、羌北—昌都、羌南—保山、拉萨—腾冲、兰坪—思茅、琼中等11个中间地块以及天山—兴蒙（海西）、秦祁昆（加里东、海西、印支）、华南（加里东）、滇藏（印支、喜马拉雅）、台湾（燕山、喜马拉雅）等褶皱带，含煤盆地主要位于这些地台、中间地块和褶皱带之上。

我国含煤盆地的基底有地台、褶皱带和中间地块3种类型。中间地块位于褶皱带内，是褶皱带的组成部分，但其基底与地台相似，位于其上的含煤盆地与真正的褶皱带之上的含煤盆地构造特征不同。

（1）地台基底型含煤盆地包括华北地台区和扬子地台区诸多含煤盆地。以地台为基底的含煤盆地的特点是构造稳定，聚煤作用发育，煤炭资源赋存条件简单，储量丰富。它也是我国煤炭资源赋存最丰富的地区。

（2）褶皱带基底型含煤盆地主要包括华南加里东褶皱带上的晚古生代含煤盆地、祁连加里东褶皱带上的晚石炭世盆地，天山—兴蒙褶皱带地区的海西褶皱带上的含煤盆地。以印支期、燕山期和喜马拉雅期褶皱带为基底的含煤盆地在我国很少。我国以褶皱带为基底的含煤盆地的特点是构造作用强烈，褶皱和断裂发育且复杂，构造煤发育。

（3）中间地块基底型含煤盆地在我国广泛分布，这些中间地块位于不同时期的褶皱带内或周边被褶皱带环绕。其构造条件变化较大，从简单构造到褶皱和断裂较发育，煤炭资源受煤的热演化史及煤级影响变化亦很大。

（4）地台与褶皱带过渡区含煤盆地往往挤压和逆冲推覆构造发育，含煤性较好，如华北地台与内蒙古加里东褶皱带的过渡区域的大青山、下花园、多伦、赤峰、阜新、铁法等含煤盆地，华北地台南缘与秦岭印支褶皱带的过渡区域的渭北、豫西、两淮诸多矿区或煤盆地。同时，地台与褶皱带过渡区含煤盆地如果断裂过于发育，则含煤性较差。

1.3.3.2 区域构造演化

含煤盆地构造演化一般经历盆地基底形成、含煤地层沉积和含煤地层变形3个阶段，盆地现存构造状况是3个阶段演化综合作用的结果。其中，含煤地层变形阶段的构造特征决定着煤层的沉降—埋藏史、受热—演化史及其赋存特征。

1.3.3.2.1 总体演化历程

我国含煤盆地地质历史复杂，形成演化受到古亚洲、特提斯和太平洋三大地球动力学体系控制。北部的古亚洲体系主要由古蒙古洋及西伯利亚、哈萨克斯坦、塔里木、华北等地台组成。中晚元古代—二叠纪期间，古亚洲体系内发生洋陆演化以及陆—陆碰撞，对南侧华北地台上的晚古生代聚煤特征起着控制作用。例如，在石炭纪期间，古蒙古洋向南俯冲，使华北地台北部抬升，形成华北型晚古生代聚煤盆地北侧的陆源区，并使聚煤作用由北向南迁移。

西南特提斯体系的演化分为古特提斯（D ~ T2）和新特提斯（T3 ~ E2）两个阶段。古特提斯洋沿龙木错—双湖—澜沧江、昌宁—孟连一线展布，其演化控制着华南地台上晚古生代的聚煤作用。秦岭海槽是古特提斯北侧的分支洋，对华北、华南含煤盆地的发生发展以及含煤地层的变形具有重要影响。秦岭海槽的全面闭合完成于三叠纪，在其闭合过程中使华北聚煤区南部在晚二叠世平顶山砂岩段沉积时出现新的陆源区。秦岭造山带在燕山期进一步发生陆内汇聚，使华北地台南缘的渭北、豫西、两淮等煤田发育由南向北的逆冲推覆构造，在扬子地台北缘煤田则发育由北向南的逆冲推覆构造。

太平洋体系演化可分为印支—燕山期的古太平洋和喜马拉雅期的新太平洋两个阶段。印支运动前，我国大陆东侧为被动大陆边缘，隔古太平洋与西太平洋古陆相对。古太平洋从三叠纪晚期开始明显消减，白垩纪初封闭，表现为燕山运动，形成锡霍特阿林—日本—琉球—台湾—巴拉望燕山期造山带和亚洲东缘的火山—深成岩带。我国东部大兴安岭—太行山—雪峰山一线以东全面卷入太平洋构造体系，使该区古生代以来的东西向构造上叠加了北东、北北东向构造。

古太平洋、新太平洋体系的演化对我国中生代含煤盆地的形成演化具有重要影响。在侏罗纪期间，东部地区因挤压而形成北东向隆起带，在隆起的背景中派生出次级拉张应力，形成中小型坳陷和断陷盆地，如大兴安岭盆地群、辽西盆地群、京西盆地、大同盆地等；中西部地区则发生大规模坳陷，形成四川、鄂尔多斯、准噶尔等大型内陆坳陷型盆地。在白垩纪期间，随着东亚大陆边缘的解体，在东北原海西褶皱带基底上形成许多地堑或半地堑断陷盆地，如二连—海拉尔盆地群、阜新—营城盆地群等；在稳定地块上则发育有大中型坳陷及断陷盆地，如三江—穆棱河盆地、松辽盆地等。

在新生代，我国处于三大地球动力学体系三向应力作用的动态平衡中，新特提斯洋于始新世关闭，印度板块与欧亚板块碰撞，形成由南向北的挤压应力，使贺兰山—龙门山以西的西北和西藏滇西聚煤区发生挤压变形，形成诸如准噶尔地块南缘煤田的逆冲推覆等构造，印度板块的推挤还以滑移线场的方式使华南聚煤区向东南滑移。在新近纪，现代西太平洋沟—弧—盆体系形成，太平洋板块和菲律宾海板块向西或西北方向俯冲，我国东部成为活动大陆边缘，东北、华北和华南聚煤区东部处于伸展状态，以走滑和断陷作用为主。鄂尔多斯盆地、四川盆地是太平洋及特提斯体系的构造应力衰减、消失的过渡地带，中新生代以来的大地构造十分稳定。

1.3.3.2.2 各聚煤区构造演化

1. 华北聚煤区

华北聚煤区与华北地台的范围基本一致，华北地台是我国最古老的一个构造单元，时代最早的未变质盖层是中元古界长城系，并在中晚元古代地台上发育了燕辽、豫陕、贺兰3个裂陷槽，地台北缘在早寒武世早期开始形成统一发展的华北地台。下古生界沉积于陆表海环境，缺失晚奥陶世到早石炭世的沉积。这是华北地台区别于我国其他地台的显著特征之一。华北地台自中石炭世再次开始沉降，海侵由东北部向地台内部推进，聚煤作用广泛发生，形成了统一的华北聚煤盆地。在中石炭世太原期，华北盆地与祁连盆地沟通，聚煤作用强烈，具有海侵—海退“转换期”成煤及区域上“翘板式”聚煤的特点。到晚二叠世晚期的石千峰期，华北地台全部转为干旱气候下的内陆河湖相环境。

华北地台内部在早中三叠世仍为一个统一的继承性巨型盆地，三叠系与二叠系连续沉积。晚三叠世的印支运动使秦岭褶皱带隆起，太行、吕梁隆起逐渐形成，华北地台的演化发生了质的转折。自此以后，大致分别以吕梁山和太行山为界，华北地台逐渐分化为3个部分。第一部分为吕梁山以西的地区，晚三叠世仍继承原来的构造格局，并进一步坳陷形成巨型的鄂尔多斯内陆盆地，形成早中侏罗世煤系，沉积作用持续到晚白垩世。第二部分为吕梁山与太行山之间的山西地块，印支运动后以隆升为主，三叠系及其以前的地层遭受剥蚀，随后发育小型早中侏罗世内陆聚煤盆地。第三部分位于太行山以东，印支运动后抬升，三叠系遭受强烈剥蚀，晚白垩世后则卷入环太平洋构造域，以裂陷伸展为主，岩浆活动强烈，新生代期间断陷盆地十分发育，构造运动以断块差异升降为主，并形成伸展型滑覆构造。

侏罗纪—早白垩世的燕山运动产生北西—南东向的陆内压缩，形成强烈的陆内造山作用，由西至东表现为鄂尔多斯沉降带与太行隆起带、华北沉降带与胶辽隆起带。大体以太行山为界，东部成为活动大陆边缘，总体呈背斜型隆起带，构造与岩浆活动强烈；西部则为大型坳陷盆地，除贺兰山—六盘山叠瓦逆冲带外，构造变形相对较弱。在聚煤区周缘形成褶皱构造和推覆构造。推覆构造主要分布于聚煤区南缘、北缘和西缘，由外侧向内部逐渐减弱。随着晚白垩世雅鲁藏布江洋盆的逐渐萎缩并于晚白垩世末消亡，始新世晚期，进入喜马拉雅演化阶段。华北聚煤区西部形成鄂尔多斯周缘地堑式断陷盆地，东部伸展裂陷形成渤海—华北盆地，并发生较为强烈的岩浆活动。

华北聚煤区总体上经历印支期的南北向挤压、燕山期的北西—南东向挤压和喜马拉雅期的拉张，聚煤区褶皱构造、推覆构造和滑动构造是中生代以来构造演化的结果。中生代挤压、新生代拉张体制下煤田构造变形强烈。在中生代挤压体制下，盆地周缘以发育挤压型褶皱、逆断层和逆冲推覆构造为特征，拉张型构造较少。吕梁山以东、燕山以南、郑州以北地区，中生代发生挤压隆起，新生代拉张断陷，太行山东侧、徐淮等地区以发育重力滑动为特征，总体上煤田构造变形剧烈。由于华北聚煤区为一稳定地台区，在中生代以来的挤压和新生代的拉张体制作用下，含煤盆地的挤压构造主要发育于聚煤区周缘，构造变形向聚煤区内部逐渐变弱。挤压构造形成过程中煤体结构遭受到较为强烈的剪切破坏，后期滑动构造亦对煤体形成了严重的剪切破坏作用。

华北聚煤区聚煤盆地基底稳定，聚煤作用发育，后期构造变形使煤层稳定性受到不同影响。西部地区变形较弱（如鄂尔多斯盆地东缘、沁水盆地等），煤层赋存较稳定，也有某些地区遭受强烈挤压变形（如华北地台北缘）及断裂作用，煤层稳定性较差，而某些地区则沉陷过深（如华北平原区）。

2. 华南聚煤区

华南聚煤区晚古生代聚煤盆地的区域基底由扬子地台、华南褶皱带、印支—南海地台3个构造单元在加里东期拼合而成，基底的稳定性决定了聚煤作用的特点。扬子地台区较为稳定而聚煤作用相对较强，华南褶皱带基底不稳而聚煤作用相对较弱，印支—南海地台则为晚古生代聚煤盆地的物源区之一。华南在晚古生代为一向西南古特提斯洋方向倾斜的陆表海盆地，聚煤作用主要受古特提斯演化及华南板块上裂陷作用的控制。聚煤盆地东部和西部出现一对遥遥相望的古陆（华夏古陆和康滇古陆），盆地内部以鄂东南—湘西南—桂东北一线为中心，由硅质岩相向两侧对称逐渐过渡为浅海碳酸盐相、过渡相、陆相和物源区。

中晚三叠世期间，秦岭海槽及古特提斯洋封闭，统一的欧亚板块形成。松潘—甘孜褶皱带和右江褶皱带隆起，扬子地台西部及华南东南部成为前陆坳陷带，分别形成川滇、赣湘粤晚三叠纪聚煤盆地，川中、滇中晚三叠世煤炭储量丰富。印支运动以来，华南聚煤区处于变形阶段。华南褶皱带位于欧亚板块与西太平洋古陆碰撞的前锋，构造变形及岩浆活动十分强烈，扬子地台区变形则较微弱。

印支期，在古太平洋板块俯冲和西太平洋古陆与亚洲大陆碰撞的过程中，区内晚古生代和早中生代煤系受到强烈挤压变形，线状褶皱发育，且伴随广泛的逆冲、推覆构造。侏罗纪至早白垩世古太平洋板块北北西向快速向亚洲及中国东部大陆之下俯冲，南方盆地大致以合肥—长沙—钦州为界东西分异明显，东部形成北东向的沿海造山带，并在隆起背景上产生一系列北北东向的坳陷带，成为一系列小型陆相盆地，以较强的褶皱并发育逆掩断层为特征，构造运动主要为强烈的挤压冲断及大规模左旋走滑。西部以挤压收缩构造环境为主，发育有四川盆地、楚雄盆地等。挤压力自东缘逐步向西缘传递，形成自东南向西北发展的背负式逆冲体系。

早白垩世晚期至古近纪，亚洲大陆东部区域古构造应力场由印支期—燕山期北西方向的挤压转变为东南方向的拉张，在华南聚煤区东部，引张、裂陷取代了原先的挤压与褶皱隆起，形成了大量的裂陷盆地，陆内出现新的滑脱构造。川东发育的很多逆断层、逆掩断层很可能是雪峰、武陵等山体在晚白垩世以后不断上升而产生的大规模重力滑动的结果。九岭山、武功山南北两侧，沿煤系等软弱岩层形成了广泛的重力滑覆构造。聚煤区西部处于持续挤压的状态，发育褶皱、逆及逆冲断层等。

从华南聚煤区含煤盆地的形成及其演化过程来看，华南聚煤区东部和西部具有不同的特点，西部自中生代以来处于持续的挤压应力作用，各时代煤系均不同程度地发育褶皱及逆冲断层等收缩构造。东部地区受到印支期—燕山期的挤压作用，总体上以发育北东—北北东向的褶皱和逆冲、推覆构造为主，喜马拉雅期构造以正断层和重力滑覆构造为主，由于各构造运动仍可分为数个阶段，期间既有挤压作用机制，又有伸展作用机制，因此表现为推覆和滑覆构造发育具有多期性。华南聚煤区大部分地区晚古生代—中生代的煤系普遍受到强烈的挤压破坏。西部以褶皱构造为主，其隔挡式褶皱的向斜和隔槽式的背斜由于变形强烈，煤层结构普遍遭到层域破坏，压性断裂导致了煤体结构的面域破坏。东部以发育推覆构造和重力滑动构造为特色，煤体结构在强烈挤压作用下破坏严重。

华南聚煤区有些煤田中广泛发育各类复杂的褶皱、逆冲推覆、重力滑动、滑（褶）推叠加、伸展、平移及走滑断裂等构造形式，煤系煤层破坏强烈，煤层稳定性差。

3. 东北聚煤区

东北聚煤区约以松辽盆地为界，东西两部分分别卷入太平洋体系和古亚洲体系。西部自元古代至古生代末，构造作用主要表现为古亚洲洋的俯冲消减及西伯利亚板块与华北板块的不断增生以致碰撞，两大陆在石炭二叠纪期间沿二连—贺根山一线对接，形成天山—兴蒙海西褶皱带的东段，该褶皱带往东被松辽地块和南北向的张广才岭褶皱带遮断。三叠纪以来，东北东部受太平洋体系的控制，侏罗纪末古太平洋的闭合在东北聚煤区的东北缘形成乌苏里晚燕山碰撞褶皱带。白垩纪以来，随着西太平洋古陆的裂解和现代太平洋沟—弧—盆体系的形成，中国东部处于裂陷伸展状态，在佳木斯地块和兴安岭海西褶皱带的基底上，分别形成了三江—穆棱河、二连—海拉尔等断陷盆地群。

早白垩世早期该区表现为强烈的引张裂陷，是裂陷盆地主要形成和发育时期，沿密山—敦化断裂带发育鸡西、勃利等含煤盆地。早白垩世中期沿郯庐断裂带北段发生强烈的裂谷作用，形成了依兰—伊通断裂带。以上两个时期在东北聚煤区形成张性断层为主的构造形态。早白垩世晚期，该区进入构造挤压和收缩变形阶段，区域挤压应力方向为北西—南东向。郯庐断裂带发生强烈的左旋走滑变形。沿依兰—伊通断裂带和敦化—密山断裂带的拉分盆地带发生构造反转，形成“反地堑”构造。三江—穆棱河盆地群发生正反转构造，在北西—北西西向挤压应力作用下，形成一系列北东—北北东向逆冲推覆构造和褶皱构造，如鸡西煤田的平—麻逆冲断层。松辽盆地由断陷盆地向挤压盆地转变，原先的大型正断层变为逆冲断层，并形成一系列浅层褶皱。晚白垩世该区为伸展作用机制，之后该区东部发生强烈的南北向挤压逆冲作用，兴农—裴德断裂、勃—依断裂、滴道—黑台断裂、平—麻断裂等又一次重新活动。

早白垩世适宜成煤的气候带位于阴山纬向构造带及其以北地区。此时新华夏构造体系正在形成和发展，并与其他不同性质的构造体系复合和联合，为早白垩世含煤建造的形成提供了良好的场所。阴山纬向构造带以南地区，气候干燥，未形成有经济价值的煤田。因此，早白垩世含煤建造主要分布于内蒙古中东部地区，即阴山纬向构造带及其以北地区。

新生代以来，东北聚煤区的应力体制主要为右旋走滑，三江—穆棱河地区在依兰—伊通和敦化—密山两大断裂的夹持下，发生拉分断陷，形成三江地区的新生代盆地格局。古近纪太平洋板块向东亚大陆边缘正向俯冲，在东北地区古近纪裂谷活动主要沿着北北东向佳—伊、敦化—密山断裂发育，形成地堑式盆地。新近纪以来的喜马拉雅构造事件使东部地区发生了东西向伸展作用，进一步加剧了新生代裂谷作用。

东北聚煤区东部位于板块构造活动的边缘，历次伸展与挤压构造运动对该区的影响都要比其他区域强烈。该区总体上是在早白垩世早中期强烈伸展裂陷作用下形成的含煤盆地，最早发育的是张性断层，在拉张作用过程中，煤层以发生脆性破坏为主，断裂两盘滑动过程中，对于煤体结构的破坏程度相对于挤压构造要弱得多。早白垩世晚期和晚白垩世之后的构造反转使含煤盆地构造复杂化，但对煤体结构的破坏有限。喜马拉雅期的伸展作用下，占据矿区构造主体的仍然是张性正断层。煤体结构总的来说全区变化不大。鸡西矿区属该区的特例。

东北聚煤区主要煤田的形成时代较晚，后期处于伸展状态，构造变形较弱。

4. 西北聚煤区

西北聚煤区以阿尔金断裂带为界，南北两部分演化历程有所不同。北部是西伯利亚板块、哈萨克斯坦板块（准噶尔地块和伊犁地块是其组成部分）、塔里木板块向外增生直至碰撞的历史，西伯利亚板块与哈萨克斯坦板块在海西期碰撞形成斋桑—额尔齐斯海西褶皱带，哈萨克斯坦板块与塔里木板块在早石炭世初沿南天山缝合带对接而形成天山海西褶皱带。总体上来看，西北地区在早二叠世末已连成统一的大陆，二叠—三叠纪期间处于剥蚀状态，早中侏罗世期间夷平的海西褶皱带与准噶尔地块及伊犁地块连成一个巨型内陆湖盆，形成一套河流—湖泊相含煤沉积。阿尔金断裂带以南的柴达木、祁连山和河西走廊地区在早古生代时由北祁连洋、中祁连隆起、柴北洋、柴达木地块等组成，加里东运动期褶皱成陆，河西走廊在石炭纪于褶皱带的基底上接受海侵而形成海陆交互相煤系，二叠纪整体抬升，聚煤作用结束。中祁连和柴达木地块北缘地区在晚三叠世至侏罗纪期间发生断陷，形成中祁连和柴达木地块北缘早中侏罗世聚煤盆地。始新世以来，印度板块与欧亚板块发生碰撞，青藏高原、天山等强烈隆起，西北聚煤区遭受挤压变形，在准南、柴北、祁连等地的含煤盆地内均发育由造山带指向盆地、基底隆起指向聚煤坳陷的逆冲推覆构造。

西北聚煤区天山南北的含煤盆地中发育逆冲推覆构造。

5. 西藏滇西聚煤区

西藏滇西聚煤区的主体为青藏高原，是特提斯体系演化的结果，由一系列中间地块以及缝合带形成块、带相间的大地构造格局。晚古生代煤分布在羌北—昌都地块上，晚三叠世煤分布在羌北—昌都、羌南及兰坪—思茅地块之上，早白垩世煤分布在拉萨地块上，新近纪煤主要分布在兰坪—思茅、保山和腾冲地块上。这种构造格局导致聚煤作用较弱，后期的强烈挤压变形使煤田构造变得复杂，煤层赋存条件差。

6. 台湾聚煤区

台湾聚煤区的范围为台湾地区。台湾岛是西太平洋新生代岛弧的一环，处在亚欧板块与菲律宾海板块的交汇处，位于琉球岛弧和吕宋岛弧的枢纽部位，具有大洋一侧不见深海沟、大陆一侧没有弧后盆地、岛弧形状向西反向突出等特点。台湾岛的构造演化既与西太平洋岛弧系有密切联系，又有其特殊的发展过程。

晚中生代以来，在我国东部，新生的环太平洋构造系叠置并取代原来的东西向构造，挤压应力场限于前期，后期转化为拉张应力体制。燕山运动以来，由于陆内收缩和欧亚板块与古太平洋板块相互作用，形成了东亚滨西太平洋构造体系域，其中包括台湾在内的陆缘岛弧造山带，发育了台东纵谷、台湾中央山脉、台西山麓等断裂带。燕山运动中晚期，古太平洋板块自台湾玉里带向陆内俯冲。

台湾岛自东向西可划分为海岸山脉带、台东纵谷、中央山脉、西部山麓带和沿海平原带5个构造—沉积单元。以台东纵谷为界，西侧属于欧亚板块的中国大陆边缘，东侧的海岸山脉带为北吕宋火山岛弧的向北延伸。经历了古近纪造山前期、新近纪碰撞造山期和造山运动后期3个地质演化阶段[6]。

新近纪时，菲律宾海板块在台东拼贴，使台湾强烈造山。菲律宾海板块作为整体以北西西方向相对于欧亚板块运动，在台湾岛与欧亚大陆相撞，在台湾岛一带形成强烈的挤压[7]。在台湾东北方向，菲律宾海板块沿琉球海沟向北消减；在台湾以南，南海洋盆向东俯冲到吕宋岛弧之下。两者的缝合带为中央山脉与海岸山脉之间的台湾纵谷断裂带，目前表现为斜冲走滑断裂，东盘沿断裂带相对北移170 km，同时向西北方向逆冲。

随着库拉—太平洋脊的最后消减，在古近纪后期，太平洋内的板块运动方向发生变化，由原来库拉板块的北北西向运动变为太平洋板块的北西西向运动，使亚洲大陆再次受到强烈的挤压，在亚洲东部边缘，沿过去的近北北西向的转换断层变为新的挤压、消减带，其中台湾为挤压带。随着亚洲板块与太平洋板块之间边界条件和运动方向的巨大变化，使东亚的南部和北部所受挤压力的方向也出现了差异。华南地区只能受到菲律宾海板块北西西向运动的影响。在北西西向的挤压作用下，台湾附近的亚洲岸带褶皱隆起，形成了北北东向的台湾褶皱隆起带。

新近纪—第四纪以来，华南大陆架东缘的台湾地槽褶皱隆起，成为亚洲东缘一个新的北北东向的强烈褶皱隆起带。其东侧发育了近南北向的纵谷断层，具逆兼左旋平移的性质。在大陆部分，前期的隆起和断陷被大面积的上升所代替，断裂活动已显著减弱，只在台湾海峡一带仍保留以北东向断裂控制的大陆架上的浅海盆地。台湾纵谷断层为具有左旋走滑成分的逆断层，台湾西部至大陆内部北东向断层都显示逆兼右旋走滑的性质，北西向断层为左旋走滑性质，表明新近纪以来，该区受到了来自太平洋方向的北西西向的侧向水平挤压[8]。

台湾海峡盆地发育于欧亚板块东南部的台湾海峡地体，跨台湾海峡和台湾西部山麓区，是古新世期间在继承白垩系裂陷的基础上发生进一步张裂而形成的陆缘裂陷，并于后期深受前陆作用影响的新生代叠合盆地，即在古新世—始新世期间为断陷盆地，晚渐新世—上新世为前陆盆地。盆地的沉积中心随时代演化而逐渐向东迁移，分别于晚渐新世和上新世发生两次向前陆盆地的转化。盆地北以观音隆起与东海盆地相隔，南以北港—澎湖—东沙隆起与台湾西南盆地相隔，西南以鞍部与珠江口盆地相连，东侧以屈尺—潮州断层（佬浓断层）与台湾中央山脉燕山—喜山褶皱带相接，西面抬升与闽浙沿海火山岩带相接。台湾岛的中西部山脉、海岸平原是台湾海峡盆地的陆地部分[9]。

台湾海峡地区的地质构造演化经历了前新生代基底形成阶段、古新世至始新世多中心断陷阶段、渐新世—中新世东部盆地坳断和台西南盆地断陷阶段、上新世—更新世前陆盆地阶段。台湾海峡盆地东部与西部在构造和沉积层结构特征方面存在明显差异，具有东西分带的特征，据此将盆地划分出东部坳陷、西部坳陷和西部斜坡 3 个二级构造单元。在东部坳陷和西部坳陷之间可能存在一个低隆起。在坳陷内，根据始新统—古新统的发育程度等，在西部坳陷中再划分出晋江坳陷、澎北凸起和九龙江坳陷，在东部坳陷内划分出新竹坳陷、苗栗凸起和台中坳陷[9]。

以台湾海峡盆地为中心的包括南海北部陆缘和东海在内的中国东南沿海地区在古新世—始新世期间处于统一的边缘海盆构造背景之下，而自晚始新世起，南海北部大陆边缘与其北部的台湾海峡地区、东海逐渐走上了不同的演化道路，前者向非典型的被动大陆边缘演变，而后者则继续其自古新世—始新世以来的演化进程，形成了自古新世至晚中新世间的 4 个有序分布的裂陷盆地群和相应的盆间弧体系。

台湾海峡盆地有两次独特的前陆盆地经历，分别发生于晚渐新世—早中新世期间和晚中新世末至今，并且以第二次前陆最为强烈。

晚白垩纪和早古新世，台湾西部处于剥蚀状态，因南澳运动台湾西部褶皱成陆。在古新世—渐新世断陷演化阶段，台湾海峡周边地区形成了裂陷盆地带。晚白垩纪—古近纪阶段，毗邻中国大陆沿岸的区域裂陷形成了九龙江坳陷（澎湖盆地）、晋江坳陷（南日岛盆地）、瓯江坳陷（东引岛盆地）和钱塘坳陷（大陈岛盆地）；始新世阶段，老盆地的扩张减弱或停息，而在南澎佳屿、北澎佳屿、台西盆地以及稍后的雪山槽（台湾坳陷）又开始了新的扩张；渐新世—早中中新世阶段，台西南盆地（台湾称为台西南盆地）、雪山槽和台北盆地裂陷作用活跃；晚中中新世或更晚的晚中新世，以上所有盆地均停止裂陷，但冲绳海槽开始了裂陷。在此阶段，盆地为陆缘断陷，伴有轻微挠曲，同时遭受海侵，沉积主要受控于同生断裂，地层主要发育于断陷深凹，而构造高部位则地层缺失或厚度很薄。

在晚渐新世—早中新世为雪山前陆作用阶段。晚渐新世，区内再度发生海侵，台湾海峡盆地东部坳陷由西北向东南逐渐由陆相变为海陆过渡相和浅海相沉积，而西部坳陷仍然处于隆起状态。

早晚中新世为坳陷阶段。雪山前陆作用后区内进入新一轮构造稳定期，台湾海峡盆地整体进入坳陷阶段，晚渐新世以来的振荡性海侵持续进行并于中中新世早期达到高峰，台湾海峡盆地普遍沉积了一套厚度较大的中新世的滨海—浅海相含煤碎屑岩沉积。该套中新统含煤建造为东厚西薄的东倾地层，沉积中心在东部坳陷。

在晚中新世末—第四纪的前陆盆地阶段，自晚中新世末起，在台湾造山运动影响下，前展式逆冲推覆运动将雪山槽中一度深埋的渐新统和中新统推至地表褶皱成山，构成了如今雪山山脉的主体，而东部坳陷的断陷期和坳陷期沉积在东部推覆体的影响下，挠曲下弯，盆地进入前陆作用阶段，从而接受了巨厚的上新统和更新统沉积。

上新世，台湾造山运动逐渐增强，中央山脉不断褶皱隆起，台湾海峡形成，台湾海峡盆地由大陆边缘裂陷转为前陆盆地。从此，东部坳陷东缘快速加深，开始接受来自中央山脉的碎屑物质，沉积速率急剧加快，堆积了4～5 km厚的上新统—下中更新统沉积。

上新世晚期，吕宋弧北段与台湾逐步缝合，直至形成海岸山脉，弧陆碰撞引起的强烈剪切与挤压，在屈尺—潮州断层带造就新的陆内俯冲带，台湾海峡地体向东南俯冲。第四纪，台湾海峡盆地东部坳陷随台湾西部的褶曲和抬升，海水逐渐向西退却，坳陷内下部海相沉积向上逐渐递变为海陆交互相沉积。

晚更新世以来，台湾海峡及围区的构造和地理面貌基本定型。台湾海峡盆地西部坳陷沉积厚度稳定，为分布全区的滨海—浅海相砂泥互层沉积。东部坳陷以海陆过渡相—陆相粗屑沉积为主。

1.4 我国的主要含煤地层及煤层发育特征

我国各聚煤期均有可采煤层形成，从早石炭世到新近纪的变化特征是，富煤面积缩小、煤层稳定性变差、煤层层数减少、单一煤层厚度增大。在我国分布最普遍的是晚古生代尤其是石炭纪、二叠纪含煤地层，储量最丰富的是早中侏罗世含煤地层。聚煤范围最广、煤层连续性最好的是华北聚煤区，其次为华南聚煤区，单层煤层厚度最大的是西北聚煤区和东北聚煤区。我国煤矿水体下压煤的现状也随着各聚煤期煤系地层的岩性、沉积环境以及各聚煤区煤层特征等的不同而不同。

1.4.1 我国的主要含煤地层及分布

1.4.1.1 晚古生代含煤地层及分布

晚古生代含煤地层在我国分布普遍，发育良好，主要含煤地层是华北和西北东部的上石炭统、下二叠统和华南的上二叠统，华南下石炭统及下二叠统也含煤。其中石炭纪含煤地层和二叠纪含煤地层分布最多、最广。

在华北，晚古生代石炭纪、二叠纪含煤地层广泛分布，其北界为阴山、燕山及长白山东段，南界为秦岭、伏牛山、大别山及张八岭，东界为黄海、渤海，西界为六盘山、贺兰山。遍及北京、天津、山西、河北、山东、河南的全部，辽宁、吉林、内蒙古的南部，甘肃、宁夏的东部及陕西、江苏、安徽的北部。主要形成了中石炭世本溪组、晚石炭世太原组、早二叠世山西组和下石盒子组4个含煤地层，其中本溪组含煤性差，其余3个组含煤性均好，尤以山西组和下石盒子组的含煤性最好。华北石炭二叠纪含煤地层存在东西分异、南北分带现象，含煤层位由北向南逐渐抬高。

在南方，晚古生代石炭纪、二叠纪含煤地层主要分布在秦岭巨型纬向构造带和淮阳“山”字形构造带以南以及川滇经向构造带以东的华南诸省，主要分布范围为北起秦岭、大别山，西至横断山，东至东海，南至南海诸岛。遍及贵州、湖北、湖南、广东、广西、江西、福建、浙江、海南的全部，四川、云南、江苏的大部及陕西、安徽的南部。具有工业价值的含煤地层有晚石炭世测水组、早二叠世童子岩组和梁山段、晚二叠世龙潭组或吴家坪组，其中以海陆交互相为主的晚二叠世龙潭组是我国南方最重要的含煤地层。

1.4.1.2 中生代含煤地层及分布

中生代含煤地层以晚三叠世及早中侏罗世和早白垩世煤系地层为主。其中晚三叠世含煤地层主要集中于华南各地，并与海域的分布有一定联系。早中侏罗世含煤地层主要分布在北方。

1.4.1.2.1 晚三叠世含煤地层及分布

我国晚三叠世含煤地层分布于天山—阴山以南。主要含煤地层大部分分布于我国南方，即昆山—秦岭—大别山以南，重要的含煤地层有湖南和江西的安源组、广东东北的艮口群、福建和浙江一带的焦坪组、湖北西部的沙镇溪组、四川盆地的须家河组、云南的一平浪组、云南东部和贵州西部的大巴冲组、西藏的土门格拉组。在昆仑—秦岭构造以北，晚三叠世重要含煤地层有鄂尔多斯盆地的瓦窑堡组、新疆的塔里奇克组以及吉林东部局部保存的北山组等。

1.4.1.2.2 早中侏罗世含煤地层及分布

我国早中侏罗世的聚煤范围较晚三叠世广泛，几乎遍及全国多数省区。但聚煤作用最强的主要分布在西北和华北等地区，以新疆的储量最为丰富。主要含煤地层有鄂尔多斯盆地的延安组、山西大同盆地的大同组、北京的窑坡组、辽宁北票的北票组、内蒙古的武当沟组、河南的义马组、山东的坊子组、新疆的水西沟群等。

1.4.1.2.3 早白垩世含煤地层及分布

早白垩世是我国中生代的第三个重要聚煤期，含煤建造多数发育于孤立的断陷型内陆山间盆地或谷地之中，聚煤盆地面积较小，但含有厚或巨厚煤层。

下白垩统是我国东北和内蒙古东部地区最重要的含煤岩系，我国最厚的煤层大都属于该区。聚煤盆地群的特征自西向东有所不同，以近南北向的大兴安岭和伊兰—伊通断裂带为界，可将其分为各具特点的西、中、东三带，再加上坳陷型盆地，可区分为4种情况。

西带是早白垩世最大的聚煤盆地群，主要分布于内蒙古范围内，广布于内蒙古的东部和中部，又可以分为北侧的海拉尔盆地群和南侧的二连盆地群。海拉尔盆地群包括大小盆地30个，主要煤盆地包括扎赉诺尔、伊敏、大雁等。二连盆地群包括大小盆地118个，有代表性的煤盆地包括霍林河、巴彦花、胜利、巴音宝力格等。

中带位于大兴安岭和伊兰—伊通断裂带之间，北界为小兴安岭。包括北侧的松辽盆地群及南侧的赤峰、铁法盆地群。松辽盆地群可包括31个煤盆地。赤峰、铁法盆地群包括10余个煤盆地，著名的煤盆地包括阜新、铁法、元宝山、平庄等。

东带煤盆地数量少、规模小，可称为吉东—辽东盆地群，包括近10个煤盆地。

在数以百计的断陷型聚煤盆地以东，发育了一个坳陷型盆地，即位于黑龙江东端的三江—穆棱盆地。成煤期之后的构造活动使鸡西、双鸭山、鹤岗、七台河等成为各自独立的煤矿区。

在西藏南部怒江以西的八宿、路崖、边坝一带及阿里地区亦有早白垩世煤系沉积，沿雅鲁藏布江还分布有晚白垩世煤系。

我国早白垩世主要含煤地层有黑龙江鸡西、双鸭山、勃利、绥膑、集贤等煤田的下白垩统城子河组、穆棱组，鹤岗煤田的下白垩统石头河组和石头庙组，虎林、密山、兴凯湖一带的下白垩统上云组和珠山组，东宁、老黑山煤田的下白垩统穆棱组；吉林的九台组，蛟河煤田的上侏罗统中岗组、奶子山组，辽源煤田的上侏罗统仙人沟组、辽源组、金州岗组，平岗区的上侏罗统长安组、安民组、久大组，桦甸矿区上侏罗统苏密沟组，和龙煤田的上侏罗统西山坪组，在城煤田、长春矿区的上侏罗统沙河子组，营城、长春、四平等地的下白垩统营城组；辽宁的沙河子组、营城组，阜新煤田的下白垩统沙海组、阜新组，铁法煤田的下白垩统阜新组，康平煤田的下白垩统三台子组；位于内蒙古呼伦贝尔盟的主要为下白垩统扎赉诺尔群大磨拐河组、伊敏组，位于锡林郭勒盟的主要为下白垩统白彦花组（巴彦花组）或巴彦花群，如内蒙古扎赉诺尔、伊敏、大雁、霍林河、陈巴尔虎（包括宝日希勒煤田和巴彦哈达普查区）、呼和诺尔、诺门罕、红花尔基、呼山、免渡河等煤田的扎赉诺尔群大磨拐河组、伊敏组，乌尼特、白音华、白音乌拉、巴彦宝力格、白音乌拉、五间房、巴彦胡硕、高力罕等煤田的白彦花组（巴彦花组），胜利煤田的巴彦花群锡林组、胜利组，霍林河煤田的上侏罗统霍林河组，平庄元宝山煤田的杏园组（九佛堂组）、元宝山组（阜新组）；西藏怒江以西的多尼组，林周、堆龙德庆、墨竹工卡一带的拉萨群，改则川坝、洞卡、玛米一带的川坝组等。

晚白垩世含煤地层有西藏雅鲁藏布江两岸的秋乌组。

1.4.1.3 新生代含煤地层及分布

新生代古近纪、新近纪是我国的主要聚煤期之一。含煤沉积的分布很不均衡，可分为南北两个聚煤地区。古近纪含煤地层主要分布在东北、广东南岭以南及滇西；新近纪含煤地层主要集中于南方尤其是云南。

北区主要分布在大兴安岭—吕梁山以东地区，南到河南的栾川、卢氏，北至黑龙江的孙吴、逊克，向东分布于三江平原的图们、珲春以及山东的黄县、平度。聚煤时代以古近纪始新世、渐新世为主。

南区主要分布在秦岭—淮河以南的广大地区，东至台湾的西部地区、浙江的嵊县，南达海南的长坡、长昌，西抵云南的开远、昭通及西藏的巴喀和四川西部的白玉、昌台等地。聚煤时期为古近纪渐新世、新近纪中新世和上新世，后者是南区的主要聚煤时代。

我国古近纪、新近纪主要含煤地层有黑龙江的虎林组，三江盆地挠力河坳陷各煤田中的古近系始、渐新统宝泉岭组及新近系中上新统富锦组，宝清煤田的新近系富锦组、古近系宝泉岭组，鸡东盆地的古近系达连河组、永庆组、新近系平阳镇组，依兰煤田及宝泉岭、桦南、五常等地的古近系达连河组，永安—永庆等地的古近系永订组，三江平原地区以及孙吴和逊克—嘉阴等地的新近系（富锦组），富裕、依安和北安一带的古近系、新近系；吉林延边区的古近系珲春组（珲春、敦化等矿区）、新近系土门子组，中部区的古近系舒兰组（舒兰矿区）、梅河组（梅河矿区）、桦甸组（桦甸矿区），新近纪的土门子组；辽宁抚顺的古近系老虎台组、栗子沟组、古城子组，沈北盆地的古近系杨连屯组、新近系邱家屯组；山东黄县煤田（龙口矿区）的古近系黄县组；河北曲阳、灵山县和涞源县斗军湾一带的古近系始—渐新统灵山组；河南北部东濮盆地的新近系馆陶组；广西百色、南宁、上思、宁明等煤田的古近系那读组；广东茂名的油柑窝组；云南开远的新近纪中新世小龙潭组，昭通曲靖一带的新近纪上新世昭通组、茨营组，大理、剑川一带的双河组，腾冲、梁河、保山一带的腾冲组；四川盐源盆地的昔格拉组；西藏西部古近纪始新世的门士组；台湾的新近纪中新统木山组、石底组、南庄组等。

1.4.2 我国主要聚煤期的煤层发育特征

1.4.2.1 华北聚煤区煤层发育特征

华北聚煤区的主要聚煤期为石炭二叠纪与早中侏罗世，局部地段发育下石炭统、上三叠统和古近系、新近系可采煤层。

上石炭统可采煤层分布于北纬35°以北的地区，下二叠统可采煤层遍及整个华北盆地，含煤系数4.8%～15.6%，含煤5～10层，含煤性好。

石炭二叠系主要可采煤层厚度具有北厚南薄的总体展布趋势，南北分带明显。北纬38°以北存在一个厚煤带，厚度一般在15 m以上，最厚可达30余米，该带进一步发生东西分异，呈现出厚薄相间的南北向条带。在北纬35°～38°之间，煤层厚度10～>15 m，大于15 m者呈席状、片状分布，小于5 m者零星展布在肥城、晋城、邯郸等地区。在北纬35°以南的南华北地区，煤层厚度多在10 m以下，且有向南变薄的趋势。

华北聚煤区的上二叠统煤层仅局限于南华北地区，含煤系数0.9%～3.3%，含煤15～25层，以中厚煤层为主，煤层北薄南厚，呈东西走向的条带状分布，煤层总厚度在安徽淮南和河南确山一带可达20 m以上，且有向南增厚的趋势。

华北聚煤区下中侏罗统煤层主要赋存于鄂尔多斯盆地及大同、京西、大青山、蔚县、义马、坊子等小型山间湖盆内。鄂尔多斯盆地延安组共含煤10～15层，主要可采煤层5～7层，累计可采煤层厚度15～20 m，煤层集中分布于盆地的西部和东北部，煤层厚度具有由北向南、自西向东减薄的趋势，煤层层数多，分布面积广，横向较为稳定，累计厚度大，局部可达40余米。在延安、延川、延长一带出现无煤区。

1.4.2.2 华南聚煤区煤层发育特征

在华南聚煤区西部，上二叠统煤层厚度呈现出中部厚、向四周变薄的总体展布趋势，周边煤层厚度一般小于5 m，中部煤层的发育特征在黔北—川南隆起带、黔中斜坡带、黔西断陷区和滇东斜坡区有所不同。

黔北—川南隆起带上分布着川南、南桐、华蓥山、桐梓和毕节等煤田或矿区，含煤3～53层，平均16层。煤层总厚0.45～28.12 m，平均6.24 m。可采煤层总厚1.90～23.25 m，平均4.33 m。局部可采煤层14层，大多为薄煤层，有1～2层为中厚煤层。

黔中斜坡带分布有贵阳、织纳、威宁等煤田或矿区，含煤8～82层，平均26层，煤层总厚1.51～45.03 m，平均16.35 m；可采煤层总厚3.04～38.0 m，平均9.98 m；局部可采煤层16层，多为薄煤层。

黔西断陷区主要为六盘水煤田，是华南西部的重要富煤地区，含煤13～90层，平均37层，煤层总厚7.02～69.75 m，平均总厚28.88 m，可采总厚4.68～45.79 m，平均可采厚度15.27 m，可采煤层14层，以中厚煤层为主，单层厚均在1.35 m左右。

滇东斜坡区包括宣威和恩洪两个矿区，煤层层数及厚度均向西减少，含煤4～80层，平均36层，煤层总厚3.54～50.53 m，平均18.54 m，可采煤层总厚2.72～42.13 m，平均可采总厚11.11 m，局部可采煤层17层，多为薄煤层，有1～2层中厚煤层发育。

在华南聚煤区东部，煤层发育于下石炭统测水组和上二叠统龙潭组。下石炭统测水组富煤带分布于湘中和粤北地区。湘中含煤3～7层，其中3号煤层为主要可采煤层，2号和

5号煤层为局部可采煤层。3号煤层厚度0~19.71 m，平均1.5 m左右，以渣渡矿区发育较好，平均厚度可达3.55 m左右，煤层结构简单至复杂。在金竹山矿区西北部及芦毛江矿区，下石炭统煤层以煤组出现，最多可达10个分层，煤层较稳定到不稳定，5号煤层厚度0~21.0 m，平均1.3 m左右，在金竹山一带发育较好，平均厚达2.28 m，且结构简单，3号煤层与5号煤层的间距为0~10 m。此外，在粤北地区含可采或局部可采煤层两层，2号煤层厚度0~6.0 m，平均1 m左右，3号煤层厚度0~42.5 m，平均3.00 m，结构极为复杂，煤层极不稳定，两煤层之间间距在18 m左右。

华南东部上二叠统龙潭组含煤沉积被古陆和水下隆起所分隔，各聚煤坳陷内含煤性差异较大，龙潭组普遍含有可采煤层，由南向北大致可分为3个聚煤带：

（1）南带位于赣南—粤北—湘南一带。赣南信丰、龙南含B24、B26、B28等不稳定可采煤层，单层厚度在1 m左右；粤北韶关含煤10余层，其中11号煤层全区稳定可采，厚约2 m；湘南郴州含煤10层，其中5号和6号煤层稳定可采，厚度小于2 m。

（2）中带展布于湘中—赣东—皖东南—浙西北—苏南一带，是华南东部龙潭组的主要富煤地带。湘中涟邵含煤6层，其中2号煤层全区稳定可采，厚约2 m。赣中萍乡、乐平等地含A、B、C3个煤组，其中B组煤全区发育，C组煤在赣东上饶发育较好，A组煤在萍乡一带发育较好，厚约2 m。在皖东南、浙西北的长兴—广德地区，发育A、B、C、D4个煤组，其中C2煤层全区稳定可采，厚度一般小于2 m。在苏南一带上、中、下3个煤组，其中上煤组3号煤层较为稳定，厚度1~2 m。

（3）北带位于鄂东南—皖南—赣北一带，龙潭组相对较差。鄂东南黄石地区含上、中、下3层煤，其中下煤层较为稳定，厚1 m左右。皖南铜陵、贵池一带含煤7层，均为不稳定薄煤层，其中A、B、C3层煤局部厚度可达1 m。赣北九江仅含不稳定的薄煤层。

1.4.2.3　东北聚煤区煤层发育特征

东北聚煤区以下白垩统煤层为主。大兴安岭以西的内蒙古地区分布着规模不等的聚煤盆地百余个，煤层厚度巨大，平均可采煤层总厚超过60 m，常有巨厚煤层发育，但侧向不甚稳定，结构复杂，该区胜利煤田赋存的煤层厚度最大，达239 m，是我国最厚的煤层。大兴安岭以东的东北地区，各聚煤盆地煤层层数增多，煤层总厚明显减小，含煤6~20层，可采煤层总厚在20 m左右。

在大兴安岭以西，海拉尔盆地群的扎赉诺尔群下含煤段含煤5~20层，总厚10~90 m；上含煤组含煤3~4层，总厚10~80 m，其中主煤层一般厚10~50 m。东南方向部分发育上下两个含煤组，向西北方向多数仅有下煤组。二连盆地群的巴彦花群下含煤段含可采煤层8~13层，可采煤层总厚45~80 m；上含煤段含可采煤层6~9层，可采煤层总厚120 m，其中6号煤层最大厚度达114 m。下含煤段主要分布于东部，上含煤段分布广泛。

在大兴安岭和伊兰—伊通断裂带之间，松辽盆地群的下含煤段沙海组含可采煤层1~5层，总厚0.7~8 m；上含煤段阜新组含可采煤层3~5层，总厚0.7~6 m。松辽盆地群东部发育上下两个含煤组，下组含煤性好，上组火山活动多，煤层不稳定；西部一般仅有上含煤段，含煤性差。赤峰、铁法盆地群的下含煤组沙海组含可采煤层1~3层，厚0.7~3 m；上含煤组阜新组含可采煤层3~5层，厚0.8~10 m。

在大兴安岭以西的吉东—辽东盆地群，辽源平岗盆地含局部可采煤层6~7层，厚0~

4 m；蛟河盆地含局部可采煤层2～5层，厚0～8 m。三江—穆棱盆地的城子河组在南部鸡西一带含可采煤层7～20层，总厚28 m；中部勃利一带含可采煤层3～11层，总厚10 m；北部绥滨一带含可采煤层8～16层，总厚39 m。在盆地的东部临近海域部分，相当于城子河组的珠山组在下部含煤层，穆棱组中部含煤，鸡西可采煤层1～8层，总厚12 m；勃利可采煤层1～3层，总厚6 m；绥滨可采煤层1层。

东北聚煤区古近纪、新近纪聚煤盆地规模相对较小，多沿深大断裂带呈串珠状展布，如沿密山—抚顺断裂带分布的虎林、平阳镇、敦化、桦甸、梅河、清源、抚顺、永乐等盆地，沿依兰—伊通断裂带分布的宝泉岭、依兰、五常、舒兰、伊通、沈北等盆地，其含煤性较好，常有巨厚煤层赋存，在抚顺、沈北等盆地煤层最厚可超过90 m。沿密山—抚顺断裂带和沿依兰—伊通断裂带分布的含煤盆地，二者的差异主要表现为前者有以玄武岩为代表的火山活动，而后者无此活动。

抚顺盆地的抚顺群有4个含煤层位，以中部古城子组含煤为主，煤厚沿走向自西向东变薄，西部130 m，中部74～40 m，东部45～15 m，至东端减为8 m。梅河盆地的古近系梅河组分为三段，下煤段含煤1～3层，局部可采；中煤段为主要含煤段，含煤3～5层，主采煤层2层，一般厚度3～10 m，最大厚度40～50 m；上煤段在盆缘为砂砾岩，盆中心为泥岩，结合部发育局部可采煤层。舒兰盆地的舒兰组含可采煤层8～12层，可采煤层总厚10～20 m。七台河南区含新近纪褐煤12层，可采煤层5层，可采总厚1.9～15.5 m，煤层结构复杂，厚度变化大。

1.4.2.4 西北聚煤区煤层发育特征

西北聚煤区主要含煤地层为下中侏罗统，分布于80余个不同规模的内陆坳陷盆地，如准噶尔、吐哈、伊犁、塔里木、柴达木、民和、西宁、木里等盆地。

准噶尔盆地展布着东部、北部及南缘3个聚煤带。其中东部和北部聚煤带以八道湾组为主，煤层累厚分别为50.5 m和40 m，最大单层厚度分别为15 m和10 m；南缘聚煤带以西山窑组为主，煤层累厚达60余米，单层厚度一般为4～5 m，富煤带展布方向与盆缘构造带展布方向一致。

吐哈盆地受北东向古隆起的影响，下中侏罗统含煤沉积被一分为二，西部为吐鲁番坳陷，东部为哈密坳陷。在吐鲁番坳陷中，煤层主要分布在吐鲁番—七克台和艾维尔沟地区，前者地区煤层最厚达120余米，向四周逐渐变薄。西端艾维尔沟地区含煤12～18层，可采厚度6.28～76.33 m，平均可采总厚32.2 m，以中厚煤层为主，含厚煤层2～3层，煤层结构较简单，平均层间距达25 m。

1.4.2.5 西藏滇西聚煤区煤层发育特征

西藏滇西聚煤区聚煤作用具有时代多、分布广、煤层层数多、厚度薄和稳定性差的总体特点，早石炭世、晚二叠世、晚三叠世、早白垩世、晚白垩世、新近纪都有可采煤层形成，主要分布于西藏唐古拉山山脉附近及四川、云南西部。下石炭统和上二叠统含煤煤层分布面积较大，含煤2～80层，单层厚度在1 m左右。上三叠统含煤6～8层，单层厚度一般小于1 m。早白垩统含煤2～10层，单层厚度0.3～2.75 m。晚白垩统含煤5～7层，单层厚度0.2～2.0 m。新近系含煤5～8层，总可采厚度3.7 m。

1.4.2.6 台湾聚煤区煤层发育特征

台湾聚煤区的主要聚煤期为新近纪，为我国新近纪的主要聚煤区之一。中新统下部木山组含可采煤层1~2层，中部石底组含可采煤层7层，上部南庄组含可采煤层2~4层，一般均为单层厚度小于1 m的薄煤层。自北向南地层增厚，沉积物颗粒变细，海相层增多，含煤性变差。

1.5　我国主要含煤岩系的水文地质环境

含煤岩系的水文地质环境是指煤系的基底、煤系及其盖层在形成时的沉积环境，包括岩相和岩性组合特征，煤系形成后的地质构造作用，以及现时所处的自然地理环境。它们决定了在开采该煤系内的煤层时，矿井充水的强弱，矿井水害的类型，以及防治水的方法和技术等问题，是水体下采煤和矿井水害预防与治理研究中水文地质基础理论方面的重要研究内容[10-13]。

1.5.1　含煤岩系及盖层的沉积特征及古地理类型

含煤岩系是指一套含有煤层并且在成因上有联系的沉积岩系。它是在一定的地壳运动、古地理环境和古气候条件下形成的，具有独特的沉积特征，常表现在岩性特征、岩相特征和旋回特征等几个方面。含煤岩系的盖层多为新生界地层，且主要为第四系，其沉积也有自身特征。

1.5.1.1　含煤岩系的岩性特征

含煤岩系是在潮湿气候下形成的。沉积岩的颜色主要呈黑色、灰黑色、灰色和灰绿色。有时在煤系中也会出现一些杂色的砂岩，如带红、紫、灰绿色斑块的泥质岩和粉砂岩等。

煤系中的岩石主要是各种粒度的碎屑岩和泥岩，并夹有石灰岩、燧石层等。碎屑岩中最常见的有石英砂岩、长石石英砂岩、长石砂岩、砂岩、粉砂岩以及各种成分的砾岩。不同沉积条件下形成的碎屑岩，在成分和结构上有着很大的差别。长石石英砂岩和岩屑砂岩是在内陆条件下形成的，砾岩和粗砂岩反映沉积物距剥蚀区较近。此外，煤系中还有铝土矿、耐火黏土、油页岩、菱铁矿、黄铁矿及火山成因的凝灰岩和火山角砾岩等。

组成煤系的沉积岩非水平类型层理比较发育，还有黄铁矿和各种碳酸盐结核及泥质、粉砂质包体。

在煤系形成过程中，若附近有火山喷发时，就会有相应的火山碎屑岩的分布；若遭受岩浆侵入还可见到各种岩浆侵入体形成相应的火成岩，但火成岩一般不作为煤系的组成部分。

1.5.1.2　含煤岩系及盖层的岩相特征

沉积相是沉积岩在形成时的一定古地理环境的反映。它带有沉积时的环境标记。在不同的沉积环境下形成的沉积，在颜色、物质组成结构、构造、厚度等方面都存在着差异。煤系是多种沉积相的组合。根据其形成的古地理类型，沉积相可分为陆相、过渡相和海相。陆相沉积的沉积物多以碎屑、黏土和黏土沉积为主，岩石碎屑多具棱角，分选欠佳，在水平方向上岩相变化大；海相沉积的特点是以化学岩、生物化学岩和泥岩为主，如石灰岩等，离海岸愈远，碎屑沉积颗粒愈细。在水平方向上岩相变化小。在煤系的沉积组合中，沼泽相最发育，并常有河流相、湖泊相、海陆过渡相及海相等，但几乎不存在砂滩相、冰川相、蒸发岩相等；在第四系的沉积组合中，主要有冰川沉积、河流沉积、湖泊沉积、风成沉积、洞穴沉积和海相沉积等。除此之外还有冰水沉积、残积、坡积、洪积、生物沉积和火山沉积等。不同的沉积相有着不同的水文地质特征，尤其是第四纪、新近纪、古近纪地层更是如此。因此，区分不同沉积相的地层是评价沉积岩层含隔水性和研究解决水体下压煤开采技术及措施等的内容之一。

从水体下采煤角度出发，根据不同沉积环境下的沉积特征以及区分沉积岩层含隔水性等实际需要，这里的岩相主要包括河流冲积相、洪积冲积相、湖泊相、沼泽相、海相、沙漠（风成）相、冰川相等几类。

1.5.1.2.1 河流冲积相和冲积洪积相

河流冲积相和冲积洪积相是陆相沉积类型之一，是大陆至滨海区由雨水或融化的冰雪水、泉水等汇集成各种地表径流和部分片流或漫流携带推移质和悬浮质的沉积环境。其中河流及其流域盆地是分布最广的冲积环境。冲积环境按地势高低大体分为山区河流和山麓冲积扇带、曲流河和冲积平原带、滨海的三角洲带。其特征是沉积物有明显的分选现象，在流水的上游及中游沉积物的粒径粗、磨圆度较差，多为卵石、砾石、粗砂等，下游沉积物的粒径细，多为中砂、细砂及黏土等，沿程粒径由粗到细，颗粒的磨圆度由差到较好，多具层理，并有尖灭、透镜体等产状。

河流为狭窄、限定路线和常含有泥砂的地表水流。有较大汇水面积的河流常形成永久河或常流河，汇水面积小或干旱区的河流则多成间歇河。河流类型主要有曲流河或蛇曲河和辫状河，还有少见的交织河和顺直河。河道内弯侧常发育点砂坝，又称内弯坝或边滩，河岸常发育天然堤，洪水期可形成决口扇和漫岸沉积。辫状河一般发育在河流中上游较陡处，水流浅急，流量变化大，输砂量大。辫状河道不断分叉而又汇合，河床不断迁移，属游荡性河。辫状河道汊道间还夹有许多沙岛，又称心滩，组成辫状砂坝。河流冲积相可以分为平原河谷冲积相、山区河谷冲积相、山前平原冲积相、洪积相及三角洲冲积相等。平原河谷主要包括河床、河漫滩、牛轭湖等。河流相发育的岩石类型以碎屑岩为主，次为泥岩，碳酸盐岩较少出现。在碎屑岩中，又以砂岩和粉砂岩为主，砾石多出现在山区河流和平原河流的河床沉积中。碎屑岩的物质成分复杂，它与源区以及河流流域的基岩成分有关；一般不稳定组分高，成熟度低；砾岩成分复杂，砂岩以长石砂岩、岩屑砂岩为主，个别出现石英砂岩；泥质胶结者居多，间或有钙、铁质胶结者。碎屑沉积物以砂、粉砂为主，分选差至中等。河流相层理发育，类型繁多，但以板状和大型槽状交错层理为特征。

河床是河谷中经常流水的部分，在横断面上呈槽形。在河床最底部常形成河床滞留沉积。主要沉积砾石等粗碎屑物质，砂和粉砂极少，往往局部集中堆积，形成断续分布的透镜体，其沉积物包括卵石、砾石、砂、黏土质砂、砂质黏土、淤泥等。其沉积砂岩一般为泥质胶结，分选差；在垂直层序上，自下而上颗粒由粗变细，圆度差到中等；层理有斜层理。

在洪水期，因水位升高，河水携带的细砂、粉砂沿着河床两岸堆积，形成与河床平行的堤岸，称为天然堤沉积。天然堤由细砂岩、粉砂岩和泥岩组成，并且常见到砂岩和泥岩的互层。河漫滩位于河床外侧河谷底部地势平坦低洼的地方，在洪水泛滥时期漫出河床淹没谷底，形成河漫滩沉积。河漫滩沉积物比较简单，以粉砂岩、泥岩为主，在平面上离河床越远粒度越细。河漫滩沉积包括河漫滩、牛轭湖沉积和天然堤沉积等。沉积中三者不易区分，故统称为河漫相。沉积物以粉砂为主，也有细砂和泥的夹层；矿物成分较复杂，分选和圆度都较差；层理有交错层理、缓波状层理和水平层理等。牛轭湖的沉积物主要是淤泥、泥炭等。

河流中、下游常发育冲积平原环境，主要由曲流河沉积及其泛滥沉积物所组成，其中还发育与河道连通的湖、废弃曲流河道形成的牛轭湖以及一些沼泽。河流下游流入湖、海处都可形成三角洲。三角洲无论从平面分布上或垂直剖面上均可分为3个沉积带，即三角洲平原带、三角洲前缘带和前三角洲带。河流进入三角洲环境时首先形成多条分流河道，发育成三角洲平原亚环境，包括分河流床、天然堤、决口扇、牛轭湖及沼泽等多种环境的沉积物，其中主要是分流河床的砂质沉积岩和沼泽的泥炭堆积。分流河道也发育天然堤，也有决口扇和漫岸沉积，河道废弃期广泛发育沼泽和泥炭沼泽，是地质时期成煤的重要环境。在海或湖的岸坡带还发育由分流河口砂坝、侧翼席状砂、远砂坝等组成的三角洲前缘亚沉积环境。在三角洲坡脚处形成富泥质、有水平纹层，有时有滑塌块和滑塌褶曲的前三角洲亚沉积环境，包括水下支流河道和支流河口砂坝沉积，以砂质为主，自下而上粒度逐渐变粗，不同方向的板状、楔状斜层理和波痕较发育。但在较强的潮汐或波浪发育的海岸带，河成三角洲还不同程度地被改造成潮控或浪控具潮汐海岸或波浪海岸沉积特点的破坏型三角洲。如发育在海、湖沿岸的冲积扇，有高坡降和发育辫状水道时，则可发育成扇三角洲环境。扇三角洲平原亚环境常为多发洪水沉积环境，也发育辫状分流河道及漫流沉积，也有泥石流沉积，其废弃阶段如为潮湿气候可大面积发育沼泽和泥炭沼泽。水下斜坡部分则常形成富砂砾质的扇三角洲前缘亚沉积环境，以及在坡脚处形成富泥质的前三角洲亚沉积环境。

冲积扇是发育在山麓区的半圆锥状或扇状富粗碎屑沉积体的地貌单元，属洪水沉积物，主要为辫状水道和漫流沉积的沉积物。冲积扇沉积是陆上沉积体系中颗粒最粗、分选最差的近源沉积。在干旱、半干旱区冲积扇较典型，常发育泥石流。冲积扇一般形体较小，多锥形。潮湿区冲积扇面积常较大，比干旱区冲积扇面积可大数百倍。但潮湿区冲积扇以辫状河沉积占优势，因向河流沉积过渡而冲积扇沉积物不甚典型，泥石流常被稀释渐成冲积物，或泥石流沉积多砂质而不典型。一般较典型的冲积扇，近基扇部分常含巨砾，富砾石，有时还有由基岩破裂物形成的粗碎屑沉积体，富孔隙，有滤掉细物质的筛滤作用，富粗碎屑的冲积层常和富泥质基质的泥石流层成厚层互层。远基扇部分则主要为河成冲积砂层，粗碎屑粒径减小，含量降低，基本上没有泥石流沉积，但面积大，坡度变小，逐渐过渡为冲积平原。洪积扇沉积物的粒度在平面上有明显的递变，最粗的碎屑分布在内扇，以砾石为主，厚度较大，中扇和外扇的粒度逐渐变小，从砾石变为砂及粉砂、泥质物，厚度也逐渐变小，并发育各种交错层理。现代冲积扇广泛分布于世界的干旱、半干旱地区，如我国的广大西北地区，但在喜马拉雅山脉这样一些潮湿地区冲积扇也有发育。我国自中生代以来形成许多内陆盆地（特别是一些断陷盆地），在盆地边缘经常有冲积扇沉积，如克拉玛依的二叠系、三叠系，酒泉盆地的白垩系，渤海湾盆地的古近系、新近系等都发育有这种类型的沉积。

洪积物的特征是物质大小混杂，分选性差，颗粒多带有棱角。洪积扇顶部以粗大块石为多；中部地带颗粒变细，多为砂砾黏土交错；扇的边缘则以粉砂和黏性土为主。洪积物质随近山到远山呈现由粗到细的分选作用，但碎屑物质的磨圆度由于搬运距离短而不佳。

由于山洪大小交替的分选作用，常呈不规则的交错层状构造，交错层状构造往往形成夹层、尖灭及透镜体等产状。冲积物的特征是，物质有明显的分选现象。上游及中游沉积的物质多为大块石、卵石、砾石及粗砂等，下游沉积的物质多为中细砂、黏性土等；颗粒的磨圆度较好；多具层理，并有尖灭、透镜体等产状。

许多冲积扇沉积都是由不同比例的泥石流和水携沉积物（河流沉积物和漫流沉积物）的互层沉积所构成的，在岩性上差别较大，大部分冲积扇多以砾岩为主，砾石间充填有砂、粉砂和黏土级的物质，有些冲积扇也可由含砾的砂、粉砂岩组成。扇顶部分以砾、砾岩为主，扇缘部分砾岩减少，砂、粉砂、泥质岩增多，层的厚度变薄，扇体与平原过渡地带，以黏土沉积为主。粒度粗、成熟度低、圆度不好、分选差是冲积扇沉积的重要特征。但不同沉积类型的分选性亦有较大差别。泥石流沉积是冲积扇的主要沉积类型之一。其最大的沉积特征是分选极差，砾、砂、泥混杂，而且颗粒大小相差悬殊，甚至可含有几吨重的巨砾。砾石多呈棱角状至半棱角状。层理不发育或不清楚，一般呈块状，但有时可见不明显的递变层理。其组构特征，或者是板状、长条形砾石以垂直于泥石流流向的直立定向排列为主，或者是呈水平和叠瓦状排列。一般黏度不大的泥石流沉积可具有递变层理，砾石呈水平或具有叠瓦状构造；黏度大的泥石流多是块状，砾石以垂直走向排列为主。河道沉积物通常由砾石和砂组成，分选较差，层理不发育，多呈块状。漫流沉积是冲积扇中最常见的一种沉积类型，漫流沉积物通常由砂、砾石和含少量黏土的粉砂组成，分选中等。其沉积构造为块状层理、交错层理和水平或平行纹理，有时也见有小型冲刷—充填构造。与河道沉积物相比，漫流沉积物的粒度变细，分选性变好。筛状沉积主要由棱角状至次棱角状的单成分砾石组成，其中充填砂粒，分选中等到较好。其层与层之间的接触线不清楚，故呈块状构造。筛状沉积的分布不如其他水携沉积物普遍，只是局部的堆积现象。在古代扇沉积中，可能由于胶结作用和发生沉积作用充填其孔隙空间，而变得致密坚硬。冲积扇沉积物在空间分布上具有一定的规律性。泥石流沉积常分布在扇根附近；漫流沉积分布于扇中和扇端地区；筛积物集中分布在冲积扇河道交叉点以下；河道沉积主要分布在该区交叉点以上。但沉积后的冲刷侵蚀作用和突然出现的地下水，也可以使河道沉积堆积在更下游的地区。

从成煤角度看，河流沉积物一般有 3 种相模式：辫状河模式，河道浅而宽，横向摆动频繁，保存下来的常是洪水期粗碎屑沉积物，不利于成煤沼泽的发育；曲流河模式，河道弯度大，两侧的漫滩沼泽、牛轭湖是有利的成煤场所，但形成的煤层横向连续性差；网结河模式，河道被分支河道间富泥质的植被岛所限，不易发生横向摆动，泥炭得以在植物岛内持续堆积，但横向被砂质河道充填物所截切，成煤环境多与中部凸起的高位沼泽有关。与河流环境有关的煤均为低硫煤。与冲积扇和扇三角洲有关的成煤沼泽常见于断陷盆地近边部，沿扇前地下水溢出带发育。由于盆缘同沉积断裂的活动，厚煤层自盆内向盆缘同沉积断裂方向分叉变薄，煤质含硫也低，但灰分相对偏高。

我国南方及西北各省区均分布着河流及洪流堆积。如南方的长江、珠江流域，普遍分布着早中更新世的河流相砾石堆积；西北的山区如祁连山、天山等山麓地带，普遍分布着洪积相砾石堆积山，而且厚度大，一般数百米，甚至超过千米。由河流沉积作用形成的冲积平原，如我国华北平原的第四纪冲积层，层数多，黏性土的隔水性好，整个冲积层虽然是一个地下大水体，但又是地表水的良好隔水层。山区河谷冲积层大多由纯砂、卵石、砾石等组成，分选性较平原河谷冲积层差，大小不同的砾石互相交替沉积，成为水平排列的透镜体或不规则的袋状。一般山区河谷谷地多是由单一的河床砾石组成，不如平原河谷冲积层那样复杂，故山区河谷冲积层隔水性不好。山前冲积、洪积扇以扇顶为圆心向外展布，有明显的分带性。近山处扇首由带棱角的粗碎屑物组成，粒径大小混杂，分选性差，沿程粒径由大变小。洪积扇顶部以粗大块石为多，中部颗粒变细，扇的边缘地带则形成层状的分散型水体，整个厚度有时能达数百米。三角洲冲积层是河流所搬运的大量物质在河口沉积而成。一般厚度很大，能达几百米或更大，分布面积也很广。沉积物的颗粒较细。一般存在隔水性良好的层状物质，形成地表水体下采煤的良好条件。

河流沉积砂体的一个明显特点是，沿程在平面呈狭长的条带状，也有些呈树枝状、网络状、辫河状分布。由于河流的改道现象，这些河床砂体逐渐被河漫滩沉积物所覆盖，当具有适宜的不断下沉的构造条件时，新的河床就重叠在河漫滩沉积之上，使许多条带状砂体被河漫滩沉积物所环绕，在横剖面上多呈透镜状。这种透镜状砂体中的地下水，往往成为封闭或半封闭状态，而与其他含水层在横向及垂向均失去密切的水力联系。

1.5.1.2.2 湖泊相

典型湖泊沉积的特征是，岩相基本上呈环带状分布。由外向里分别是湖滩、砂质带、泥质、软泥带，中心为软泥带。如我国青海湖的沉积分布具有较明显的环带状特征。

大型湖泊中沉积环境可进一步划分为湖滨三角洲相、湖滨相和深湖相。

湖滨三角洲的水动力作用较弱，一般以河流作用为主，沉积物具有明显的顶积层、前积层和底积层。沉积物以细、中粒砂岩为主，粗砂岩主要在分流河道的轴部沉积，局部还可见含砾砂岩或砾岩。具有直线型，斜层理、楔状层理等。

湖滨是受波浪冲积的湖岸地带，主要沉积物有砾、砂、泥和泥炭，较细的碎屑被冲到较深的水中，砂和砾则沿湖岸形成砂滩或砂嘴、砂洲。碎屑物分选程度好。具有向湖心缓倾的斜层理、水平层理、波状、缓波状层理等。此外，还有波痕、泥痕等层面特征。砾质沉积一般发育在陡峭的基岩湖岸，砂质沉积在湖滨带发育最广泛，一般具有较高的成熟度，分选、磨圆都比较好，主要成分为石英、长石，也混有一些重矿物。泥质沉积物和泥炭沉积物主要分布在平缓的背风湖岸和低洼的湿地沼泽地带。泥质层具有水平层理，粉砂层具有小波状层理。有的湖泊泥炭沼泽极为发育，是重要的聚煤环境。

深湖相指湖泊中深水的中心部位。沉积物都是较细的物质。其岩石组成有黑色泥岩、油页岩、粉砂质泥岩、泥灰岩，也可有碳酸盐岩。水平层理发育。岩性横向分布稳定，沉积厚度大。在还原环境下，可以形成菱铁矿、黄铁矿结核。

我国更新世的湖相沉积分布范围相当广泛，湖泊面积大于现在。我国一些煤系中的湖泊相沉积也比较发育，如抚顺古近纪煤系主要由沼泽相和湖泊相组成；云南小龙潭煤田新近纪煤系也主要是湖泊相沉积。

与大型湖泊—湖三角洲环境有关的煤，形成于湖三角洲被废弃的朵体或湖湾被决口沉积物充填的浅水平台上。与陆表海相似的大型湖泊常分布在波状坳陷的构造背景下，水域面积可以相当大，但一般不深，容易被多源河流带来的沉积物充填淤浅而沼泽化成煤，因淡水介质，形成的煤含硫低，如鄂尔多斯中侏罗世早期湖三角洲平原和湖滨平原，形成低灰、低硫、低磷、高发热量、储量巨大的优质煤，向深水区过渡煤层变薄，尖灭，煤质灰分和硫分也相应增加。

断陷成因的湖泊经常为窄长形，沿断裂走向发育，水深可达数十至数百米，当被冲积扇碎屑物充填淤浅后，在扇三角洲朵体之间或废弃的扇三角洲朵体之上始有成煤作用发生。中国东北晚中生代以阜新、霍林河等为代表的煤盆地属这种类型，经常有厚和巨厚煤层发育，但横向稳定性较差，煤质含硫低，灰分一般偏高。中国南方一些新近纪、古近纪煤盆地如昭通、百色等多属这种类型。

侵蚀成因的小型湖泊被沉积物充填，容易整体淤浅成煤，形成的煤层范围一般不大，如我国南方某些新近纪煤盆地。

湖泊沉积物常发育清楚的、薄的年纹理。湖沉积物因湖泊所处地理位置和大小等可以很不相同，在有些地形较复杂，基岩出露较多的地区，湖滨带可形成砂堤和窄的砂砾滩等，湖中心为泥质沉积，过渡的浅湖、半深湖多砂泥混合沉积。在温暖潮湿气候条件下，如地势平缓，碎屑物供给少，湖滨还可发育介壳滩和鲕滩，湖中心可发育灰泥沉积。有些湖泊近滨发育藻和软体动物，而湖中心沉积腐泥。干旱区的盐湖沉积虽然也有多种多样的碎屑和生物沉积，但常主要为蒸发成因的化学沉积，有各种碳酸盐、硫酸盐、氯化物等沉积；但也常显有年理，具湖沉积的特点。湖岸地区的地下水位常因湖水位的变化而升降，四周的岩土被水浸湿发生松软现象，能使建筑物的地基沉降，岩坡也可能出现崩塌或滑动。

湖泊的沉积作用主要是指沼泽沉积层中，腐朽植物的残余堆积占主要地位，主要是分解程度不同的泥炭（有时可见到明显的植物纤维）、淤泥和淤泥质土，以及部分黏性土及细砂。它们具有不规则的层理。泥炭的有机质含量达60%以上。

湖泊沉积物大部分是细砂、粉砂、泥、淤泥和泥炭等。通常在岸边和湖水较流通的地段，多沉积颗粒较粗的物质，如细砂、粉砂和泥等。湖底的中央和湖水较平静地段，多沉积细小颗粒的物质，如粉砂和泥为主。还可能有淡水灰岩、油页岩等。湖泊沉积物中常存在层状黏土层，主要是由夏季沉积的细砂薄层和冬季沉积的黏土薄层交互沉积组成的。邢台煤矿松散层的下部、淮南孔集煤矿松散层下部的泥灰岩组以及柴里煤矿第四系下部均为湖泊相沉积层，岩性多为灰色、绿色黏性土及粉细砂等，分布面广、沉积稳定，具有良好的和比较良好的隔水性。

1.5.1.2.3 沼泽相

沼泽是长期积水（或潮湿），并有植物生长的洼地。许多大的沉积环境中都可以有沼泽，如在河流环境中有河漫沼泽；湖泊的某些部位也可以沼泽化；三角洲平原上的分流河道间也可广泛发育沼泽；潟湖环境在潮间带中也可形成红树林群落的沼泽；海岸浅滩、海湾潮滩等都可形成沼泽。沼泽的沉积物主要是黏土、有机质淤泥和粉砂质沉积，常见有菱铁矿、黄铁矿结核。

根据沼泽水动力条件以及沉积特点，沼泽相可以划分为闭流沼泽相、覆水沼泽相和泥炭沼泽相。

闭流沼泽相以沉积粉砂岩、黏土岩和粉砂质黏土岩为主，块状构造，局部有不清晰的透镜状、波状、水平层理。多见于煤层底板，亦可见于煤层顶板或夹矸中，在我国华北中北部地区二叠系山西组中常见。

覆水沼泽主要沉积的是炭质页岩、炭质泥岩，部分可为含炭质较高的粉砂质黏土岩或炭质粉砂岩，发育水平层理或缓波状层理。多见于煤层顶板，亦可见于煤层底板或夹矸中，在我国华北中北部二叠系山西组及华北南部二叠系下石盒子组中常见。

泥炭沼泽沉积主要为泥炭或炭质泥岩。泥炭沼泽相为闭流沼泽相和覆水沼泽相的过渡环境，也是主要的成煤环境。泥炭沼泽相是河漫滩、三角洲平原、湖滨等地区主要的聚煤环境，所形成的煤层分布较连续，但厚度变化大。我国石炭二叠纪部分煤层、侏罗纪煤层和古近纪、新近纪煤层都是在泥炭沼泽相中形成的。

第四纪沼泽相地层为泥炭、淤泥、淤泥质土以及部分黏性土及细砂等，成岩后则常常是一些泥质黏土岩和粉砂岩等，如煤层底板多为沼泽相的黏土岩、泥质岩和粉砂岩。

1.5.1.2.4 沙漠（风成）相

地球上，除了北极地区是寒漠之外，绝大部分沙漠是气候炎热的热沙漠。广阔的沙漠沉积主要受风的作用控制，风成沉积物在沙漠环境中占绝对优势，主要由分选好、粒度变化不大、磨圆度很高的砂粒组成，呈水平层理、斜层理或交错层理。

沙漠按其沉积性质的不同，可分为岩漠、石漠（戈壁）、风成砂、旱谷、沙漠湖和内陆盐碱滩等沉积类型。岩漠是由于风的吹扬作用使基岩裸露并伴有崩裂的巨砾出现而形成的，常位于沙漠层的最底部，分布于风蚀盆地和旱谷深处；石漠（戈壁）是在地势平缓地区风蚀残留地面上的残余堆积，其主要组分为砾石和粗砂，分选差至中等；风成砂沉积的主要沉积物为风成砂，成熟度高，黏土含量低，分选极好，风成砂的粒度中值为0.15～0.25 mm，颗粒磨圆度高；旱谷沉积是一种间歇性辫状河流沉积作用的产物，沉积物粒度粗；沙漠湖的沉积物主要为粉砂或黏土；内陆盐碱滩沉积的物质常为砂、粉砂、黏土和蒸发矿物组成的韵律层。

沙漠中分布最广的风成沉积物是沙漠砂，多成沙丘，也有平坦的沙席，暴风期沙席也形成纵向沙条；它们组成成片分布的沙丘原野。分布最广的沙丘类型为新月形沙丘和平行盛行风的纵向沙丘；风速减弱时沙丘上还可叠置风成沙纹。沙漠中也有降水，还有骤雨，可发育成间歇性河流，但因干旱时间长，称干河或旱谷。在山麓谷口处还可形成旱谷扇。沙漠中低洼湿地有植物茂密生长处形成沙漠中的绿洲。沙漠中也可有暂时性的湖泊，称沙漠湖。干涸的沙漠湖和旱谷中洼地处还常形成龟裂泥地，并形成很多泥裂碎片，也可经暂时性流水带入冲积物中。沙漠中也有盐湖，但常成干盐湖。

风能将碎屑物质搬运到他处，搬运的物质有明显的分选作用，粗碎屑搬运的距离较近，碎屑愈细，搬运就愈远。风所搬运的物质，因风力减弱或途中遇到障碍物时，便沉积下来形成风积土。风力沉积时，是依照搬运的颗粒大小顺序沉积下来的。在同一地点沉积的物质，颗粒大小很相近。在水平方向上有着十分完善的分选特征。

风积土主要有两种类型，即风成砂和风成黄土。风成砂常由细粒或中粗砂组成，矿物成分主要为石英及长石，颗粒浑圆。风成砂多比较疏松。风成砂岩具有很高的孔隙度，它可以成为良好的含水层。在干旱气候条件下，随着风的停息而沉积成的黄色粉土沉积物称风成黄土，或简称黄土。黄土无层次，质地疏松，雨水易于渗入地下，有垂直节理，常在沟谷两侧形成峭壁陡立，屹立数十年而不倒。我国风成黄土的粒度组成与矿物组合在空间与时间分布上均有一定规律。颗粒以粉沙占优势，一般在50%以上，黏土占15%～30%，细沙不到30%，大于0.25 mm的颗粒极少。在黄河中游地区，从西北向东南有粗颗粒减少、细颗粒增加的趋势。矿物成分以石英为主，占50%以上，其次为云母、角闪石、长石等，风化程度很弱。我国黄土堆积主要分布在黄河流域的广大地区内。黄土的隔水性大体上可按一般黏性土中的粉土考虑。

1.5.1.2.5　冰川相

冰川是陆地上的降雪经过堆积和变质而成的一种流动的冰体体系。冰川负载物是冰川流动时侵蚀基岩的破碎物质、冰川谷壁的岩石破碎物，以及地表的松软物质等。冰川流动过程中和冰川末端都有融解，常形成大小混杂、碎屑呈棱角状、粗大碎屑上还常有磨光平面和冰川擦痕的冰碛物。冰碛物是直接由冰川堆积的沉积物，是一种未经分选的由泥质质点、砂粒、砾石以至巨大的岩块混合而成的块状堆积物，粒度变化很大，可以从巨大的漂砾到粉沙和黏土杂乱地堆积在一起，没有沉积层理，有分选，分布也不均匀；冰水沉积物（层状冰碛）是由冰川搬运来的后经融冰水再搬运并沉积下来的物质，其沉积特征是具有一定的层理和分选性。冰川沉积物本身一般含水较多，隔水性不好。我国南方震旦系地层中有典型而广泛的冰碛层存在，辽源梅河矿区的第四纪松散层属于冰水沉积层。更新世的冰川堆积在长江中下游（如庐山等）及其他高山地区，近代的冰川堆积主要分布在西部的高山高原地区。

1.5.1.2.6　海相

海相组可以分为滨岸相、浅海陆棚相、半深海相和深海相。滨岸相又称为海岸相或海滩相，位于波基面及最高涨潮线之间。浅海陆棚相是指从近滨外侧到大陆坡内边缘的宽阔海域，也可称为陆架，深度一般为 10 ~ 200 m，宽度由数千米至数百千米不等。半深海相的位置相当于大陆坡，是浅海环境与深海环境的过渡区，主要由泥质、浮游生物和碎屑 3 部分沉积物组成。深海相是指水深在 2000 m 以下的大洋盆地，平均深度为 4000 m。现代深海沉积物主要为各种软泥，其中大部分属于远洋沉积物，即多半是繁殖于大洋上层的微小浮游生物的钙质和硅质骨骼下沉堆积而成的软泥，另一部分为底流活动、冰山搬运、浊流、滑坡作用形成的陆源沉积物，以及局部地区各种矿物的化学和生物化学沉淀作用形成的锰、铁、磷等沉积物，此外尚有少量风吹尘、宇宙物质等。

海洋的地质作用中最主要的是沉积作用。河水带入海洋的物质和海岸破坏后的物质在搬运过程中，随着流速的逐渐降低，就沉积下来。靠近海岸一带的沉积多是比较粗大的碎屑物，离海岸愈远，沉积物也就愈细小。这种分布情况还与海水深度和海底的地形有直接的关系。滨海和浅海沉积环境中，不但广泛沉积有陆源碎屑和黏土物质，还常发育有碳酸盐质、硅质、铁质、磷质等沉积物，其中碳酸盐沉积物分布很广。

滨岸带沉积物主要是粗碎屑及砂。在河流入海的河口地区，常有淤泥沉积。滨岸带沉积物在垂直和水平方向的变化均较大。浅海相以泥质岩、粉砂岩和石灰岩为主，也有一些细砂岩、中粒砂岩，有时还有硅质岩，粗碎屑岩少见。浅海带砂土的特征是，颗粒细小，粒径均匀，分选和圆度好，矿物成分简单，以石英为主，层理为水平层理，波状、缓波状层理也较常见，分布范围广。浅海带黏土、淤泥的特征是，粒度均匀。浅海带沉积物的成分及厚度沿水平方向较稳定，沿垂直方向则变化较大。煤系中的海相沉积主要是浅海相。

1.5.1.2.7　过渡相

过渡相是海陆之间的过渡环境下的沉积物，主要包括潟湖相、滨海相和三角洲相等亚相。

1. 潟湖相

潟湖是平行海岸线分布并被砂坝与外海隔开的浅水盆地。一般以泥质、粉砂质为主，间夹有细砂质和碳酸盐的沉积。由于砂坝阻挡了外海波浪的传播，从而使得潟湖中的水介质保持平静或比较停滞状态。沉积物以水平层理为主，但表现得不明显。有较多的菱铁矿结核。潟湖底部的一些地方因循环很慢，处于较强的还原环境，故沉积物富含有机质而呈暗色，有细分散状黄铁矿。在潟湖的海岸地带以及靠近砂坝的通道处，由于环境较动荡，沉积物较粗（细砂、粉砂），层理有缓波状小型斜层理等。

潟湖的海岸地带经常有茂密的植物生长，是泥炭沼泽发育的有利地段。

2. 滨海相

滨海是指受潮汐作用的低潮线与高潮线之间或附近的海岸地带，主要包括潮上带、潮间带。湖滨沉积通常由砂质、泥质、粉砂质组成或碳酸盐等多种类型，也有砾石沉积。其共同特点是：砂质纯净、分选和圆度好；富含贝克化石碎片，常为化学胶结；具有很典型的低角度楔状层理，分层的倾角十分平缓，向海、陆两个方向倾斜，但以前者为主。

3. 三角洲相

三角洲是陆源碎屑在河流入海洋时于河口处堆积而成。无论从平面分布上或垂直剖面上均可分为3个沉积带，即三角洲平原带、三角洲前缘带和前三角洲带。三角洲平原沉积包括分河流床、天然堤、决口扇、牛轭湖及沼泽等多种环境的沉积物，其中主要是分流河床的砂质沉积岩和沼泽的泥炭堆积，二者共生是典型特征。三角洲前缘沉积包括水下支流河道和支流河口砂坝沉积，主要为砂质，粒度自下而上逐渐变粗，板状、楔状斜层理和波痕较发育。前三角洲沉积通常是三角洲沉积中最厚的部分，主要由富含有机质、具有水平层理的暗色泥质沉积物组成，朝海方向逐渐过渡到浅海相。

1.5.1.3　含煤岩系的旋回结构

旋回结构是指在垂直剖面方向上的沉积序列中一套有成因联系的岩性或岩相的多次有规律的组合和交替现象，是煤系的主要特征之一。它反映了煤系形成过程中地壳运动、古地理、古气候等一系列控制因素的周期性变化。不同古地理条件下旋回结构的特征也不同。

1. 陆相煤系的旋回结构

内陆条件下形成的旋回，其旋回的下部常由代表较强水动力条件下沉积的山麓相、河流相、滨海三角洲型等亚相组成。上部则由代表弱水动力条件下沉积的湖泊相、沼泽相及泥炭沼泽相等亚相组成。因此，在一般情况下，一个完整的旋回，下部是颗粒较粗的砂岩或砾岩，向上逐渐过渡为较细的砂岩、泥岩或泥灰岩，最后为煤层。自下而上层理也相应地发生变化，分层倾角逐渐平缓直至水平或消失。显然，旋回的形成与剥蚀区和沉积区之间相对高差的变化有密切关系。即每一旋回的开始与地壳活动的重新加剧，地形高差重新增大相吻合。整个旋回发育的过程也是地形高差逐渐缩小的过程。

2. 过渡相煤系的旋回结构

滨海条件下形成的旋回，多由陆相、过渡相和浅海相组成。以煤层为准，可把旋回分为海退（在煤层以下）和海进（在煤层以上）两部分。一般旋回的海退部分岩性、岩相组合比较复杂，岩石颗粒较粗，厚度变化较大；旋回的海进部分岩性、岩相组合比较简单，除泥炭沼泽相外，多是潟湖相、滨海相，或滨海相的沉积物，以细碎屑岩和石灰岩为主，厚度较稳定，在大面积范围内岩性、岩相比较稳定。

海退部分岩性、岩相比较复杂的原因，在于海退过程中随着海岸线的逐渐后退，大片地面出露，河流广泛发育，地形起伏不平，大量碎屑物质搬运到海中，在河口形成三角洲沿海岸线形成滨海砂滩、砂嘴、砂堤、砂洲，使海岸线迂回曲折，从而加速了潟湖海湾的形成。因此，旋回的海退部分各种过渡相十分发育。海退末期到再一次海进之前，经过河流的侧向侵蚀，大片地面逐渐被夷平，并逐渐演化成沼泽，继而植物丛生，出现了有利于泥炭堆积的环境，形成了泥炭层。沼泽化现象实际上是在河漫滩、三角洲平原、滨海潮泊、潟湖海湾、滨海砂滩、砂坝等各种地貌的基础上发育的。

海进开始后，泥炭沼泽被淹没。由于这时地形高差缩小，水系衰退，由陆地带到海中的碎屑物数量减少，因而有利于在广阔的浅海环境下形成石灰岩和泥质岩。在新的过渡地段，泥炭沼泽通常被潟湖海湾、滨海湖泊等环境所代替。由此可见，煤层实际上是海退与海进转折阶段的产物。过渡相煤系旋回划分，常以海退开始的相作为起点，煤层则位于旋回的中部，使煤层本身与其他有成因联系的上下岩层划入同一旋回，层序完整，便于进行煤层对比。

1.5.1.4 含煤岩系的古地理类型

1.5.1.4.1 近海型煤系的古地理类型

近海型煤系即海陆交替相含煤岩系。

近海地区沉积区较广阔，地形较平缓。陆地和海面相对升降，常常引起大面积的海侵、海退。使海岸线和岩相带随之迁移，同一沉积相可在较大范围内同时出现或消失。因而岩性、岩相在横向上较稳定，垂向上的变化较频繁，旋回结构清晰，大区域内容易对比。碎屑沉积物由于长距离搬运，成分较单一，分选和圆度较好，粒度较细。

近海地区，聚煤作用常在大范围内同时发生中断。因此，煤层层位较稳定，结构简单。煤层发育与地壳振荡运动有关，一般地壳振荡频繁地区煤层层数多，但厚度较薄，反之则可能有厚煤层生成。

1. 浅海型煤系

浅海型煤系形成过程中，聚煤盆地处于浅海环境，煤层只是在短暂的海退期形成，沉积物主要以浅海相灰岩为主，也有滨海相石灰岩、钙质泥质岩、泥质岩等。煤层多形成于泥质岩之上，煤层以上过渡为碳酸盐岩，形成一个小旋回结构，旋回结构清晰，煤层较稳定。煤层常含有浅海相夹石层。如陕南早寒武世含煤岩系，川北、黔东及广西一带二叠世含煤岩系，均属此类。

2. 滨海平原型煤系

滨海平原型煤系形成于滨海及沿岸附近地形低洼平坦而开阔地带。它是地史上各成煤期的重要聚煤场所。其相组合由浅海相、过渡相和陆相组成，可进一步划分为滨海过渡和滨海冲积平原两个亚型。

1）滨海过渡亚型

该煤系形成时，沉积区内各种过渡型的地貌单元，如潟湖、小港湾、砂滩、砂洲、砂坝（堤岛）、滨海三角洲和滨海湖泊等十分发育。煤系的相组合在小旋回的海侵部分，以浅海相和过渡相为主，下小旋回的海退部分则主要是过渡相。泥炭沼泽化发生在海退末期，新的海侵开始之前，煤层分布较广，也较稳定。煤系的旋回结构比较清晰。

我国华北大部分地区的太原组及华南部分地区的龙潭组均属这种亚型。

2）滨海冲积平原亚型

该煤系的相组合在小旋回的海侵部分为浅海相和过渡相，但以过渡相的潟湖相和滨海湖滨相为主。在小旋回的海退部分出现了河流相，常对其下伏岩层有一定的侵蚀切割，与河流相有密切联系的滨海三角洲相也广泛发育。

泥炭化作用发生在海退末期，新的海进到来之前。泥炭层发育在冲积平原、三角洲平原之上以及与后者有密切联系的潟湖、海湾滨海湖泊之中。煤层分布范围广，层位稳定，厚度较大。

我国华北大部分地区的山西组属于这种亚型。

滨海平原型煤系煤层的分布较广泛。研究表明，海岸地带煤层发育的情况较好，朝海和朝陆方向煤层发育的情况变差。

3. 海湾型煤系

海湾型煤系形成于古地貌为陆、海岛和半岛等交错分布，海水进入聚煤盆地受到一定限制的环境中的类型。海侵时为一系列带状狭长海湾，而海退时则为滨海的狭长盆地，出现聚煤环境。相组合以过渡相为主，尤以潟湖海湾相为多，典型的浅海相少见。岩石组成主要为粉砂岩、泥岩、石英细砂岩和煤，底部有杂色砾岩和铝土质泥岩。煤层层数多，厚度变化大，一般局部可采。

1.5.1.4.2 内陆型煤系的古地理类型

内陆型煤系形成于内陆地区，通常侵蚀区和沉积区毗邻，沉积区常常较小，地形复杂，气候影响显著。这种沉积环境中形成的煤系，岩性、岩相在横向上变化较大，区域性稳定的旋回较少见。碎屑颗粒较粗，分选、圆度较差。

内陆地区的泥炭层多数堆积在湖泊、河漫滩和牛轭湖等发育而成的沼泽之中，通常分布范围较小。形成的煤层稳定性差，结构复杂。多为中厚煤层，有时出现巨厚煤层，但变化大，分岔、尖灭现象极普遍，并常见到河流冲蚀煤层现象。

1. 山间盆地型

聚煤盆地四周为群山所环绕，盆地中部长期存在着较稳定的湖泊环境，侵蚀区地形切割强烈，盆地和侵蚀区高差较大。因此，在盆地内部以湖泊—沼泽相为主，河流相次之；盆地边缘山麓相发育，湖泊相范围通常较小，而湖滨、湖滨三角洲的范围较大；沉积物也较复杂。沼泽及泥炭沼泽发育于湖滨浅水地带及湖滨三角洲处，朝盆地边缘和湖泊中心，泥炭发育程度逐渐减弱。但小型的山间盆地中，整个湖盆都可发生泥炭化。底部一般为砾岩或角砾岩的山麓相沉积。大型山间盆地的相分带明显，从边缘到湖盆中心依次出现山麓相、冲积相、湖滨沼泽相、湖泊相。小型盆地分带不明显。

岩石组成主要为泥质岩，粉砂岩及细、中粒砂岩，也有粗砂岩和砾岩。旋回结构一般不清晰，岩性、岩相变化较复杂。煤层层数不多，结构复杂，横向变化较大，但含煤性好。煤系厚度较大，有时可达100～200 m，可形成大煤田。我国中生代、新生代有不少煤系属于这种类型，如新疆准噶尔盆地中侏罗世煤系（大型山间盆地）、云南昭通新近纪煤系（小型山间盆地）、甘肃窑街早侏罗世（窑街组）煤系等。

2. 山间谷地型

聚煤盆地为群山所环抱，盆地中部有较稳定的山间河流发育及呈条带状延伸的河床相沉积。山麓相沉积物广泛分布于盆地边缘，相邻的冲积扇之间由坡积物连接成为冲积扇带。其宽度随地形高差的变化而不断变化。在地壳处于活动期，剥蚀区与沉积区的相对高差增大，冲积扇带迅速向前推进，甚至与盆地中部的河床沉积物相结合，使全区都发育厚层砂砾岩。当沉积区与剥蚀区以长期发育的盆缘断裂带相隔时，冲积扇带的空间分布也很稳定，不同时期的扇带可在垂向上重叠，形成巨厚的山麓堆积带。

当地壳活动减弱，地形高差逐渐减小时，河漫滩、冲积扇前缘等地带普遍沼泽化，并迅速扩展，连接成为分布较广的成煤地带。成煤带的宽度与冲积扇带和河床粗碎屑岩带的宽度互为消长，所以煤层向两侧分岔尖灭的现象极为普遍。相组合以冲积相及湖泊相为主，山麓相次之。湖泊相极少形成广泛的厚层沉积物，大都与河漫相结合成为煤层的顶板。旋回结构复杂，旋回数目多而不完整，横向变化较大。煤层的层数、厚度变化大。含煤性同一盆地中各段差别较大，局部可形成一些富煤带。如我国中生代的煤系属于这种类型，较典型的有辽宁阜新煤田侏罗—早白垩世煤系、靖远宝积山窑街组煤系。

3. 内陆盆地型

聚煤盆地被四周的低山、丘陵所环绕，河流比较发育，一般具中年期河流（低弯度曲流）。河流间可分布有一些湖泊和沼泽，煤系的岩性特征以中粗碎屑岩（粗、中粒砂岩）为主；盆地边缘向盆地中心碎屑颗粒逐渐变细，砂岩含量减少，泥质岩含量显著增高。

相的平面分布具分带现象，盆地边缘以冲积相为主，向盆地中心依次出现湖滨相、湖沼相至深湖相。泥炭沼泽主要发育于湖滨平原上和盆地边缘的冲积—湖沼相带。煤层发育程度和河流关系密切，一般为薄煤层，但在边缘也可出现厚煤层。煤层的稳定性差。有些地区由于聚煤面积大，也可形成重要的煤田，如陕甘宁地区鄂尔多斯盆地侏罗纪延安组煤系。

1.5.2 我国主要含煤岩系盖层的水文地质环境

我国主要含煤岩系盖层以新生界为主，个别地区还有中生界白垩系等。在不同地域内，其沉积类型及特征等都有所不同，所形成的水文地质环境也不同。

1.5.2.1 我国新生界的沉积与分布特征

新生界是新生代形成的地层，包括古近系、新近系和第四系。在我国，新生代后期的海陆分布大致已接近现代，仅在东部沿海边缘地区曾发生过海侵。在新生代时期，西藏喜马拉雅地区、东部沿海某些边缘地区及台湾等岛屿尚为海水所占，这些地区有海相沉积地层，其余各地均为大陆。我国新生界以陆相地层为主，主要分布于西部内陆盆地、山间盆地、东部平原及边缘海盆，其次见于江河谷地。新生界的陆相地层由于经历时间较短，受地壳运动的影响甚微，不少地区的地层仍保存着原始的近水平状态，或仅发生断裂而未遭到强烈褶皱。特别是第四纪沉积物，大多仍呈松散状，尚未固结成岩。但在经历了强烈地壳运动的地区，如台湾岛及喜马拉雅地区，则是另一种情况，岩层受到褶皱和断裂，并伴有岩浆活动和变质作用。新生代大规模的地壳运动主要发生在古近纪晚期和新近纪（喜马拉雅运动），喜马拉雅山脉是这时形成的最典型地区。

1.5.2.1.1 我国古近系和新近系的沉积与分布特征

我国古近系、新近系的沉积以盆地式为特征。从沉积特点区分，有陆相盆地、近海盆地和海域短暂沟通的海泛盆地等，其中以陆相盆地为主；从构造特点区分，有坳陷盆地、断陷盆地、山间盆地等；从含矿特点区分，有含油盆地、含煤盆地、红色盆地等。其中古近纪和新近纪均有聚煤作用发生。

我国古近系、新近系的沉积类型繁多，以陆相为主，局部地区有海相沉积。海相古近系、新近系分布于喜马拉雅、环太平洋两个沉积区。在喜马拉雅为新近系，在岗巴、定日一带整合覆于上白垩统之上；在塔里木盆地西部为浅海—潟湖相沉积。环太平洋区海相古近系、新近系广布于台湾及其周围岛屿、边缘海盆。台湾古近系分布于中央山脉，为变质砂泥质岩、火山碎屑岩，属始新—渐新世；新近系在东部为沉积—火山岩系夹混杂堆积，西部为砂页岩夹煤层。东海古近系、新近系与台湾相似。海南岛、雷州半岛新近系夹玄武岩。陆相古近系、新近系分为3种类型：西部塔里木、准噶尔、柴达木等盆地，主要为山麓相、河湖相红色岩系；松辽、华北、苏北等盆地，主要为河湖相沉积，含煤层、油页岩、玄武岩，新近系夹红色岩系；昆仑—秦岭以南中小型盆地，古近系为红色碎屑岩系，含膏盐沉积，新近系主要为含煤、油页岩的沉积。

我国古近系、新近系分布于全国大小不等的数百个盆地之中，这些盆地的形成、发展和分布明显受构造和气候两大因素的控制。古近纪、新近纪时期大致以东经105°为界，可分为东西两部分，西部为干旱带，发育东西向为主的大盆地和山地，多为大中型山间盆地；东部为潮湿带，发育北北东向为主的高地和盆地，多为大中型及小型断陷盆地。

我国古近纪、新近纪沉积类型明显受构造和气候两大因素控制。陆相沉积类型中，因受气候条件不同，可划分为两种不同类型：①西北区和华南区为干燥气候下形成的红色碎屑岩系，内夹石膏等；②东北区和西南区为温湿气候条件下的灰绿、褐黄色碎屑岩系，内夹褐煤。海相沉积类型中，受构造条件不同，可分为3种不同的沉积类型：①南疆小区为干燥气候条件下闭塞海湾的海相—潟湖相沉积；②藏南小区为温暖气候条件下稳定型滨浅海相沉积；③台湾区为温暖气候条件下活动型的滨浅海沉积。

1.5.2.1.2　我国第四系的沉积与分布特征

第四纪沉积物是由地壳的岩石风化后，经风、地表流水、湖泊、海洋、冰川等地质作用的破坏，搬运和堆积而成的近代沉积物。第四纪沉积物分布极广，除岩石裸露的陡峻山坡外，全球几乎到处被第四纪沉积物覆盖。第四纪沉积物形成较晚，大多未胶结，是一种松散的沉积物，保存比较完整。第四纪沉积主要有冰川沉积、河流沉积、湖相沉积、风成沉积、洞穴沉积和海相沉积等，还有冰水沉积、残积、坡积、洪积、生物沉积和火山沉积等。

第四纪的构造运动属于新构造运动，在大洋底沿中央洋脊向两侧扩张。陆地上新的造山带是第四纪新构造运动最剧烈的地区，如阿尔卑斯山、喜马拉雅山等。地震和火山是新构造运动的表现形式。地震集中发生在板块边界和活动断裂带上，如环太平洋地震带、加利福尼亚断裂带、中国郯庐断裂带等。火山主要分布在板块边界或板块内部的活动断裂带上。中国的五大连池、大同盆地、雷州半岛、海南、腾冲、台湾等地都有第四纪火山。

1. 第四系的一般特征

一般把第四纪地层（第四系）称为沉积物或沉积层，如水流作用形成的“冲积物”或“冲积层”，风化作用形成的“残积物”或“残积层”等。第四纪沉积物可分为陆相沉积物和海相沉积物。

1）我国第四纪陆相沉积的几种类型

（1）湖相沉积。在更新世，我国湖泊面积比现在大，湖相沉积分布范围相当广泛。如山西、河南、河北、内蒙古、云南等地区均有更新世湖相地层。

（2）洞穴—裂隙堆积。洞穴—裂隙堆积在我国华北、华南皆有分布。在华南，更新世各时期皆有这种堆积，而在华北主要分布在太行山及北京西山地区，且时代主要是中更新世，也有少数是早晚更新世。

（3）河流及洪流堆积。河流及洪流堆积在我国的南方及西北各省区均有分布。在南方，如长江、珠江流域，早中更新世的河流相砾石堆积分布很广。在西北的山区，如祁连山、天山等山麓地带，洪积相砾石堆积山很广，且厚度大，一般在数百米甚至达千余米厚。

（4）土状堆积。土状堆积是指黄土及红色土堆积。如黄土堆积主要分布在黄河流域的广大地区内。其成因十分复杂，有洪积的、坡积的、坡—洪积的、冲积的、风积的、残积的、残—坡积的等。在山麓地带，土状堆积的底部常有冲积砂砾层。

（5）冰川堆积。更新世的冰川堆积，普遍分布在长江中下游（如庐山等）及其他高山地区；近代的冰川堆积，主要分布在西部的高山、高原地区。

（6）火山喷发堆积。我国华北和东北地区更新世初期及晚期火山喷出的玄武岩，台湾和云南更新世火山喷出的玄武岩和安山岩，都属于这一类型。

2）第四纪陆相沉积物一般特征

（1）第四纪陆相沉积物形成时间短，或正处在形成之中，普遍呈松散或半固结状态，易于发生流动和破坏，对工程建筑产生不良影响。

（2）第四纪陆相沉积物分布于地表，直接受到阳光、大气和水的影响，易于受物理风化和化学风化。

（3）第四纪陆相沉积物分布于起伏不平的地表，处于不同气候带，受到各种地质营力影响，故其成因复杂，岩性、岩相、厚度变化大。

（4）第四纪陆相沉积物各种粒径的比例变化范围较大，多为砂砾层、砾质砂土、砂质黏土、含泥质碎石和碎石土块等混合碎屑层岩类；第四纪有机岩有泥炭、有机质淤泥和有机质碎屑沉积物。

3）第四纪海相沉积物一般特征

海洋随深度和地貌条件不同，其动力条件、压力、光照和含氧量均不相同，第四纪海相沉积物亦有很大区别。根据海洋地貌和动力条件，第四纪海洋沉积可分为近岸沉积、大陆架沉积和深海沉积。

（1）近岸沉积。分布于从海岸到海底受波浪作用显著的水下岸坡部分，岩石海岸沉积带宽仅数十米，泥岸可达数十千米。由于近岸动力多样性，形成的沉积物成分复杂，有砾石、砂、淤泥、泥炭和生物贝壳等。碎屑物主要来自于陆地。

（2）大陆架沉积。大陆架范围内有粗粒碎屑沉积、砂质沉积和淤泥质沉积。粗粒碎屑沉积主要来源于水下岸坡破坏、河流和冰川搬运物质；砂质沉积主要是河流挟入物，大河流入海处最发育：淤泥质沉积分布极广，离岸200～300 km内都有陆源碎屑淤泥质分布，在大河口则可分布到400～600 km远。淤泥质沉积中常含有机质、硫化铁、氧化锰和绿泥石，而呈现不同颜色。

（3）深海沉积。深海由于水深、低温、压力大，大型软体生物很少，河流挟带物达不到，故其沉积以浮游性动植物钙质或硅质沉积为主，其次为火山灰沉积、化学沉积（锰结核等）和局部的浮冰碎屑沉积。深海沉积缓慢，故深海第四纪沉积物厚度不大。

2. 我国第四系的沉积特征

我国第四系主要分布于全国大小不一的盆地、平原和高原中。成因类型多样，具有明显的时代特征或属特殊的成因类型，大部分为不同类型的陆相沉积。西北诸盆地多风积砂及戈壁砾石堆积，呈带状分布；高原上、鄂尔多斯及其附近广布有黄土沉积；东部、青藏高原及西北山系广泛分布有冰川、冰水沉积；各江、河谷地多冲积、洪积；许多地区发现洞穴堆积。

我国大陆有龙川、鄱阳、大沽、庐山、大理等5期第四纪冰期，相应有4个间冰期和一个冰后期（全新世），各形成不同类型沉积。我国东部第四系夹多层海相沉积和玄武岩层，滇西、西藏、西昆仑、东北等地分布有第四纪火山岩。

我国第四系明显受地貌、新构造和气候条件控制，成因类型的区域特点为：西北区以冰碛、洪积、风积为主；青藏高原区以冰碛、冰水堆积、湖积、化学堆积为主；中部黄土高原区以黄土堆积为主；东北、华北区以冲积、湖积、洪积、海陆交互及火山堆积为主，其河湖沉积极厚，低山、丘陵有洞穴堆积、冲积、坡积等；西南区以冲积、洞穴堆积、泉华堆积为主；华南区以冲积、冲海积、海积、火山堆积为主；台湾岛以生物堆积为特色。西北地区第四纪差异升降剧烈，高山区冰川堆积，山系两侧堆积巨厚的砂、砾岩，盆地内及丘陵区为砂丘荒漠，戈壁、山区湖相沉积分布面小，除红砂、亚黏土外，常见石膏、岩盐。河西走廊、内蒙古西部及柴达木盆地戈壁、沙漠、黄土依次更迭，柴达木盆地内湖相沉积含岩盐。华北、东北南部的平原、丘陵区以河湖沉积为主，沿海平原夹有多次海泛层及海相淤泥层等，低山、丘陵区发育冲积、坡积还有洞穴堆积。太白山、五台山区有古冰川及冰缘沉积，华北盆地周围隆起带上断陷盆地中有河湖沉积及坡积，河谷阶地发育，切割很深。东北三江平原、松辽平原第四纪下降，河湖沉积发育，北部周围隆起山系永冻土及冰缘沉积发育、冰泥卷、砂楔等分布较广。南方除江汉平原、南阳盆地第四纪下降外，大部分属于上隆遭剥蚀的中低山、丘陵及山间盆地，山区风化剥蚀经淋漓，坡积、残积红土发育。西南山间小型盆地河湖沉积、洞穴堆积发育。东南地区尤以溶洞和洞穴堆积著名，雷琼地区还有火山岩。台湾及南海诸岛海相沉积发育，台湾下更新统主要为海陆交互相或海相碎屑岩沉积。我国南方第四纪红土发育，洞穴堆积、冲积、洪积、湖泊沉积均有发育，而且喀斯特地貌闻名于世。

第四纪残积土主要分布在岩石暴露于地表而受到强烈风化作用的山区、丘陵及剥蚀平原。残积土从上到下沿地表向深处颗粒由细变粗。由于残积物是未经搬运的，颗粒不可能被磨圆或分选，一般不具层理，碎块呈棱角状，土质不均，具有较大孔隙，厚度在山坡顶部较薄，低洼处较厚。残积土由于山区原始地形变化较大和岩石风化程度不一，厚度变化很大，在同一个建设场地内，分布很不均匀；坡积土是岩石风化产物在地表水的作用下被缓慢地洗刷剥蚀、顺着斜坡向下逐渐移动、沉积在较平缓的山坡上而形成的沉积物。坡积土是搬运距离不远的风化产物，其物质来源于坡上，一般以黏土、粉质黏土为主，坡积土随斜坡自上而下逐渐变缓，呈现由粗而细的分选作用。坡积土组成物质粗细混杂，土质不均匀，尤其是新近堆积的坡积土，土质疏松，压缩性较高，厚度多不均匀；冰碛土的特征是无层次，没有分选，块石、砾石、砂及黏性土杂乱堆积，分布不均匀。

我国第四纪黄土分布于北纬34°～45°地区，主要堆积于海拔2000 m以下各种地貌单元上。堆积区处于北半球中纬度沙漠—黄土带东南部干旱、半干旱区，呈东西向带状分布于西北、华北等地，以黄河中游最为集中，南界可抵长江下游两岸。堆积中心位于陕西省泾河与洛河流域中下游地区，最厚达180～200 m。

1.5.2.2　主要含煤岩系盖层的水文地质环境

1.5.2.2.1　华北地区主要含煤岩系盖层的水文地质环境

1. 隆起区

在山西、陕西以及太行山东南麓和山东、江苏、淮南的淮地台、中低山区和丘陵地区，石炭二叠纪煤系之上覆盖的第四系很薄，有的即裸露地表，山麓斜坡地带多数为冲洪积和坡积沉积，渗水性能好，基岩风化裂隙发育，这些地区矿井充水水源是风化带裂隙水、薄层松散层孔隙水、大气降水和地表水，第四系无阻水作用。

2. 覆盖区

在河北、河南、山东、江苏和安徽黄淮平原的一些地区，煤系之上覆盖有50～200 m厚的第四纪松散层，一般含有2～4层孔隙含水层组，含水性有强有弱，视其成因类型和岩性组合而定。对矿井充水有直接影响的是第四系底部附近的松散层含水岩组，其中岩性粗的砂砾石层含水丰富，对矿井开采有充水影响，岩性细的或粗粒砂砾中含泥质多的松散层含水性弱，甚至为隔水层。岩性细的松散层虽然含水性弱，但对矿井有溃砂影响。

3. 深埋藏区

第四系厚度超过200 m，构造上往往是断块构造。这类地区，当第四系底部赋存一定厚度且分布稳定的黏土层时，其第四纪松散层内的孔隙水对煤矿开采一般没有影响；但当第四系底部为砂砾层且含水较丰富时，由于含水层水压明显增大，其对矿井开采的充水影响将变得更为严重。

1.5.2.2.2　华南地区主要含煤岩系盖层的水文地质环境

华南地区主要含煤岩系多数赋存于低山丘陵或高山地区，第四纪松散层很薄，又多为基岩原地风化后堆积、坡积和冲积形成的，岩性粗，渗水性大，但储水性小。第四纪盖层起导水作用，是大气降水和地表水下渗的良好通道，无阻水作用。

1.5.2.2.3　东北地区主要含煤岩系盖层的水文地质环境

东北及蒙东地区的主要含煤岩系多数赋存于冲洪积平原及山区丘陵地区，第四纪松散层厚0～300 m不等，在冲洪积平原区厚度大。含水层岩性主要有砂砾、砂等，有的煤田还有玄武岩。富水性差异较大，富水性普遍较强，尤其是在河流沟谷附近富水性更强，往往是矿井充水的主要水源之一。

1.5.3　主要含煤岩系内部的水文地质环境

1.5.3.1　华北型晚古生代石炭二叠纪煤系的水文地质环境

1.5.3.1.1　太原组含煤岩系的岩相组合特征

分布在华北地区的晚石炭世太原组的厚度为0～719 m，一般厚70～100 m。以山西为中心向南北变薄，向东西增厚。东部增厚区的沉积中心在淮北一带，该处太原组厚度大于200 m；西部增厚区的沉积中心在贺兰山—韦州一线，该处太原组最厚可达700 m以上。

晚石炭世太原组的岩相除局部为陆相外，其余皆为海陆交替相沉积，主要为砂岩、粉砂岩、泥岩、灰岩、煤层和少量砾岩。

太原组含煤岩系的岩性组合有3种类型。

1. 以陆相为主的滨海冲积平原型（Ⅰ）

该型位于华北北部阴山古陆的南缘以及秦岭古陆与中条隆起的北侧，属于这种类型的有浑江、辽东、辽西、冀北、北京、晋北、准格尔旗、桌子山、宁夏等煤田。它们由过渡相、冲积相、近浅海相组成。其特点是愈近古陆，陆相成分愈多，以碎屑岩、泥岩为主，通常无石灰岩，个别偶见1~2层石灰岩。例如，辽西煤田的南票、虹螺岘等地的太原组以粗碎屑岩为主，底部为砾岩，上部为粉砂岩、泥岩和铝土泥岩；京西煤田的太原组由砂岩、粉砂岩、泥岩及煤层组成；大同宁武煤田的太原组总厚仅30余米，由砾岩—中粒砂岩—粉砂岩、炭质泥岩—薄煤层以及海相泥岩组成。

2. 以过渡相为主的滨海平原型（Ⅱ）

该型位于华北平原中部，包括辽东复州湾、冀中南、山东、晋中南、陕西渭北等煤田。其特点是岩性较细，以砂岩、粉砂岩、泥岩为主，含灰岩4~10层，但单层均较薄，总厚一般小于20 m。例如，太原西山煤田总厚度近100 m，以砂岩、粉砂岩、泥岩为主，含灰岩5层、煤8层；陕西魏北煤田以砂岩、泥岩为主，含灰岩层数减少，一般为1~3层；山东新汶、肥城及其以北诸煤田的沉积特征与河北邯郸煤田相似，以砂岩、粉砂岩、泥岩为主，含灰岩3~5层。

3. 以滨海—浅海相为主的滨海—浅海型（Ⅲ）

该型位于北纬34°30′以南地区，包括豫西、苏西北、皖北诸煤田。它们以浅海环境占优势，以灰岩为主，可占地层剖面组成的60%，夹粉砂岩、泥岩和煤层。例如，苏西北的丰沛和徐州煤田太原组的总厚度达160 m，以泥岩和灰岩为主，粗碎屑岩很少，且不稳定，灰岩多达13层，分布稳定，灰岩单层厚度为0.5~8 m，总厚29~48 m。皖淮煤田的太原组以浅海相为主，在淮南矿区，太原组总厚120~160 m，灰岩一般8~12层，总厚56 m，占太原组总厚的50%左右，其他为砂质泥岩、页岩、薄层砂岩及薄层煤层。在淮北矿区，太原组总厚120~150 m，灰岩一般7~13层，个别地区达14层，灰岩累计厚度在60 m以上。豫西南平顶山煤田太原组厚度约70 m，含灰岩一般7层，灰岩总厚约40 m，单层厚度0.3~23 m。

1.5.3.1.2 山西组含煤岩系的岩相组合特征

华北地区的早二叠世早期的山西组，其厚度一般为40~160 m，辽东、辽西和冀中地区厚度大于100~160 m，贺兰山一带厚度也大于100 m，山西地区厚度一般为30~60 m。

早二叠世早期山西组的岩性和岩相是以陆相占优势。山西组根据其岩性及岩相组合特征可分为3种类型。

1. 以陆相为主的山前冲积平原型（Ⅰ）

该型主要分布于阴山古陆南缘、秦岭古陆北缘以及西部桌子山、贺兰山等地，为陆相沉积，以冲积相为主。煤系底部为分选极差的厚层粗碎屑岩（矿砾岩层），多数地区以砂岩、粉砂岩、泥岩为主；中部为砂岩、粉砂岩、页岩及煤层。

2. 以陆相为主的滨海冲积平原及滨海平原型（Ⅱ）

该型主要分布在华北中部地区，包括魏北、晋中南、太行山东麓、豫北、冀东及山东诸省的煤田。该地区的山西组为陆相沉积，无过渡相沉积，多为中细砂岩，仅在中条—吕梁隆起、鲁中隆起等隆起区的边缘出现狭窄带状较粗的岩性地区。

3. 以陆相为主的潟湖海湾型（Ⅲ）

该型主要分布在秦岭北支以南，包括豫西、皖北及苏西北诸煤田，是陆相沉积并以过渡相为特征，岩性以细粒碎屑岩的粉砂岩、页岩及泥岩为主，粗碎屑岩少见，岩相组合以过渡相为特征。

1.5.3.1.3　早二叠世晚期下石盒子组含煤岩系的岩相组合特征

下石盒子组厚度变化较大，为30～270 m，总的变化趋势是南北厚，中间薄。辽宁太子河流域、开平盆地、晋西南、贺兰山、皖北、苏西北等地区沉积厚度较大。组成下石盒子组的岩石主要为粗碎屑岩、粉砂岩、泥岩和煤层等。在阴山古陆边缘，岩石粒度普遍较粗，内蒙古准格尔旗、京西、冀北、辽东等地均有砾岩和砂砾岩。东部浑江、辽东、辽西等地以砂岩为主，西部桌子山、东胜等地也以砂岩为主，而中部冀北、晋北地区则以砂岩、泥岩为主。在淮北地区岩石粒度变细，以砂岩、粉砂岩、泥岩为主，淮南和徐州地区以粉砂岩、泥岩、砂岩为主。

1.5.3.1.4　晚二叠世早期上石盒子组含煤岩系的岩相组合特征

上石盒子组地层沉积厚度300～500 m，最小200 m，最厚可达700 m。岩性主要为砾岩、各种粒度的砂岩和泥岩等。聚煤作用主要发生在华北的南部地区，淮北及豫东永城煤田含煤数层，仅2层可采；淮南地区含煤10余层，可采层有3～4层；豫西地区含煤层数由北向南逐渐增多，可采层也多。豫西、豫东和皖北一带以泥岩、粉砂岩、砂岩为主。

1.5.3.2　华南型晚古生代晚二叠世煤系的水文地质环境

晚二叠世龙潭组是我国南方最重要的含煤岩系，分布遍及南方各省。我国南方有名的煤矿，如湖南的涟邵、煤炭坝煤矿，江西的乐平、丰城煤矿，广西的合山煤矿，贵州的盘县、水城和流质煤矿，云南的宣威煤矿，四川的天府及华蓥山煤矿等。华南晚二叠世早期的聚煤环境显示多样化的特色，有滨海冲积平原型、滨海三角洲型、滨海—浅海型。

1. 滨海冲积平原型（Ⅰ）

此型可分为东部和西部两个亚型。东部主要分布于古怀玉山、武夷山、万洋山、诸广山及云开山地的东南侧，包括浙西、赣东北、赣南、闽、粤东南等地区。含煤岩系厚62～688 m，沉积中心在福建龙岩及粤东，岩性主要为粉砂岩、细砂岩及泥岩，含水性均弱。赣东北含煤岩系底部有泥质粉砂岩胶结的砂砾岩，煤系的含水性也较弱。

西部分布在川滇古陆东侧，近古陆地区为粗碎屑岩沉积。滇东富源一带含煤岩系厚度为130～266 m，平均厚240 m，以细砂岩、粉砂岩和泥质岩为主，砂岩多为泥质、砂泥质胶结，砂岩粒度较细，含水性弱。煤系底部有杂色砾岩，厚2～30 m，粒径较大，但分选性差，含水性中等，矿井充水以砂岩裂隙水和大气降水为主。

2. 滨海平原型（Ⅱ）

此型分布于苏北、苏南、皖东南、浙北、赣中、川南、滇东、黔中等地。煤系厚度25～400 m，一般厚100～200 m，岩性主要为粉砂岩、泥岩、细砂岩，局部地区含有薄层石灰岩，含水性中等至弱，矿井充水以砂岩裂隙水为主。

3. 滨海三角洲型（Ⅲ）

此型主要分布在武夷山古陆南端西侧湘中（如涟邵煤田）、湘南（如永来煤田）、粤北及川滇古陆东侧滇东、黔西等地。岩性为粉砂岩、泥岩、细砂岩及薄层石灰岩，含水性中等至弱。

4. 滨海—浅海碳酸盐岩型（Ⅳ）

此型分布于雪峰山、江南古陆西北侧及淮阳古陆以南的鄂西、湘西北、湘中、川东、黔东、桂中、桂西等地区。按岩性组合特征可分两种类型。

（1）可采煤层的直接顶板为隔水的泥质和铝土质岩层，其上为厚层含水性强的白云质灰岩和硅质岩段。

（2）可采煤层的直接顶板和底板均为含水性强的灰岩，主要分布于桂中、桂西等地区，称合山组。一般厚度150～200 m，岩性主要为碳酸盐岩，是我国南方晚二叠世含煤岩系中含水性最强的。矿井充水以岩溶水、地表水和大气降水为主。

1.5.3.3 东北型早白垩世煤系的水文地质环境

1.5.3.3.1 白垩世含煤岩系的岩相组合特征

白垩纪含煤地层主要指下白垩统，分布范围集中于我国东北部，包括东北三省和内蒙古东部。由于含煤地层发育于各个小型盆地群当中，因此，各地差别较多，可以有3个比较重要的剖面代表一般情况。

大兴安岭、海拉尔盆地群的含煤地层称扎赉诺尔群，包括下部大磨拐河组及上部伊敏组。大磨拐河组可分为下段粗碎屑岩，中段砂泥岩和煤层，上段厚层泥岩、砂岩夹砂砾岩，在伊敏煤田含13～17个含煤组，煤层总厚达123 m。伊敏组由细砂岩、粉砂岩、泥岩和煤层组成，主要在下段含煤，可采煤层4～6层组，总厚105 m。扎赉诺尔群与二连一带的巴彦花群以及哲里木盟一带的霍林河群可以相当。

辽西的下白垩统包括下部沙海组及上部阜新组。沙海组可分为3段：下段为砂砾岩及砾岩；中段为含煤段，由泥岩、砂岩及煤层组成；上段为泥岩。含煤段共含7个煤层组，一般3～4层可采。阜新组由砂砾岩、砂岩、粉砂岩、泥岩和煤层组成，含6个煤层组，总厚10～80 m。

位于黑龙江东部的含煤地层为城子河组和穆棱组，属早白垩世。城子河组厚600～1700 m，底部为砾岩，中部为碎屑岩和煤层，上部以细碎屑岩为主，夹凝灰岩。一般含可采煤层20余层，单层厚一般1～2 m。穆棱组厚300～1000 m，岩性为凝灰质砂页岩、泥岩、砂岩、安山质集块岩夹煤层及膨润土层，含可采煤层1～9层，总厚3～8 m。在三江、穆棱地区一系列煤盆地以东，于虎林、密山、宝清一带发育了海陆交互相的含煤地层，称为珠山组，属早白垩世，珠山组可与城子河组及穆棱组相当。

1.5.3.3.2 早白垩世含煤岩系的水文地质特征

在东北聚煤区内，早白垩世含煤地层虽均为陆相沉积，但由于晚期燕山运动及喜马拉雅运动在该区各地所表现出的强度和特征有所不同，使该区各地的水文地质条件也存在着显著的区域性差异。

在大兴安岭以西的内蒙古东部地区，早白垩世含煤地层沉积时及其以后，地壳趋于稳定，构造趋于平静，区内各煤田的煤层厚度大，岩层倾角平缓，断层稀少，岩石的石化程度与煤的变质程度均较低，砂质岩石仍保持松散或半松散状态，抗压强度很低，易发生煤层顶板砂岩溃砂事故。以含孔隙水为主，裂隙水次之，煤系含水层富水性强弱不一，单位涌水量为 0.0006～6.896 L/(s·m)。煤层强度高于顶底板岩层，裂隙较发育，煤层裂隙宽度可达 100 mm，含有丰富的裂隙水，煤层的单位涌水量为 0.042～20 L/(s·m)。煤层的裂隙率、裂隙宽度及其含水性随着埋藏深度增大而显著减小，断层的含水性、透水性不明显。

在大兴安岭以东，煤层层数多、厚度薄，岩石的石化程度与煤的变质程度都较高，岩性比较坚硬，后期构造破坏比较剧烈，断层众多，成岩裂隙及构造裂隙较发育，以含裂隙水为主，孔隙水次之。随着埋藏深度增大，裂隙发育程度及其含水性、透水性均显著减小，形成明显的垂直分带性。强风化裂隙含水带深度一般为 50～70 m，单位涌水量为 1～3 L/(s·m)；亚风化裂隙含水带的深度一般 120～150 m，单位涌水量为 0.1～1.0 L/(s·m)。正常岩层裂隙含水层的单位涌水量一般小于 0.1 L/(s·m)。风化裂隙含水带直接接受降水补给，并常与地表水及第四纪砂砾层水相联系。矿井充水具有浅部大、深部小，及靠近河谷地段大、远离河谷地段小的明显特征。断层破碎带及其两盘岩层中的断层裂隙带一般较发育，含水性、透水性一般大于正常岩层。

1.5.3.4 新生代煤系内部的水文地质环境

1.5.3.4.1 新生代含煤岩系的岩相组合特征

我国重要的新生代古近纪、新近纪含煤盆地主要分布于两个地区，又分属于不同时期，即东北区古近纪含煤地层及云南区新近纪含煤地层。东北区、华北区古近纪含煤盆地共有 40 余个，最著名的当属辽宁抚顺盆地，含煤地层称抚顺群，厚 880～1050 m，自下而上分为老虎台组、栗子沟组、古城子组、计军屯组、西露天组和耿家街组。下部老虎台组、栗子沟组以玄武岩、凝灰岩为主，夹砂砾岩、泥岩及不稳定煤层；中部古城子组、计军屯组为含主要煤层及厚层油页岩层；上部西露天组、耿家街组夹泥灰岩，不含煤。抚顺群主煤层厚度可达 120 m，油页岩为 50～190 m，系巨厚矿层。下部属古新世，中部及上部属始新世。此外，梅河盆地的梅河组、沈北盆地的杨连屯组均可与之相当。

云南新近纪含煤地层分布在上百个小型盆地中，又以滇东更为重要。属于中新统（晚期）的为小龙潭组，厚度 500～720 m，自下而上为黏土岩段、薄煤段、主煤段、泥灰岩段。煤层巨厚但结构复杂，主煤段厚 4.4～223 m，平均 139 m，含夹矸 37～163 层。另外，属于上新世的含煤地层为昭通组，厚 350～500 m，自下而上分为 3 段，下段砾岩，中段松散黏土夹砂砾石，上段为煤层夹黏土，共含可采煤层 3 层，总厚一般 40～100 m，最厚 194 m。

1.5.3.4.2 新生代含煤岩系的水文地质特征

东北聚煤区的新生代含煤地层以古近纪陆相沉积为主，不含岩溶水，其上覆地层及下伏地层也无岩溶水威胁。煤系岩石的固结程度与石化程度均较低，泥质岩层具有较大的塑性，裂隙一般不发育。煤系岩层以含孔隙水为主。岩石的粒度组成、分选性、胶结程度对其含水性、透水性起主导作用。断层的导水作用一般不显著。在抚顺、依兰等煤田，煤系岩石的固结程度与石化程度稍高，可呈半坚硬状态，裂隙较发育。在舒兰煤田，煤层顶底板存在多层较厚的流砂层，流砂层的水、砂不易分离，极易发生溃砂事故，而且顶底板管理和巷道维护都十分困难。

华北聚煤区内的古近纪含煤岩系，如始新世至渐新世的黄县组，不含岩溶水，其上覆地层及下伏地层也无岩溶水威胁。煤系岩石的固结程度与石化程度均较低，属典型的“三软地层”条件。煤系岩层以含孔隙水为主。断层裂隙带及其导水作用一般不明显，存在巷道底鼓、顶垂、帮凸、断面缩小、支架折断、铁轨上拱和弯曲等现象，井巷维护十分困难。

华南沿海地区古近纪含煤地层虽有浅海相、潟湖相沉积，但仍为碎屑岩，不含岩溶水。其上覆地层及下伏地层也无岩溶水威胁。新近纪含煤地层为陆相碎屑沉积或滨海相碎屑沉积（沿海地区），煤层本身无岩溶水问题。但昭通、先锋、凤鸣村及小龙潭煤田均有部分地段煤系直接沉积于下伏灰岩侵蚀面之上，且可采煤层与下伏岩溶含水层之间无可靠的隔水层，因而存在底板岩溶水问题。跨竹煤田的东部及东南部由于断层错动使煤系及煤层与岩溶化的灰岩直接接触，部分存在岩溶水问题。该区新近纪煤系岩层的含水性、透水性几乎完全取决于组成煤系岩层的粒度组成、分选性及其胶结程度，主要为孔隙水，裂隙一般不发育。如云南开元小龙潭新近系煤系砂岩孔隙含水组的单位涌水量为0.0548～0.1629 L/(s·m)，裂隙含水层的单位涌水量为0.0258～0.057 L/(s·m)，相对隔水层的单位涌水量为0.000101～0.000754 L/(s·m)。

在西藏滇西聚煤区内，新近纪含煤地层为陆相碎屑沉积，煤层本身无岩溶水问题。煤系岩层的含水性、透水性几乎完全取决于组成煤系岩层的粒度组成、分选性及其胶结程度，主要为孔隙水，裂隙一般不发育，但剑川、南木林等煤田中有裂隙水。

在台湾，新近纪含煤地层属温暖气候条件下活动型的滨浅海沉积，含煤地层中含有凸镜状石灰岩，存在孔隙水和裂隙水。

1.5.4　主要含煤岩系基底的水文地质环境

1.5.4.1　华北型晚古生代石炭二叠纪煤系基底的水文地质环境

晚古生代石炭二叠纪含煤岩系是我国最主要的煤系地层，它广泛分布于我国的华北地区。它的基底在华北大部分地区是奥陶纪碳酸盐岩，仅在贺兰山、桌子山一带是前震旦亚界或震旦亚界，豫西的益阳、平顶山等地是寒武纪碳酸盐岩。

华北地区在晚寒武世末发生短暂海退后，于早奥陶世继续开始新的海侵。中奥陶世时，华北地区的沉积环境为浅海，沉积物几乎全为碳酸盐岩，仅局部地区如峰峰、焦作等地的下马家沟组底部有石英砂岩、页岩等碎屑沉积及石膏、岩盐等化学沉积物。大致在北纬38°30′，即垦利—德州—原平一线之北，其基底以灰岩为主，由各种石灰岩及少量白云岩组成；在上述连线以南，以白云岩为主，并含有石膏、岩盐夹层，局部地区还夹有石英砂岩、泥岩等薄层碎屑岩，说明华北陆表海北纬38°30′以南为半闭塞或闭塞的浅水沉积，湖上、湖间及湖下环境交替出现。中奥陶世以后，由于加里东期大规模的造陆运动，华北和东北地区发生海退，使华北陆表海上升为陆地，广大地区遭到剥蚀，仅华北西缘有上奥陶统背锅山组沉积，其他广大地区为剥蚀区。长期的风化剥蚀使石炭二叠纪煤系基底—中奥陶统的岩性和水文地质环境具有它的特点。

1.5.4.1.1 奥陶系的划分及其岩相组合特征

我国奥陶系的划分，传统采用三分法，近来也采用二分法。研究认为，在碳酸盐岩地层中以石灰岩与白云岩的厚度比例及组合形式划分其含水性具有实际意义。中奥陶统的厚度和岩性在华北地区有较明显的南北分异性，从而影响岩溶发育和分布以及含水性强弱等特征。在华北南部，大致从豫西、平顶山至淮南一带，中奥陶统厚度较薄，岩性以白云岩为主，不含石膏沉积，岩溶不甚发育，含水性一般较弱。在华北中部地区，及渭北、山西、太行山的东及南侧、鲁中地区、燕山南侧、唐山一带等地，则以含石膏的各类碳酸盐岩成为岩溶发育、含水性强的重要层组。华北北部辽南一带，中奥陶统主要为厚层纯质灰岩，白云岩含量较少，且不含石膏，岩溶甚为发育，含水性也甚强。

根据岩性组合特征，华北中奥陶统可分为3种类型：北部为以钙质为主的碳酸盐岩组合类型，中部以镁质为主的碳酸盐岩并含膏岩层的组合类型，南部为以镁质为主的碳酸盐岩不含膏岩层的组合类型。

1.5.4.1.2 中奥陶统地层厚度

中奥陶统的最大厚度在渭北平凉地区为1420 m，最小残余厚度在河南登封为67 m，一般厚度为300～500 m。厚度大于500 m的地区主要分布于华北中部，即长冶—石家庄轴线的两侧，呈北东向延展；另外在淄博—徐州为中心的鲁、苏、豫、皖交界处，鲁中可达900 m。

1.5.4.1.3 中奥陶统地层的富水性

中奥陶统碳酸盐岩是华北地区富水性最强的含水地层，但不同岩性组合的碳酸盐岩的含水性相差很大。石灰岩连续型（即厚层或中厚层石灰岩），常在该层底部形成层状溶洞，成为区域性岩溶富水带；石灰岩与白云岩互层型（即指层厚1～2 m的灰岩与白云岩互层），一般不形成大的溶洞，只形成选择性的顺层溶隙；石灰岩夹云灰岩（或白云岩型），岩溶均发育于灰岩中，白云岩内的岩溶则非常少，具有相对隔水性；不纯碳酸盐岩与云灰岩（或白云岩）互层型，不利于岩溶发育。

中奥陶统灰岩分三组七段，除贾汪组（O_2^1）为隔水层外，其他各组的第一段均由角砾状灰岩、泥质白云岩、泥质灰岩组成，岩溶不发育，含水性弱，为相对隔水层，各组第二段主要由厚层致密状纯灰岩、花斑状灰岩、白云质灰岩组成，厚度也较大，岩溶发育，以溶蚀裂隙为主，也有溶洞，在各岩溶水系统内沿构造带常形成强径流带，富水性极强，是主要含水层，但富水性不均一。在太行山东麓的峰峰、邯郸，南麓的焦作及新密，山西霍县，山东肥城、淄博等地，含水层补给丰富，岩溶发育，单位涌水量可大于20～40 L/(s·m)，水压一般在2 MPa以上，不少矿井位于岩溶水系强径流带上。山东大部、韩城、太原、阳泉、开滦等地，单位涌水量在10～20 L/(s·m) 之间。徐州、两淮、豫西、晋东南、大同、京西等地，因中奥陶统出露面积较小，或因奥陶系灰岩深埋于地下，补给不充分，径流缓等原因，中奥陶统灰岩富水性相对较小，一般在0～10 L/(s·m) 之间。

中奥陶统灰岩中的地下水水位标高以华北平原最低，通常低于+50 m，如徐州+30.4 m，兖州+34 m，往东至鲁中山地达到+100 m以上，由华北平原向西北水位高程呈有规律地升高，太行山东南麓+100～+200 m之间，至山西高原激增至+400～+700 m，大同、宁武一带水位高程超过+1000 m。水位这种有规律的变化与地形地貌以及补给区、排泄区的位置有关。

1.5.4.2 华南型晚古生代二叠世煤系基底的水文地质环境

华南型晚古生代二叠世龙潭组或吴家坪组是华南的主要含煤地层，它沉积在早二叠世茅口组、童子岩组和官山段等地层之上。早二叠世栖霞期浅海碳酸盐沉积遍及华南地区，茅口期早期，华南大部分地区仍为浅海碳酸盐岩及硅质岩沉积，只有在华夏古陆的西北侧，如闽西南、赣东北、赣中南、粤东北等地形成以浅海泥质岩为主的沉积。茅口期中期，在华夏古陆西侧的闽西南、赣东北、粤中一带发育了童子岩组的下部含煤段，而远离古陆的地带则为浅海碎屑岩沉积。茅口期晚期的东吴运动，使华南古地理面貌发生了很大变化。滇、黔、桂、川、鄂、湘西、赣北、皖西南等地，大部分隆起为陆地，遭受风化剥蚀。同时，在滇、黔、川地区发生广泛而强烈的峨眉山玄武岩岩浆的多次喷发和各种岩浆的侵入。只在苏南、皖南、浙西、赣东、湘南、粤东及闽西南等地形成北东向分布的狭长的残余海，在残余海的滨海平原沉积了童子岩组的上部含煤段，以及苏南、皖南、浙北的堰桥组、赣中的官山段、湘南及粤北的下部不含煤段等以砂质岩为主滨海沉积物。故分布于怀玉山、武夷山、万洋山、诸广山及云开山地东南侧的浙西、赣东北、赣南、粤东南等地区的龙潭煤系的基底是早二叠世的含泥质细砂岩、粉砂岩和以泥质为主的碎屑岩。它的含水性很弱，单位涌水量一般小于 0.1 L/(s · m)，并多为隔水性岩层；分布于川滇古陆东侧的滇东富源、宣威和川东乐山、筠连一带的龙潭煤系的基底是早峨眉山玄武岩，含水性也较弱；分布在苏南、赣中等地区的龙潭煤系的基底是早二叠世晚期粗的长石石英砂岩、石英砂岩和粉砂岩等粗碎屑岩，含水性中等，单位涌水量一般在 0.1 L/(s · m)；只有分布在华南西部的川东华蓥山、川南松藻，湘中的涟源、煤炭坝，桂中的合川、桂西的南宁，粤北的连阳等地的龙潭煤系或合山煤系的基底茅口组碳酸盐岩，含水性较强，单位涌水量一般在 10 ~ 40 L/(s · m)，是华南地区煤矿水害的最大威胁。

1.5.4.3 东北型早白垩世煤系基底的水文地质环境

早白垩世煤系的基底多为碎屑岩系。在大兴安岭以西的内蒙古东部地区和大兴安岭以东的东北地区各有不同。

1.5.4.3.1 大兴安岭以西的内蒙古东部地区

在大兴安岭以西的内蒙古东部地区，早白垩纪含煤岩系沉积在由前寒武纪古老花岗片麻岩和上古生代石炭二叠纪变质岩为基底的构造盆地中。前寒武系的变质岩组，石炭二叠系的变质岩组和侏罗系上统兴安岭群，构成了扎赉诺尔群含煤盆地的联合基底，其富水性一般较弱。

扎赉诺尔煤田的前寒武系变质岩组主要岩性为绿色片岩、花岗片麻岩，为盆地基底；石炭二叠系变质岩组主要岩性为变质砂岩、石灰岩，为煤盆地基底；侏罗系上统兴安岭群中酸性熔岩和火山碎屑岩组以不整合接触伏于扎贲诺尔群之下，构成了含煤地层的直接基底，主要岩性为凝灰质砂质、玄武安山岩、流纹岩、粗面岩等。

伊敏盆地的寒武系主要岩性为泥岩、片麻岩、石英岩、花岗片麻岩等，泥盆系主要岩性为蚀变酸性熔岩、绿帘石化安山玢岩、泥质板岩、玄武板岩、硅化凝灰岩等，石炭二叠系主要岩性为中酸性凝灰熔岩、安山粗面岩、安山玢岩、蚀变流纹岩、千枚岩等。

伊敏煤田五牧场井田的寒武系主要岩性为硅化大理岩、千玫岩、石英岩、变质砂岩、绿泥石片岩、二云母石英片岩等，泥盆系主要岩性为蚀变酸性熔岩、绿帘石化安山玢岩、泥质板岩、玄武板岩、硅化凝灰岩等，石炭二叠系主要岩性为灰黑色泥质板岩、硅化板岩、变质砂岩、砾岩、蚀变安山岩等。

敏东的寒武系主要岩性为泥岩、片麻岩、石英岩、花岗片麻岩等，泥盆系主要岩性为蚀变酸性熔岩、绿帘石化安山玢岩、泥质板岩、玄武板岩、硅化凝灰岩等，石炭二叠系主要岩性为中酸性凝灰熔岩、安山粗面岩、安山玢岩、蚀变流纹岩、千枚岩。

内蒙古鲁新井田煤系基底晚侏罗纪上统布拉根哈达组主要岩性为火山角砾岩、流纹岩、凝灰岩。煤系基底火山凝灰岩含水层揭露最大厚度228.60 m，为杂色凝灰岩、火山熔岩，碎屑结构，块状构造，致密、较硬。单位涌水量为0.0453～0.0896 L/(s·m)，渗透系数为0.3104～0.6255 m/d，水化学类型为HCO_3-Ca或$HCO_3-Ca\cdot Na$型，矿化度为0.2～0.5 g/L。

巴彦宝力格煤田的寒武系主要岩性为灰绿色绢云母石英片岩、角闪片岩、石英岩及含铁石英岩，泥盆系主要岩性为变质凝灰岩、变质酸性凝灰岩、凝灰质细砂岩、变质火山角砾岩、变质安山岩、变质流纹岩等，石炭系主要岩性为安山岩、粉砂岩、玄武岩、凝灰岩、凝灰质砂岩、含砾火山碎屑岩等，二叠系主要岩性为变质粉砂质泥板岩、细砂岩、粗砂岩、砾岩、流纹岩、变质火山岩、玄武质安山岩、安山岩、流纹岩、安山玢岩、凝灰质砂岩、结晶灰岩等。

1.5.4.3.2　大兴安岭以东的东北地区

在大兴安岭以东的东北地区，可分为4个主要类型。

1. 以阜新、铁岭为代表的断陷盆地

早期为山间盆地，晚期演化为山间谷地。煤系基底为义县组岩浆岩系，含水性一般较弱。如铁法煤田，煤系基底为震旦系花岗片麻岩、片岩和白垩系下统义县组中基性火山岩系，富水性一般较弱。

2. 以元宝山、胜利为代表的断陷盆地

煤系基底为兴安岭岩浆岩系，含水性弱。如元宝山煤田，煤系基底主要由太古界前震旦系、古生界奥陶—志留系、二叠系和中晚侏罗世的火山—沉积岩系构成，富水性一般较弱。

3. 以营城、辽源为代表的坳陷陆相盆地

煤系基底为晚侏罗世早期的火石岭组中基性岩浆岩系，含水性弱。如辽源煤田，煤系基底为前震旦系花岗片麻岩和海西期花岗岩；营城盆地沉积基底为海西期花岗岩及石炭二叠系变质岩。

4. 三江—穆棱河近海环境下的坳陷盆地

该区位于黑龙江北部三江（黑龙江、松花江、乌苏里江）范围内，包括鸡西、勃利、双桦、双鸭山、集贤等煤田。煤系基底为震旦系变质岩，含水性弱。

鹤岗煤田的盆地基底由前古生界变质岩系（片岩、片麻岩）、混合花岗岩和华力西期花岗岩组成，煤系地层基底的岩性主要为花岗片麻岩、角闪片麻岩。煤系基底裂隙含水层主要分布于矿区东南部丘陵区，丘陵区分水岭及斜坡上局部出露，由花岗岩、火山碎屑等组成。经长期风化剥蚀作用，裂隙较发育，泥质充填，连通性差，地形不利于地下水的补给，有利于大气降水的排泄作用，出露面积小，补给条件不足，一般富水性弱，局部断裂构造带裂隙发育，连通性好，富水性强。

集贤煤盆地的基底由元古界麻山群深变质岩构成，为一套海相陆源火山碎屑—碳酸盐建造，主要岩性为花岗片麻岩、绿泥石片岩、大理岩、含铁石英岩及元古代花岗岩侵入体等。煤系基底裂隙含水层主要分布于集贤盆地的东部、中南部的低山丘陵地带，岩性由花岗岩、火山碎屑岩及片岩等组成。经长期风化剥蚀作用，表面风化强烈，裂隙不发育，不利于地下水的补给，有利于大气降水的地表径流排泄。出露面积小，补给条件不良，含水微弱，对煤系风化裂隙含水带补给量甚微，对矿床充水影响较小。

双鸭山盆地的基底由元古界麻山群深变质岩构成。煤系基底裂隙含水层（带）主要分布于该区的北部及西部。基底隆起部分由花岗岩组成，表面风化强烈、岩石破碎但差异较大，裂隙不发育，出露面积小，不利于地下水补给，含水微弱。勃利煤田煤系的基底以近似南北向的北兴断裂为界，以东为上古界泥盆系、石炭系、二叠系地层及海西期花岗岩，以西为下元古界麻山群、黑龙江群及元古代花岗岩。

1.5.4.4 新生代煤系基底的水文地质环境

新生代古近纪、新近纪煤系的基底多为碎屑岩系。

黑龙江省宝清煤田煤系基底由石炭二叠系、海西期花岗岩等组成，石炭二叠系主要岩性为辉绿岩、玄武岩及砂岩、砾岩等。

鸡东盆地基底由上太古界麻山群变质岩系、下白垩统城子河组、穆棱组地层及海西期花岗岩等构成。

佳木斯—伊通断裂带内的依兰盆地、舒兰盆地、沈北盆地，煤系基底为前震旦纪鞍山群变质岩及白垩纪紫色、紫红色夹灰绿色粗碎屑岩系。其中，依兰煤田煤系基底由海西期花岗岩组成，下白垩统淘淇河组碎屑岩主要岩性为由灰绿色砂岩、粉砂岩及薄层含炭泥岩、凝灰岩等；舒兰盆地基底是由二叠系变质岩、白垩系红色砂砾岩及海西期花岗岩构成的复合基底，岩性南段以上二叠统杨家沟组为主，中段主要由花岗岩和白垩系组成，北段主要由白垩系组成；沈北煤田煤系地层基底为前震旦系变质岩及古近系始新世玄武岩。

珲春煤田煤系基底由石炭二叠系变质岩、海西期花岗岩和侏罗系火山碎屑岩构成。侏罗系中上统屯田营组为煤系的直接基底，主要岩性为流纹岩、流纹斑岩、酸性凝灰岩、凝灰角砾岩夹英安岩、安山岩、安山集块岩、安山角砾岩、中性晶屑岩。

梅河盆地煤系基底为石炭二叠系及侵入海西期花岗岩等组成的拼合式基底，煤系基底主要为白垩系的紫红色砂砾岩等粗碎屑沉积。

抚顺煤田煤系基岩为前震旦系与下白垩统。前震旦系岩性为浅红色花岗片麻岩、云母片麻岩、角闪石片麻岩。下白垩统岩性为暗紫色砂质页岩、砾岩和灰绿色凝灰质砂岩，并夹有安山岩、辉绿岩、玄武岩。

黄县煤田煤系基底为早白亚系青山组。

广西百色盆地煤系基底为中三叠统碎屑岩及灰岩。

广东茂名盆地基底为震旦系云开群变质岩系，煤系基底为白垩系红色砂砾岩层。

云南小龙潭盆地中新世煤系基底为石炭纪、二叠纪、三叠纪灰岩，碳酸盐岩分布区溶蚀为洼地，玄武岩分布区则成为残存山梁，为一侵蚀型盆地。三叠系岩溶裂隙含水组是煤盆基底的主要含水组，其上部为厚层状石灰岩，下部为白云质石灰岩，单位涌水量为0.1065～11.576 L/(s·m)。

昭通煤田的基底为二叠系、三叠系的山间侵蚀盆地。盆地基底或边缘为碳酸盐岩溶强含水层分布区，具自流盆地古水文地质背景。

1.5.5 我国各聚煤区的水文地质概况

1.5.5.1 华北聚煤区的水文地质概况

根据水文地质条件的不同，华北聚煤区可分为沁水煤田、鄂尔多斯东缘含煤区、渭北煤田、太行山东含煤区、京唐含煤区、豫西和徐淮含煤区，各区的水文地质条件有所不同。

1. 区域含水层

(1) 寒武奥陶系灰岩。厚约800 m，出露广泛，接受大气降水后形成储量巨大的强含水层。根据寒武奥陶系灰岩与煤系地层之间沉积的隔水层在各地区变化状况，大致可分为3种类型：

①隔水层厚度在百余米以上。所处地区构造相对简单，寒武奥陶系灰岩水对煤系地层威胁较小，如沁水盆地、京唐地区、两淮地区等。

②隔水层厚度较薄，为30～50 m。所处地区构造相对较复杂，使寒武奥陶系灰岩水与煤系地层含水层发生水力联系，并对煤层造成充水威胁，如太行山东含煤区 。

③奥陶系地层缺失。在豫西临汝一带缺失奥陶系地层，使寒武系灰岩成为煤系地层的基底，但寒武系灰岩出露不够广泛，岩层的富水性较差，如平顶山矿区多数矿井在开采一、二号煤层时发生寒武系灰岩突水，淹没矿井，但在较短时间内即可将水排干，恢复生产，说明寒武系灰岩外来补给不充裕，岩层富水性不强，对煤系地层和煤层开采威胁较小。

(2) 太原组薄层灰岩。厚度为1～2 m至6～7 m，层数为几层到十几层，各地不等，常为煤层的直接顶板。含水性弱至中等，对煤层影响较大，但由于厚度薄，水的储存量小，在无补给或少量补给的情况下，煤层开采后很快就可以疏干，如遇较大断裂与奥陶系灰岩发生水力联系，外来补给充裕，则对煤层的开采影响较大。

(3) 煤系地层上覆的砂岩地层。厚度较大，除地表风化带和裂隙发育的浅部富水性较强外，一般随深度加深裂隙逐渐减小，富水性逐步变弱，在一般开采深度对煤层开采影响较小。

(4) 巨厚新生界覆盖层。仅赋存于开平向斜、两淮煤田和太行山东麓等少数煤田，对煤系地层影响较大。一种情况如开平向斜，新生界覆盖层巨厚，接受大气降水后直接补给煤层顶部或夹于煤系地层中的裂隙砂岩，由于覆盖层巨厚，水储存量大，形成了充沛的补给来源。另一种情况如两淮煤田，新生界覆盖层巨厚，自上而下分为4个含水层，间含3层隔水层，新生界含水层与煤系地层的含水层相隔，使煤田的水文地质条件简单化，形成了两淮地区独特的水文地质条件。

2. 沁水煤田、渭北煤田、鄂尔多斯东缘含煤区的水文地质概况

该区属大陆性气候，年降雨量为400～580 mm。石炭二叠系煤系为奥陶系峰峰组，厚50～100 m，为极弱含水层，与太原组、本溪组隔水层相加，厚百余米，成为这一地区的相对隔水层，把奥陶系上下马家沟组的巨厚岩溶裂隙含水层与煤系地层隔绝开来，使煤系地层的水文地质条件趋于简单化。煤系地层的含水层为太原组薄层灰岩，下二叠统山西

组、下石盒子组砂岩。太原组薄层灰岩的单位涌水量为0.0004~0.108 L/(s·m)。山西组、下石盒子组砂岩的单位涌水量为0.00005~0.137 L/(s·m)，渗透系数为0.0002~0.137 m/d。这两个含水层的含水性微弱，水动力小。

太原组薄层灰岩及山西组、下石盒子组砂岩的降雨补给有限，水化学类型皆为HCO_3-Ca·Mg型，矿化度皆小于0.5 g/L。地下水径流缓慢。构造形式皆为单斜或向斜一翼。

3. 太行山东含煤区的水文地质概况

该区含水层为巨厚的奥陶系岩溶裂隙含水层，厚约600 m，上覆本溪组厚度30 m左右。当断裂断距较大时，奥陶系灰岩与太原组薄层灰岩或山西组砂岩直接接触，上下含水层发生水力联系。含水层水动力强，补给、径流、排泄体系完整。该区西部皆为广泛出露的寒武、奥陶系灰岩，面积可达千余平方千米，接受大气降雨后形成了巨厚的奥陶系灰岩岩溶裂隙水。当煤田中有背斜或抬升地层出露时，由于地层阻挡，灰岩泉水即出露地表，形成了完整的补径排系统。

该区为断块构造，导致煤系地层中的太原组薄层灰岩和山西组砂岩与奥陶系直接接触，发生水力联系，如邢台矿区、峰峰矿区鼓山西的和村—孙庄向斜、安阳矿区珍珠泉以西块段、鹤壁矿区小南海泉群以西块段等。东部寒武奥陶系地下水流向为由西向东，随着深度的增加岩溶裂隙随之减少，水位+130~-500 m，水位年变化幅度为10~20 m。在深部对煤系地层形成了巨大的水压。由于邯邢深大断裂的阻隔，奥灰水在这一带只有补给、径流，无排泄地点，地下水的水化学类型为Cl-Na型，矿化度为5 g/L左右，充分显示了地下水呈停滞状态。

4. 豫西煤田的水文地质概况

该区地形为低山丘陵和平原，年降雨量为700~800 mm。其显著特点为，缺失奥陶系灰岩，煤系直接超覆于寒武系上。寒武系灰岩单位涌水量为0.0000718~1.325 L/(s·m)，渗透系数为0.00075~4.8 m/d，水化学类型为HCO_3-Ca·Mg型水，矿化度为0.255~0.324 g/L，含水性为中等偏弱。煤系地层薄层灰岩单位涌水量为0.0000479~0.302 L/(s·m)，渗透系数为0.000458~2.93 m/d，水化学类型为HCO_3-Ca·Mg型，矿化度为0.55 g/L左右，含水性微弱。煤系砂岩层单位涌水量0.000217~0.45 L/(s·m)，渗透系数0.000721~4.0 m/d，水化学类型HCO_3-Na·Ca型水，矿化度为0.37 g/L左右，含水性微弱。

煤系地层的下伏、上覆和夹于煤系的含水层，除寒武系灰岩水有时略大一点可造成矿井突水外，其余的含水性都较弱，地下水径流缓慢。其中的平顶山矿区地下水由西南流向北东方向，由+80~-400 m对煤层形成了较大压力，地下水的年变化幅度小。

5. 徐淮含煤区的水文地质概况

该区有4个煤田，这里以两淮为主。该区地形基本上为一西北高东南低的冲积洪积平原区，年降雨量为750~900 mm。煤系地层上覆新生代松散层厚度较大，为200~400 m。煤田呈轴向北西西—东西向的复向斜构造，两翼发育有一系列走向压扭性逆断层，部分地层直立倒转。煤田内部走向逆断层也较发育。

主要含水层为新生界松散孔隙含水层，分为四含三隔，特别是底含和三含对煤田有重要影响。底含的单位涌水量为0.0176~0.8311 L/(s·m)，渗透系数为0.002226~

2.367 m/d，水化学类型为 Cl－K＋Na 型水；三含与上部含水层有一些水力联系，单位涌水量为 0.025～2.3 L/(s·m)，渗透系数为 0.82～15.98 m/d，水化学类型为 Cl－K＋Na 型水，矿化度为 0.8～2.69 g/L。因此，含水层补给源贫乏，地下水运移缓慢，近于停滞，垂直渗透性差，近于封闭状态，含水层以储存量为主。

煤系地层中，砂岩裂隙含水层单位涌水量为 0.00152～0.8911 L/(s·m)，渗透系数为 0.00152～2.37 m/d，矿化度为 2.368～2.45 g/L，水化学类型为 Cl－K＋Na 型，含水层含水性极弱。太原组薄层灰岩单位涌水量为 0.00105～0.224 L/(s·m)，渗透系数为 0.0017～3.09 m/d，矿化度为 1.9～2.99 g/L，水化学类型为 Cl－K＋Na 型。煤系地层砂岩、薄层灰岩含水性微弱，地下水径流缓慢或停滞。

四含覆盖于煤系地层之上，其地下水运移缓慢或停滞，对煤系地层的补给一般较弱。

1.5.5.2　西北聚煤区的水文地质概况

西北聚煤区包括柴北—祁连、准南和塔北等煤田或含煤区。地势较高，降水量稀少，大部分地区有黄土覆盖，黄土渗透性能较差，降水后大部分顺沟渠流走，很少能透过黄土层补给基岩。基岩中的含水层绝大部分为碎屑岩，岩层中夹有黏土层或黏土质，含水性微弱，渗透性能较差，含水层对煤层充水较差，对主要开采煤层基本无威胁。根据地形地貌、地质和水文地质条件，华北北缘的大青山和华北西部的卓贺矿区，与西北的水文地质特征基本类似。

柴北—祁连含煤区地面标高为 2000～2400 m，准南煤田为 1038 m，华北北缘的大青山煤田则为 1250～1500 m，桌贺含煤区为 1089～1400 m。这些地区的多数煤田处于构造抬升隆起区，如内蒙古高原、鄂尔多斯台缘、鄂尔多斯西南部的隆起带等。降雨后多以地表径流方式流走，很难在当地存留。地下水具有上升型水文地质特征。地貌上以构造剥蚀或剥蚀堆积地形为主。地层由巨厚的碎屑岩组成，第四系很薄。由于地壳的稳定上升，地下水循环速度加快，溶滤作用加强。经过漫长的地质时期，地下水埋藏渐深，含水层变薄，层次增多且不连续，因而含水层的水量一般偏小。

这 4 个地区均为半干旱大陆性气候，雨量稀少。如柴北—祁连含煤区年平均降雨量为 106.6 mm，蒸发量 10 倍于降雨量；准南含煤区降雨量为 152.3 mm，蒸发量 12 倍于降雨量；大青山煤田降雨量 322 mm；桌贺含煤区降雨量为 106.6 mm。上述 4 个地区由于降雨稀少，具有干旱型的水文地质特征，蒸发和降雨严重失调，补给条件贫乏，地面水体少，地表排泄条件好，因此地下水盐化现象突出，一般形成硫酸钠钙型水或氯化钠型盐卤水。

柴北—祁连含煤区是中晚侏罗世煤田，岩性以碎屑岩为主，煤田内主要含水层有两层：①第四系含水层，厚 312 m，单位涌水量为 0.534～3.74 L/(s·m)；②窑街组第二岩组（煤 2 顶板），属层间裂隙水，单位涌水量为 0.021 L/(s·m)，渗透系数为 0.0169 m/d。大青山煤田有 3 个含水层：①第四系孔隙潜水，单位涌水量为 0.25 L/(s·m)；②基岩裂隙承压水，其中拴马桩煤系石叶湾组砾岩、砂砾岩单位涌水量为 0.00233～0.136 L/(s·m)，而石拐煤系召沟组、五当沟组粗砂岩单位涌水量小于 0.2 L/(s·m)；③煤系基底灰岩裂隙水单位涌水量小于 0.001 L/(s·m)。

桌贺地区为石炭二叠系煤田，有 5 个含水层：①第四纪冲积扇潜水，单位涌水量为 0.94～7.08 L/(s·m)，渗透系数为 1.51～16.5 m/d；②二叠—三叠系裂隙水，单位涌水量为 0.0047～0.10941 L/(s·m)，渗透系数为 0.00000565～0.119 m/d；③石炭二叠系裂隙水，单位涌水量为0.01 L/(s·m)，渗透系数小于0.1 m/d；④奥陶系岩溶裂隙水，含水层厚约700 m，单位涌水量为0.50~5.98 L/(s·m)，渗透系数为0.024~2.88 m/d，虽然水量巨大，但由于上石炭统本溪组厚度大，1196~1381 m，最薄19.68 m，最厚3168 m，将煤系和奥陶系灰岩水隔绝开来；⑤太古界千里山群裂隙水，单位涌水量为0.000157~0.009 L/(s·m)，渗透系数为0.002~0.06 m/d。

准南煤田为中侏罗世煤田，有3个含水层：①第四系含水层，单位涌水量为0.515~1.95 L/(s·m)，渗透系数为4.221~0.29 m/d；②八道湾组砂岩含水层，单位涌水量为0.0001~0.0078 L/(s·m)，渗透系数为0.55~0.044 m/d；③断层组，单位涌水量为0.067 L/(s·m)，渗透系数为0.044~0.98 m/d。

该区构造形式多为沉积坳陷，向斜或盆缘单斜。中新生代坳陷盆地中的地下水形成封闭式独立的水文地质循环系统，盆地内沉积有厚度较大的新近系、古近系、白垩系、侏罗系，岩性为碎屑岩，其上覆盖有厚度较大的第四纪松散堆积物，周边往往有基岩出露。封闭型水文地质特征表现为地下水内循环作用突出，地下水形成的补径排均发生在盆地边缘至中心的地层中，大气降水为盆地的主要补给来源，垂直蒸发为盆地的主要排泄方式。小型盆地内按区域地下水循环方式进行系统内循环。

1.5.5.3　华南聚煤区的水文地质概况

华南煤系地层主要为龙潭组，有湘中—赣中、东南、川东、川南—黔北、滇东—黔西、黔桂等含煤区。根据其水文地质条件的不同可分为两大地区：①湘中—赣中和东南地区；②川东、川南—黔北、滇东—黔西地区。两者的水文地质条件大相径庭。湘赣地区的主要特点是，降雨充沛，含水层露头岩溶裂隙发育，易于补给，含水层富水性中等至强，含水层亦即充水岩层距主要开采煤层较近，亦是煤层的充水层，对煤层开采威胁较大。而川滇黔地区的主要特点是，地形陡峭，降雨充沛，降雨顺沟渠流走，较难补给地下水。煤系上覆地层以砂质页岩、泥岩为主，含水微弱，下伏茅口灰岩虽然含水性强，但由于与煤系地层有较厚的峨眉山玄武岩，隔水性良好，使煤系地层的水文地质条件趋于简单。

1. 湘中—赣中及东南含煤区的水文地质概况

该区为低山丘陵地形，亚热带大陆性气候，年降雨量1339 mm。向斜或单斜构造。主要含水层皆为岩溶裂隙含水层，其中有：①上二叠统大冶组岩溶裂隙含水层，厚度平均72 m左右，单位涌水量为0.00001~0.1101 L/(s·m)；②上二叠统大隆组（长兴组）含水层，厚75 m左右，单位涌水量为0.00363~1.38 L/(s·m)，距龙潭组煤组30 m左右；③下二叠统茅口组含水层，厚350 m，单位涌水量为0.00085~3.735 L/(s·m)，矿化度为0.29~0.57 g/L，水化学类型为HCO_3-Ca型。各含水层之间均有良好的隔水层，层位厚度稳定，一般平均50~70 m。

该区岩溶裂隙含水层均在煤系地层的顶或底部，由于降水量大，降水的很大一部分补给了岩溶裂隙含水层，这些岩溶裂隙水在一定标高以泉的形式泄漏于地表。在中深部为向斜或单斜，岩溶裂隙随深度增加而逐渐减弱。

2. 川东、川南—黔北、滇东—黔西、黔桂等含煤区的水文地质概况

该区为山地与丘陵地形，年降水量均为1000~1800 mm。以向斜宽、背斜窄的“隔档式”梳状褶皱构造发育为特点。断裂多为高角度正断层，逆冲断层次之。由于煤系地层龙

潭组与下伏的茅口灰岩之间沉积有峨眉山玄武岩，厚 50～200 m。隔绝了煤系地层与茅口灰岩强含水层的水力联系，使煤系地层水文地质条件趋于简单化。煤系地层以上飞仙关组以砂岩、粉砂岩、泥岩为主，单位涌水量为 0.02 L/(s · m)。煤系地层岩性以泥岩、砂岩、灰岩、泥灰岩为主，单位涌水量为 0.269 L/(s · m)，渗透系数 0.375 m/d。总体来讲煤系地层及其上覆地层含水层含水微弱。

该区的降雨量比较大，但由于地形陡峭，降雨以地表径流形式流走，很少能补给地下水。煤系地层及其以上盖层由于含水微弱，构造形式为向斜或单斜，以静水压力把煤层气封闭于煤系地层中。

1.5.5.4　东北聚煤区的水文地质概况

1. 大兴安岭以东的水文地质概况

该区包括三江—穆棱河含煤区 5 个煤田，松辽—辽西 4 个煤田和浑江—红阳两个煤田。这些煤田的水文地质特征基本上是一致的。

本地区除鸡西、鹤岗为低山、丘陵、斜坡盆地地形外，其余煤田多为平原。温带大陆性气候，年降水量为 546～700 mm。主要为早白垩世煤系地层，以碎屑岩为主。一般以风化带裂隙含水带为主，层间裂隙含水层为辅，即以带为主，带中有层。地下水运动主要在浅部风化裂隙带中，在风化裂隙带下部为微裂隙带和构造裂隙带，存在着封闭状态的地下水。风化裂隙带单位涌水量为 0.24～2.73 L/(s · m)，渗透系数为 1.22～3.03 m/d，而风化裂隙带以下含水层，单位涌水量为 0.0048 L/(s · m)，渗透系数为 0.223 m/d，水化学类型为 HCO_3 - Mg · Ca 型水，矿化度为 0.249 g/L。

集贤和红阳两煤田虽然地层和构造不尽相同，而其煤系顶部却都覆盖着巨厚的新近纪、第四纪松散地层，总厚 280～1430 m。特别是集贤煤田的新近系，以灰绿色砂砾岩及粗砂岩为主，颗粒上细下粗、半胶结，厚约 200 m，单位涌水量为 0.0012～0.83 L/(s · m)，渗透系数为 0.0302～0.093 m/d，含水性微弱，对煤系地层阻隔地表水和浅部含水性较强的含水层水进入煤系地层起了很大作用。同时，煤系地层本身及其上下围岩在中深部含水微弱，地下水处于封闭状态。

红阳煤田虽然新近系、第四系水文地质条件复杂，而含煤地层之上有较厚的中生代侏罗纪砂岩、泥岩、火山岩等盖层，封闭了晚古生界上部的不整合面，再加以石炭二叠纪含煤地层以砂岩、泥岩为主，它们是层间裂隙水，含水微弱，对阻隔含水层起了很好的作用。特别是可采煤层顶底板大部分为泥岩或黏土岩、粉砂岩，它们是良好的隔水层。

2. 大兴安岭以西的水文地质概况

该区包括伊敏、霍林河等中西部断陷盆地，水文地质条件独特，煤层是主要的含水层。这类煤田由于成煤时期较晚，上部覆盖层薄，煤层的煤化程度低，煤层中的成岩裂隙和风化裂隙较发育，井下巷道所见煤层裂隙，有时可达约 100 mm。地表降雨后，通过新生代松散层补给煤层的裂隙，使煤层成为主要含水层。雨季时煤层充水，只有将煤层水疏干才能采煤。这类煤田由于赋存深度浅，煤层本身富水性，水动力强。

2 国内外水体下采煤技术现状及发展

2.1 水体下采煤的基本概念及国内外水体下采煤情况综述

2.1.1 水体下采煤的基本概念

所谓水体下采煤，是指位于水体影响范围以内的煤层的开采。水体下采煤一般分为水体危险影响区内的煤层的开采和危险影响区外的煤层的开采两部分，前者是指高于开采上限的情况，后者是指低于开采上限的情况。我国及世界各国所进行的水体下开采绝大多数属于后一种。

水体下采煤是一个复杂的技术问题，影响水体下采煤的因素很多，研究解决水体下采煤问题所需要的专业技术知识的范围也比较广泛，涉及采矿、地质、水文地质、岩层移动、地下水动力学、工程地质学、岩石力学、计算数学等多门专业学科领域，因而属边缘交叉学科问题。水体下采煤不仅关系到矿井及人身安全，也关系到井下生产环境和经济效益。水体下采煤需要解决的重要问题，首先是要预防矿井溃水或超限涌水，以保证安全经济地采出煤炭；其次是要对有经济价值的水体进行保护，以免遭受井下开采的不良影响。

2.1.2 国内外水体下采煤情况综述

国内外在水体下进行开采的历史有百余年，各产煤国家在海洋、江河、湖泊、含水松散层及基岩含水层等水体下面进行了大量的开采试验，积累了较丰富的成功经验。

2.1.2.1 我国水体下采煤情况综述

我国早在20世纪50年代就开始了水体下采煤的系统研究和实践，积累了丰富的数据和经验，取得了众多的成功实例和研究成果，已成功地进行了河流、湖泊、水库、松散含水层、基岩含水层等各种水体下采煤。在第四纪、新近纪、古近纪松散含水砂层和地表水体下开采方面，安徽、江苏、山东、河北、吉林等矿区进行了大量开采试验研究，尤其是淮南、淮北、邢台、滕南、滕北、兖州等地处平原地区的煤田或矿区，都曾在巨厚冲洪积含水层、急倾斜煤层等各种艰难复杂条件下成功地进行了水体下开采；在河流、江湖、水库及塌陷积水区等地表水体下开采方面，有阜新清河、河北绵河、本溪太子河、南桐蒲河、安徽淮南淮河、湖南资江河漫滩、江西乐安江、山东小汶河、广西合山南洪水库、广东梅州上官水库及微山湖等大型水体下的成功开采经验；在河堤下开采及河堤维护方面，有淮河两岸矿区堤下开采的经验；有在顶板砂岩、砾岩及石灰岩等基岩含水层下开采的经验；还有设计矿井露头系列煤柱的经验，从而为全面解决矿井来自地面及覆盖层的水患问题提供了依据和方法。所谓露头系列煤柱，指的是防水煤岩柱（适用于松散强含水砂层及其上覆水体）、防砂煤岩柱（适用于松散弱含水层、可疏降含水砂层及其上覆水体）和防塌煤岩柱（适用于松散黏土隔水层、可疏干含水砂层及其上覆水体）。露头系列煤柱设计方法在煤矿推广后，减少了松散层下的煤柱尺寸，增加了第一水平储量，为矿井挖潜增产发挥了重要作用。我国水体下采煤实践的普遍性和经验的丰富性等已得到世界各国的公认，其技术水平处于国际领先地位。

我国各矿区普遍存在着水体下压煤开采问题，水体下采煤技术灵活，方法众多，并随着煤炭科学技术的不断进步和煤矿开采水平的不断提高而不断发展。其主要特点为，采煤方法的发展变化与高产高效安全生产紧密结合，控制技术的发展与当前水平和现实需要相结合，现场监测及室内测试分析技术手段的进步与新技术的发展相结合，预测分析技术方法及理论水平的提高与实际应用相结合等。近年来，高产高效采煤方法在水体下安全采煤中得到了成功应用和不断发展，并进一步发展了水体下安全采煤技术。水体下采煤技术十分复杂，专业性很强，与设计、审批、实施等多个环节都密不可分，而且关系到矿井安全、人身安全、井下生产环境和经济效益等。

我国在水体下采煤方法的发展变化与高产高效安全生产紧密结合方面，已成功地应用了综采、综放等多种采煤工艺方法，如综合机械化采煤顶水安全开采；综采一次采全高留设防塌煤柱安全开采；松散含水层下综放开采，包括综放顶水安全开采、综放顶疏结合安全开采、留设防砂煤柱综放安全开采、留设防塌煤柱综放安全开采等；基岩含水层下综放开采；水体下急倾斜煤层综放开采；采空区水体下综放开采；贫水条件下保水采煤技术的探索与尝试等，至今已安全采出水体下压煤数千万吨，取得了显著的经济效益和社会效益。

在水体下采煤控制技术方面的主要进展有覆岩破坏程度及范围控制技术和控水采煤技术，实现了可控条件下的安全合理开采。

在水体下采煤现场监测及室内测试分析技术方面的主要进展有覆岩破坏探测正由传统的冲洗液漏失量观测这一单一技术向着钻孔电视、钻孔超声成像、钻孔声速、数字测井等测井手段与冲洗液漏失量观测相结合，电法探测、雷达探测、地震探测、瞬变电磁法、EH－4 电磁法探测等物探手段与钻探相结合，微震监测技术与专业解释相结合等方向发展；水体下采煤安全监测技术及手段的探索；安全煤岩柱性能研究及质量评价技术的发展等。

在水体下采煤预测分析技术方法及理论方面的主要进展有覆岩破坏规律研究以及水体下采煤预测分析技术与理论的进展，涌水量预计理论及方法的探索溃砂机理及判据的探索等。

煤矿特殊地质采矿条件下水体下采煤中水害问题的认知程度及防治水平也在逐步提高，如白垩系半胶结砂岩综放开采条件下溃水、溃砂的防治技术、离层带蓄水的危害及其防治途径、大面积老空积水区的突水危害及其防治途径、高水压松散含水层与原生纵向裂隙发育覆岩的异常突水及其防治等。

水体下采煤所存在的主要问题有：深部开采的规律认识不清问题，特殊地质采矿条件下的水体下安全采煤问题，覆岩破坏的动态监测问题，安全预测预报及预警问题，简捷有效的探测技术和手段尤其是超前探测技术手段等问题，矿井设计和矿井投产后防水（砂）煤柱尺寸的变更及其管理程序等问题，西部贫水矿区安全高效开采技术与水资源及生态环境保护问题，东部矿区水体下安全高效开采问题等。

2.1.2.2　国外水体下采煤情况综述

世界各个采煤国家在煤田开发过程中，为了防止水体（海洋、江河、湖泊、水库、含水冲积层、基岩含水层和老采空区积水等）内的水淹没采区和矿井，在井下留设了大量保护煤柱。随着科学技术的发展和认识水平的提高，世界大多数采煤国家都主张尽可能地不留保护煤柱，寻找和采用在经济上和技术上合理的采矿措施和其他安全措施开采水体下压煤。

海洋、江河、湖泊、流砂层等水体下采煤要求在防止水溃入矿井的前提下进行安全开采。将水体疏干、河流改道可以彻底避免水害，实现安全开采，但费用较大。一般情况是在水体下留设合理高度的煤岩柱或选择合适的采矿措施来保证水体下的安全开采。

国外水体下采煤的采煤方法主要有长壁或房柱式全部开采、房柱式部分开采，多是采用长壁法开采，全部垮落法管理顶板。为了保证开采安全，制定了一系列水体下采煤的条例、规定和法规。

进行海下采煤的国家主要有英国、日本、加拿大、澳大利亚和智利等国，离岸距离已达12 km，水深6~25 m不等。海下采煤有着悠久的历史，早在1857年苏格兰就已开采海下煤田，日本于1863年在长崎县高岛煤矿建了一座深45 m的竖井开采海下煤田。这些国家有关海下采煤的一些规定，主要是根据生产实践经验并经综合分析确定的，例如英国主要是根据瓦斯疏放和排水的经验，日本主要是根据事故教训，也做过少量观测工作。其采煤方法多为房柱式部分开采。英国、日本、加拿大等国对采用长壁或房柱式全部开采法进行海下采煤的采深采厚比等都作出了明确规定。日本在总结海下采煤事故教训等基础上出台了许多关于海下采煤的相关法律法规，强调海下采煤必须制定特殊的采掘计划和详细的安全措施。

在地表河流、湖泊及含水松散层等水体下采煤方面，苏联、波兰、英国和美国等都进行了大量的试验和研究工作，但安全采煤仍是采用经验值。

在水体下采煤的研究方面，国外的主要做法是，以现场试验观测和分析总结各类开采经验为主，其他次之。如西方国家和日本，主要是根据瓦斯排放、排水经验及事故积累，通过总结分析，编制了有关水体下采煤的规定。苏联的做法是研究各类条件下的导水裂缝带发育规律，主要是通过现场观测确定导水裂缝带高度，采用简易水文观测方法，观测覆岩不同层位的水位变化和渗透参数。其次是在实验室用相似材料研究采动渗透性，采用压缩空气，利用透气性研究透水性。

综观国外水体下采煤情况，对导水裂缝带发育规律及覆岩结构的分析研究尤其是覆岩破坏高度的现场观测等方面远不如我国，如采厚、倾角、岩性及结构、采空区尺寸、时间、水压等因素的影响研究不够，覆岩破坏高度等现场观测尤其是钻孔观测方面更与我国相差甚远。影响水体下安全开采的决定因素，除了水体因素以外，首先是有无可利用的隔水层条件，即有无有效的第四纪黏土层存在，基岩风化带的阻水或透水性质，隔水层的性质、位置及厚度等，其次是隔水层是否遭受到采动影响的破坏，即煤层产状和导水裂缝带的发育高度等。西方国家所规定的临界拉伸变形值虽然与水体下采煤有关，但不是起决定作用的影响因素。这是因为，所规定的临界拉伸变形值并不是导水裂缝带顶点处的实际变形值。但有些生产实践经验我们可以借鉴。

2.2 我国煤矿水体下采煤技术现状

2.2.1 我国煤矿水体下压煤的处理技术及水体下采煤的基本对策

2.2.1.1 我国煤矿水体下压煤的处理原则与解决途径

2.2.1.1.1 水体下压煤的处理原则

水体下压煤是指煤层位于水体下方，并且需要采取一定技术措施才能开采或保留在水体下不采而永久损失的煤量。

处理水体下压煤的总原则是“采、迁、留”。采是指开采煤柱；迁是指处理水体，如疏、堵、排等；留是指留设煤柱不采。其中采是根本目的，首先应立足于采，只有尽可能地开采煤柱，才能最大限度地提高矿井资源回收率和实现合理开采。迁的目的也是为了采，在当前直接进行开采其技术上属不可能和经济上属不合理的情况下，能够采取迁移办法处理的，应该尽量采取迁移办法处理，同样也可以提高矿井资源回收率和实现合理开采。在当前既不能采又不能迁的情况下，应保留煤柱不采，以达到确保矿井安全或保护水资源的目的。在这里，必须强调采是前提，留只是迫不得已时才使用的办法，“采、迁、留”必须综合考虑，其根本目的是在确保矿井安全的前提下，最大限度地提高矿井资源回收率和实现合理开采，任何重留轻采或重采轻留的做法都会导致不良后果，或者造成资源的大量呆滞与浪费，甚至矿井开采的不合理局面，或者可能导致矿井不安全或水资源的破坏。

2.2.1.1.2 水体下压煤的解决途径

根据水体下压煤的处理原则，解决水体下压煤问题的途径主要有顶水开采、疏干或疏降开采、顶疏结合开采、处理补给水源后开采、迁移水体后开采和留设煤柱不采等方面。

1. 顶水开采

顶水开采系指在水体与煤层之间保留一定厚度（或垂高）的安全煤岩柱而对水体不作任何处理情况下的开采。这里的安全煤岩柱是指为了保证矿井安全生产、防止水或泥砂溃入井巷而在水体下保留不采的煤层和岩层区段（块段）。安全煤岩柱有3种类型，即防水、防砂和防塌煤岩柱。顶水开采实际上包括完全顶水开采和部分顶水开采两种情况。在水体与煤层之间留设防水煤岩柱情况下的采煤属于完全顶水开采；在水体与煤层之间留设防砂或防塌煤岩柱情况下的采煤，对于远离煤层的上部水体可能是属于顶水开采，而对于靠近煤层的下部水体，则为疏干开采。

由于许多岩层具有天然的隔水性能，所以，只要适当地控制采动影响，在多数情况下，顶水开采可以使水体下采煤达到既安全又合理的目的。

顶水开采的优点是一般不增加矿井的额外涌水量，不增加排水设备；缺点是在某些情况下，煤炭资源损失率较大，而且在基岩含水层下采煤时，还有可能恶化作业条件。

2. 疏干或疏降水体开采

疏干或疏降水体开采系指在开采前或开采过程中疏干（补给水源有限时）或疏降（补给水源无限时）地下含水层水位情况下的开采。根据我国水体下压煤开采经验，疏干或疏降水体开采可分为先疏后采和边疏边采两种情况。先疏后采是指预先对含水层进行疏干或疏降，然后再进行开采的做法，它一般适用于煤层直接顶板为含水层或回采上限接近第四系的强含水松散层等情况。边疏边采则是指采煤与疏干或疏降同时进行的做法，它一般适用于砂岩或石灰岩岩溶含水层为煤层基本顶以及回采上限接近第四系的弱含水松散层等情况。

根据我国水体下压煤开采经验，疏干或疏降水体开采的具体方法主要有钻孔疏干或疏降、巷道疏干或疏降、巷道与钻孔联合疏干或疏降、回采疏干或疏降以及多矿井分区排水联合疏干或疏降等。

1）钻孔疏干或疏降

钻孔疏干或疏降就是在回采工作面的上下顺槽或地面直接向煤层顶底板含水层打钻放水或抽排水，以疏干水体或降低含水层水位。这种方法一般适用于薄层石灰岩含水层和厚层砂岩含水层，是应用最为普遍的一种方法。

2）巷道疏干或疏降

巷道疏干或疏降就是把运输大巷和上下山等主要巷道直接布置在需要疏干或疏降的含水层内，或者用石门穿过各含水层，以疏干或降低含水层水位。这种方法一般适用于基岩含水层。

3）巷道与钻孔联合疏干或疏降

巷道与钻孔联合疏干或疏降就是先掘进疏水巷道或疏水石门，然后在巷道或石门内打钻孔穿透含水层放水。有时还直接在地面打直通式放水钻孔，穿透含水层到放水石门，并在孔口安装控制放水的阀门，进行疏干或疏降。

4）回采疏干或疏降

回采疏干或疏降就是利用回采工作面的自然涌水，达到疏干或疏降水体的目的。回采疏干或疏降适用于富水性弱和补给来源有限的含水层。当开采上限接近第四纪全砂含水松散层或松散层底部厚含水砂层时，就可以采取回采疏干或疏降措施，如先采深部后采浅部等。

5）多矿井分区排水联合疏干或疏降

在石灰岩岩溶发育的矿区，有时单一矿井集中排水疏干或疏降比较困难，甚至不可能。如果采用多矿井分区排水联合疏干或疏降的办法，则可以共同分担水量，有利于地下水位迅速下降，往往能够达到预期的目的。

总之，疏干或疏降开采方法的应用必须因地制宜，这种方法的优点是煤炭资源回收率高，生产安全性大；缺点是需要增加疏排水设备及必要的辅助工程，增加煤炭生产成本。由于疏干或疏降改变了水体的自然循环，在有岩溶的矿区常常导致矿区地面严重塌陷，有时甚至影响工农业生产及人民生活。

3. 顶疏结合开采

顶疏结合开采指的是在受多种水体或多层含水体威胁的条件下进行水体下采煤时，对于远离煤层（指大于导水裂缝带高度）的水体，可以实现顶水采煤，而对于煤层直接顶或离煤层距离较近（指位于导水裂缝带范围内）的水体，则实行疏干或疏降开采。采用顶疏结合开采取得成功的关键，首先在于实现顶水开采，其次是满足回采工作面无淋头水的要求。

4. 处理补给水源或迁移水体后开采

处理补给水源或迁移水体后开采就是在回采以前先用水文地质、工程地质方法对水体的主要补给来源进行处理，或者直接将水体迁移到矿区或采区影响范围以外，然后再进行开采。先处理水源后进行开采的技术途径可以达到边采边疏或先疏后采的目的和效果，先迁移水体后进行开采的技术途径则可以从根本上消除水体对开采的威胁。对于无限补给，特别是近源、无限补给的条件应尽可能地在矿区或采区外围堵截补给水源，一般有河流改道、人工填铺河床、自然淤造河床、帷幕注浆堵水、布置疏水巷道截流和地面防渗、防漏等方法。对于远源、有限补给的水源，则根据水体赋存特征，可以不采取专门措施。迁移水体也只有在某些情况下才在技术上可行和经济上合理，例如河床下有隔水层，水库可以废弃等。

1）河流改道

通过改道方法把矿区或采区内的河流引向矿区或采区影响范围以外，这是改变煤岩柱水源补给条件、处理地表水水源的最有效方法。但是，河流改道牵涉面广、投资大，应结合矿区地形地貌及工农业生产建设需要等各种因素综合考虑。

2）帷幕注浆堵水

帷幕注浆堵水是利用钻孔将黏土、水泥等材料注入含水层内，形成地下挡水帷幕，切断地下水补给通道的一种方法。在含水层厚度较小、流量较大、水源补给通道集中、水文地质条件清楚并具备可靠隔水边界的条件下适于采用这种方法。尤其是对于薄层石灰岩岩溶水体，这一方法较易见效。

3）巷道截水

对于山地矿区或露天矿区，在岩层内部开凿专门巷道截水，也是切断水源补给的一种方法。例如，在山地矿区，可以利用地势高差大的特点，开凿专门疏水平硐，拦截上部水平的地下水。在露天矿区，为了拦截松散层水流入露天坑内，可在松散层底部的基岩表面开凿嵌入式截水巷道，排出地下水。

4）地面防水

地面防水是改变水源补给和改善煤岩柱水文地质条件的一项重要措施。对于无黏土或仅有薄层黏土类地层覆盖的山地矿区和开采深度较浅的平原矿区，地面防水工作尤为重要。地面防水的具体措施，对于山区和近山矿区，主要有建水库、挖鱼鳞坑、筑拦洪坝、修拦洪沟、填裂缝、铺河床、设围沟、架渡槽、修排水沟网等；对于平原矿区，则主要有修河渠、筑围堤、排内涝等。

5）人工填铺河床

人工填铺河床就是对于无黏土层覆盖的河床填铺人工防水层，以达到整治河道，加快泄水速度，减少河水渗漏，提高河床隔水能力的目的。防水层一般使用水泥、料石、碎石三合土或其他具有黏性、塑性的材料。这种方法适用于各种坡度的季节性河流。为了防止人工河槽底部产生潜流，应在河流上游垂直河水流向的基岩中凿一沟槽，并用填料填实，以切断地表水潜入槽底基岩含水层。

6）自然淤造河床

自然淤造河床就是将黏土送入流经采区的河流上游地段，利用流水将黏土带到并淤积在采空区上方的河床地段，形成河床隔水层。也可以事先在计划淤积的下游筑好拦水坝，利用洪水冲刷下来的泥土，自然淤积到一定厚度，以增加河床的隔水能力。这种方法适用于山区及季节性河流。

5. 保留煤柱不采

一般在没有隔水层，且水体又不可能疏干、疏降或不能迁移的条件下保留煤柱不采。

2.2.1.2 我国水体下采煤的特点与基本对策

水体下采煤的保护对象、保护范围以及被保护物受开采破坏的因素等都具有其本身的特点。水体下采煤的保护对象主要是矿井本身，其主要目的就是防止矿井溃水或超限涌水，避免井巷遭受破坏，保证安全开采。另外则是对有经济价值的水体及其附属设施进行保护，以免遭受井下开采的不良影响。而在一般情况下，如顶水开采，在实现保护矿井的同时往往也可以实现对水体的完整性保护。水体下采煤的保护范围与其保护对象以及水体的流动特性等有着密切的关系。首先，为了达到保护矿井的目的，有时就必须要保护本身并不一定有保护价值的水体和水体下方的岩层块段（疏干或疏降情况除外）。这是由于水体所具有的流动性所决定的。如果岩层破坏一旦波及水体，哪怕只触及水体的边缘，都会导致水体中被波及或被触及水平以上的水全部流入井下，所以，水体应作为一个整体加以保护。其次，在水体的完整性得以保护的同时，矿井安全也会得到保障。因此，在某些情况下，在实现保护矿井安全的同时往往也实现了对水体完整性的保护。

矿井溃水或超限涌水只有当开采后出现的导水裂缝与地表裂缝沟通或者直接破坏到水体时才有可能发生，所以，在处理水体下采煤问题时，主要应该考虑开采引起的岩层中的裂缝是否互相连通以及互相连通的裂缝是否波及水体，而对于地表变形的关心则应退居到次要位置。这是因为，在许多情况下，尽管地表产生较大的移动和变形甚至出现裂缝，但是只要这些裂缝在某个深度上自行闭合而不构成导水通道，那么就不会发生透水事故。

水体下采煤问题与其他问题相比，往往具有更大的危险性，这是因为，在某些条件下，水体一旦遭到破坏，就会威胁整个矿井的生产和人身安全。

水体下采煤时井下出水后的表现形式主要有长流水、暂时水、渐增水、渐减水等几种。长流水是指长时间内保持着固定不变的流量，长流水一般形成于导水渠道畅通且水体有定量补给来源或者导水渠道固定而水体水量较充足等条件下。暂时水是指较短时间内就可以流完的水，一般出现于水体由静储量构成而水量又较少或者季节性水体等条件下。渐增水是指水量逐渐增大的情况，它一般形成于水源充足而导水渠道由不畅通逐渐变为畅通的条件下。渐减水是指水量逐渐减小的情况，它一般形成于水源不充足（如以静储量为主）或者水源虽然充足但导水渠道逐渐闭塞（如隔水层因下沉压实而使裂缝密合）的条件下。

水体下采煤的特点还与水体类型有关，水体类型不同，其特点也不同，所需要采取的具体对策也不同。

1. 单纯地表水体下采煤的特点及对策

地表水体的特点是直观可见，其分布范围及水量大小都比较容易测定，所以，单纯的地表水体下采煤问题一般也比较简单。对于海、湖、江、河、水库这一类大型水体，由于水量大，补给来源充足，一般属灾害性水体，一旦发生井下出水时，往往具备水势迅猛、流量集中、严重威胁整个矿井的生产及人身安全甚至淹没矿井等特点。所以，处理这一类水体下采煤问题时必须以防止矿井溃水作为基本对策，一般都应留设防水煤柱。对于沼泽、坑塘、水渠、采空区地表下沉盆地积水这一类中小型水体，由于水量较小，补给来源有限，水一旦流入井下，虽然也具备来势迅猛、流量集中的特点，但时间往往比较短，处理这一类水体下采煤问题时应因地制宜，有时可以按照防止矿井溃水的要求留设防水煤柱，如水体与煤系地层之间的黏土层很薄甚至没有时的中小型水体，或者有厚度较大的黏土隔水层时的中型水体。有时则可以按照防止超限涌水的要求留设防砂或防塌煤柱，如水体与煤系地层之间有厚度较大的黏土隔水层时的部分中小型水体。对于洪水、山沟水、稻田水、季节性河流等季节性水体，其特点是对矿井生产的影响受季节性限制，一般可以选择在枯水季节开采，而在雨季水量增大时停采。

由于井下开采往往在地表出现裂缝，所以，在处理地表水体下采煤问题时，既要考虑井下开采所引起的垮落带和导水裂缝带的发育程度和发展范围，同时也要考虑地表裂缝的发育深度及其与井下的沟通情况，二者均不应忽视。根据地表水体的特点，解决该类水体下采煤问题时一般多采取处理水体和顶水开采等措施。

2. 单纯松散含水层水体下采煤的特点及对策

松散含水层水体属孔隙水，其特点是流动缓慢，流量小，仅依靠渗透补给和排泄，且分布较均匀，对矿井生产的威胁一般都比较有限，这是实现该类水体下采煤的有利条件。

松散含水层水体的特点决定了该类水体的水流入井下需要有一个过程，其渗透速度的快慢则受限于含水层的渗透系数，特别是有泥砂溃入时，一般都有一段较长的时间，容易预防。例如，有些矿区发生淤泥和水砂溃入巷道的事故，在事故发生的前几天即有少量泥砂溃入巷道，事故发生前几个小时发现工作面压力增大、折梁断柱等预兆。此外，流砂及淤泥溃入巷道的速度也较慢，从事故发生到泥砂稳定，往往经历几个小时。从另一方面来看，松散含水层的面积往往都很大，所以，具有采取预防措施的范围广和预防的时间长等特点。

单纯松散含水层水体下采煤时，由于松散层的特殊性而决定了既有溃水问题，也有溃砂问题，所以，防治工作的重点应是防止溃水或溃泥砂。而泥砂溃入矿井的主要条件，则是必须具有溃入的通道以及砂层内含有一定量的水。所以，解决这类问题时的基本对策或者是防止出现溃砂通道，或者是降低流砂层中的含水量和水压，一般情况下均采取顶水开采或先疏后采和边采边疏措施。而且采取疏干或疏降措施时一般都具有所需疏干或疏降的时间比较长的特点。对于补给、径流、排泄条件好，对矿井生产的威胁性较大的松散含水层水体，应该以防止溃水为主，一般应保留防水煤柱，如单一含水层统一型水体以及松散层总厚度很小，且补给来源充足的条件，或者含水层与隔水层交互沉积的多层含水层分散型水体以及松散层总厚度较大（如 80 ~ 100 m 以上），且松散层底部为富水性强的砂层等条件。而对于补给、径流、排泄条件不好，对矿井生产的威胁性较小的松散含水层水体，则宜于以防止溃泥砂为主，一般应保留防砂或防塌煤柱，如含水层与隔水层交互沉积的多层含水层分散型水体以及松散层总厚度较大，且松散层底部为富水性弱的砂层等条件。

3. 单纯基岩含水层水体下采煤的特点及对策

基岩含水层水体对水体下采煤的威胁程度随着含水层至煤层距离的大小，地下水的类型，含水层的富水程度，补给、径流、排泄条件以及开采深度等的不同而具有很大差别。单纯基岩含水层下采煤所面临的灾害问题主要是溃水或淹没，个别的也有溃砂问题，如古近纪、白垩纪半胶结砂岩含水层等，因此，防治工作的重点首先应是防止矿井溃水和超限涌水，其次是防止溃砂。由于基岩含水层特别是煤系地层内的含水岩层的产状往往与煤层一致或相近，所以，该类水体下压煤往往涉及某个煤层的大部分甚至全部，有时往往又不具备顶水开采的客观条件，此时就只能采取先疏后采、边采边疏或处理补给水源等措施，其问题的关键即在于煤层顶面至基岩含水层水体底面的距离及其岩性。只有当二者的法线距离大于导水裂缝带高度，并有足够的隔水层时，才可以实现顶水开采。而当二者的法线距离小于导水裂缝带高度，且含水层富水性强时，则应采取先疏降后开采的措施；含水层富水性弱时，可采取边采边疏的措施。对于煤层直接顶和基本顶的含水层水体，一般是基本顶薄层含水层水体对矿井生产的威胁较小，可以边采边疏；直接顶厚层含水层水体对矿井生产的威胁较大，应该先疏后采。

基岩含水层水体主要有岩溶水、裂隙水、孔隙水及老空水等，石灰岩等岩溶类水体的特点是流速大、流量大，特别是管流和洞流形式的岩溶水，流速和流量都很大，一旦发生井下突水，则来势迅猛，水量集中，容易造成灾害性事故。事实上，由于岩溶分布的不均匀性和偶然性，对其分布状况往往难以查清，常常是将整个岩层均作为含水层考虑，这不仅造成了某种程度上的资源浪费和技术经济上的不合理，而且也不能完全避免突水灾害。这是因为岩溶水体有时会沿裂隙侵入其邻近岩层内，致使水体与煤层之间的距离进一步减小而小于预测值，所以，在该类水体下采煤时的首要问题应该是详细了解岩溶的分布状况，含水层的边界位置，岩溶洞穴的充填程度，充填物的性质以及地下水的补给、径流、排泄条件等，并采取相应的综合防治措施来保证矿井及人身安全。一般情况下，应采取先疏后采或处理补给水源等措施，有时也可以顶水开采，如水体边界与煤层的法线距离大于导水裂缝带高度，并有足够厚度的隔水层作为保护层时，不仅可以避免矿井溃水和淹没，而且还可以减少矿井涌水量。

砂（砾）岩裂隙水的特点是水量一般不十分丰富，富水性也不均衡，其赋水特点受裂隙分布规律所控制。在裂隙分布较均匀、裂隙间连通性较好的条件下，采用先疏后采的措施一般较易见效，且可明显改善工作面的劳动条件。如淮北刘桥一矿砂岩裂隙含水层下采煤，采取预先放水疏降措施，很快降低了含水层水位，解除了该水平以上采煤工作面的水患威胁，实现了安全开采。在裂隙分布不均匀且裂隙间连通性很差的条件下，采用先疏后采的措施则往往难以奏效，一般只能采取边采边疏的措施。在这种情况下，常常难以克服工作面生产条件的恶化（如顶板滴水、淋水等），有时还可能造成工作面的暂时停顿（如因含水层局部静储量较大而导致工作面突然出现暂时性的较大涌水时）。

砂（砾）岩孔隙水的特点是流量小，对生产威胁较小，往往仅采用边采边疏措施就可以获得满意效果。

老空区积水的特点是水量集中，一旦突水便具有水势迅猛、来势突然、流量集中、危害严重等特点，其突水量一般与导水通道和老空积水的动、静储量有关。当老空积水以静储量为主时，往往形成渐减水或暂时水，当有较大的动储量补给时，则往往形成长流水。

4. 两种或两种以上水体下采煤的特点及对策

两种或两种以上水体下采煤对矿井生产的威胁程度一般取决于距煤层最近的水体的富水程度、含水岩层的渗透性以及水体之间的水力联系情况等。两种或两种以上水体下采煤问题有时同时具备两种或两种以上单纯水体下采煤的特点，需同时考虑几种水体的影响；有时则仅仅具备与煤层距离最近的水体的类型相同的单纯水体下采煤的特点，与煤层距离相对较远的水体往往成为补给水源，从而可以简化为单纯水体对待。如对于地表水体和松散含水层二者构成的水体，起决定作用的是松散层中含水层的富水程度、赋存状态以及松散层的总厚度。在松散层总厚度很小的情况下，主要具备单纯地表水体下采煤的特点，可按单纯的地表水体对待；在松散层总厚度较大的条件下，主要具备单纯松散含水层下采煤的特点，地表水体有时只需作为其补给水源考虑，可按单纯的松散含水层水体对待。对于松散含水层和基岩含水层二者构成的水体，起决定作用的是开采深度、松散层中含水层的富水程度、赋存状态以及松散层的总厚度。在浅部开采（开采上限至基岩表面的距离小于导水裂缝带高度）时，同时具备单纯松散含水层水体和单纯基岩含水层水体下采煤的特点，既要考虑松散含水层，又要考虑基岩含水层；在深部开采（开采上限至基岩表面的距离大于导水裂缝带高度）时，则主要具备单纯基岩含水层水体下采煤的特点，仅需考虑基岩含水层的威胁，松散含水层只是基岩含水层的补给水源。对于地表水体和基岩含水层二者构成的水体，起决定作用的是开采深度。在浅部开采时，同时具备单纯地表水体和单纯基岩含水层水体下采煤的特点，应同时考虑上述两种水体；在深部开采时，则主要具备单纯基岩含水层水体下采煤的特点，地表水只是基岩含水层的补给水源，可按单纯的基岩含水层水体对待。对于地表水体、基岩含水层和松散含水层三者构成的水体，除了应考虑开采深度外，还应考虑松散含水层的富水程度。在浅部开采时，或者同时具备单纯基岩含水层水体和单纯地表水体（当松散层总厚度很小时）下采煤的特点，或者同时具备单纯基岩含水层水体和单纯松散含水层水体（当松散层总厚度很大时）下采煤的特点，应同时考虑地表水体、松散含水层水体和基岩含水层水体的影响；在深部开采时，则主要具备单纯基岩含水层水体下采煤的特点，可按单纯的基岩含水层水体对待。

在对待存在基岩含水层条件的水体下采煤问题时，无论是深部开采还是浅部开采，都要根据所采煤层顶面至基岩含水层底面的距离以及有无隔水层，考虑是否采用疏干或疏降开采以及处理补给水源的措施。

2.2.2　水体下采煤技术体系

2.2.2.1　水体下采煤的综合开采技术

1. 分层间歇开采

分层间歇开采指用倾斜分层下行垮落方法开采缓倾斜厚煤层时采取的开采措施，可起到控制覆岩破坏高度的作用。

2. 长走向小阶段间歇开采

长走向小阶段间歇开采指用水平分层全部垮落或沿走向推进的伪倾斜柔性掩护支架全部垮落采煤法开采急倾斜煤层的开采措施，可限制采空区上边界所采煤层抽冒，进而避免出现地面塌陷漏斗及流砂溃入井下。

3. 正常等速开采

正常等速开采指用全部垮落法管理顶板时防止工作面控顶范围内出现断裂或超前断裂从而使含水层水涌向采空区的措施。

4. 试探开采

试探开采包括以下方法：

先远后近：先采远离水体、后采水体下面的煤层。

先厚后薄：先采隔水层厚、后采隔水层薄的煤层。

先深后浅：先采较深部、后采较浅部的煤层。

先简单后复杂：先采地质条件简单、后采地质条件复杂的煤层，在水体下开采地质构造破坏严重的煤层时采用。

5. 分区开采

分区开采包括以下方法：

在同一井田内隔离采区进行开采：采前在采区之间建立永久性防水闸门，用于有可能发生突然性涌水的矿井和采区。

建立若干单独井田同时开采：在具有不同特点和条件的水体下采用独立的井口或采区进行单独开采和单独排水。用于采深很小和水源补给充足的煤层。

2.2.2.2 水体下采煤的预测分析技术

1. 水体类型划分与富水性评价

正确区别水体类型、清楚认识水体的富水性，是决定水体下采煤可能性和可靠性的最根本的出发点。水在哪里，规模多大，赋存状态如何，这些都是选择水体下采煤技术途径时需要正确分析和合理解决的问题。

2. 覆岩地层结构分析

搞清覆岩地层结构是决定水体下采煤可能性和可靠性的关键条件。诸如留设煤（岩）柱开采的可能性和可靠性，疏干或疏降开采的必要性，处理补给水源的可能性等都首先取决于覆岩的地层结构特点。

3. 覆岩破坏预计

正确预计采动影响是决定水体下采煤可能性和可靠性的根本性因素。对采动影响有了正确的预计，技术措施就会选择得技术上可行、经济上合理、安全上可靠。

4. 经验类比

类比典型经验是决定水体下采煤可能性和可靠性问题的重要方法。我国《建筑物、水体、铁路及主要井巷煤柱留设与压煤开采规程》（以下简称《“三下”采煤规程》）于1985年颁布实施，其中水体下采煤有关规定的编写依据主要就是基于当时我国100多个矿井在三大类12个亚类的水体下近1000个工作面的典型开采实践和相应的试验研究成果及经验等。

5. 涌水量预计

矿井、采区、工作面涌水量预计尤其是回采工作面涌水量预计，是确定水体下采煤技术方案和防范措施等所必不可少的重要内容。

6. 安全开采深度设计

在全面预测分析基础上进行水体下安全开采深度设计、提出水体下安全开采方案，是采出水体下压煤的重要依据。

7. 防治水安全技术措施的研究制定

研究制定水体下采煤的防治水安全技术措施并予以贯彻落实，是实施水体下采煤过程中必不可少的重要内容，是确保水体下采煤安全的重要步骤，也是以防万一的重要环节。

8. 水体下采煤可行性、安全性及经济效果评价

综合分析评价水体下采煤的可行性、安全性及经济效果，是煤矿现场、决策部门、管

理机关等选择水体下采煤技术途径和方法、制定安全技术措施、审批开采方案等的重要凭据。

2.2.2.3 水体下采煤的防治水技术

1. 地下水动态监测

地下水动态监测主要是对水位、水量、水温、水质等进行监测、分析。

2. 井下探放水技术

井下探放水技术主要是在采前从回采巷道施工仰上钻孔，对回采区域上方的水体进行探放。

3. 地下水疏干或疏降技术

地下水疏干或疏降技术主要有巷道、钻孔、巷道和钻孔联合或回采等，并有采前、采后及边采边疏之分。

4. 地面水体处理技术

地面水体处理技术如河流改道等，需要有相应的条件才可能做到。

5. 注浆堵水技术

注浆堵水技术对于地面水体一般可以采用填堵地表裂缝等方法，主要是在开采深度较小的条件下使用；对于地下水体需要具备相应条件才合理，一般很少采用。

2.2.2.4 水体下采煤的实验与测试技术

2.2.2.4.1 现场测试技术

1. 地质、水文地质条件勘查

地质、水文地质条件勘查主要有钻探、物探及钻孔抽水试验、井下放水试验等，主要目的是查清地质采矿条件及地下水赋存条件等。

2. 覆岩破坏探测

覆岩破坏探测主要有钻探、钻孔物探、地面物探等，主要目的是查清覆岩破坏高度、破坏特征以及裂隙发育特征等。传统的覆岩破坏探测主要是通过在钻探施工过程中观测钻孔冲洗液消耗量、钻孔水位变化及钻进异常现象等，用以分析判断覆岩破坏高度及特征。

3. 井下围岩温度场测量

井下围岩温度场测量可根据井下围岩温度场测量结果分析推断地下水的分布及其与采掘工程之间的联系，进而为实现突水预测预报提供参考依据。

2.2.2.4.2 室内实验与分析技术

1. 相似材料模拟实验

相似材料模拟实验主要是采用相似材料模型对地下开采过程和采场围岩的移动、变形规律及其破坏机理等进行模拟研究，并通过模拟来获取和判断原型中的垮落带、导水裂缝带发育高度和破坏特征等。相似材料模型是用与岩体原型力学性质相似的材料按几何相似常数缩制成的模型，并在模型上开挖各类工程，如采场等，用以观察、研究采场围岩内的变形、破坏等现象。在水体下采煤研究领域，应用相似材料模拟实验法主要是研究采场上覆岩层随着煤层开采的变形、破坏过程，并力争获得覆岩破坏高度、范围等定量结果。

相似材料模型依其相似程度不同而分为定量模型和定性模型两种。定量模型也称为原理模拟或机制模拟，主要目的是通过模型来定性地判断原型中发生某种现象的本质或机理，或者通过若干模型来了解某一因素所产生的影响。定性模型仅满足主要相似常数，不要求严格遵循各种相似关系。定量模型的主要目的是通过模型来定量评价原型中所发生的某种现象的程度等。定量模型要求主要的物理量都尽可能地满足相似常数与相似判据。

应用相似材料模拟实验法研究垮落带和导水裂缝带发育高度应采用定量模型。模型所采用的相似条件包括几何相似、时间相似和应力与强度相似等，并在模型中装设位移传感器和微型压力传感器等进行模型应变、应力测量，同时直接观察、描述采动裂缝的分布、发展状况以及顶板垮落等情况。相似材料模拟实验法的模拟结果与实际情况一般具有一定的可比性，与现场实测方法相比较，可以大大节省人力和物力，而且易于多次重复，便于进行更加深入的探索和研究。

目前将相似材料模拟实验法模拟所得垮落带和导水裂缝带高度直接应用于工程的实践还比较少，而且主要为平面模型，虽有部分立体模型，但由于模型测量难度较大而很少采用。在模型制作工艺尤其是相似材料配比、模型与原型的相似程度等方面存在一定差距，其结果往往使得模拟所得结果与实际情况有一定偏差，影响了这一方法的普遍应用。因此，如何采取更加精细的工艺来更加真实地模拟原型的性态仍有待于进一步改进提高。

2. 计算机数值模拟分析

计算机数值模拟分析就是依靠电子计算机，结合有限元或有限容积的概念，通过数值计算和图像显示的方法，达到对工程问题和物理问题乃至自然界各类问题研究的目的。其步骤首先是建立反映问题（工程问题、物理问题等）本质的数学模型，即建立反映问题各量之间的微分方程及相应的定解条件，接着是寻求高效率、高准确度的计算方法，如微分方程的离散化方法及求解方法、贴体坐标的建立、边界条件的处理等，然后是编程、计算，最后就是数值的图像显示等。

在水体下采煤研究领域应用数值模拟分析方法研究的对象主要为采场上覆岩层的移动、变形、破坏和地下水的渗透及其流场变化等，前者基本上属于力学问题，后者大体属于渗流等问题。

针对力学问题的数值模拟分析，可以采用 FLAC^{3D} 计算程序。FLAC^{3D} 是一个三维显式有限差分程序，可以模拟三维岩石、土壤及其他材料所发生的力学行为，诸如在发生屈服破坏时所引起的塑性流动等。模型由空间结点构成的多面体组成，任何复杂的物体形状均可以模拟。通过给定材料本构模型，FLAC^{3D} 可以模拟分析线性的或非线性的材料力学特征。采用显式拉格朗日快算原理和混合离散单元划分技术，FLAC^{3D} 可以非常理想地模拟材料的塑性破坏和塑性流动行为。因为无须建立矩阵，只需要很小的内存就可以完成大型的三维计算。

FLAC^{3D} 可以模拟固、流、汽等多相行为，可以模拟材料力学、热传导、地下水渗流和冲击波等多种形态行为的单一或耦合作用。

采用数值模拟方法可以对覆岩破坏特征等进行分析研究，对覆岩的位移场、应力场及破坏场有更加直观的认识。垮落带和导水裂缝带高度可以根据拉伸破坏区和拉伸裂隙区的上限值来分别确定。应用计算机数值模拟分析方法研究垮落带和导水裂缝带发育高度虽然很方便，但并不成熟，这是因为目前还没有适合于复杂地质条件的应力—应变关系理论方程，也没有普遍分析岩体内部应力变化的破坏准则，因此，所获得的结果只能供参考。

针对渗流问题的数值模拟分析，可以采用 GMS 计算程序，它是一款全面、系统地进行地下水模拟的计算软件。

3. 岩土性质微观分析

进行岩土性质微观分析的目的主要是对安全煤岩柱的岩土性质及其隔水性能等进行测试和分析研究。

近年来，岩土微观力学测试技术得到了很大的发展和应用，如X射线透射、立体摄影、激光散斑法、X射线衍射、光学显微镜、透视电镜、显微镜位移跟踪法、计算机透析成像技术、差热分析、压泵法、偏光分析以及多媒体测试技术等。

微观结构是指物质的原子、分子层次的结构，尺寸范围在$10^{-6}\sim10^{-10}$ m。要用电子显微镜或X射线衍射仪来分析研究其结构特征。材料的许多基本物理性质，如强度、硬度、熔点、导热性、导电性等都是由材料内部的微观结构所决定的。微观结构是决定岩土的工程性质的重要因素。

4. 岩土水理性质测试分析

进行岩土水理性质测试分析的目的主要是对安全煤岩柱的隔水性、再生隔水性以及抵抗采动破坏的能力等进行测试研究，如崩解性、岩石试件全应力—应变过程渗透率测定等。

岩土水理性质就是由于岩土与地下水之间的相互作用而显示出来的性质，同时也包括持水性、容水性、毛细管性、可塑性等。不同的地下水在岩土中存在的形式也不同，进而对岩土水理性质的影响也不同，岩土的水理性质会影响到岩土的强度和性状等。岩土水理性质是指岩石与水作用时所具有的特征，主要有容水性、持水性、给水性、透水性、软化性、崩解性等。

1）容水性

岩土的容水性指岩土所能容纳一定水量的能力。容水性用容水度来表示，容水度是指岩土空隙完全被水充满时的含水量，可表示为岩土所能容纳的水的体积与岩土体积之比。

2）持水性

岩土的持水性指在重力作用下，岩土依靠分子力和毛细力能够保持一定液态水的能力，常用持水度来表示。持水度是指受重力作用时岩土仍能保持的水的体积与岩土体积之比。

3）给水性

岩土的给水性指岩土中保持的水在重力作用下能够自由流出一定数量水的能力，即指岩土体在重力作用下从岩石断裂形成的裂缝和空隙渗出水的性质，用给水度表示。给水度是指岩土给出的水量与岩土体积之比值，给水度在数值上等于容水度减去持水度。

4）透水性

岩土的透水性指岩土能使水下渗、通过的性能，通常用渗透系数表示。空隙的大小和多少决定着岩土透水性的好坏，但两者的影响并不相等，空隙的大小经常起主要作用。透水层指可以透水、渗透系数较大的地层，但不一定含水。较硬岩石的裂隙或岩溶性越多时，其透水性就越强。而松散或较软岩土的颗粒细且不均匀时，透水性则很差。

5）软化性

岩土的软化性指岩土体浸水后，力学强度降低的特性。它普遍存在于各类黏性土层、泥质砂岩、页岩中，是判断岩石耐风化、耐水浸能力的指标。

6）崩解性

岩土的崩解性指岩石和土壤湿润后，土壤颗粒黏结破坏或削弱，导致土壤特性的崩溃解体。

5. 岩土物理力学性质测试分析

进行岩土物理力学性质测试分析的目的主要是对安全煤岩柱的强度、结构特征以及抵抗采动破坏的能力等进行测试研究。

按照水体下采煤的实际需要，岩土物理力学性质测试分析的项目或内容主要有塑限、液限、塑性指数、液性指数、颗粒分析、含水量、比重、密度、渗透系数、压缩系数、固结系数、剪切试验、抗压强度、抗拉强度、抗剪强度、弹性模量、泊松比等。

6. 水质分析

水质分析项目一般分为简分析和全分析，简分析时需取水样 0.5 ~1 kg，全分析时需取水样 2 ~3 kg。通过定期采取水样进行水质分析化验，可以了解和掌握煤层开采前后各含水层的水质特征及其变化情况，分析地下水的运动规律，并通过对比来判断井下出水点的水力来源。

为此，在开采以前就要对不同的水体取样化验水质，以便与回采后的水质进行对比。在回采期间，根据水体下采煤的具体情况，侧重于化验采空区的水质，并对有关水体的水质进行定期化验，以便相互对比。

不同含水层中的水，其化学成分也常有区别。这是由于地下水埋藏、运动于地下不同岩石的孔隙之中，不断地与周围的介质相互作用，溶解了岩石中的可溶部分，所以造成了各含水层水化学成分的不同。例如，各类水体的矿化度值的变化规律一般是大气降水最低，地表水次之，地下水最高，而老窑水最高；对同一地区而言，补给及径流条件好、富水性强的含水层较补给及径流条件差、富水性弱的含水层矿化度低。砂岩裂隙水一般硬度较小，而岩溶水硬度大。有水力联系的含水层水化学成分相近，而无水力联系的含水层水化学成分差别较大。老窑积水多呈黄褐色，且 SO_4^{2-} 与离子含量很高等。所有这些水化学成分上的差异都为正确分析水源等提供了方便的可行性条件。如果井下一旦发生突水，首先进行水化学分析，然后再与各含水层化学成分进行对比，往往就能够为判断矿井突水的原因提供可靠依据。

2.2.3 我国传统水体下采煤技术的发展特点

我国地域辽阔，煤田多，分布广，生成时代差异大，地质及水文地质条件复杂。随着煤矿生产建设的飞速发展，许多矿区的水体压煤和水体下采煤问题被提了出来。新中国成立后，广泛开展了水体下采煤的科学试验研究工作。据初步统计，截至 1975 年，在各种类型的水体下进行过试采和正常生产的矿井已达 130 个，采煤工作面则近 1000 个。通过“实践、认识、再实践、再认识”，水体下采煤的规模由小到大，采煤的条件由简单到复杂，采煤的方法由单一到多样，采煤的经验由少到多，并且正在逐步形成一套适合我国煤矿生产建设实际的认识和措施。我国煤矿水体下采煤技术的发展特点是，采深采厚比值小，采煤方法多样化，开采效果较好，开采措施因地制宜。

2.2.3.1 采深采厚比值小

水体下采煤合理的深厚比问题，同采煤方法、顶板管理方法及岩性、地层结构等采煤地质因素有密切的关系。据初步调查统计，我国130个煤矿（井）在水体下成功进行开采的近1000个工作面实例中，不同水体下采煤工作面的深厚比各不一样。在矿区之间、采区之间、煤层之间，有的差别也很大。

1. 河下采煤

在河床与煤系基岩之间无黏土层，即河床直接位于煤系基岩之上或河床与煤系基岩之间仅有含水砂层条件下，当采用全部垮落方法开采时，深厚比最小为30～40（但不一定是合理的），一般为50～60以上。在河床与煤系基岩之间无黏土层情况下，河下安全采煤的条件最为不利。但是，煤系基岩的岩性及地层结构不同，煤系基岩的富水性及隔水性不同，其深厚比差别也是很大的。当采用充填方法开采时，深厚比大大减小，一般在15～20就能达到安全和正常生产的要求。

在河床与煤系基岩之间有黏土层条件下，当采用全部垮落方法开采时，深厚比最小为5，一般为10～20。当采用充填方法开采时，深厚比甚至减小到3～4。说明黏土类松散层对河下安全开采起到了十分重要的作用。河床与煤系基岩之间有较厚的黏土层时，开采上限远比其他条件要高，但是，必须保留一定厚度的基岩。基岩最小厚度在采用全部垮落方法时为16～20 m，在采用充填方法时则为2.5～5.0 m。

2. 第四纪、新近纪、古近纪含水松散层下采煤

在松散层中的含水砂层直接与煤系基岩接触条件下，当采用全部垮落方法开采时，采深采厚比最小的为6～8，个别仅为2～3。同河下采煤的情况相比，采深采厚比又大大减小了。同时在含水砂层直接与煤系基岩接触的情况下，必须区分出两种情况：一是砂层为弱含水层、富水性弱、补给源有限时，可以把弱含水层视为煤岩柱的组成部分，含水砂层下采煤的采深采厚比值就更小。必须指出，厚松散层底部的弱含水层对水体下采煤能够起到相对的隔水作用。因此，对于厚度大的富水松散层，必须细致地分析研究其底部的含水性和富水性，正确判断其是否可以作为煤岩柱的组成部分，以力求达到合理决定开采上限的目的。二是砂层为强含水层、富水性强、补给源充足时，应当保留较大尺寸的煤岩柱，含水砂层下采煤的采深采厚比值较大。特别是在含水砂层下开采急倾斜煤层时，煤岩柱中基岩所占的比例更大一些。

在松散层中的含水砂层直接与煤系基岩之间有黏土层条件下，当采用全部垮落方法开采时，不论是缓倾斜煤层或急倾斜煤层，采深采厚比最小的为6～8，个别达到2。显然，黏土类松散层是实现水体下安全开采最有利的条件。当含水砂层与煤系基岩之间有较厚的黏土层时，可以大大提高开采上限。但是，最小的基岩厚度为8～10 m。

3. 基岩含水层下采煤

在基本顶石灰岩含水层及直接顶砂岩含水层下采煤，如果煤层顶至含水层底的距离大于采煤引起的导水裂缝带高度，则可以在不采取疏降措施的条件下安全开采。例如，在基本顶石灰岩含水层下开采急倾斜煤层时，煤层顶至含水层底的最小法线距离等于采厚的15～18倍。在基本顶石灰岩含水层下开采较浅部的急倾斜煤层时，煤层顶至含水层底的最小法线距离等于煤厚的7～9倍。

4. 山沟下采煤

山沟下采煤一般是煤系基岩上面无松散层覆盖，或只有很薄的松散覆盖层，在采用全部垮落方法开采时，采深采厚比最小的为20～30。

5. 煤层老采空区积水下采煤

煤层老采空区积水下采煤条件下的采深采厚比约在26以上。显然，老采空区积水多少及开采煤层顶至积水的老采空区之间的基岩岩性，对采深采厚比有一定的影响。必须指出，对于老采空区积水，一般采取先探放、后回采的措施，只有在极个别的情况下才进行老采空区积水下采煤。

6. 地表下沉区积水及地表洪水、旧河床积水、地表积水和水库等地表水体下采煤

地表下沉区积水及地表洪水、旧河床积水、地表积水和水库等地表水体下采煤的采深采厚比最小的为6~8。实践经验表明，基岩和松散层中有无隔水性好的岩层和黏土层及其厚度，是能否实现地表下沉区积水及地表洪水、旧河床积水、地表积水和水库等地表水体下安全采煤的决定性因素。深厚比的大小与岩性及地层结构密切相关。

7. 水稻田下采煤

在水稻田下采煤实践中，采深采厚比最小的为10~15。实现水稻田下安全采煤，还涉及公害问题：除有可能引起稻田渗漏外，还有可能因地表下沉导致稻田大量积水。在平原地区，地下潜水位较高，地表下沉后一般会出现大量积水，影响稻田种植。在丘陵或地势较高的地区，地表下沉后不会积水，即使出现局部积水，也易于通过平整或修建沟渠排放，消除积水。因此，只要采深与采厚相适应，不引起稻田渗漏，就可以实现稻田下安全采煤。在某些情况下，松散层中的黏土层很薄，实现水稻田下安全开采也是可能的。

2.2.3.2 采煤方法多样化

在水体下采煤实践中，从采煤方法的角度看，主要有：

（1）单一长壁采煤方法。

（2）长壁倾斜分层人工假顶采煤方法。

（3）仓房式采煤方法。

（4）急倾斜煤层的水平分层人工假顶采煤方法。

（5）急倾斜煤层的沿走向推进的伪倾斜柔性掩护支架采煤方法。

从顶板管理方法的角度看，主要有：

（1）全部垮落采煤方法。

（2）刀柱采煤方法。

（3）留煤柱支撑顶板采煤方法。

（4）水砂充填采煤方法。

（5）矸石自溜充填和矸石带状充填采煤方法。

2.2.3.3 开采效果较好

在水体下采煤实践中，除少数矿井涌水量较大以外，绝大多数矿井的涌水量不大。特别是在第四纪、新近纪、古近纪黏土层覆盖的条件下，直接来自松散层及地表的矿井涌水量是有限的。在没有第四纪、新近纪、古近纪黏土层覆盖的条件下，深厚比小于50时，河下采煤的矿井涌水量显著增加。有第四纪、新近纪、古近纪松散层时，河下采煤的矿井涌水量一般都增加不大。

从开采对水体影响的角度看，有3种可能的效果：

（1）当第四纪、新近纪、古近纪松散层中普遍分布着黏土层时，其上的潜水和上部层间水不受采动的影响，而其下部的含水层水则形成疏干降落漏斗，矿井涌水量与大气降水

及潜水、上部层间水无直接联系，如淮南李嘴孜煤矿、孔集煤矿、枣庄柴里煤矿、淮北张庄煤矿等。

(2) 当第四纪、新近纪、古近纪松散层中无黏土层或黏土层分布不普遍，同时，潜水和上部层间水的补给源有限，在受到开采或抽放水影响后，矿井泄水量较大，潜水和上部层间含水层可形成疏干降落漏斗，如鹤岗兴安煤矿、新汶孙村、张庄煤矿、井陉四矿、包头大磁煤矿等。

(3) 当第四纪、新近纪、古近纪松散层中无黏土层或黏土层分布不普遍，同时，潜水和上部层间水的补给源充足，在受到开采影响后，矿井泄水量虽然很大，潜水和上部层间含水层不能形成疏干降落漏斗，或是只能形成一定的降落漏斗。矿井涌水量则取决于煤岩柱尺寸及其隔水性，如阜新清河门煤矿、四川南桐煤矿、开滦赵各庄煤矿等。

2.2.3.4 开采措施因地制宜

因地制宜地采取技术措施，是我国煤矿进行水体下采煤的一个显著特点。水体下采煤的调查结果表明，我国煤矿在水体下采煤时，一般采用以下技术措施。

1. 保留煤岩柱

保留一定高度的煤岩柱，选择合理的安全开采深度，这是最为普遍采用的技术措施。

2. 选择适当的开采方法

(1) 采用充填方法开采，尽量减少垮落裂缝带高度。充填方法有水砂充填、矸石自溜充填和风力充填，近年来又探索了膏体充填、综采矸石充填等。

(2) 采用房柱式等保留煤柱的采煤方法开采（缓倾斜煤层），保持顶板的完整性，减少导水裂缝带的高度。

(3) 采用人工强制放顶措施开采（急倾斜煤层），促使顶板充分垮落，减少煤岩柱的破坏。

(4) 采用小阶段长走向（急倾斜煤层）、多分层（缓倾斜煤层）的间歇式开采方法，促使顶板充分垮落，人为地软化煤层顶板，减小垮落带裂缝带高度。

(5) 先采深部后采浅部；先采远处后采近处；先采隔水层厚的地点后采隔水层薄的或无隔水层的地点；先采条件简单的地点后采条件复杂的地点，逐渐接近水体。

(6) 采用分采区封闭方法开采，加大矿井排水能力，把可能发生的溃水、溃砂、溃泥事故限制在较小的范围内。

3. 采用可能的水文地质、工程地质措施

(1) 进行地面防水工程，减少雨季因地面渗漏而增加的矿井涌水量。防水工程一般有填铺河床，修建排水、疏水沟槽，砌筑拦堵水工程，堵塞地表塌陷漏斗坑及地表裂缝等。

(2) 将河流进行永久性或临时性改道。

(3) 处理地表水体和地下水的补给源，减少矿井涌水量。

4. 对含水层预先疏干或降低水位，然后进行开采

疏干有巷道（专门巷道或开拓巷道）疏干、钻孔疏干及巷道、钻孔联合疏干等方式；也有先回采薄煤层或本煤层的下一个小阶段的边回采边疏干方式；或者在一个矿区内同时开发几对矿井，实行分区排水，以降低含水层水位。

2.3 国外水体下采煤技术现状

2.3.1 英国的水体下采煤

英国是一个岛国，四面环海，是世界上最早的海下采煤国家。英国海下煤田的储量根据1969年统计为6.5×10^8 t，有16个煤矿开采海下煤层。其中，苏格兰煤田4个煤矿，诺森伯兰煤田4个煤矿，达拉姆煤田7个煤矿，北威尔士煤田1个煤矿。16个煤矿海下采煤的年产量约1300×10^4 t，约占其总产量的7%。海下采煤距离海岸已达5~8 km，个别已达12 km，海水深度10~25 m。采煤方法浅部为房柱式部分开采法，深部采用长壁式全部开采法。1968年以前，苏格兰和诺森伯兰都按开采深度（H）来确定采用长壁式全部开采法的煤层最大厚度（M）：

$H=82$ m　$M\leqslant0.76$ m　（$H/M\approx110$）

$H=110$ m　$M\leqslant1.22$ m　（$H/M\approx90$）

$H\geqslant183$ m　M不限

英国计算最大拉伸变形值的公式为

$$E_m = K\frac{S_{max}}{D}$$

采用长壁全部垮落采煤法时S_{max}值为0.90 t，在英国平均K值为0.75，因此，上式为

$$0.01 = \frac{0.75\times0.90\times t}{D}$$

计算结果，D_{min}为67.5 t。

英国煤管局原先认为水体下采煤时拉伸变形最为重要，规定海下采煤时要求海底拉伸变形值应小于5 mm/m，以免出现裂缝。后来，感到水体下开采时开采煤层上覆岩层的厚度尤为重要，通过调整研究，在1968年颁布的海下采煤条例中规定：用长壁或全面采煤法开采时，上覆岩层最小厚度为105 m，其中应有厚度60 m并夹有页岩的含煤地层，煤层容许开采的最大厚度为1.7 m，采深增大时，煤层容许开采的厚度按比例增加，规定采深183 m时为3 m（$H/M\approx61$），海底最大拉伸变形不应超过10 mm/m；采用房柱法等部分开采时，容许的最小采深为60 m。

采深大于60 m，其他条件不能满足海下采煤条例关于长壁工作面开采的要求时，英国一般采用传统的房柱式采煤方法开采。诺森伯兰煤田海下采煤时，采用房柱式采煤法采区的典型规格为：房宽5.4 m，留方形煤柱22 m×22 m，采深91 m，煤层厚度4.3 m，采出率仅为36%，但所留煤柱尺寸的安全系数确保超过4。也有采用6.4 m房宽，方形煤柱21 m×21 m，采出率提高到40%，但却造成顶板管理困难，因为煤房交叉处对角线长度接近9.1 m。从理论上说，采用15.8 m×15.8 m的方形煤柱时安全系数达到3，房宽5.5 m时采出率可达44%。英国人认为，在大型水体下采煤时安全系数考虑得比3大点为好。此外，英国煤矿在水体下采煤时也有采用条带式部分采煤法开采，开采条带的宽度小于作为煤柱的条带宽度。

苏格兰北部地区的西费尔煤矿，位于前副司海洋、克尔考底城南端，为海下采煤矿

井。1954 年建井，1973 年投产，设计年产原煤 163×10^4 t。可采煤 7 层，总厚 7.87 m，单层厚 1.15～1.68 m。煤层倾角 20°～40°，顶底板为砂岩、页岩及黏土岩。第一水平标高 -311 m，第二水平标高 -549 m。采用前进式长壁全部垮落采煤方法，工作面装备综合机械化设备。

诺森伯兰地区巴茨煤矿也是海下采煤矿井，采深 160 多米，可采煤层 2 层，单层厚度 0.9 m 左右，层间距 30 m，煤层倾角近水平。顶底板为页岩、砂质岩及黏土岩。采用前进式长壁全部垮落采煤方法，工作面装备有综合机械化设备，日产原煤约 4000 t。

英国在库姆别尔廉特地区的纽克劳克煤矿，巷道伸入海下，距岸 150 m。在某些地区，它和海底之间的岩层只有 1.5 m 厚，从未发生溃水的情况。可以推想，在这里上部黏土覆盖层起着重要作用。

在不列颠哥伦比亚的凡库维尔岛，曾开采相距 15 m 的 2 个煤层：杜格拉斯层（厚 0.6～3.0 m）和恩有凯斯特尔层（厚 0.9～1.2 m）。自煤层至海底面的覆盖岩层组成为，基岩 1.32 m，黏土 1.5 m，淤泥（海底）7.0 m。平均潮水时水深 7.0 m。采煤方法为房柱式。由房中采出 30%，然后采出煤柱，同时充填采空区，并用木垛支护，煤损 20%。在开采的 51 年中，共采出了 1800×10^4 t 煤，没有发生由于是在水下开采而引起的死亡事故，而且矿井正以 1500 t 煤的日产量继续回采。

新苏格兰的卡伯·不列颠岛煤矿从 1923 年起转入海下开采，煤层厚 2.1 m，倾角 6°～12°，覆盖岩层主要是泥质页岩，砂岩只占 23%，开采方法为房柱式，房宽 4.2 m，煤柱损失为 50%～60%，当采深大于 215 m 时，采出煤柱。在其他地方，当覆盖在巷道上方的岩层大于 210 m 时，采用全面采煤法，顶板管理为局部陷落，石垛宽 3.6 m，间距 20 m。当采深为 120～190 m 时，地表下沉量为煤层采厚的 60%。巷道远离海岸 4～5 km。

新苏格兰采矿规程中规定，当海底下具有厚度不小于 54 m、由厚岩石组成的覆盖层时允许开采，而掘进准备巷道时，它们的厚度应不小于 30 m。在这种情况下，采出率应不大于采区总储量的 44%。

英国的河下采煤也有很悠久的历史，100 年前勃洛德奥克煤矿就在勒费河河床下采深 34 m 处开采 4 尺层，煤厚 1.22 m；1907 年在河下 98 m 处开采 5 尺层，井下涌水量未见增加。1968 年在该河流下 244 m 深处用 183 m 宽的长壁工作面进行开采，工作面也很干燥。

英国在开采其他水体下采煤的例子也很多，例如 1970 年托佛尔煤矿成功地在 366 m × 383 m、平均水深 15 m 的林发尔水库下 274 m 深处用长壁工作面开采一煤层。

英国水体下采煤均参照 1968 年英国煤管局颁布的海下采煤条例规定办。这个技术条例是英国多年来水体下采煤实践经验和科学研究的总结。英国岩层移动专家根据长壁工作面开采后采空区上方岩层破坏向上扩展，由于岩层中出现裂隙使上覆岩层中含瓦斯解吸而逸出的关系来分析，长壁工作面采空区上方的导水裂缝带最大高度为 60 m。此外，根据水体下采煤矿井涌水量的调查以及理论计算，采空区上方岩层透水性加大的区域高度可达 37 m，最大为 60 m。所以，技术条例中规定必须在采深大于 60 m 情况下才能进行海下采煤。

当采用长壁或房柱式全部垮落法开采时，英国规定在第四纪黏土层厚度小于 5 m 时，采深应大于 105 m，其采深采厚比约为 60，英国还同时规定煤系地层厚度应大于 60 m；在第四纪黏土层厚度大于 5 m 时，采深应大于 70 m。采用房柱法部分开采或充填法开采时，英国规定采深应大于60 m，同时还规定煤系地层厚度应大于45 m。

2.3.2　日本的水体下采煤

日本是个岛国，陆地矿产资源有限，对沿岸海下煤田开发十分关心，比较广泛地进行了河下采煤。日本的煤田大多分布在太平洋和日本海沿岸，预测海底煤田的储量约42×10^4 t。1968年日本海下采煤的产量达1235×10^4 t，约占日本全国煤炭总产量的30%。海下采煤的矿井共11个，其中九州地区占9个。

日本海下采煤具有多年历史，目前由于资源枯竭基本上已停止开采，但为海下采煤积累了许多成功的经验，并出台了许多关于海下采煤的相关法律法规。海下采煤的一个主要问题是矿井水患问题。仅在宇部煤田，战后就发生80余次井下突水事故，如果加上战前则达100次之多，其他矿井也同样发生过多次突水事故。突水原因主要包括断层、顶板岩层垮落引起的裂缝、特殊地质构造破坏和旧坑出水。在宇部煤田80余次突水事故中，由断层所引起的61次，岩层垮落所引起的13次。因此，海下采煤的一条重要经验就是必须制定特殊的采掘计划和详细的安全措施。

日本根据百年来海下采煤的实践经验制定了海下采煤的条例和安全措施。日本《煤矿保安法》第23条规定，海下采煤前须制定专门的采掘计划，并由监察机关审查批准和确定可以进行开采的范围。海下采煤时须采取测定海水深度、井下通信联系和报警措施、井下水质和水量的调查方法、防水堤的管理、掘进和回采接近采空区的措施、排水设备、出水时的紧急措施、退避的方法、采区的范围、遇断层时的措施等。为了确保安全，规定了禁止采掘或采用全部充填和残柱式采煤法进行开采的情况（表2-1）。

表2-1　禁止采掘或采用全部充填和残柱式采煤法进行开采的规定

序号	条　件	禁止采掘	采用全部充填或残柱式采煤
1	第四纪地层厚度大于30 m	新近纪、古近纪地层厚度小于10 m	新近纪、古近纪地层厚度10~20 m
2	第四纪地层厚度10~30 m	新近纪、古近纪地层厚度小于20 m	新近纪、古近纪地层厚度20~40 m
3	第四纪地层厚度5~10 m	新近纪、古近纪地层厚度小于40 m	新近纪、古近纪地层厚度40~60 m
4	第四纪地层厚度小于5 m	新近纪、古近纪地层厚度小于60 m	新近纪、古近纪地层厚度60~100 m

日本煤矿保安规程还规定，煤层露头上部无第四纪地层，则从海底煤层露头开始，沿该煤层100 m以内禁止采掘；沿层面至水淹的老窑距离100 m以内禁止采掘；离水淹的老窑30 m以内禁止采掘。

在断层防水方面，日本煤矿保安规程规定，在巷道通过有出水危险的断层时，必须设置防水闸门，注入混凝土；在有出水危险的断层附近回采时，必须在断层两侧保留20 m以上的防水煤柱。

日本煤矿保安规程规定，海底下采深大于200 m，或采深不足200 m但没有出水危险的地区，可以不设防水闸门，但必须经过批准。

对预定采掘的区域及其周围海域，日本煤矿保安规程规定必须进行周密的探测，通过钻孔探明海底至煤层之间的地质情况，钻孔必须用水泥封闭。

在地质条件不清楚的区域时，日本煤矿保安规程规定，掘进巷道超前探水钻孔的距离应在 10 m 以上，掘进到距离超前钻孔孔底 5 m 时应重新钻孔，超前回采工作面的距离必须在 50 m 以上。必要时还应在巷道前进方向的旁侧方向打超前钻孔，探测有无出水的可能。在海底下深度大于 200 m 时不受此限，但必须经过安全管理部门批准。

考虑到引起矿井突水的因素有自然的、人为的以及二者都同时存在等 3 类，在防止灾害事故方面，特别着重各种自然因素的研究；而在开采方面，除考虑采煤方法的选择、采区范围的划定等外，还着重于井下防护措施。

在对自然条件的研究方面，研究了堆积物的性质，含煤岩层的性质以及岩层构成和地质构造的性质。经验表明，对地质条件进行充分的研究，预先了解地质方面的弱点，且在采掘时又非常慎重是可以防止海水侵入的。同时，对于断层附近保安煤柱内掘进巷道的岩石性质（岩石的溶解性、节理和风化程度）和在潜在压力解放时，由于载荷的增加而产生裂缝与含水层的关系等，也是可以避免海水间接入侵的。

对于堆积物及岩层性质的研究所获得的结论是：①煤系地层的性质坚硬或强韧，富有弹性和不透水性，无节理，没有含水层，亦无断层等地质构造破坏时，在海底下进行采掘工程十分安全，几乎和陆地煤矿相同，但实际上这是不可能的；②页岩的存在和黏土的覆盖具有重要的防水作用；③如果新近纪、古近纪煤系地层已具备海底下采掘条件，则第四纪地层虽无重要意义，但能对新近纪、古近纪地层的缺点产生补救作用，是间接防止海水入侵的条件。

日本海下采煤的一个主要安全措施就是保留足够的防水煤岩柱。日本伊王岛煤矿海下采煤防水煤岩柱的高度与煤层采厚的比值，浅部约为 100 倍，深部仅为 34 倍，在这个条件下可以采用长壁式全部垮落采煤方法开采。

为了减少防水煤岩柱尺寸，一般采用风力充填方法。例如，佐世保煤田福岛煤矿，海水深 10～40 m，海底有 5 m 厚的海砂。在保留垂高 80 m 防水煤柱的情况下，采用长壁式风力充填采煤方法，安全开采了厚度 2 m 的煤层，仅局部地区工作面淋水较大。三池和松岛等煤矿采用过房柱式风力充填采煤方法开采。对缓倾斜厚煤层，日本前几年试验了一种新采煤方法，称为混凝土假顶下行分层充填采煤法。分层厚度 2.5 m，先采完上分层后，灌注 0.5 m 厚的混凝土，然后再用水砂充填 2 m 厚。凝固后的混凝土板作为下分层回采时的人工假顶。

日本进行海下开采的煤田有钏路、佐世保、崎户松岛、高岛、三池、天草和宇部等。其中九州地区的高岛、松岛、佐世保等煤田，分布在外海，水深达 70～80 m，三池煤田等则位于海湾内的远浅海域，水深 0～10 m，宇部煤田距海岸 7 km，水深 15 m。开采深度一般在海平面下 200～500 m 之间。

日本的海下采煤矿井大多数是从陆上建井，掘进长距离巷道开采海底下煤层。井口至工作面的距离一般 4～12 km，水深 6～15 m。其中高岛二子矿井口至工作面的距离长达 8800 m，宇部矿长达 12000 m。由于巷道过长，造成维护费用高，劳动时间减少，运输能力降低，通风条件恶化。因此，又采用在海上填筑人工岛，并在岛上开凿竖井的方法，人工岛与陆地用栈桥相连。冲之山煤矿于1912年填筑了第一个人工岛，三池煤矿分别于1954年和1959年填筑了两个人工岛，1969年7月又建设了第三个人工岛。宇部地区也填筑了相当数量的人工岛。人工岛的直径最大达到205 m，水深在10 m左右。

日本海下采煤主要矿井的采掘情况见表2-2。

表2-2　日本海下采煤主要矿井的采掘情况（1968年资料）

矿名及海底开始		钏路	三池	二子	端岛	伊王岛	大岛	池岛	宇部
采掘年份		1947	1927	1863	1883	1945	1955	1955	1888
海水深度/m		35~50	10	65	30	30~60	20~30	50~60	15
从海底面算起的地层厚度/m	第四系	0~20	0~200	0~50	20~30	10~30	20~50	20~50	40~50
	新近系、古近系	210~505	150~600	220~840	800~860	100~150	500	500	200
开采深度/m		280~540	240~550	620~800	210~340	240~550	650~800	500~550	150~350
最大计划开采深度/m		800	600	900	900	650	1020	1200	350
井口至工作面最大距离/m		4700	5600	8800	700	1800	950	1600	10000
煤层数/层		3	3	5	8	5	3	5	5
煤层累计厚度/m		5.4	8.1	13.6	19.9~25.6	10.6	5.8	8.5	5.8
煤层倾角/(°)		5	5	20~35	10~50	5~30	3~15	2~5	2~3
煤炭日产量/t	普通烟煤	1928	4433	182		42	515	1111	
	煤焦煤		1713	979	319	343	218	57	
	合计	1928	6146	1161	319	385	733	1168	2000

在宇部地区，曾在海下进行采煤的情况是：采深40 m，煤厚1.6 m，煤层倾角2°~4°，开采倍数为25。基岩组成为砂岩30%，泥质页岩40%，砂质页岩30%。基岩上部覆盖有黏土卵石层。采煤方法为房柱式，开采结果表明是安全的。

在日本、端岛煤矿海下采煤的深度最小。该矿共有7~8个煤层。覆岩构成是：砂岩11.8%，砂质页岩35.8%，页岩52.4%，浅部无第四纪地层。海水深约30 m。矿井分为4个阶段开采（零片，深310~265 m；上1片，深265~218 m；上2片，深218~179 m；上3片，深179~120 m）。1973年以来，在12尺层采用水砂充填方法管理顶板，开采了最浅的阶段（上3片，-150 m水平）。12尺层厚6.5 m，分层采厚1.90~2.04 m。工作面涌水量180 m^3/h以上，全矿最大涌水量1050 m^3/h。除12尺层外，其余煤层均采用全部垮落方法开采。

1932年，宇部海底煤田西冲山、新浦以及西冲之山煤矿所发生的一些水灾事故，就是违背了保安法规则的。

崎户煤矿海下采煤的经验表明，在海底下80~100 m处采煤时可以保证安全。

在采煤方法方面，当顶板易于弯曲下沉，煤层较薄或采深较大时，采用长壁采煤方法。其他一般采用房柱式或相类似的采煤方法，采空区局部或全部充填。例如，崎山二坑在200 m以内浅部采煤时，采用长壁或残柱式方法，采空区人工充填。但随着采煤区域逐渐深入海下，覆盖岩层减薄，只能采用残柱式采煤方法。采出率仅为30%。但当顶板易于垮落，而且裂缝上升，给顶板以产生剪切力时，不能采用短壁采煤法。

伊王岛煤矿的煤层全部位于海底下面。采深为218～360 m（即保留垂高约200 m的防水煤柱），采用长壁人工矸石充填方法（矸石取自本采空区），开采了厚度为1.3～1.7 m和1.0～1.3 m的煤层。采深为360～650 m间（即保留垂高约340 m的防水煤柱），5个煤层（总厚约10 m），全部采用长壁全部垮落采煤方法。采区走向长约700 m。采区内有一条较大的、垂直走向的断层，断层带不透水。矿井涌水量最大300 m^3/h，一般180 m^3/h。

日本在井下防水措施方面取得相当成功的经验。在宇部煤田过去发生的80多次出水事故中，大部分防止了海水的侵入，或限制了灾害的扩大。

出水地点多在断层附近，因之在断层两侧需留20 m的防水煤柱，掘进时需打超前钻孔，并视具体条件设置永久和临时性防水闸门。

宇部煤田对临时闸墙给予了充分的注意。这是因为尽早地和尽可能地在接近出水地点将水堵住是极为重要的。临时闸墙堵水之所以可能，是因为对宇部煤田地层性质和各种突水实例作了充分研究以后，发现宇部煤田地层在海水入侵时，具有强烈的自然充填特性，而临时闸墙能够起到滤水、使泥水充填及防水的作用。自然充填的结果，不仅可以避免断层或裂缝等的扩展，而且使得突水通道堵塞。在自然充填的作用下，临时闸墙可以抵抗200 m高的压力，因此，对于临时闸墙的作用是无须怀疑的。临时闸墙的位置必须尽可能地设置在出水地点附近。如果设置的位置是在巷道的容积超过了裂缝至海底流出的泥土量以上时，则是非常危险的。因此，随着工作面的转移，必须随时准备好构筑临时闸墙所需要的材料。构筑临时闸墙可用木板或木垛，并在其间填塞羊齿、松树叶、草袋等滤水材料。经验表明，为及时地设置闸墙和准备材料，必须对出水征兆作出正确的判断，同时观测水质的变化。在海下采煤时，海水渗透到矿井，掌握矿井水浓度的变化，可以作为矿井突水危险性判据。

日本进行海下采煤时的主要观测内容有：海水深度，回采状况即距离海底的深度，钻孔位置、结果以及其他地质调查的结果，第四纪和新近纪、古近纪地层的厚度和性质，断层的位置、性质、走向和落差，超前探测钻孔的位置、方向和孔长，涌水量发生变化时的工作面位置和出水量，防水闸门设置的位置，基本顶发生明显垮落时的工作面位置及与海底的距离。

在覆岩破坏观测方面，1957—1965年，日本九州地区二濑煤矿使用房柱式风力充填方法（采出60%，保留40%，采空区用风力充填）和房柱式全部垮落方法（采出40%，保留60%，采空区不充填）开采缓倾斜中厚煤层时，采用专门巷道进行观测，获得有关房柱式开采可以基本消除覆岩破坏的实测资料。

2.3.3　苏联的水体下采煤

苏联根据《保安规程》和《指南》，在水体下进行开采工作是由所谓的安全深度值所规定的。安全深度，一般是指开采不会造成地表的破坏性变形以及不会造成透水和淹没矿井的深度。

水体下开采的安全深度按下式确定：

$$H_{安} = K \sum m$$

式中 $\sum m$——开采煤层的总厚度；

K——安全系数，根据岩石成分和性质、倾角、水体的重要性取值，见表2－3。

表2－3　水体下用垮采法初次采动情况下安全系数 K 的数值

煤田名称	保护规程批准年份	水体名称	煤层倾角/(°)	冲积层中黏土层厚度/m	K值
顿涅茨	1972	北顿涅茨河和大型水库	≤45		150
			>45		200
		一般河流	≤45		100
			>45		150
		长年流水的山沟	≤45		50
			>45		75
库兹涅茨	1968	一般河流和河滩（托姆河、康多马河等大河流除外）	≤45	≥5	70
		一般河流和河滩（托姆河、康多马河等大河流除外）但河流与含煤地层的地下水无水力联系	≤45	≥5	50
		长年流水的山沟	≤55	≤5	50
		长年流水的山沟，开采厚度小于或等于2.5 m，采取专门措施	≤55	>5	20*
		长年流水的山沟，开采厚度小于或等于3.5 m	>55		50**
契良宾	1967	一般河流、池塘和排水沟	≤45	>10	30
基泽尔	1967	一般河流（乌西维河、科西维河和大基泽尔河除外）	≤45		50
			>45	≥10	50
			>45	<10	75
苏昌	1971	河流及河滩			60
彼乔尔	1967	河流及河滩	<60	≥10	20*
			≥60	≥10	35
			<60	<10	40
			≥60	<10	50

注：* 根据 K 计算得出的安全开采深度不得小于30 m。

** 根据 K 计算得出的安全开采深度不得小于100 m。

苏联在大型河流下实际上是禁止开采的。例如，库兹涅茨煤田托姆河、康多马河和乌萨河下采煤的许可条件是，采深不小于煤层采厚的350倍。按此规定计算得出的开采深度大大超过了库兹涅茨煤田目前的开采深度。

至于被淹巷道和采区下方的开采问题，苏联煤矿保安规程规定：所开采的煤层如距其上方被淹巷道和采区的法线距离超过40倍煤层开采厚度时允许进行开采；如被淹巷道至开采煤层之间的岩层厚度大于30倍开采煤层厚度，且大多数为泥质岩层时也允许开采，但必须报有关单位批准。上述规定是根据顿涅茨煤田和库兹涅茨煤田多年来在被淹井巷下开采的实践经验和科学研究的结果制定的。这两个煤田在被淹井巷下方开采的实践中，当开采的采区距被淹井巷的法线距离大于40倍煤层开采厚度时，没有发生过突水事故或涌水量增加超过50 m^3/h 的情况。前全苏矿山测量科学研究院在现场打钻观测采区上覆岩层渗透性的变化，用分段加压注水试验测定岩层的吸水性。一般位于采空区上方15～20倍煤层开采厚度的岩层采动后吸水性剧增。往上，岩层吸水性增大情况逐渐减弱，距离采空区40～50倍煤层开采厚度的岩层的吸水性则接近于采动前试验获得的数据。该结论与实验室内对采空区上方岩层裂隙发展的模型观测结果相符。

河流和被淹井巷下方几个煤层安全开采的问题苏联研究不够，故安全开采深度只能按下列公式计算：

$$H_{安}=K\sum m$$

式中　$\sum m$——开采煤层的总厚度（包括水体下已开采的煤层的厚度）；

K——采用水体下初次开采的安全系数。

H. ф. 撒拉根洛夫根据模型试验并收集了不同煤田水体下开采资料进行统计分析，提出了在不大的河流和水池下开采时计算安全深度的公式为

$$H_{安}\geqslant\frac{38Hm}{8i+i_1+0.34H}$$

式中　H——开采深度；

i 和 i_1——相应于水体和被开采煤层间黏土层和泥质页岩的总厚；

m——煤层的采出厚度。

在特克瓦尔契克煤田进行研究表明，当地表拉伸变形达 8×10^{-3}～12×10^{-3} 时，黏土层的连续性没有破坏，其透水性也没有增加。将这个变形值作为极限允许值，可得出确定安全深度的公式如下：

用冒顶法管理顶板时：

$$H_{安}=40\sum m$$

用部分充填时：

$$H_{安}=30\sum m$$

采空区全部充填时：

$$H_{安}=20\sum m$$

式中　$\sum m$——煤层的采出总厚度。

在解决水体下采煤问题时，越来越广泛地应用着以水文地质和其他相邻学科最新成就为基础的工程计算。

H. H. 卡兹涅里松和 H. M. 尼柯里斯卡娅利用电—液动力相似模型研究被采动岩层透水性的分析计算法，近似计算采区涌水量 Q 的公式为

$$Q=F'K'_{平均}+FK_{平均}+HBK_{平均}$$

式中　F'——透水性增高区上方的河床面积，增高区宽度 $d=H_1\cot\psi_3$；

F——扣除 F' 外的河床采动面积；

H——自水面算起的采深；

B——河床宽；

$K_{平均}$和$K'_{平均}$——采动前与采动后的平均渗透系数。

在人工水体下进行开采的经验表明，如果水体的底部埋藏有厚度大于 $2M$（M 为煤层采出厚度），并不小于由下式确定的 $M_{总}$ 的黏土冲积层时，就不会产生大量漏水。

$$M_{总}=(10M/H^2-2.5K_{黏})\times10^3$$

式中 $K_{黏}$——随泥质岩、粉砂岩和黏土页岩在采动岩体总厚度中所占百分比系数，变化范围为 $0.6\times10^{-3}\sim1.5\times10^{-3}$。

如果在人工水池的地段上没有上述必要厚度的黏土冲积层，则应在水池底上铺设黏土或砂质黏土的渗透隔离层（有时与聚乙烯薄膜配合使用）。

苏联对水体下采煤安全开采深度的计算方法是不够完善的，其主要原因是过去对水文地质角度研究水体下采煤问题注意不够。1970 年以后，前全苏矿山测量科学研究院初步研究和制定出一套水文地质研究方法来确定水体下安全采煤的条件。在水体下的煤层开采前一个月，在即将开采的采区上方打钻孔测定裂缝带预计高度上下的各含水层的水头压力，开采后再观测各含水层水头压力的变化，以确定采空区上方裂缝带发展的高度。此外，还采用了观测被采动岩体的孔隙压力变化确定导水裂缝带高度的新方法。这一方法是以测定导水裂缝带上下各岩层孔隙压力扩散速度之差为基础的。据前全苏矿山测量科学研究院报道，该方法在实际使用中得到良好的结果。苏联对几个主要煤田岩层移动规律和岩层渗透性的综合研究使水体下采煤的安全深度减小1/3，从而解放了水体下压煤量约 2500×10^4 t。

19 世纪 80 年代以来，苏联已在一些较大河流下采出了千百万吨煤炭，如彼乔尔煤田的伏尔库特和阿亚契—亚嘎，库兹巴斯煤田的契勒和大安热拉，基泽尔煤田的维阿舍尔和干基泽尔，顿巴斯煤田的北顿涅茨和下克林卡，里伏夫—伏林煤田的西布格和拉塔，特克瓦尔里煤田的查基 · 克瓦拉等河流。

苏联在特克瓦尔里、顿巴斯、莫斯科近郊、库兹巴斯、彼乔尔以及基泽洛夫、苏羌等煤田的 40 多个矿井，先后进行了水体下采煤。

特克瓦尔里煤田在查基 · 克瓦拉河下进行了开采。查基 · 克瓦拉河水量充足，为了避免井下大量涌水的可能，在 400 m 的距离内，通过隧道将水引至另外的山谷，使老的河床流量仅剩 72 m³/h。在 1951—1954 年间，在疏干的河床部分开采了总厚度为 5 m 的 3 层煤，采深 100 ~ 200 m。除上一层煤采用全部垮落法管理顶板外，其余均采用局部充填法。开采倍数第二煤层为 34，第三煤层为 31。开采结果表明，在河床底部的砾岩和砂岩中产生裂缝，流水在由砾岩和砂岩组成的河床段消失，但重新在页岩组成的河床段出现，矿井涌水量没有增加。

1951—1952 年，在马基 · 克沃拉河下开采了 2 层煤，煤厚分别为 2.3 m 和 2.1 m，深度为 160 m 和 190 m，顶板管理为全部垮落法。由于回采范围有限，地表移动不充分。沿河床岩层为泥质页岩，没有产生明显的裂缝。

特克瓦尔契利矿区对裂缝的观测表明，当河床内泥质页岩所产生的拉伸变形不超过 10 mm/m时，在河床下采煤不产生裂缝。

此外，还在深度较小的情况下，开采了河床下游的煤层。在特克瓦尔里煤田有关建筑物保护及水体下采煤的规定指出：在该煤田的条件下，开采河下煤层时，由于第二含煤区上部煤层顶板覆盖着多裂隙的厚层砂岩（40 ~ 50 m），砂岩上部为黏土页岩隔水层，因此需要在距水体 100 m 的深度下进行，才能确保安全。

在大于 100 m 的深度时，关于回采的厚度有如下规定：当采用全部垮落法回采时，煤层同时开采的总厚度不得超过深度的 1/40；采用局部充填法回采时，煤层同时开采的总厚度不得超过深度的 1/30。

此外，在常年有水的河流和水池下回采时，只有在上覆冲积层的厚度超过 20 m，其中并有黏土层时才可以进行。

顿巴斯矿区在其制定的《建筑物和水体下开采保护规程》草案中关于开采深度作如下规定：①常年有水的洼地下，采深须等于或大于 50 倍煤层采厚；②河流和不大的水池下，采深须等于或大于 100 倍煤层采厚；③北顿涅茨河及库拉霍夫和沃利水库下，采深须等于或大于 400 ~500 倍煤层采厚。

然而，由于上述规定没有考虑到矛盾的特殊性，出现了下面两种情况：一方面，按照保护规程留设煤柱并不能随时防止地表水不渗入矿井。例如，波图拉耶夫矿务局 19 号矿由于涌水量大，采煤工作在距离北顿涅茨河下保护煤柱 20 m 时停止了。同样，在喀麦克河下开采时，矿井涌水量增加了 35 m^3/h。另一方面，罗斯托夫煤管局各矿在洼地下开采情况表明，有 6 例在 38 ~69 倍煤层采厚的深度下进行采煤，所有开采结果是顺利的；在顿巴斯流砂层下开采缓倾斜煤层（煤厚 1 ~2 m，流砂厚 2 ~15 m）的 33 例中，开采倍数为 8 ~47。其中 16 例在 15 倍以下，12 例在 35 倍以下。

在老采空区积水巷道下开采的经验表明，当层间距离为煤层采厚的 30 倍以下时，有渗水；当倍数为 30 ~50 时，有的采空区涌水量增加；当倍数大于 50 时，采空区没有发现涌水量增大的情况。

在顿巴斯矿区，对顶板垮落高度进行了观察。观测结果表明，垮落带高度平均为采厚的 3 ~4 倍，只有在个别情况下达到采厚的 6 倍。

莫斯科近郊褐煤田，在水体下（较小的河流，小溪，有水的沟谷和洼地）开采方面积累了较多的经验。据 1948—1956 年间 195 例水体下采煤的情况可知，其中仅有 10 例发生过大的涌水情况。它们当中有 8 例采深为 7 ~ 14 m，覆岩中泥质页岩的总厚度不大于 1 ~ 4 m，另外 2 例采深为 25 m 和 36 m，泥质页岩的厚度不大于 5 m，采厚大于通常的厚度，为 2. 8 ~3. 6 m。同时，在采空区内留有煤柱，使采动岩层呈不连续的移动，在地表形成裂缝和塌陷漏斗。然而，对地表裂缝的观测表明，当地表不形成塌陷漏斗时，随着深度的增加，裂缝很快地被压密，并且在地表以下 2 ~5 m 的深度消失。

有 29 例的开采工作面在 7 ~20 m 的深度下进行，但是矿井涌水量没有明显增加。在这些实例中，覆岩中泥质页岩的总厚度为 6 ~16 m，个别的厚度为 1. 9 ~9. 7 m，采厚为 1. 0 ~1. 8 m。

分析 195 例水体下采煤的经验，认为当煤层埋深为 20 ~40 m 时，只有一层厚 6 ~8 m 的黏土页岩，可用一般顶板管理方法回采 3. 0 ~3. 5 m 厚的煤层。

在库兹巴斯煤田，煤系地层上面覆盖着厚度较大的黄土层。到 1957 年为止，进行水体下采煤的共 67 例。

列宁矿务局和安洛矿务局在深度为 20 ~85 m 的条件下，开采了厚 2. 0 ~4. 5 m 的缓倾斜及倾斜煤层。

在大多数情况下，在河湾和河下的开采工作是在深度为 10 ~ 30 倍采厚的情况下进行的。只有 3 例发生突水，而其余则涌水量没有增加。突水通过地表形成塌陷漏斗。

在库兹巴斯《建筑物和水体下开采保护规程》中，对水体下采煤有如下规定：①除了托姆、科多摩和乌沙河以外的河床和河湾下采煤，当黏土类冲积层厚度不小于 5 m 和采空区内没有地质构造破坏时，其采深应不小于 70 倍采厚；②对于各种厚度的缓倾斜及倾斜煤层和急倾斜薄及中厚煤层，在峡谷下用全部垮落方法开采时，开采倍数应大于 50。

在采取一定措施的情况下（如旱季回采，河谷设置渡槽，填塞地表裂缝以及其他）开采缓倾斜及倾斜煤层时，在《建筑物和水体下开采保护规程》中允许减小安全开采深度。如果黏土类冲积层的厚度大于 5 m，则允许开采的深度等于 20 倍煤层采厚，但是，至地表的距离不得小于 30 m。如果黏土类冲积层厚度大于 5 m，而煤厚为 2.5 ~ 4.5 m，采用倾斜分层全部垮落方法管理顶板时，第一分层的允许采深为 20 倍采厚，但是至地表的距离不小于 30 m。开采第二分层时，如果它在第一分层回采后 6 个月进行，允许的采深为 30 倍分层采厚。

库兹巴斯矿区尤林卡 3 号煤矿在 1960—1965 年期间，在地表下沉区积水下安全地进行了回采，该矿井田第四系厚 22 ~ 34 m，其中流砂层厚 4 m，煤系基岩中砂岩占 55%，页岩、砂质页岩占 45%。上层煤已于 1951—1956 年回采完毕，采厚 4.5 m，倾角 5° ~ 6°，采用倾斜分层走向长壁全部垮落方法，采深 41 ~ 106 m，采后地表最大下沉 3.5 m，积水深 0.5 ~ 2.5 m。下层煤在地表积水下用走向长壁全部垮落方法回采，采深 70 ~ 130 m，采厚 1.45 m，共采 12 个工作面，虽然地表出现了台阶状裂缝，但工作面涌水未超过 5 m^3/h。在整个开采过程中，矿井涌水量没有变化。开采经验表明，在地表水体下重复开采时，采深为采厚的 48 倍，为累计采厚的 11 倍。

在彼乔尔矿区，也比较广泛地进行了水体下采煤工作（大约开始于 1942 年）。到 1957 年止，有 60 例左右。渥尔库塔煤矿管理局在 1955 年和 1956 年两年中，总共采出了 218×10^4 t 煤，其中位于渥尔库塔和阿亚奇 · 亚加河下的达 146×10^4 t，占 67%。渥尔库塔煤矿管理局所属各矿河下、湖下和淹没的河湾下采煤的 67 例中，有 1 例采深小于 10 倍采厚，3 例为 11 ~ 20 倍，11 例为 21 ~ 30 倍，其余的超过 30 倍（表 2 - 4）。

表 2 - 4　渥尔库塔矿区水体下采煤概况

矿井号	煤层	煤层间距/m		水体名称及其最大流量/($m^3 \cdot s^{-1}$)	煤厚/m	倾角/(°)	开采时间	冲积层厚/m	开采总深度/m	开采倍数	
		法线	垂直							最小	平均
9/10	I_4			二道河，2.51	1.29	19	1947 年 2 月至 1948 年 2 月	16	38 ~ 80	29	46
6	3 号			河口，2.25	2.60	33	1946 年 6—12 月	24	40 ~ 132	15	33
	4 号	25	27		1.60	33	1948 年 1—4 月	25	40 ~ 123	25	51
	5 号	40	25		1.00	33	1950—1953 年	17	21 ~ 125	21	73
	3 号			无名河，2.31	2.60	33	1945 年 6 月	18	21 ~ 100	8	23
	4 号	21	27		1.60	33	1945 年 8—12 月	19	37 ~ 126	23	51

表2-4（续）

矿井号	煤层	煤层间距/m		水体名称及其最大流量/($m^3 \cdot s^{-1}$)	煤厚/m	倾角/(°)	开采时间	冲积层厚/m	开采总深度/m	开采倍数	
		法线	垂直							最小	平均
6	3号			阿亚奇·亚加河河湾	2.60	32	1951年1月至1953年2月	59	125~162	48	55
	3号			阿亚奇·亚加河，335	3.10	24	1955年1月至1956年12月	50	150~345	48	81
7	3号			阿亚奇·亚加河河湾	2.7	27	1954年2—8月	40	62~114	23	32
	4号	21	24		1.67	28	1955年11月至1956年3月	37	60~114	36	52
16	H_4			阿亚奇·亚加河湾湖	1.09	9	1950年4—10月	30	37~59	34	44
	H_5			渥尔库塔河湾，1721	1.05	8	1955年12月至1956年6月	14	30~82	28	53
17	厚层			巴沃洛特河，0.065	3.95	20~22	1949年7—11月	35	47~117	12	20
	厚层			无名湖（深2.0 m）	3.95	7~8	1952年11月至1953年7月	61	96~114	24	27
18	厚层			彼斯佐夫河，0.47	4.30	19	1953—1954年	34	102~135	24	28
27	3号			罗兹米尔·沙尔河	2.30	12	1950年8—10月	42	50~180	22	34
	3号			无名河，3.0	2.30	19	1952年	42	48~108	21	34
30	厚层（上分层）			二道河右支，0.15	2.80	37~42	1956年	35	70~238	25	55
40	3号			渥尔库塔河，1720	2.7~2.9	16~20	1956年1月	0	266~368	95	131
	4号	25	27		1.45~1.55	18~19	1958年2—8月	0	266~368	17	245
3	3号				2.70	18	四水平1958年5—9月	0	181~233	67	77
					2.76	18	三水平 1958年1月至1960年	0	117~161	42	50
6	3号				2.80	18	1958年7—9月	0	112~134	40	44
	4号	23	25		1.55~1.67	17~18	1959年4—11月	0	134~161	87	76
16	H_5				1.10	3	1958年4月	0	93~110	84	93
6	3号			谷地汇水区	2.6	26	1952年12月至1953年1月 1956年5—7月	0	35~115	14	29

在水体下开采煤层群时，上层与下层的时间间隔应超过地表移动危险变形期持续时间。因此，开采倍数可以按煤层各自的采厚决定，所有开采结果是有成效的，矿井涌水量没有明显的增加。

根据渥尔库塔河下多年采煤的结果和实际经验，获得如下结论：①在渥尔库塔矿区采煤地质条件下，垮落带的高度小于煤层采厚的3倍。裂缝带的高度达到煤层采厚的30倍；②渥尔库塔河下为不冻的基岩，河流洪水流量大于1700 m^3/s，开采缓倾斜及倾斜煤层时，采深小于采厚的40倍时是可能的，如果河床下部冰碛砂质黏土层厚度大于5 m，则在河流、小溪、湖泊和峡谷下开采时，能够在深度为采厚15倍的情况下进行；③确定采空区上方岩层渗透能力增加的区域（相当于裂缝带）以及这个区域岩层渗透性的变化特点，可计算水体下开采的矿井涌水量的大小。

此外，在贝乔尔矿区对地表裂缝的研究结果表明，宽达50~120 mm的地表裂缝，在地表以下1~2 m的深度就闭合了。地表拉伸变形超过6 mm/m时，才可能产生裂缝。

但是，按照渥尔库塔矿区的实际经验，于1959年修订的《贝乔尔矿区建筑物下和水体下采煤保护规程》中，仍然规定渥尔库塔河下采煤必需的保护煤柱为50倍采厚；阿亚奇·亚加河为30倍采厚。在这些河下，按规定的深度进行开采，采用全部垮落方法管理顶板时，是能够取得安全的。

规程建议在开采近距离煤层群时，下部煤层的开采落后于上部煤层的时间应大于危险变形的持续时间。当采深小于100~150倍煤厚时，这个条件是必需的。同时规程建议，在安全深度下开采煤层群的第二层或下部煤层时，应遵守下面的条件：上下部煤层工作面不应该重合；上部煤层工作面超前距离应该不小于40 m；工作面上下边界相错距离，应该尽可能不小于工作面斜长的0.3倍。

苏羌矿区有20个以上的河下和淹没河湾下开采的情况，其中开采深度较小的实例见表2-5。由表2-5可知，河下开采的最小深度为煤厚的22倍。

表2-5 苏羌矿区水体下采煤概况

矿井	河流	开采年份	开采煤层	开采条件						开采结果
				煤厚/m	开采深度/m	开采倍数	倾角/(°)	冲积层岩性	冲积层厚度/m	
21号	奥斯特洛索帕科夫河	1936—1958	下克得洛夫	1.7	54	32	85	砂质黏土	6~8	涌水量未增加
		1943	上克得洛夫	1.3	52	40	89			
		1943	下托利斯特	1.7	47	28	45		15	
3号	奥良尼	1936	巴尔苏克	0.8	84	105	45	砂质黏土	8~10	
10号	斯米诺夫	1931	达沃尼克	1.6	36	22	65	黏土夹砾石	14	
		1932	诺威丘克	1.4	36	26	65			
		1938	巴尔苏克	1.5	58	39	32			
16号	斯米诺夫	1948	下克得洛夫	3.0	113	38	65	砂质黏土	2.3	
	M·西查河及河湾	1954—1955	上克得洛夫	0.6	150	250	55	砂砾层	5~6	
		1955—1956	达沃尼克	1.0	150	150	50			

苏联贝乔尔矿区某煤矿还采用专门巷道观测方法，观测研究了倾斜煤层覆岩的破坏和导水性问题。苏联观测的裂缝带高度为15倍的煤层开采厚度，其岩性主要为页岩和泥岩。

2.3.4 德国的水体下采煤

德国河下采煤的历史也比较长。1911—1934年间，鲁尔煤田的矿井安全地在莱茵·赫尔斯克运河下进行了开采。运河深3.5 m，宽50 m，长37 km。杜伊斯堡港口下方共有4个煤层，总厚3.8 m，为缓倾斜薄煤层和中厚煤层，煤层倾角5°~14°，采深120~600 m，约为采厚的200倍。上两个煤层厚度为1.88 m，采深较浅，采用风力充填的长壁工作面开采，下两个煤层采深为486~906 m，采用全部垮落法开采。在4号水闸区域分别开采了厚1.65 m和1.20 m的两层煤，采深为470 m和550 m；在6号水闸区域，开采了4层总厚3.8 m的煤层。在采煤过程中，工作面没有发现大量涌水现象。采后港口、码头、船坞和1800 m长的柏林桥等均匀下沉无损坏，大桥设有千斤顶调整装置能根据需要将桥面顶起。港口河道采后下沉2 m，水深也加大了2 m，运河河床产生了均衡的下沉，起到了港口疏浚的效果。

在科列贝区域的褐煤矿，在湖下开采了厚1.0~1.5 m的缓倾斜煤层，湖底含水砂层厚8~15 m，然后是厚20 m的砂岩，用全面采煤方法开采，矿井涌水量没有增加。

2.3.5 加拿大的水体下采煤

加拿大海下采煤始于1874年，1968年海下采煤的产量为400×10^4 t，占全国煤炭总产量的40%。加拿大海下采煤主要在东部诺瓦斯科夏州的西得涅煤田。煤层倾角6°~7°，地质条件简单，无断层。在西得涅煤田普林蔡萨进行海下采煤的情况是，煤层厚度1.6 m，倾角18°，开采深度60 m，覆盖岩层的组成为泥质岩占80%，透镜状砂岩占20%。海底有厚8 m的砂质黏土和砾石层，厚1.5 m的淤泥层。采煤方法为房柱式。

加拿大制定了海下采煤规定：采深采厚比小于100时，用房柱式部分开采法开采；采深采厚比大于100时，可以采用长壁工作面全部开采。另外，还规定斜井井筒距海底的垂直高度不得小于55 m。

2.3.6 澳大利亚的水体下采煤

澳大利亚从18世纪起就已经在海岸下采煤。例如，新南威尔士曾在太平洋下面及其涨潮地带内开采总厚为6~13 m的4个煤层，煤层倾角2°。在整个开采期间，只发生一次突水事故。在这里使用房柱式采煤方法，房宽5.4 m，房间煤柱宽约7.2 m，在某些情况下达12 m，最小为5.4 m，煤柱损失达50%。然而报道没有提到开采深度及上覆岩层的组成和突水的原因。

澳大利亚20世纪80年代前就在纽卡斯尔的亨特河下进行过采煤，此后，又开采了新南威尔士其他水体下方的煤层。在悉尼港下方884 m深的煤层中进行了长壁法采煤。纽卡斯尔附近的伯伍德煤矿有50%的煤炭是采用房柱式开采方法从海底下37 m深的煤层中采出的，采区干燥多尘。在穆尼莫拉湖和马阔湖等水体下进行了房柱法采煤，在同一地区瓦列斯点附近的一大型蓄水库下方成功地进行了全面法采煤。悉尼煤田位于新南威尔士城，煤层厚度不一，属于石炭二叠纪。可采厚度最大为3.6 m，倾角最大为4°，水体下压煤量达数亿吨。在悉尼煤田南部的蓄水库下方采煤时，水库底未受房柱式或长壁式采煤的影响，在水库边缘下方按35°角（与垂线的夹角）留设煤柱。采用有限采煤法开采了水体下所埋藏的大量煤炭，随着水体下采煤经验的不断丰富，又采用了全面采煤法进行开采。

澳大利亚新南威尔士观测的裂缝带高度为35倍的煤层开采厚度，其岩性主要为页岩和砂岩。

2.3.7 美国的水体下采煤

在美国，当覆岩厚度为12～30 m时，允许在含水岩层和流砂层下采煤，少数地区甚至更小。采煤方法一般为房柱式，采区范围内的煤损达50%～60%。在含水层下进行采煤的同时，以8409 kPa个大气压的压力向上部岩层内注浆。

美国规程规定，水体下采煤的允许拉伸变形为8.75 mm/m，全面采煤法的采深采厚比为60。

在探水方面，美国规程规定距积水区60 m要进行超前探水，探水所需孔数为

$$\frac{W+6T}{W}\quad(\text{取整数})$$

式中 T——煤层厚度；

W——采空区宽度，如未知取 $W=T$。

钻孔长度取$7T$，安全超前距取$4T$，探水巷道煤柱宽度取$3T$。

美国规程还规定，经探明或在开拓过程中发现存在有会将矿井开采工作面与地表水体沟通的断层时，当断层的断距大于3 m或者火成岩侵入的岩墙宽度超过3 m时，则断层或岩墙两侧水平距离15 m以内的煤层不应开采。

采用条带法开采时，规定在地表水体附近或下方的最小采深不小于82 m，开采条带的宽度不得超过采深的1/3，条带煤柱的宽度应为其高度的15倍或采深的1/5（取两者中的最大值）；多煤层开采时，各煤层中的开采条带和煤柱应在垂直方向上重叠布置，开采条带宽度按最上煤层的采深确定，条带煤柱宽度按最厚或最深煤层来确定（取两者中的最大值）；上部煤层采用条带法开采时，下部煤层不得采用全部回采法回采（将上部煤层视为水体底界的情况除外）。

在确定地表水体周围安全带方面的规定有：在开采区上方存在地表水体的情况下，从地表水体周围至相当于采深一半的距离规定为安全带；允许在安全带内进行部分开采时，开采工作面要推离安全带一段距离，可为两个煤柱宽（房柱式采煤法），或一个煤柱宽（部分开采法）；除了全部按照采矿实施与安全部门的规定进行作业以外，也可以根据可靠的局部观测或实践经验加大或缩小安全带。

2.3.8 波兰的水体下采煤

在波兰，煤矿保安规程规定，含水冲积层和地表水下采煤，当煤层厚度小于2.5 m时，煤柱高度为采厚的8倍（水砂充填方法管理顶板）。

1960年，波兰某煤矿在采用单一长壁全部垮落方法开采缓倾斜煤层的工作面，用巷道观测方法进行了一次观测，获得了一些有关覆岩破坏高度和破坏特征的资料。

在波兰，矿山安全规程中关于透水的预防，对于涌水危险、防止透水的保护煤柱予以

分类以及对地表水库坝堤的保护等都予以规定[14]。

2.3.8.1　波兰煤田的水文地质及开采条件

波兰开采硬煤的3个石炭纪煤田为上西里西亚、下西里西亚、卢布林。

1. 上西里西亚煤田

在盆地的东北部和主背斜区，石炭纪地层被第四纪沉积物覆盖。第四系厚度从分水岭的数米变化到河谷的数十米。矿井涌水主要来自于地表水的渗入。第四纪沉积物的含砂性存在两方面的危险：其一是引起携带松散物质的水涌入矿山巷道的危险，其二是由于含水层的疏干引起地面变形。

在煤田北区和西北区，三叠纪地层覆盖石炭纪。三叠纪地层有厚约30 m的邦蒂砂岩的砂泥质沉积和厚达200 m的介壳石灰岩沉积的石灰岩—白云岩系。在石炭纪顶板附近的采矿活动存在着来自邦蒂砂岩层携带砂质的水透入和来自石灰岩裂隙岩溶含水层透水的危险。

在盆地中央、南部和西南部的炭质沉积含有一个厚达数百米的新近系、古近系黏土层，该黏土层使石炭纪地层与地表水的渗透隔离。在盆地南部覆盖石炭纪地层的新近纪、古近纪地层中的砂—砾质沉积物含有高达6 MPa压力的气和水，使石炭纪顶板附近的采矿作业存在很大的危险。

2. 下西里西亚煤田

在盆地西部，石炭纪地层被不足10 m厚的第四纪沉积物覆盖。多年的开采已使石炭纪地层完全疏干，流入矿井巷道的涌水量强度与降雨量密切相关。

在盆地东部，存在着二叠纪和第四纪的厚沉积物覆盖，阻止了大气降水的渗入，涌入矿山巷道的水量是稳定的，涌水强度与降水量之间存在轻微相关。

3. 卢布林煤田

石炭纪地层的盖层为侏罗纪、白垩纪、第四纪沉积物，组成了两个复合含水体，上部复合含水体由松散的第四纪沉积物和总厚达150～200 m的岩溶裂隙发育的上白垩纪沉积组成；下部复合含水体厚度约130 m，由砂和松散结合砂岩的阿尔班沉积以及侏罗纪石灰岩和白云岩组成，在其底部某些地方转变为粉砂岩、泥岩和脆性砂岩。

矿井的主要透水危险来自侏罗纪地层中大约7MPa压力下大量积聚的水。此外，在石炭纪地层边界存在渗透压力下能够软化的软弱岩石的杂岩，从而存在携带松散物质的水在石炭系顶板附近渗透入井巷的危险。

2.3.8.2　波兰矿山安全规程中透水的预防

1. 波兰的涌水危险分类

根据水在岩石中运动的自由度和其与相联系的涌入影响，涌入危险来源分为具有无限运动自由度的水体和具有有限运动自由度的水体两类：第一类水体包括地面水体和淹没矿井巷道的水体，在这类水体中的水阻力最小，因此水能自由流动。第二类危险水源涉及含水层和含水裂隙，以及可能与某些水体接触的未充填或充填不合格的废弃钻孔。在这种情形下，水的运动取决于水所在之处岩石的渗透性。

为了减少水害事故和保证安全，引用了涌水危险等级。矿井或其一部分的评价及其按特定涌水危险等级的分类，是根据正在进行的和计划进行的开采作业，相对于危险水源的位置和使危险水源与作业区分开的地层类型。涌水危险可分为3种等级。

下列矿井或其一部分面临Ⅰ级危险：

（1）地表水体和含水层是由不透水岩层与矿井巷道隔离的。

（2）静压水源被排干，流入巷道的水来自动水水源。

具有Ⅰ级涌水危险的地区，采矿作业按一般的矿井安全规程实施，无须采用有关涌水危险的附加规则。

下列矿井或其一部分属于Ⅱ级危险：

（1）地表水体和淹没的采空区可通过渗透导致巷道被淹。

（2）煤层顶底板的层状含水层没有被足够厚度的整体岩层隔离。

（3）在隔离开采作业区的裂隙和/或洞穴岩石中存在含水层。

（4）存在出水量和位置已查明的含水断层。

（5）存在可能导致矿井巷道与地表水体或地下水体直接接触的钻孔。这些钻孔没有严格地封孔或没有资料说明它们是怎样封孔的。

在Ⅱ级危险区，只有采区平巷或勘探巷道勘测过的地区才能开采。如果采用前进式采煤法，采区平巷或勘探巷道须至少超前于工作面50 m。当巷道到达涌水危险带时，勘探钻孔须至少钻25 m。规定在工作地点必须设事故紧急出口路线，并注意安装警报系统。

下列矿井或其一部分属于Ⅲ级危险：

（1）地表水体有直接溃入矿井巷道的可能。

（2）裂隙和/或洞穴岩石的含水层直接出现在煤层的顶板或底板。

（3）淹没的采空区直接位于煤层内顶底板中。

（4）存在对出水量和位置研究不充分的含水断层。

（5）存在携带松散物质的水冲入巷道的可能性。

在面临Ⅲ级危险的地区，只能在利用采区平巷或超前不少于50 m的勘探巷道已经勘测过的地域进行开采，制定开采程序（超前平巷、超前范围和超前巷道之间的最小距离等）。当掘进穿越构造破碎带的巷道时，可能发生透入大量携带松散物质的水，应分不同情况制定开采安全程序。

2. 防止透水的保护煤柱

保护煤柱是留在危险水源与生产巷道之间的岩体，以防止水或带砂的水透入矿井或干扰采矿作业。当危险不能消除时，要求煤柱布置在坚硬的耐侵蚀的岩石中。

根据危险水源相对于生产巷道的位置，保护煤柱可分为3类：垂直于层面的煤柱（垂直煤柱）、平行于层面的煤柱（平行煤柱）、环绕未封闭钻孔的煤柱。

根据表2-6可确定保护煤柱尺寸的最小值。

表2-6　保护煤柱临界尺寸的计算公式

煤柱类型	Ⅰ类	Ⅱ类
垂直于层面的煤柱（垂直煤柱）	$D=40M$ $D\geqslant 40$ m	$D=15M$ $D\geqslant 15$ m
平行于层面的煤柱（平行煤柱）	$D = G\sqrt{60p + 0.15G\sin\alpha} \pm 0.4G\sin\alpha$ $D\geqslant 20$ m	$D=20$ m
环绕未封闭钻孔的煤柱		$D=20+a$

注：D—保护煤柱的尺寸，m；α—煤层倾角；a—钻孔歪斜的校正系数；p—水源的水压。

煤层减少的厚度可用下式计算：

$$M = G\eta$$

式中　M——煤层减少的厚度；

η——充填压缩系数，采用下列数值：

垮落开采　　$\eta = 1.0$

干法充填开采　　$\eta = 0.5$

水力充填开采　　$\eta = 0.2$

用顶板垮落法开采的厚煤层减少的厚度可用下式计算：

$$M = \sum_{i=1}^{n} \frac{G_i}{i}$$

式中　i——地层序号；

G_i——第 i 层的采厚；

n——地层层数。

在 $D = G\sqrt{60p + 0.15G\sin\alpha} \pm 0.4G\sin\alpha$ 中，当水体位置高于生产巷道（在煤层倾斜方向上）时，取“+”号；当水体低于开采巷道时，取“-”号。

保护煤柱是垂直于层面或直立的，并位于第Ⅰ类危险水源下方，设计应与下列要求一致。在组成保护煤柱的地层中，页岩所占比例应不少于50%，组成煤柱的岩体须是完整的，不包含断层或因开采而可能张开的裂隙。如果这些条件不能满足，采矿应在适用于当地开采和地质条件的特殊要求下进行。

当煤层倾角小于15°，或当生产巷道位于水体附近（在煤层走向方向）时，

$$D = G\sqrt{60p} \qquad D \geqslant 20\ \text{m}$$

当使用 $D = 20 + a$ 时，校正系数 a 值应根据钻孔终孔后的测斜成果选取。如果得不到这种测量数据，a 值应按表2-7取深度 H 的函数。

表2-7　a 值与深度 H 值的关系

H/m	200	400	600	800	1000
a	0	0	4	10	17

对于不明确是否已进行良好封闭的钻孔，应视为未封闭钻孔。

2.3.8.3　地表水库堤坝的保护

水库堤坝易因地下开采而出现地表变形。与采矿影响相结合的经常产生的坍塌危险可能危及结构和导致事故发生。

考虑到由于坝的破坏可能引起的危险、水库的位置涉及的矿井巷道级水位的高度等原因，采矿区域内的水库可分为4种重要类型。

在开采场地发生的坍塌记录证明，对坝的强度的主要影响是由于采矿引起的地基土壤的正水平变形 E。已确定了坝中水平变形 E 的范围如下：

（1）对于松散土壤或燃烧过的矸石山材料构成的坝，$-9\% < E \leqslant +3\%$；

（2）对于黏性土或由矸石山的未燃烧过的材料如易受侵蚀的泥质岩构成的坝，$-9\% < E \leqslant +6\%$。

关于岩石变形对稳定性的负影响，设想位于采掘区的水库的坝比其他区有较高的稳定系数。表2-8表明对水库和载荷类型所要求的稳定系数。

表2-8 对水库和载荷类型所要求的稳定系数

载荷类型	水库类型			
	1	2	3	4
正常情况	1.50	1.35	1.25	1.15
特殊情况	1.35	1.25	1.15	1.10

对地震烈度7~8度的由采矿引发的地震，坝高不应大于20 m；而对地震烈度9度的地震，坝高不应大于15 m。

2.3.8.4 在含水层和淹没采空区下的开采

2.3.8.4.1 列宁矿308煤层的开采

列宁矿位于上西里西亚煤田主向斜北翼，在308煤层采区中，石炭纪地层形成一个倾角为6°~20°的局部坳陷。断层落差变化于数十厘米和数米之间。

308煤层厚度2.8~4.5 m，盖层厚度变化于50~70 m之间，上覆100~240 m厚的粗砂岩，局部为砾岩。

开采煤层上覆砂岩富水性强，属承压含水层，1984年水位埋深稳定在31~47 m。在开采煤层顶板，有两层砂岩含水层，其补给水源为上覆地层，主要是构造断层带水。

1977年以来，308煤层一直采用长壁垮落法开采。在勘查工作期间或当过断层带时，涌水量未见增加。煤层开始回采时，在工作面中部和采空区中观测到顶板涌水量增大。当长壁工作面的长度为50~100 m时，在首采长壁工作面中出现首次涌水量增大，涌水量达180~840 m^3/h，往往含有大量冲刷顶板页岩产生的泥浆。随着顶板的垮落再次出现，导致严重的事故并干扰采矿作业。

为了保证最大的安全，308煤层按Ⅲ级涌水危险的安全规程开采。在穿过构造破碎带的采区平巷内、在煤层顶板严重侵蚀地段和顶板已垮落地区，一直使用顶板全部加背板的钢筋混凝土拱形支架支护。

2.3.8.4.2 科姆拉—佩里斯卡矿304/2煤层的开采

在位于上西里西亚煤田东部的科姆拉—佩里斯卡矿，304/2煤层一直在河下80~176 m深度开采。煤层厚度2.8~4.4 m，倾角3°~8°，第四系由砂层组成。煤层直接顶为页岩，厚度16~20 m，顶板以上砂岩厚度65 m。

第四纪砂层及石炭纪砂岩在河流煤柱以外的开采区域已被疏干。河流流量37 m^3/s，是矿井突水的主要来源。

304/2煤层的开采深度始于170 m，在采场范围内没有发现构造断裂。采用长壁水砂充填采煤法，有两个工作面，工作面长度200 m，采高2.8 m，最大推进度为30 m/月。河床下采深130~170 m按照Ⅱ级涌水危险的安全规程开采，采深小于130 m按照Ⅲ级涌水危险的安全规程开采。

在河床下170~100 m进行第一阶段的回采期间，最大悬顶距不超过6.9 m，充填间隔为3 m，不使用炸药。回采期间在巷道内进行水文地质观测，并沿地面观测线进行测量。

最初的稳定涌水量为 18 ~30 m^3/h，主要出现在采区平巷内。水质分析结果表明，与河水无水力联系。

地表最大下降 222 mm，水平变形 E 在 -1.8% ~ +1.3% 之间。为确定采矿对岩层垮落的影响，试验了底板岩石的物理力学特性和地球物理试验。

第二阶段回采位于河下 100 ~80 m，充填间隔减小到 2.5 m，采高不超过 2.8 m，留顶煤的厚度不小于 0.5 m。

2.3.8.4.3 默基矿 341 煤层的开采

在位于上西里西亚煤田主向斜北部的默基矿，341 号煤层在 334 号煤层采空区积水区下方开采。

334 号煤层厚度 1.4 ~1.5 m，倾角约 2°，于 1975—1977 年开采，采深 250 ~280 m，采煤方法为采用走向长壁全部垮落法。在开采结束和排水停止后，采空区形成了一个容量为 23600 m^3 的积水区，水位标高为 65 m。

341 号煤层厚度 1.8 ~2.3 m，倾角约 2°，采深 330 ~360 m，在 334 号煤层采空区积水区下方约 85 m。334 号煤层按照Ⅱ级涌水危险的安全规程开采，采用长壁全部垮落法开采。在 341 煤层的回采，采空区保持干燥，一直未见出水。

2.3.9 匈牙利的水体下采煤

匈牙利煤田的水文地质条件复杂，含水灰岩多，裂隙溶洞比较发育。1875 年匈牙利第一次发生突水事故，水量为 1320 m^3/h。多洛格煤矿公司 100 多年以来已发生 630 次突水事故，其中 53 次使整个矿井被淹。匈牙利煤矿在同水害斗争中积累了经验，在分析多次突水资料过程中逐步认识到隔水层的作用。1944 年韦格·弗伦斯认为，突水不仅与隔水层的厚度有关，而且还与水压有关，第一次提出了相对隔水层的概念。

在研究单位和生产单位共同研究的基础上，相对隔水层厚度已在采矿生产实践中得到了应用。1975 年 4 月匈牙利颁布的《矿业安全规程》第十三章规定：在水体下或水体上开采时，水体与开采煤层之间相对隔水层的厚度不得小于 2 m/大气压。

岩石组成成分、结构和自然的、人为的因素的影响不同，不同岩石的隔水—阻水性能是不相同的。两个不同质量的、相同单位厚度的岩石，在相同的水文地质边界条件下，其隔水作用的大小用质量等值系数来衡量。质量等值系数的计算公式如下：

$$\delta_i = m_i / m_o$$

式中 δ_i——某岩石对标准岩石的质量等值系数；

m_o——选定的标准岩石（如泥岩）单位厚度的隔水—阻水作用值；

m_i——与标准岩石不同质量的但单位厚度相同的某岩石的隔水—阻水作用值。

表 2-9 是匈牙利外多瑙中部山区矿井各种岩石（层）在隔水—阻水作用值方面与单位厚度相同的泥灰岩或泥岩对比得出的质量等值系数 δ。

将水体与开采煤层之间的各岩层换算成等值隔水层厚度 $\sum m\delta$，然后就可按下列公式计算相对隔水层厚度 ν：

$$\nu = \left(\sum m\delta - a\right) / p$$

式中 m——水体与开采煤层之间每种岩石的厚度，m；

δ——每种岩石与泥岩相比的等值系数；

a——不可靠相对隔水层厚度，如隔水层和含水层接触面的起伏变化等，根据经验，在确定防水煤柱时 a 为 10 m；

p——水压力，大气压。

表 2-9　不同岩性条件下的质量等值系数值

岩石名称	δ值	岩石名称	δ值
泥岩、泥灰岩、铝土、黏土	1.0	褐煤	0.7
未岩溶化的灰岩	1.3	砂岩	0.4
砂页岩	0.8	砂、砾石、岩溶化石灰岩、采空区上方松动带	0

回采松动带包括采空区及其垮落带和裂缝带的总高度，匈牙利松动带高度的计算公式如下：

$$h = CM(1-\eta)$$

式中　M——煤层开采厚度，m；

η——充填率，%；

C——松动系数，见表 2-10。

匈牙利对相对隔水层厚度做了大量研究工作，在匈牙利各煤矿已广泛采用。

2.3.10　智利的水体下采煤

表 2-10　不同开采条件下的松动系数值

开采方法	松动系数
单一长壁垮落法回采	25
单一长壁充填法回采，多分层垮落法回采	20
多分层充填法回采	15

智利康赛普西翁煤田位于智利首都圣地亚哥南部约 550 km。该煤田和日本海下煤田是同一时代形成的，都属于新生代古近纪渐新世。煤层倾角 15°左右。智利海下煤田查明的储量约 3500×10^4 t，远景储量约 1×10^8 t。海下采煤工作面距海岸线 6～8 km，开采深度 -580～-890 m。

在康赛普西翁附近的洛特采用长壁式采煤法进行开采，开采的煤层有 3 层，保安条例规定，上覆岩层厚度不小于 150 m。

2.3.11　捷克斯洛伐克的水体下采煤

捷克斯洛伐克对流砂层下采煤工作的研究始于 1874 年。费罗列金娜矿发生流砂溃入井下的事故后，积累了流砂层疏干的经验。在莫斯特矿区各矿井和其他矿区，广泛采用贯穿式过滤器的疏干方法。按照他们的经验：

（1）如果能成功地将流砂层中的含水量降低到 15% 或更低，同时又降低流砂层水的压力，这些流砂就会变成普通的湿砂子。

（2）颗粒的大小对疏干的速度与程度有很大的影响。当毛细率为 7 时，流砂层的疏干效果很好，毛细率在 18 以下时也可以疏干，高于 18 时疏干效果不好。

（3）在流砂层中含有较多的黏土或软泥时，对流砂的疏干有着不利的影响。

在捷克斯洛伐克，也有在不需要疏干和不可能疏干的流砂层下进行回采的经验。在莫斯特褐煤田中，曾在流砂层下面回采 3 m 厚的煤层，采深为 70 m（采深为采厚的 23 倍）。

北捷克煤田的经验表明，当煤层与流砂层之间的岩层厚度为采厚的 12 倍时，流砂层就不会被破坏，采煤方法为房柱式。

2.3.12 奥地利的水体下采煤

在奥地利防止顶板涌水的安全标准方面[14]，根据所获得的经验，在南斯拉夫维林尼矿进行了大规模的试验研究工作。采用长壁工作面推进时，直接垮落高度为采高的函数。发现该矿的直接垮落高度是采高的 2.5 倍，如果在初始垂直压力下岩体会发生塑性变形，则垮落高度以上的岩层就会发生塑性变形，垮落高度可用下面的简单公式来计算：

$$h_0 = (x+1)V = \frac{\gamma_p}{\gamma_p + \gamma_r}V$$

式中 h_0——垮落高度，从底板算起，m；

V——采高，m；

x——采空区垮落高度和采空区高度之比；

γ_p——实体重力密度，kN/m；

γ_r——散体重力密度，kN/m。

在厚煤层中，煤的视密度（与萨矿情况不同时）可根据截割刀数测出：

$$\gamma_p = \gamma_{p0}N^a \quad 和 \quad \gamma_r = \gamma_{r0}N^b$$

式中 γ_{p0}、γ_{r0}——初始质量；

N——截割刀数；

a、b——试验规定的指数。

在萨矿，$N=1$，可以直接采用实验室获得的数据。

根据其岩石力学性质，可以得出重力密度为 21.4 kN/m（误差 1.04 kN/m）和 10.5 kN/m（误差 0.28 kN/m），可靠性为 99.7%，可能出现的最坏情况为 18.28 kN/m 和 9.66 kN/m。由此得出系数 x 为

$$x = \frac{\gamma_p}{\gamma_p - \gamma_r} - 1 = \frac{18.28}{18.28 - 9.66} - 1 = 1.12 < 1.2$$

在垮落高度确定之后，又知道萨矿的采高为 2.2 m，那么上覆含水岩层的容许水压值为未采动上覆保护岩层厚度的函数。为了简化起见，又由于缺乏实验室数据，而是仅采用条件相似的捷克帕瓦煤田所采用的临界水力梯度。在这里，未采动上覆岩层的最大允许水力梯度 $i_c = 0.05$ MPa/m，因此，萨矿的最大允许水压为上覆岩层厚度 M_h 和开采高度 V 的函数，用公式表示如下：

$$P_h = (M_h - 1.2V) \times 0.05$$

2.4 国内外水体下采煤安全开采深度设计理论与技术的现状及发展

水体下采煤的安全开采深度，主要是指安全煤柱的尺寸，其设计理论与技术尤其是煤系地层露头煤柱的设计理论与技术，是水体下采煤方面最为成熟也是实践最多的，所以，对其单列说明。国内外煤矿在设计安全煤柱尤其是露头煤柱时，大体上采用以下方法设计

煤柱的尺寸。

（1）采深采高比法。指的是在水体下采煤时，不论是在露头区还是在非露头区，其开采深度或煤柱尺寸必须与煤层采高成一定的倍数关系才允许进行开采。例如，我国早期的《煤矿安全规程》规定，地表水体下采煤的最小采深采高比必须大于40。苏联煤矿规程规定，河流下采煤的最小采深采高比为50～100；大河流、水库下采煤的最小采深采高比为400～500，当采高为3.0～4.0 m时，最小采深采高比为20～26（表2－11、表2－12）。

这种设计方法的不足是，把采高作为唯一因素，忽视了采煤方法和地质因素的重要作用。实践证明，这是一种偏于简单的设计方法。

表2－11 苏联关于洪水及水库下采煤安全深度的规定(按照隔水岩层占覆岩厚度的百分比)

采高/m	泥岩、淤泥、黏土层占覆岩厚度的百分比/%									
	0～20		21～40		41～60		61～80		81～100	
	采深/m	深高比	采深/m	深高比	采深/m	深高比	采深/m	深高比	采深/m	深高比
1.0	60	60	50	55	50	50	45	47	40	40
1.5	90	60	80	53	75	50	70	45	60	40
2.0	115	58	105	52	95	48	85	43	80	40
2.5	125	50	115	46	105	42	95	38	85	34
3.0	140	47	130	43	115	38	105	35	90	30
3.5	150	43	140	40	125	36	110	31	95	27
4.0	160	40	150	38	135	34	120	30	105	26

表2－12 苏联关于洪水及水库下采煤安全深度的规定(按照隔水岩层总厚度)

采高/m	黏土层总厚度/m											
	2～4		5～6		7～8		9～10		11～15		>15	
	采深/m	深高比	采深/m	深高比	采深/m	深高比	采深/m	深高比	采深/m	深高比	采深/m	深高比
1.0	40	40	35	35	30	30	30	30	25	25	20	20
1.5	60	40	50	33	45	30	40	27	35	23	30	20
2.0	75	38	60	30	55	28	50	25	45	23	40	20
2.5	—	—	65	26	60	24	55	22	50	20	50	20
3.0	—	—	70	23	65	22	60	20	60	20	60	20

（2）经验数值法。指的是根据本矿区的生产实践经验来确定水体下安全开采深度或煤柱尺寸。例如，采用长壁垮落法在海下采煤时，海底距煤层的最小安全距离英国为105 m，加拿大为213 m，日本为200～300 m（表2－13）。波兰煤矿规程规定，露头煤柱的尺寸不论煤层厚度大小，在条件最有利的情况下，最小尺寸也不得小于20 m。这种设计方法的思路是基于类比原理，在条件既定的情况下，安全上可能有保证。但是，地质条件往往是很复杂的，在没有先例或先例不足的情况下，它会给设计带来困难，安全生产得

不到可靠的保证。

(3) 隔水层厚度法。指的是在水体下采煤时，特别是在露头区开采时，要求在采场与水体之间必须有一定厚度的隔水岩、土层才允许进行开采。例如，苏联煤矿规程规定，当隔水岩层占覆岩厚度的百分比为0~100%，采高不大于4 m时，允许的最小采深采高比为26；当隔水岩层的总厚度不小于2 m，采高不大于3.0 m时，允许的最小采深采高比为20。这种设计方法正确地考虑了隔水层的作用，但同样是忽视了采煤方法和地质条件的作用，因此，仍然达不到科学设计的要求。

(4) 极限变形值法。指的是根据各自的生产实践经验或研究成果，规定出水体下采煤，特别是浅部小采深条件下水体底界下方岩层允许的变形极限值。如果该岩层的变形值大于规定的极限值，则不允许进行开采。例如，英国煤矿规程规定，海下采煤时，海底下隔水岩层的最大变形值必须小于10 mm/m；基岩含水层下采煤时，其下方隔水岩层的最大变形值必须小于6 mm/m（表2-14）。这种以变形值为标准来衡量其隔水能力的方法，不仅设计上难以准确预计，而且在实践中也难以得到验证。

表2-13　国内外水体下采煤露头煤柱尺寸的规定及生产实例

<table>
<tr><th rowspan="2">国别</th><th rowspan="2">矿别</th><th colspan="4">长壁垮落法开采</th><th colspan="3">房柱法或充填法开采</th></tr>
<tr><th colspan="2">总高度/m</th><th colspan="2">煤系地层厚度/m</th><th colspan="2">总高度/m</th><th>煤系地层厚度/m</th></tr>
<tr><td>英国</td><td>全国</td><td colspan="2">>105</td><td colspan="2">>60</td><td colspan="2">>60</td><td>>45</td></tr>
<tr><td rowspan="4">日本</td><td rowspan="2">崎户煤矿</td><td colspan="2" rowspan="2">80~100</td><td colspan="2" rowspan="2"></td><td rowspan="4">宇部煤矿</td><td>10~40+>30*</td><td>10~40</td></tr>
<tr><td>20~40+10~30*</td><td>20~40</td></tr>
<tr><td rowspan="2">伊王岛煤矿</td><td colspan="2" rowspan="2">200~300</td><td colspan="2" rowspan="2"></td><td>40~60+5~10*</td><td>40~60</td></tr>
<tr><td>60~100+<5*</td><td>60~100</td></tr>
<tr><td rowspan="2">加拿大</td><td>全国</td><td colspan="2">大于100倍采厚</td><td colspan="2"></td><td colspan="2">小于100倍采厚</td><td></td></tr>
<tr><td>格林矿</td><td colspan="2">213</td><td colspan="2"></td><td colspan="2">76</td><td></td></tr>
<tr><td>澳大利亚</td><td>全国</td><td colspan="2">大于60倍采厚</td><td colspan="2">>45</td><td colspan="2">小于60倍采厚</td><td>>46</td></tr>
<tr><td>苏联</td><td>全国</td><td colspan="2">20~75倍采厚</td><td colspan="2"></td><td colspan="3"></td></tr>
<tr><td rowspan="10">中国</td><td rowspan="3">矿名</td><td>防水</td><td colspan="2">防砂</td><td>防塌</td><td colspan="3"></td></tr>
<tr><td>$H_{裂}+H_{保}$</td><td colspan="2">$>H_{垮}+H_{保}$</td><td>$H_{垮}$</td><td colspan="3"></td></tr>
<tr><td colspan="2">与采高倍数</td><td colspan="2">煤岩柱尺寸</td><td colspan="3"></td></tr>
<tr><td>邢台煤矿</td><td colspan="2">1.5~3.8</td><td colspan="2">12~20</td><td colspan="3"></td></tr>
<tr><td>柴里煤矿</td><td colspan="2">1.6~2.2</td><td colspan="2">15~20</td><td colspan="3"></td></tr>
<tr><td>洼里煤矿</td><td colspan="2">6.1~24.4</td><td colspan="2">15~39</td><td colspan="3"></td></tr>
<tr><td>刘桥一矿</td><td colspan="2">20~22</td><td colspan="2">44~50</td><td colspan="3"></td></tr>
<tr><td>朱仙庄煤矿</td><td colspan="2">7~10</td><td colspan="2">44~60</td><td colspan="3"></td></tr>
<tr><td>兴隆庄煤矿综采</td><td colspan="2">7~10</td><td colspan="2">44~65</td><td colspan="3"></td></tr>
<tr><td>兴隆庄煤矿综放</td><td colspan="2">5~10</td><td colspan="2">33~78</td><td colspan="3"></td></tr>
</table>

注：$H_{裂}$—导水裂缝带高度；$H_{保}$—保护层厚度；$H_{垮}$—垮落带高度；*—+后为松散层厚度。

表2-14　水体下采煤的极限变形值规定　mm/m

国　别	英　国		加拿大	智利	印度	日本	美国
	海底下	基岩含水层下					
极限变形值	10	6	6	5	3*	8	8.75

注：*如果页岩比例大于35%，允许大于此值。

（5）新老地层厚度比例法。指的是水体底界面下方的松散层厚度与基岩厚度具有相应的比例关系才允许在水体下进行开采。例如，日本在海下采煤时，特别是在开采浅部煤层时，如果煤系地层厚度为10～40 m，松散层厚度必须大于30 m，且这时只允许采用房柱法开采，而不允许采用长壁垮落法开采。这种考虑新老地层厚度比例的方法，在一定程度上体现了地质条件的作用，也体现了采煤方法的作用，但仍过于简单化，也难以满足煤柱设计的要求。

综上所述可知，由于以往的露头煤柱设计方法既缺乏相应的理论依据，又无统一的技术原则，因此，在设计实践中形成以下情况。①露头煤柱尺寸偏大或偏小，多数情况是偏大，并且形成与矿井或采区的地质及水文地质条件不相适应、与采动影响规律不相适应，也与采掘方法不相适应的不科学状况，从而造成不必要的资源呆滞或损失，甚至造成工作面溃水、溃砂、溃泥或淹井事故。②在矿井第一水平投产时，有时不能设计出露头煤柱的具体尺寸，而是采取先采下区段后采上区段的由深而浅开采顺序，只能通过开采实践逐步摸索和积累经验后才能完成煤柱尺寸设计任务。这种做法虽然稳妥可靠，但却影响了矿井初期生产能力的发挥。在某些情况下，甚至会给工作面的防排水工作带来不利影响。③将露头煤柱尺寸设计偏大的部分留待第一水平报废前进行开采。这种做法安全上有保证，但也是不仅影响了矿井前期经济效益的发挥，而且也不得不增加矿井建设初期井筒的开凿深度及相应的建设投资。

在露头煤柱设计中，由于对露头区厚和巨厚松散层覆盖及浅部小采深条件下进行开采的采动影响规律及其控制技术，以及有关的地质和水文地质规律缺乏深入的研究与认识，主要存在以下4个问题。①没有掌握露头区开采后在岩层和土体内引起的采动影响与变形规律，特别是开采厚及特厚煤层引起的覆岩破坏规律，包括初次开采和重复开采的覆岩破坏规律，以致在设计露头煤柱时只能套用深部开采时覆岩破坏高度的计算方法，造成煤柱尺寸偏大或偏小。②没有掌握定量评价露头区原生和再生岩石、岩体在采动前后的物理、力学、水理性能的科学方法与手段，特别是松散层底部含隔水层以及露头区基岩风化带岩体的含隔水性能和抗采动变形能力的定量评价方法与手段，以致往往只注重对原生岩石、岩体含隔水性能和抗采动变形能力的评价，特别是对基岩风化带岩体的评价，只在意了其丧失含水性的一面，而未能注意其隔水性恢复及抗采动变形能力增长的一面。③没有掌握有效控制露头区采动影响的理论与技术措施，特别是控制厚煤层和急倾斜煤层采动影响的理论与技术措施，以致往往套用单一煤层和缓倾斜煤层开采的控制理论与技术措施，而未能发挥露头区分层、分段和间歇开采时岩石、岩体变形特征的有利影响的作用。④没有掌握在风化破碎顶板条件下的特殊采掘工艺与防排水方法，以致往往对溃水、溃砂、溃泥产生恐惧心理，缺乏深入研究和有力对策，而在工作面出现滴、淋水的情况下造成生产被动，甚至无法进行生产。

长期以来，对露头煤柱只能采用经验方法进行设计，形成不论在何种类型的水体、何种类型的煤层、采用何种开采方法以及在何种地质和水文地质条件下进行采掘时，一律按单一煤层和缓倾斜煤层防水煤柱的要求设计露头煤柱尺寸，造成许多煤柱尺寸偏大的不科学和不合理的局面，大量的浅部煤炭资源被呆滞而不能开采，或是成为永久损失。而在露头煤柱尺寸偏小的情况下，甚至造成了矿井溃水、溃砂、溃泥或是淹井的事故。

刘天泉院士结合煤矿的实际，研究完成了旨在解决上述各种问题的露头煤柱优化设计理论与技术[15]。其实质是：使露头煤柱在适应地质、水文地质及采动影响条件下的煤柱尺寸及可靠性达到最优。具体设计过程是：①进行露头区地质、水文地质条件分析和采动影响分析；②在上述分析和评价的基础上，对露头煤柱的物理—地质机制进行分析；③针对不同的露头煤柱类型及其物理—地质机制，设计最优的煤柱尺寸；④确定相应的开采技术与安全措施。

其技术关键主要是：①研究解决露头区强、中强及弱含水砂层的富水性特征及其可疏降、疏干的定量—半定量评价指标体系与方法；②研究解决露头区岩、土体的含隔水性，包括基岩风化带的含隔水性及抗采动变形能力的定量—半定量评价指标体系与方法；③研究解决露头区受采动岩、土体的破坏规律、控制技术及露头区风化破碎顶板条件下的采掘工艺与防排水方法。

2.5　我国煤矿水体下安全采煤技术的新进展

我国的水体下压煤开采技术渐趋成熟，并随着煤炭科学技术水平的不断进步、煤矿开采水平的不断提高以及地质采矿条件的不同而不断发展[16]。采煤方法及其各有关技术的发展变化与现代化安全生产需求及现代技术水平的结合更加紧密，控制技术、测试技术、预测分析技术及理论更加符合现实需要，尤其是高产高效采煤方法在水体下安全采煤中的成功应用和不断发展，为水体下安全采煤技术提供了广阔的市场空间，同时也为水体下安全采煤技术的进一步发展奠定了坚实的基础。而保水采煤技术则对水体下采煤技术进步提出了更高要求。

2.5.1　采煤方法的发展变化与高产高效安全生产紧密结合

随着高产高效现代化矿井建设的需要，综合机械化采煤方法尤其是综合机械化放顶煤方法得到了较普遍的推广应用。此类采煤方法由于开采强度大，开采影响及其破坏程度剧烈，与传统的水体下安全采煤技术原则发生了冲突。因此，如何解决这类采煤方法在水体下安全采煤中的应用，就成了亟待解决的问题。

我国经过近 20 年的实践探索，在水体下先后成功地应用了综采、综放等采煤方法，至今已安全采出水体下压煤数千万吨，取得了显著的经济效益和社会效益。

2.5.1.1　水体下综合机械化采煤

2.5.1.1.1　松散含水层水体下综合机械化分层顶水安全开采

过去厚煤层分层开采多采用炮采与普机采，其采厚一般在 2 m 左右，有利于抑制覆岩破坏高度。随着综合机械化采煤技术的推广普及，分层开采厚度一般加大到 3 m 以上，造成了覆岩破坏高度的增加，所需留设防水煤柱的尺寸一般也需要增大。而在这种条件下如何缩小原设计的防水煤柱尺寸，保证采煤安全、合理，就成为水体下采煤中的新问题。为此，针对山东兖州矿区兴隆庄煤矿的具体条件进行了全面试验研究。

兖州矿区位于鲁西南平原的兖州煤田，是我国煤炭工业现代化矿井建设的重点。兴隆庄煤矿位于兖州煤田的最北部，于1981年12月投产，是兖州新矿区首批投产的年产 300×10^4 t煤炭的特大型现代化矿井，也是我国重点建设的全部综采化的矿井。含煤地层为石炭二叠系，开采煤层为3号煤层，煤层赋存稳定，煤层倾角4°~10°，煤层厚度7.5~9.2 m，平均8.65 m。第四纪松散层厚度平均约180 m，底部含水砂层厚度平均约30 m，分布较稳定，为孔隙承压水，单位涌水量为0.26 L/(s·m)，渗透系数为1.10 m/d，富水性中等，直接覆盖于煤系地层之上，对3号煤层浅部开采构成直接威胁。所以，矿井设计时按照普机采分4层开采条件留设了垂高为80 m的防水煤柱，压煤储量为 8576.4×10^4 t。

矿井投产后，逐步采用综合机械化采煤方法，分3层开采，分层开采厚度3 m左右，顶板管理采用全部垮落法。同时，运用系统工程原理，采用现场测试、室内实验、理论研究及大规模工业性试验开采相结合的综合试验研究方法，进行综合机械化分层大采高(2.4~3.3 m)走向长壁全部垮落法不疏降顶水开采，对多项试验研究及观测内容、多种研究方法及手段进行合理安排和运用，对多学科的知识进行有机归纳和总结，在实践中不断丰富、完善并创新水体下采煤的研究技术手段、方法及防治水安全技术和措施。经过多年来的不断努力，通过准确预计综采覆岩破坏状况，仔细分析防水岩柱性能，深入研究含水砂层富水性及特点，密切监测地下水动态变化特征和采场环境温度分布，采取均匀开采、快速匀速连续推进、增大分层间歇开采时间、加强工作面顶板管理、监测及预报水情等技术措施，充分利用了现有的采矿地质条件，在将防水煤柱由原设计的垂高80 m缩小到51 m情况下实现了综采工作面一至三分层不疏降顶水安全采煤，如2300和2301工作面三分层等。各工作面自投产至结束，生产状况良好，未出现明显的涌水、淋水现象，未恶化采煤生产环境。仅兴隆庄煤矿采出水体下压煤就已超过 830×10^4 t，取得了显著的经济及社会效益，开创了我国含水砂层下综机采煤史上的先例[17]。

2.5.1.1.2 松散含水层水体下厚煤层综采一次采全高留设防塌煤柱安全开采

国内外煤矿回采冲积层保护煤柱，大多是在基岩柱垂高大于40 m条件下生产。在第四纪松散含水层下开采，我国取得过采高不到2.5 m、小范围内基岩柱垂高小于10 m条件下的成功回采经验。但对于厚煤层一次采全高综采采高明显增大、基岩柱垂高小于20 m、留设防塌煤柱等条件下的安全开采问题还亟待解决。为此，针对邢台矿区东庞煤矿的具体条件进行了试验研究。

东庞煤矿位于河北省邢台矿区，含煤地层为石炭二叠系。主采煤层2号煤层平均厚度4.38 m。煤系地层上覆第四纪松散层，厚度140 m，底部砾石层厚度10~30 m，局部达90 m，单位涌水量为0.0209 L/(s·m)，渗透系数为0.246 m/d，富水性弱，补给、径流条件较差。原设计留设防水煤柱垂高40 m，压煤储量 407.4×10^4 t。

2101（冲Ⅱ）工作面开采2号煤层，煤层平均厚度4.5 m，局部变薄带煤厚2.9 m，煤层倾角9°~21°。工作面斜长78 m，沿走向推进长度约694 m，基岩柱垂高7.7~69.7 m。采用综采高架一次采全高采煤方法，顶板管理采用全部垮落法。2101（冲Ⅱ）工作面存在着顶板岩性为软弱类型，覆岩破坏发育较充分的工作面开切眼附近基岩柱垂高最小仅7.7 m，煤层厚度大，一次采全高达4.5 m，覆岩破坏较严重，对底砾含水层水疏干状态也缺乏彻底了解，水及泥砂溃入工作面的安全隐患较大等难题。为此，通过井下探放水及边采边疏，预先疏干底砾层，加强顶板管理，防止冒顶、片帮事故，正确认识工作面上方底砾含水层的疏干状态、准确预计和有效地控制采动破坏性影响程度以及充分利用基岩风化带的良好隔水性及再生隔水能力等，进行了4.5 m综采一次采全高留设防塌煤柱开采实践，实现了最小基岩柱垂高7.7～15 m时限制采厚3.6～4.0 m、最小基岩柱垂高大于15 m时采厚4.5 m一次采全高条件下的安全开采，获得了较好的经济效益。

2.5.1.2 水体下综合机械化放顶煤开采

由于综采放顶煤工艺、顶板管理方式及采动影响效果等与分层开采有所不同，所以，在开采技术措施方面，主要采取了等厚开采（如均匀放煤）、局部限厚开采（如限制放煤）、快速匀速推进等技术措施，以便控制覆岩破坏状况、避免出现局部覆岩破坏高度异常发育、限制覆岩破坏高度和最大限度地采出水体下尤其是松散含水层水体下压煤；在防水安全措施方面，主要是加强地下水动态监测、工作面水情监测和水情预测预报及采取相应的防护措施等，以确保矿井生产安全。这些方法的效果在山东的兖州矿区、济宁市太平煤矿、龙口矿区等得以验证，都重新确定了合理的回采上限，有的还进一步提高了原设计的回采上限。

2.5.1.2.1 松散含水层水体下综放安全开采

放顶煤开采技术自1982年引入中国以后，很快在全国得到了推广应用。由于其开采厚度大、覆岩破坏高度大，能否在水体下尤其是松散含水层水体下实施综放开采，如何确定综放开采上限，成为当时亟待解决的难题。

1. 松散含水层水体下综放顶水安全开采

针对山东兖州矿区兴隆庄煤矿能否在矿井原设计80 m防水煤柱条件下实现综放安全开采以及如何确定综放开采的合理回采上限等亟待解决的难题，进行了特厚煤层（平均厚度8.65 m）中硬覆岩条件下综放开采合理确定回采上限的观测研究和工业性试验。

试验区内第四纪松散层底部含水砂层富水性弱至中等，2304综放工作面长度140 m，沿走向推进长度1030 m，煤层厚度8.6～9.3 m，平均8.7 m，煤层倾角4°～9°，基岩柱垂高78～113 m。4303综放工作面长度177 m，沿走向推进长度1120 m，煤层厚度6.2～9.4 m，平均8.1 m，煤层倾角0～10°，基岩柱垂高68～105 m。4301综放工作面长度175 m，沿走向推进长度618 m，煤层厚度8.9～9.4 m，平均9.2 m，煤层倾角6°，基岩柱垂高65～95 m。均采用走向长壁综合机械化放顶煤开采方法，顶板管理为全部垮落法。多年来，通过研究并正确预测综放覆岩破坏高度，仔细分析防水岩柱性能，监测地下水动态变化及采场环境温度分布，采取均匀放煤、快速匀速连续推进、加强工作面顶板管理、监测及预报水情等技术措施，充分利用了现有的采矿地质条件，在2304综放工作面最小防水煤柱垂高78 m[18]、4303综放工作面最小防水煤柱垂高68 m[19]、4301综放工作面最小防水煤柱垂高65 m条件下实现了顶水综放安全开采。不但未增大原设计垂高为80 m的防水煤柱，反而将其分别缩小了2 m、12 m、15 m。除4303工作面回采结束后在最小基岩柱尺寸为68 m且底黏缺失处出现采空区滞后涌水外，其余采煤工作面自投产至结束均未出现明显的涌水、淋水现象，取得了良好的经济及社会效益。

接着又在兖州煤田的太平煤矿采取了均匀放煤、加强顶板管理、井下探放水、监测地下水动态等措施，实现了松散含水层水体下3号煤层首采工作面在最小防水煤柱垂高60 m、煤厚8 m、中硬覆岩等条件下的综放顶水安全开采，工作面无水，获得了良好的经济及社会效益。

“三软”地层条件下如何实现松散含水层水体下综放顶水开采是急需解决的一个新难题。山东龙口矿区北皂煤矿地处海滨，含煤地层为新生代古近系，属“三软”地层条件。主采煤层4号煤层平均厚度8.12 m，经济可采厚度平均5.6 m。原设计按照分层开采方法设计回采上限标高为-90 m。开采4号煤层时改用综放开采，其回采上限需要重新确定。面对当时软弱覆岩条件下综放开采的覆岩破坏高度预计无实测数据可依。北皂煤矿4号煤层综放首采工作面也是龙口矿区“三软”地层条件下应用综放开采技术的第一个工作面，同时存在着“三软”地层条件下放顶煤开采能否成功以及在含水砂层下和2号煤层采空区下能否安全开采等诸多新问题。通过全面分析研究，结合北皂煤矿4号煤层覆岩及其基岩风化带的岩性、结构条件，正确预计了综放开采的导水裂缝带高度和综放开采的保护层厚度，从而确定出北皂煤矿下组煤4号煤层综放开采的防水煤柱垂高为55 m。并根据其基岩面起伏状况，确定其回采上限标高在不同的采区或工作面也不相同，分别为-108～-113 m，改变了以往简单地在全井田范围内统一确定一个回采上限标高的不合理做法。回采过程中采取了加强顶板管理、禁止局部超限放煤、工作面连续快速匀速推进、逐架顺序并均匀放煤等开采技术措施先后，完成了三采区内3个综放工作面的工业性试验和安全开采，取得了“三软”地层条件下综放顶水开采的成功。

在完成山东龙口矿区海下煤田综放顶水开采可行性研究的基础上，开始了海域煤田的开拓，我国的海下采煤从此拉开了序幕。

2. 松散含水层水体下综放留设防砂煤柱安全开采

过去在含水砂层下留设防砂煤柱开采厚煤层时，只允许采用长壁分层开采方法。这主要是因为分层开采方法可以较好地控制开采厚度和管理顶板，不易出现抽冒或局部垮落高度异常加大现象，利于防止溃水、溃砂。但随着综放开采技术的普及，又提出了在含水砂层下采用综放开采方法留设防砂煤柱能否实现安全开采以及如何实现安全开采的新问题。为此，在杨村煤矿的301综放工作面进行了试验研究。

杨村煤矿位于兖州煤田的西北部，于1989年6月投产，现生产能力64×10^4 t/a。原设计主要开采薄煤层（16号、17号煤层），1995年10月重新划定矿界，新增3号煤层地质储量4617.1×10^4 t。其中80 m防水煤柱和矿界煤柱储量达3235.1×10^4 t，约占新增地质储量的71%。因此，提高开采上限工作迫在眉睫。

杨村煤矿3号煤层首采工作面为301综放工作面，工作面长度120 m，沿倾斜推进长度700 m，煤层开采厚度8.0 m，倾角约5°，基岩柱垂高30～80 m。在工作面开采范围内，第四纪松散层平均厚度180 m，底部含水砂层厚度15～20 m，主要由中粗砂组成，其单位涌水量为0.0023～0.065 L/(s·m)，渗透系数为0.0235～0.357 m/d，富水性弱。含水砂层底部分布有一层厚度1～4 m的黏土层，对实现留设防砂煤柱安全开采较有利。采用倾斜长壁综合机械化放顶煤开采方法，顶板管理为全部垮落法。在试验研究过程中，主要采取了均匀放煤、局部限厚开采、均匀连续推进、井下探放水等措施，实现了最小防砂煤柱垂高40 m条件下全煤厚8.0 m放顶煤和防砂煤柱垂高30～40 m条件下限厚放顶煤安全开采，回采工作面内未出现淋水、涌水现象，获得了良好的经济效益[20]。

兴隆庄煤矿四采区4300综放工作面长度约120 m，沿倾斜推进长度550～558 m，煤层厚度6.05～10.04 m，平均8.33 m，煤层倾角1°～8°，平均4°。煤层直接顶为粉砂岩，基本顶为粉砂岩与中砂岩互层及中砂岩，基岩柱垂高33～75 m。四采区范围内第四系底部含水砂层厚度约30 m，单位涌水量为0.051～0.072 L/(s·m)，渗透系数为0.20～0.36 m/d，富水性弱。采用倾斜长壁综合机械化放顶煤开采方法，顶板管理为全部垮落法。为了进一步回收煤炭资源，进行了全煤厚综放开采变防水煤柱为防砂煤柱的试验研究，取得了工作面采空区滞后涌水形式下的安全开采。获得了基岩柱垂高51～75 m范围内全煤厚综放、33～51 m范围内限厚综放开采，即最小防砂煤柱垂高51 m、开采厚度9.5 m和最小防砂煤柱垂高33 m、开采厚度5.5 m以及含水砂层底部无黏土层、覆岩为中硬类型等条件下的综放安全开采成功经验，经济及社会效益都十分显著。

3. 松散含水层水体下综放留设防塌煤柱安全开采

留设防塌煤柱开采厚煤层，过去也禁止采用放顶煤方法。其原因是放煤一旦失控容易造成溃水、溃泥、溃砂事故。随着放顶煤方法的普及，也出现了在含水砂层下放顶煤时能否留设防塌煤柱以及如何实现安全开采等新问题。为此，在邢台煤矿进行了试验研究。

邢台煤矿1968年10月投产，年设计生产能力为90×10^4 t，1989年一季度建成现代化矿井。第四系、新近系冲、洪积层厚度80～290 m。底部含水砂层富水性弱，单位涌水量为0.00832～0.126 L/(s·m)，矿井设计时留设防水煤柱垂高60 m。1978年矿井挖潜改造后，将防水煤柱改为55 m。1975年3月开始进行缩小防水煤柱试验研究，历年来由防水煤柱内采出的煤量累计约占全矿井总产量的30%。

邢台煤矿7810综放工作面采深290 m，冲积层厚220 m，基岩柱厚度12～25 m，工作面斜长100 m，沿走向推进长度850 m，采放厚度6.4 m。1996年11月开始回采，开采初期在工作面中上部遇落差为2 m的断层，加之使用从其他矿井撤下来的液压支架，架型不尽合理，造成了溃泥、溃砂现象，经过注浆处理，又采取了限厚开采措施后，实现了安全开采。

邢台煤矿7811综放工作面开采范围内，采放厚度6.2 m，基岩柱厚度15 m左右，沿走向推进长度500 m。于1998年3月投产，开始由于使用从7810工作面撤下来的液压支架，不久后即出现了溃水、溃砂现象。换用新型液压支架后未再出现溃泥、溃砂等现象，实现了放顶煤安全开采。

在此基础上，2000年1月，在7816工作面全面进行了综采放顶煤试采，根据7816工作面地质特征，按照“先厚后薄”的方式进行试采，即从基岩厚度较厚的地方开始试采，逐渐向基岩变薄的块段开采，最后在基岩厚为17 m边眼处收尾。截至2000年11月20日，7816工作面已采出煤炭39.3×10^4 t，在基岩厚度只有17～41 m的条件下，实现了留设防砂防塌煤柱综放开采的成功。

实践结果表明，选择好的支护设备，如液压支架合理选型，对实现留设防塌煤柱放顶煤安全开采至关重要；加强顶板管理等支护措施等更是必不可少的技术环节；限厚开采，尤其是局部限厚开采则是在风化破碎顶板条件下实现放顶煤安全开采的灵丹妙药，但这种方法是以丢弃煤炭储量作为代价，所以，它只是到了万不得已时才不得不采取的一项临时措施。

在煤层及顶底板岩性为软弱类型，7811工作面最小岩柱垂高为12 m，7816工作面最小岩柱垂高17 m，均处于基岩风氧化破碎带范围内，工作面顶板没有坚硬岩层，受底砾含水层影响，工作面内小断层多等条件下，7811、7816综放工作面实现了留设防塌煤柱安全开采，提供了在风氧化带煤柱下厚煤层综放安全开采的成功经验，也为“三软”和难采煤层综放机械化采煤的采掘工作面支护与管理积累了一定经验。

2.5.1.2.2 基岩含水层水体下综放安全开采

在基岩含水层下也成功地应用了综放开采技术。如陕西彬县矿区在煤系上覆白垩纪基岩砂砾岩含水层下成功地实现了顶水综放开采和顶水综放重复开采，扎赉诺尔矿区在早白垩世煤系多层半胶结砂岩含水层下实现了综放顶疏结合安全开采。

1. 煤系上覆基岩含水层水体下分层综放顶水安全开采

下沟煤矿隶属彬县煤炭有限责任公司，原设计生产能力75×10^4 t/a，后经技术改造，2006年核定生产能力315×10^4 t/a。采用走向长壁综合机械化放顶煤采煤法，顶板管理为全部垮落法。含煤地层为侏罗系延安组，煤系上覆白垩系洛河组和宜君组裂隙承压强含水层，与开采煤层最小垂距约150 m。白垩系洛河组、宜君组地层总厚平均约170 m，以中粗砂岩为主，夹4~5层砂砾岩，含水层分布广、厚度大、各沟谷广泛出露、接受泾河及大气降水补给、补给条件好、储供水潜力大，对开采威胁较严重。经过多年来的开采，取得了基岩含水层下分层综放单层采厚大于10 m条件下顶水安全开采的成功经验。

2. 煤系基岩含水层水体下综放顶疏结合安全开采

扎赉诺尔矿区含煤地层为下白垩统扎赉诺尔群的伊敏组和大磨拐河组，属典型的“三软”地层，开采煤层位于伊敏组，煤层顶板由多层半胶结的砂岩含水层组成，富水性弱至强，存在溃水、溃砂威胁。铁北煤矿开采历史较早，以前采用高档普采或综采工艺时设计分两层开采，但由于特殊的软岩地层以及煤层赋存条件和采空区大量积水等原因，使得一分层后无法再对剩余煤厚进行开采，并曾多次发生采煤工作面溃水、溃泥、溃砂事故。所以，如何提高煤炭资源回收率以及能否实现综放安全开采成为亟待解决的技术难题。为此，首先在铁北煤矿右部进行了试验研究，接着又在铁北煤矿左部及灵东煤矿首采区进行了试验研究。

铁北煤矿于1991年8月投产，设计生产能力150×10^4 t/a。首采煤层Ⅱ$_{2a}$煤厚12 m左右，经济可采厚度7~8 m，煤层倾角4°~7°。灵东煤矿属在建矿井，设计生产能力500×10^4 t，首采煤层Ⅱ$_{2-1}$煤平均厚度约16 m，煤层倾角1°~3°。

针对扎赉诺尔矿区的具体条件，多年来，采用井上下钻探与物探相结合的技术方法和手段，对开采煤层顶板（底板）多层半胶结砂岩含水层进行了综合探查；运用安全高效控水采煤预测分析综合技术，对综放控水安全开采的各影响因素、技术参数及其开采可行性等进行了详细预测和分析；应用安全高效控水采煤设计研究综合技术，研究制定了综放控水安全开采的总体设计方案、井下钻孔疏放水设计方案、回采疏水安全开采设计方案和防治水安全开采技术措施，并按照安全高效控水开采的要求进行了优化设计；实施了安全高效控水回采试验与观测研究综合技术，进行了井下仰上钻孔疏放水、安全高效控水回采及边采边疏试验研究、矿井及工作面涌水量与地下水动态变化综合观测研究、地表移动与矿山压力显现规律综合观测研究等，实现了煤系多层半胶结砂岩含水层水体下综放顶疏结合安全开采，未出现溃泥、溃砂灾害，并较好地解决了煤水混流问题，大幅度提高了煤炭资源回收率，获得了显著的经济及社会效益。

2.5.1.2.3　地面水体下综放安全开采

在海、湖、河流等地表水体下成功地进行了综放安全开采，如龙口矿区北皂煤矿在海下进行的综放顶水安全开采、大屯矿区在湖下进行的综放顶水安全开采、鹤岗等矿区在河流下进行的综放安全开采等。

2.5.1.2.4　水体下急倾斜煤层综放安全开采

在急倾斜煤层条件下应用水平分层综放开采技术，其覆岩破坏很容易发展到地表，当开采煤层上方存在水体或泥砂甚至在雨季时，极易出现溃水、溃砂、溃泥事故，所以具有更大的安全风险，解决该类问题的难度也就更大。针对梅河四井急倾斜煤层水平分层综放工作面出现溃泥、溃水事故的实际情况，开展了防治技术研究，取得了可喜的进展。

2.5.1.2.5　采空区水体下综放安全开采

采空区水体下采煤的特点是一旦发生突水，则其水势异常迅猛，令人防不胜防。而在采空区水体下进行综放开采的风险则更大，也更具有挑战性。如大同矿区同忻矿部分侏罗系采空区水体下的压煤采用综放顶水开采技术，部分采空区疏干后再进行综放开采。

2.5.1.3　松散含水层水体下综采与综放相结合重复开采

为了合理、有效地控制覆岩破坏高度和实现综放开采条件下进一步提高开采上限，利用分层间歇开采能够明显降低覆岩破坏高度的基本认识，提出了减小顶分层开采厚度和增大下分层开采厚度的构想，并在山东兖州矿区兴隆庄煤矿开展了松散含水层水体下综采与综放相结合顶水开采的试验研究。

试验研究地点为二采区的 2303 工作面、23S1 工作面、23S3 工作面，共分 2 层开采，采用走向长壁顶分层综采与网下顶分层放顶煤开采相结合的采煤方法，即顶分层采用综合机械化采煤方法，并铺设底网，底分层采用综合机械化放顶煤开采方法。顶板管理为全部垮落法。2303 工作面长度 146 m，沿走向推进长度 587 m，煤层厚度平均 8.7 m，顶分层采完后铺设金属网，剩余煤层厚度 2.8 ~ 6.8 m，平均 5.94 m，煤层倾角 7° ~ 8°。煤层直接顶为粉砂岩，基本顶为中砂岩，基岩柱垂高 66 ~ 115 m。顶分层综采开采厚度 2.4 ~ 3.3 m，平均 2.8 m，底分层综放开采厚度 2.8 ~ 6.8 m，平均 5.0 m，顶底分层间隔开采时间约 7 年。23S1 工作面长度 180 m，沿走向推进长度 600 m，煤层厚度 8.20 ~ 8.66 m，平均 8.5 m，煤层倾角 4° ~ 10°。煤层直接顶为泥岩、粉砂岩，基本顶为中细砂岩，基岩柱垂高 46 ~ 71 m。顶分层综采开采厚度平均 2.8 m，底分层综放开采厚度平均 5.7 m，顶底分层间隔开采时间约 2.5 年。23S3 工作面顶分层综采的开采范围为“凸”形，工作面长度 69 ~ 146 m，沿走向推进长度 410 m，23S3 工作面底分层综放开采的范围为“刀把”形，工作面长度 70 ~ 150 m，沿走向推进长度 392 m，煤层厚度 8.66 ~ 9.53 m，平均 9.1 m，煤层倾角 4°。煤层直接顶为粉砂岩、细砂岩或中砂岩，基本顶为中粗砂岩，基岩柱垂高44 ~ 60 m。顶分层综采开采厚度 2.8 ~ 3.3 m，平均 3.0 m，底分层综放开采厚度 3.5 ~ 8.5 m，平均 6.1 m，顶底分层间隔开采时间约 1.2 年。第四纪松散层底部含水砂层厚度约 30 m，单位涌水量 0.26 L/(s · m)，渗透系数 1.1 m/d，富水性中等。通过采取减小顶分层开采厚度、增大底分层开采厚度等技术措施，进行了中硬覆岩条件下底分层综采与底分层综放重复开采的观测研究和工业性试验，有效地降低了综放开采的覆岩破坏高度，在最小防水煤柱垂高分别为 66 m、46 m、44 m 及平均煤厚分别为 8.7 m、8.5 m、9.1 m 条件下成功地实现了不疏降顶水安全开采[18]，将原设计垂高为 80 m 的防水煤柱分别缩小了 14 m、34 m、36 m，率先取得了综放重复开采提高回采上限的成功经验，获得了有关技术数据，各工作面回采过程中均未见明显的涌水及淋水现象，经济及社会效益都非常显著。

2.5.2 控制技术的发展与当前水平和现实需要相结合

2.5.2.1 覆岩破坏程度及范围控制技术的探索与发展

研究及实践结果表明，综放开采的覆岩破坏高度尤其是裂高明显大于分层开采情况，而分层重复开采时覆岩破坏的高度增加一般不明显，即使增大重复开采的厚度，覆岩破坏的高度一般也不会明显增加[21-22]。根据这一认识提出了综采分层开采与放顶煤开采相结合的方法，并在山东兖州矿区兴隆庄煤矿应用，实测裂高较全煤厚综放开采约降低 40%，既有效地控制了覆岩破坏高度，进一步缩小了防水煤柱，又实现了高产高效顶水安全采煤，并扩大了综放在水体下采煤领域的使用范围，取得了良好的经济效益[18]。

综放开采可以通过调整放煤量的多少来实现对开采厚度的灵活调整和限制。利用综放开采的这一特点，针对某些工作面在局部地点若按实际煤厚开采可能出现溃水、溃泥、溃砂等事故的实际情况，采取在局部适当减少放煤量的办法来控制覆岩破坏高度的发展，实现了困难条件下的综放安全开采。

2.5.2.2 控水采煤技术的提出与实践

煤矿安全和良好的经济效益是市场经济环境下维系煤矿企业生存与发展的重要因素。通过相应的技术手段、方法及措施，把工作面涌水量控制在既能保证安全生产又能取得良好经济效益的水平上，并以此为前提最大限度地开采水体下压煤，是基于目前的经济环境提出的控水采煤技术的基本原则。影响工作面涌水量的两个关键因素是充水水源和充水通道，在充水水源一定的情况下，充水通道将成为影响工作面涌水量的最关键因素。针对充水能力和补给条件都比较有限的弱含水层，一般只需控制工作面的充水形式就可以达到控水采煤的目的；而对于充水能力较强补给又比较充足的强含水层，不仅要控制工作面的充水形式，而且还要限制充水通道的过水能力，才能够达到控水采煤的目的。充水通道的过水能力主要取决于岩层本身的渗透性能和采动破坏性影响的程度，而采动条件下覆岩的破坏及其渗透性的变化都遵循一定规律。近几年来，通过对覆岩破坏规律和岩层尤其是受到采动破坏性影响的岩层的渗透性能及其变化特征以及含水层富水特征等的不断研究，并与具体的采矿技术条件、相应的采煤工艺和有效的技术方法及措施相结合，逐步取得了控水采煤的成功。如在山东兖州矿区兴隆庄煤矿实现了综放工作面采空区滞后出水形式下的控水安全采煤；在安徽宿南矿区祁东煤矿实现了综采工作面有限涌水形式下的控水安全采煤；在内蒙古扎赉诺尔矿区铁北煤矿则通过对靠近开采煤层的多个含水层分别采取预先疏水、回采疏水以及顶水开采等不同技术措施逐步实现了综放工作面有限涌水形式下的控水安全采煤。

2.5.3 现场观测及室内测试分析技术手段的进步与新技术的发展相结合

2.5.3.1 覆岩破坏探测技术手段的发展

覆岩破坏的现场观测是获取覆岩破坏数据的重要手段[23]。传统的钻孔冲洗液方法仍然是观测覆岩破坏发育高度的一种常用而有效的方法，其优点是简单、易操作、观测数据较能反映实际导水情况；缺点是观测精度较低，在某些原岩裂隙发育的地区往往不能取得可靠数据，对把握观测时机的要求也较高，一旦错过合适的观测时机将会导致观测工作失败，且无法补救，从而使得所施工钻孔也宣告报废，造成不必要的经济损失，同时钻探费用也较高。为了弥补其不足，在测试覆岩破坏发育高度及特征时，又相继开发应用了钻孔声速法、钻孔超声成像法、彩色钻孔电视法及直流电法、瞬变电磁、探地雷达、EH－4 电磁法探测系统等物探方法，并取得了预期效果。近年来还用微震监测技术进行覆岩破坏规律的动态监测，取得了宝贵的第一手资料。目前，覆岩破坏探测正由传统的冲洗液漏失量观测这一单一技术向着钻孔电视、钻孔超声成像、钻孔声速、数字测井等测井手段与冲洗液漏失量观测相结合，电法探测、雷达探测、地震探测、瞬变电磁法、EH－4 电磁法探测等物探手段与钻探相结合，微震监测技术与专业解释相结合等方向发展，提高了观测精度和适用性，取得了较好的效果。随着现代新技术手段的发展，覆岩探测技术与新技术手段的结合将更加紧密，既可以减少钻探工程量和降低钻探工程费用，又有利于提高探测效果。

2.5.3.1.1　应用钻孔声速法测定覆岩破坏发育高度

钻孔声速法是利用岩体中声波的传播速度与岩体的弹性参数及密度有关的特点，根据声波的传播速度在不同岩层中和采动前后过程中的衰减变化规律来判定导水裂缝带顶点的位置。所采用的仪器是国产声速测井仪和从美国引进的数控声速测井仪，其原来用途是作为煤田地质勘查中的补充测井方法。该方法可单独使用，当其与钻孔冲洗液法配合使用时，可增加观测资料的可靠性，提高测试精度，有推广应用价值。表 2－15 是测试结果的比较，钻孔声速法得出的裂高值一般高于钻孔冲洗液方法，说明其精度较高。

表 2－15　钻孔声速法解释结果与钻孔冲洗液法的比较

序号	孔号	钻孔声速法解释裂高 H_V/m	钻孔冲洗液法确定裂高 H_{li}/m	$H_V - H_{li}$/m	$(H_V - H_{li})/H_{li}$/%
1	带 13	40.7	35.76	4.90	14
2	带 15	37.8	36.32	1.48	4
3	带 16	40.7	42.22	−1.52	−4
4	带 17	42.8	39.72	3.08	8
5	带 18	37.7	37.09	0.61	2
6	带 19	37.0	38.15	−1.15	−3
7	带 20	39.4	38.41	0.99	3
8	带 21	46.4	43.94	2.50	6
9	带 23	42.8	41.50	1.30	3
10	带 24	41.4	40.50	0.90	2
11	带 25	34.9	33.26	1.64	5
12	带 26	42.0	40.81	1.19	3
13	带 28	45.7	42.32	3.38	8
14	带 29	45.9	44.74	1.16	3

2.5.3.1.2　应用钻孔超声成像法测定覆岩破坏发育高度与特征

钻孔超声成像法是利用不同的岩层具有不同的波阻抗并对声波具有不同的反射能力的特点，向钻孔孔壁发射超声波脉冲并接收反射声波，然后成像。成像后的胶片完整地记录了根据反射声波的强弱变化所提供的岩层裂隙发育特征的地质信息，最后根据裂隙发育特征及变化规律来判定导水裂缝带顶点的位置。所采用的仪器为国产 JSX－2A 型超声成像测井仪，其原来用途主要为地下水勘察领域。这种方法所获得的资料比较直观，可以很好地揭示岩层破坏特征和更加准确地判定导水裂缝带高度。

2.5.3.2　水体下采煤安全监测技术及手段的探索

水体下采煤的安全监测技术对于预防灾害事故的发生以及防止灾害事故的扩大都具有非常重要的实际作用，而且对于实现水体下安全采煤是非常必要的，也是至今一直未能很好解决的难题。近年来在水体下采煤实践中进行了多方面的研究和探索。

首先，开展了应用井下围岩温度分布规律来预测预报回采工作面突水的研究，其原理是根据井下围岩温度场测量结果分析推断地下水的分布及其与采掘工程之间的联系，进而为实现突水预测预报提供参考依据。并通过与地下水动态观测、工作面水情监测及分析预测相结合，对安全生产进行预报。在实际应用中为顶水安全采煤和高产高效提供了一定保证[24]。

其次，提出应用微震监测技术建立水体下采煤的安全监测系统，并进行了可行性研究与探索。微震监测技术的基本原理是实时接收岩石及岩体开裂时发出的弹性波信号来确定开裂点的空间位置，并实时追踪，进而解释其工程意义。它与地下水动态及矿井涌水量自动监测新技术发展等相结合，将有可能实现井下突水的实时预测和报警。

基于对煤矿安全生产的高度重视和建立煤矿安全预警系统的实际需求，近年来其他领域、其他行业从事相关技术研究的一些单位和公司也对水体下采煤安全监测技术投入了研究和探索，如地下水动态自动监测及预警系统乃至于矿井水害预警系统等都已经应用到水体下采煤领域，其中地下水水位、矿井涌水量自动监测系统的应用已十分普遍，水质的自动监测也已经实现，尤其是光栅传输技术的应用使得监测系统的可靠性等明显提高，有可能会给水害预警技术带来较为光明的前景。

2.5.3.3　安全煤岩柱性能研究及质量评价技术的发展

安全煤岩柱性能的好坏是决定水体下采煤成败以及能否合理确定回采上限的关键因素。根据宏观特征如岩性、赋存结构、力学强度、节理裂隙的发育状况等进行安全煤岩柱性能研究及质量评价，仍然是可行的方法，其优点是简单、方便；缺点是只能对含隔水性能进行初步判断，而且对再生隔水性能难以较深入评价。近年来又将先进的显微分析技术和矿物成分鉴定技术应用于对安全煤岩柱的微观结构、矿物成分进行定量测定，将彩色钻孔电视探测系统应用于安全煤岩柱特征的现场探测，并与力学试验、水理试验及宏观分析等相结合，全面研究安全煤岩柱的含隔水性能[17,25]，为充分利用安全煤岩柱中隔水岩层的良好隔水性和再生隔水能力以及更有效地避免安全煤岩柱中透水岩层的不利影响提供了技术保证。

2.5.4　预测分析技术方法及理论水平的提高与实际应用相结合

近年来，覆岩破坏及水体下安全采煤可视化预测技术水平等都有了很大的提高，其最大特点就是与实际应用紧密结合。

2.5.4.1 覆岩破坏规律研究以及水体下采煤预测分析技术与理论的进展

（1）覆岩破坏情况的预测是决定水体下采煤成败的重要内容，而正确掌握覆岩破坏规律则是正确预测覆岩破坏状况的基础。随着国家自然科学基金重点项目“煤矿上覆岩移动破坏研究”的完成，在采场、覆岩、地表三者结合与统一的应用基础研究、浅部开采与放顶煤开采覆岩移动破坏规律及控制地表沉陷研究方面取得了新进展。放顶煤开采与分层开采有着明显不同，因而，放顶煤开采的覆岩破坏也有着新的特点，成为近年来覆岩破坏研究的重点，进展也比较明显。近年来，在同一覆岩类型及岩性结构条件下进行了综采分层、综放开采、综放重复开采等一系列不同采煤方法情况下的现场实测、室内相似材料模拟实验及数值模拟分析[26]等工作，全面、系统地研究了由炮采、普机采、综采、分层综采到综放开采乃至综放重复开采等一系列不同采煤工艺方法的覆岩破坏规律及其演变关系和特征[27-28]，分析了贴近冲积层开采条件下覆岩破坏的变异规律及特点，深入研究了长壁开采条件下覆岩破坏的机理和预计理论，裂隙岩体上覆高水压作用条件下的覆岩破坏规律研究工作如现场观测及分析等也有了新的进展。在研究并提高覆岩破坏预计理论的基础上总结出了一套较实用的预计方法，为正确计算其他覆岩类型大采高采煤工艺方法条件下以及某些特殊地质采矿条件下的覆岩破坏高度提供了理论依据。并逐步形成了覆岩破坏规律综合研究技术体系[29]和水体下采煤综合研究技术体系[30]。在现有覆岩破坏规律研究基础上，对条带开采的覆岩破坏特征等的探索也在进行中。目前，进行综放开采条件下覆岩破坏高度探测研究的矿井越来越多，但迄今为止还缺少对于大多数矿区都普遍适用的预计综放开采条件下覆岩破坏高度的计算公式，安全煤岩柱中的保护层尺寸的选取也同样需要做进一步的工作。

（2）水体下采煤的“三带”理论体系已逐步形成。以“三带”为基础的水体下采煤预可研理论已形成基本完整的体系，为不同地质、水文地质条件的水体下采煤预可研的设计提供了方法。其中比较典型的是露头煤柱设计理论与方法[15]，已纳入《“三下”采煤规程》并应用多年；放顶煤开采条件下的露头煤柱设计理论与方法也已初步形成，其中保护层厚度的选取准则以及所采取的开采技术措施和防水安全措施等都具有新的特点[18]，既最大限度地提高了回采上限，又保证了矿井生产安全。此外，近年来又研究了松散含水层条件下发生溃砂的临界条件及其预计理论，为实现松散含水层条件下变防水煤柱为防砂煤柱安全开采提供了理论基础。

（3）提出并完善了水体下采煤覆岩分类的方法[31]。针对以往的水体下采煤覆岩分类指标单一、多凭经验定性评判、结果因人而异等不足，提出了水体下采煤覆岩类型的多因素多指标分类法。该分类法采用包括岩石强度、岩芯质量、岩体物理力学性能、水理性质和采动影响特征等5个方面的因素在内的“综合特征值”来对覆岩进行综合评分，较充分地考虑了水体下采煤的特点和要求，包含了影响水体下采煤覆岩分类的诸多因素，实现了覆岩分类的定量化，分类指标全面，代表性强，而且还具有获取参数方便、分析结果可靠、人为干扰因素少、实用性强等优点，能够较好地满足水体下采煤的实际需要。该方法在山东兖州、龙口矿区以及内蒙古赤峰建昌营煤矿等得以验证，为水体下采煤技术和成功经验的推广应用提供了方便。

（4）放顶煤开采是一种高产高效的采煤技术，近年来得到了迅速发展和普及，在水体下采煤领域的应用也越来越广泛。但由于水体下放顶煤开采的成功试验和推广应用仅局限于部分矿区，尚不足以代表全国各类矿区的普遍情况，加之对放顶煤开采的特殊性所产生的某些变异规律及特点的研究与认识尚不全面，所以，在新修订的《“三下”采煤规程》中规定，放顶煤开采方法在水体下采煤领域尤其是留设防砂及防塌煤柱条件下的应用还必须要遵循试验开采的程序，放顶煤开采的覆岩破坏预计及保护层选取方法等还都尚未纳入《“三下”采煤规程》，对此仍需不断研究和丰富。鉴于在水体下实现放顶煤安全开采较分层开采有更大的风险和难度，所以，需要深入研究放顶煤开采的覆岩破坏规律、不断加强预测理论与方法研究、优化水体下放顶煤开采设计、规范水体下放顶煤开采工艺、制定切实可行的水体下放顶煤安全技术措施以及建立可靠的安全监测系统等，才可以有效地避免或减少水体下放顶煤开采的风险和更加经济合理地实现安全开采。尤其是在采空区水体下采用综放开采方法时，仍应进行充分的分析论证，如大同矿区同忻矿侏罗系采空区水体下综放安全开采的可行性分析论证。

2.5.4.2 涌水量预计理论及方法的探索

近年来开展了孔隙裂隙岩体与渗流特征研究[32-33]，为促进工作面涌水量预计这一世界难题的解决进行了必要的探索。此外，由于实践经验不断丰富，在实际工作中应用类比法等计算方法所得出的预计结果与实际情况的符合率更高。

2.5.4.3 溃砂机理及判据的探索

基于现场实际需要，运用地下水动力学、岩体力学、断裂力学、裂隙岩体渗流理论，针对扎赉诺尔矿区半胶结砂岩含水层存在溃水、溃泥、溃砂危害的具体条件，探索研究了溃水、溃砂的临界条件及判别依据[34]。

2.5.5 保水采煤技术

地球上水资源的特点是空间和时间的分布很不均匀。中国水资源分布的特点是，水资源人均占有量偏低，全国水资源的地区分布极不平衡，水资源分配量差别很大。煤矿开采在获取煤炭能源的同时，常常要付出牺牲水资源环境的代价，许多煤矿区的水资源尤其是地下水资源面临过量开采、水质恶化局面，可利用水资源呈现逐渐枯竭趋势。合理地保护煤矿区水资源对煤矿区生态环境和资源环境保护意义重大。

2.5.5.1 保水采煤的技术途径

保水采煤的技术途径主要有两个方面：其一是在煤层开采的同时利用岩层的隔水能力阻止被保护的水源向矿井充水，从而实现保水开采，这样做的前提是岩层必须具备有效的隔水能力并且可以利用；其二是对矿井水进行净化处理，然后再加以利用，如供应生产用水需求甚至回灌含水层等，通过水资源的循环再利用达到保水采煤的目的。

从技术要求角度来讲，保水采煤对水体下采煤技术提出了更高的要求，尤其是水资源量越少时要求就越高。这是因为，在利用岩层隔水能力进行保水采煤时，不仅要求水资源不向矿井泄漏，而且不允许水体边界上的任何岩层或阻水设施如地下含水层或其他导水通道以及地表堤坝等出现泄漏。所以，利用岩层隔水能力进行保水开采，不但需要考虑覆岩破坏所引起的导水问题，也要考虑开采对于水体边界如水体底界面等的破坏所引起的透水问题。而在水资源循环再利用保水采煤方面，虽然允许受保护的水体向矿井充水，但为了矿井水处理等的经济和便利，有时可能会对充水的形式等提出特殊要求，此时的煤层开采，不仅要考虑安全方面的需要，同时还可能要求在保证安全的同时满足对充水形式限制的要求，因而对水体下采煤技术也就有了新的要求。

需要说明的是，保水采煤技术途径的选择是灵活的，不是一成不变的，有时还会随着具体条件和实际需求的变化而改变。即使是在同一个矿井，所采取的保水采煤技术途径也不一定就是单一的，往往是多种技术途径并存。选择保水采煤技术途径的原则，应该是因地制宜，根据具体条件和实际需求合理选取。

2.5.5.1.1 利用岩层隔水能力保水采煤

利用岩层隔水能力进行保水采煤，就是在采煤的同时，利用具备有效隔水能力的岩层阻隔受保护的水体向矿井充水，其关键首先是受保护的水体与开采煤层之间的距离要足够，其次是要具备有效隔水层并能够不被采动破坏而出现透水通道。

具体做法就是在需要保护的水体底界面与开采煤层之间留设防水安全煤岩柱进行顶水开采。此时，如果水体与开采煤层之间的距离能够满足留设防水安全煤岩柱的要求，而且其保护层又具有可靠的隔水能力，则有利于实现正常保水开采，较易于达到保水采煤效果，经济上也比较合理。如果水体与开采煤层之间的距离不能够满足留设防水安全煤岩柱的要求，则可以采取降低覆岩破坏高度主要是降低导水裂缝带发育高度和减轻覆岩破坏程度的开采技术措施，这样做以后，当水体与开采煤层之间的距离达到能够满足留设防水安全煤岩柱的要求，而且其保护层也具有可靠的隔水能力时，同样可以实现保水开采，并达到保水采煤的效果。

从是否采取降低覆岩破坏高度和减轻覆岩破坏程度的开采技术措施等角度出发，利用岩层隔水能力保水采煤还可以区分为自然保水采煤和限采保水采煤。

1. 自然保水采煤

自然保水采煤是在煤炭自然赋存条件下，对回采工艺及受保护水体不采取任何措施，煤层按实际厚度开采后，覆岩破坏高度不会波及受保护的水体，且在覆岩破坏范围以上、受保护水体以下有稳定沉积的厚层隔水岩层，采动破坏未改变隔水岩层原有隔水性能，可以实现自然保水开采。自然保水采煤是相对理想的保水开采方法，其适用条件一般有：

（1）煤层埋深不大，但煤厚较薄，煤层开采后，在受保护水体边界与覆岩破坏范围边界之间能够起到阻水保护作用的隔水岩层的隔水能力不会遭受采动破坏。

（2）煤层虽然较厚，但煤层与受保护水体的距离较远，受保护水体位于地表或采动后的弯曲下沉带内，在受保护水体边界与覆岩破坏范围边界之间能够起到阻水保护作用的隔水岩层的隔水能力不会遭受采动破坏。

（3）矿区地表虽有水体，但水体位于采动影响范围以外，采动破坏不会波及该水体。

2. 限采保水采煤

在煤层厚度较大且上覆隔水岩层较薄时，如果煤层按常规方法全厚开采后，隔水岩层完全处于覆岩破坏高度范围内，覆岩破坏改变了隔水岩层原有的隔水性能，采动裂缝将成为受保护水体与采掘空间的导水通道，使受保护水体因向矿井充水而遭受破坏。为了实现对受保护水体的保护要求，需对采煤方法进行调整，通过限制开采层位、开采规模、开采厚度或应用充填开采、巷柱式开采等改变开采工艺等方式，降低煤层开采引起的覆岩破坏高度，使受保护水体底界附近的隔水岩层不受破坏。

限采保水采煤就是从控制采动破坏影响范围角度出发达到保水采煤的目的，其适用条件主要有：

（1）煤层厚度大，受保护水体与覆岩破坏高度之间无稳定沉积的隔水岩层，受保护水体间接或直接向采掘空间充水，此时可以应用分层重复开采或限厚开采等方法，通过控制开采厚度来降低覆岩破坏高度，进而实现保水开采。

（2）煤层层数多，且层间距小，多层重复采动后，受保护水体与覆岩破坏高度之间无稳定沉积的隔水岩层，受保护水体间接或直接向采掘空间充水，此时可以应用限层开采方法，即根据煤层沉积条件，在不满足对受保护水体保护的区域，通过减少开采层数来实现对覆岩破坏高度的控制，进而满足对受保护水体的保护。

（3）工作面设计采取长壁开采且开采面积较大，覆岩破坏发育较充分，受保护水体与覆岩破坏高度之间无稳定沉积的隔水岩层，受保护水体间接或直接向采掘空间充水，此时可采用巷柱式、条带式等部分开采方法控制覆岩破坏发育程度，降低覆岩破坏高度，进而实现对受保护水体的保护。

（4）受保护水体与开采煤层之间距离较近，采用限厚、部分开采等方式后覆岩破坏依然不能满足对受保护水体保护的要求，需要采用充填开采等工艺回采，通过改变传统开采工艺，控制采动仅对覆岩产生微小破坏来实现对上覆水体保护。

2.5.5.1.2 水资源循环再利用保水采煤

水资源循环再利用保水采煤的基本思想是在煤矿生产不得不破坏受保护水体或改变采煤工艺在经济上不合理、技术上难度大无法应用限采保水开采方法时，通过“先破坏、再治理”的方式，对矿井生产期间的大量涌水进行净化处理和循环利用，矿井水净化后可以满足地面生产用水需求，降低矿区生产对地下水的抽采强度，部分矿区对井下涌水净化达标后直接回灌含水层，在煤炭资源开发的同时实现了矿区水资源的保护。

随着煤炭资源高强度开发，一方面是生产和生活用水缺口增加，另一方面是井下涌水大量排放，覆岩含水层大量矿井水的排放与利用问题已日益凸显。近年来生态文明建设要求不断提高，矿井水排水标准也日趋严格，目前配备水资源净化再利用系统的矿井已经较多，在邯郸、平顶山、淮北等矿区均有规模化应用。水资源循环再利用保水开采的适用条件主要有：

（1）矿区水资源短缺，煤矿生产与生活用水需求量大，矿井水经净化处理后不仅可以满足生产和生活需要，还能减少对浅层地下水的抽采量。

（2）煤层开采后井下涌水量大，矿井水水质较差，抽出后不满足当地排放要求，必须进行净化处理后排放或再利用。

2.5.5.2 保水采煤的生产实践

2.5.5.2.1 井下充填保水开采

榆阳煤矿坐落于榆林市榆阳区榆溪河以西小纪汗乡、芹河乡境内，矿区东距榆林市约12 km。其含煤地层主要为侏罗纪延安组，主要含煤3～15层，其中可采煤层为1～9层，矿井主采3号煤层，该煤层厚度5～11 m。该区地表多为第四纪风积砂、黄土丘陵。区域内3号煤层覆岩含水层主要为第四纪松散含水层、风化带裂隙潜水含水层组和侏罗系中统砂岩裂隙层间承压水。根据常乐堡Y23孔抽水试验资料显示，侏罗系层间承压水含水层厚度52.95 m，降深44.34 m时，涌水量为15.90 m^3/d，渗透系数为0.007 m/d。

3号煤层平均埋藏深度为210 m，其基岩最厚处为202 m，最薄处为158 m。根据计算，导水裂缝带已经发育到延安组第四段底部砂岩（真武洞砂岩）含水层内，开采直接沟通该含水层，上覆岩层在整体移动、弯曲下沉过程中，由于基岩比较薄，会突然产生切落式破坏和垮落，产生的采动裂缝可能直达地表，造成地表水系的破坏，而矿区潜水含水层为当地生活用水的主要来源。另外，开采产生的地表沉降将影响局部区域的地表标高，影响地表水系的输送补给方向，对局部水环境造成影响，影响区域生态环境，而且采动改变了原有地貌和土地利用功能，与地面规划相矛盾。

为此，在国内较为先进的充填开采技术的基础上，开发了适合于榆阳煤矿的充填开采工艺，实现了地面不塌陷和保水开采。由于榆阳区地表广泛分布有风积砂等，以风积砂为主料可以大幅降低充填成本，经过反复试验，风积砂膏体充填材料由60%～75%风积砂、固化剂、粉煤灰、添加剂、水等组成，满足膏体材料充填指标，28天的充填体单轴抗压强度为8～10 MPa。研发了“煤体分离—地面充填管道输送—风积沙、粉煤灰，辅料搅拌分片隔离充填”整套核心技术体系。2012年11月，矿井2307综采工作面实现了大面积、工业化充填开采，工作面长度达150 m。

榆阳煤矿原来的排水量较大，综采不充填条件下的工作面最大涌水量近200 m^3/h，而矿区属干旱缺水地区。实施充填开采后，工作面实际涌水量约5 m^3/h，充填作业用水全部采用矿井废水，降低了地下水开采量，减小了矿井水排放量，保护了水资源。另外，采用充填开采后，地表沉降也明显减少，不会对地表水系的补给和排泄条件造成影响，保护了区域生态环境。

2.5.5.2.2　厚煤层综合机械化分层大采高保水开采

榆树湾井田位于鄂尔多斯高原东北部，陕北黄土高原北端，毛乌素沙漠东南缘，行政区划隶属榆林市榆阳区金鸡滩乡和大河塔乡及神木县大保当乡管辖。区内大部分为典型的风成沙丘及风沙滩地地貌，以半固定及固定沙为主，植被较好，地表标高+1177.90～+1391.80 m。井田面积88.9 km^2，规划能力初期8 Mt/a。

榆树湾煤矿初期开采2-2煤层，煤层厚度10.83～12.41 m，平均11.62 m，煤层倾角1°～3°，埋藏深度平均252 m。开采煤层上覆基岩厚度平均150 m，主要由细粒砂岩和粉砂岩组成，煤层顶板属Ⅱ类中等稳定顶板，其富水性微弱。基岩之上为新近系静乐组红土层（55～65 m）和第四系的离石黄土层（30～45 m），它们构成了连续分布的隔水层，其厚度约为110 m。地表砂土层平均厚度20 m，底部含有潜水，潜水层厚度3～10 m，水位埋深小于5 m。综合来看，2-2煤层具有埋深浅、基岩薄、煤层厚的赋存条件，如果采用长壁综放开采，不仅造成地表大规模沉陷，而且导致地下潜水水位大幅度下降，荒漠化面积扩展，生态环境恶化，采动裂缝直接发育到地表萨拉乌苏组含水层，潜水含水层将遭受破坏，而第四系萨拉乌苏组潜水含水层是矿区范围人畜饮水和工农业用水的主要水源，应用保水开采方法势在必行。

榆树湾煤矿首采20102工作面位于榆神矿区南部的201盘区，经综合分析比较，采用分煤层设开采水平和大巷系统方式开拓，工作面采用倾斜分层走向长壁全部垮落大采高综合机械化采煤方法，每个煤层划分两个盘区，上下煤层盘区位置重叠，采用下行开采顺序开采2-2煤层。20102工作面走向长度5810 m，工作面倾向长度250 m，面积为

1452500 m^2，地质储量为 1873×10^4 t，设计采用盘区扒皮分层综合机械化开采，上分层采高 5 m，可采储量 896×10^4 t，采出率达 93%。目前已完成多个上分层工作面的开采，地面最大下沉实测值为 3.6 m，采动前后萨拉乌苏组含水层水位较为稳定，实现了矿井保水开采目标。

2.5.5.2.3 水资源循环再利用保水开采

梧桐庄煤矿隶属峰峰集团有限公司，地处河北省邯郸市磁县境内，北距邯郸市 60 km，南邻风景优美的岳城水库。矿井于 2003 年 10 月正式投产，是优质主焦煤生产基地，年设计生产能力 120×10^4 t，服务年限 80 年。含煤地层为石炭二叠系，包括石炭统本溪组、上石炭统太原组及下二叠统山西组，共含煤 26 层，其中可采和局部可采 7 层，井田煤层埋藏较深，一般在 500～1000 m 之间。实际可采煤层为 2 号大煤，煤厚平均 3.5 m。

在实施保水开采工程之前，梧桐庄煤矿既无法利用大量的矿井涌水"资源"，又要花费资金每天从矿外"引进" 4500 t 生产生活用水。矿井水的大量直接排放，一方面可引起水资源大量流失，破坏地下水资源平衡，另一方面又对浅层地下水环境造成污染。2006 年，梧桐庄煤矿虽然铺设了管道，使矿井水实现了密闭排放，但并未从根本上消除矿井水对浅层水质带来的影响。

梧桐庄煤矿属于相对独立的深循环水文地质单元，侧向水量的交换微弱，井田区为相对滞缓的排泄区，与地表水系和浅层地下水基本无水力联系，主要是深部奥陶系灰岩含水层与其他井田或深层地下水系统的微弱联系，仅在井田西南角边界接受深层奥灰水补给，具备回灌基本地质构造条件。针对特殊的地理构成，梧桐庄煤矿研究论证了应用水资源再利用方法保水开采的可行性，并初步建成了高矿化度矿井水处理及回灌工程，系统处理能力为 900 m^3/h。系统将矿井水由井下澄清系统处理后提升到地面一级初沉池，使部分大颗粒煤泥在一级初沉池和预沉调节池中得以沉淀，再经高效澄清池的混凝反应、沉淀、澄清后，形成净化水。处理后的矿井水达到设计回灌标准，通过回灌系统回到井田内的奥灰含水层。而澄清后的副产品——煤泥水则通过自动排泥系统排至煤泥水浓缩池，定期压滤处理后再回收利用。

梧桐庄煤矿矿井水井上处理系统的投入使用，实现了矿井水集控制、处理、利用、回灌与生态环保为一体的优化组合。我国矿井水循环利用技术已有 20 多年的应用历史，技术与装备均较为成熟，梧桐庄煤矿矿井水回灌工程的应用，在国内尚属首次，填补了我国矿区水资源再利用保水开采技术的空白，使矿井水由传统的直接排放转向处理后回灌井下。该矿从管道抽出的井下废水，经过处理后，达到国家颁布的工业用水标准。据初步测算，按照矿井水 0.60 元/t 的污水处理费计算，回灌工程运行每年可减少 473.04 万元排污费用，可消减化学需氧量 121 t，井田周边水体的负面影响也会大大减少，创造了巨大的社会效益和环境效益。

2.6 我国煤矿特殊地质采矿条件下顶板水害问题认知程度及防治水平的提高

我国地大物博，矿产资源十分丰富，煤层赋存条件千变万化，除靠近灰岩强含水体尤其是奥陶系灰岩强含水体开采时存在着较严重的安全威胁外，某些特殊地质采矿条件下发生的突水灾害则更让人心有余悸。特殊地质采矿条件下发生的顶板水害一般都具有特殊性、偶然性、隐蔽性、突发性，有时甚至超出现有技术、知识水平的认知程度，较难预测，更容易酿成灾害。近年来，对该类条件下顶板水害的认知程度和防治水平也在不断提高。

2.6.1 白垩纪半胶结砂岩含水层综放开采条件下溃水、溃砂的防治技术

2.6.1.1 半胶结砂岩含水层下采煤的技术特点

水体下采煤的特点与水体类型的关系十分密切，水体类型不同，其特点也不同，所需要采取的具体对策也不同。水体下采煤中的水体主要有江、河、湖、海等地面水体以及松散含水层、基岩含水层等地下水体。半胶结砂岩含水层是一种比较特殊的基岩含水层水体，其特点是，砂岩的胶结程度一般较差，当含水层处于饱水状态时，含水砂岩中的泥砂具有一定的流动性，这样的砂岩处于煤层顶板位置时，有时会出现水砂溃决现象，从而对井下安全构成严重威胁。为了消除溃泥、溃砂威胁，则一般要求在开采前将含水层水予以疏干或疏降。

半胶结砂岩含水层水体往往由多层半胶结的含水砂岩和隔水泥岩交互沉积而构成。在受多层含水层水体威胁条件下进行水体下采煤时，一般可实行顶疏结合开采。即当半胶结砂岩含水层位于开采煤层上部并且与开采煤层的垂直距离大于导水裂缝带高度时，一般可以实现顶水开采；而当半胶结砂岩含水层位于导水裂缝带范围内甚至就是开采煤层的直接顶时，则需要实行疏干或疏降开采。顶疏结合开采成功的关键，主要在于实现顶水开采和做到回采工作面无淋头水。

顶水开采具有不增加矿井额外涌水量和不增加排水设备等优点。实现顶水开采需要具备的基本条件是开采煤层与半胶结砂岩含水层之间的垂直距离必须大于导水裂缝带高度和保护层厚度之和，且保护层还需要具有必要的阻水能力。

疏干或疏降水体开采有先疏后采和边疏边采两种情况。先疏后采就是预先对含水层进行疏干或疏降，然后再进行开采；边疏边采则是采煤与疏干或疏降同时进行。疏干或疏降开采方法具有煤炭资源回收率高、生产安全性大等优点，但需要增加疏排水设备及必要的辅助工程，使得煤炭生产成本增加。

基岩含水层水体有岩溶水、裂隙水、孔隙水及老空水等。半胶结砂岩含水层水体属孔隙裂隙水，同时具有孔隙水和基岩裂隙水的特征。砂岩孔隙水流量小，对生产威胁较小，常常采用边采边疏措施。砂岩裂隙水的富水性不均衡，水量一般也不是十分丰富。当裂隙分布较均匀且连通性较好时，可以采用先疏后采措施，并且有利于改善工作面的劳动条件；当裂隙分布不均匀且连通性很差时，一般只能采取边采边疏措施，此时不利于克服工作面生产条件的恶化，如顶板滴水、淋水甚至暂时性的较大涌水、工作面暂时停顿。

半胶结砂岩含水层下采煤同时存在着溃水、溃砂或淹没等灾害问题，防治工作重点是防止矿井溃水、溃砂和超限涌水。半胶结含水层的产状与煤层一致，其压煤开采将涉及整个开采煤层。判断并确定是采取顶水开采措施还是采取预先疏水或边采边疏措施的关键，在于含水层至开采煤层的距离同导水裂缝带高度的对应关系以及含水层的富水性等因素。有的砂岩含水层因距离开采煤层较近、富水性较强而不具备顶水开采的客观条件，此时只

能采取先疏后采、边采边疏或处理补给水源等措施，从而增加了解决问题的难度，增大了安全风险。

2.6.1.2　白垩纪半胶结砂岩含水层水体下综放开采的实践

白垩纪半胶结砂岩含水层水体往往直接赋存于煤层顶板之上，或者距离煤层较近，有时水体为多层结构，对煤层开采的威胁十分严重，常常出现溃水、溃砂现象。如扎赉诺尔矿区的煤系地层属典型的“三软”地层，煤层顶板的半胶结砂岩含水层有时具有一定的流动性，极易造成井下溃水、溃砂，而且顶板砂岩水随着回采涌入采空区乃至采煤工作面，因煤水混流而使得采煤作业环境恶化，甚至危及采区安全，造成经济损失。扎莱诺尔矿区铁北煤矿在白垩纪半胶结砂岩含水层下进行综合机械化采煤时就曾多次发生溃水、溃砂现象，而且特殊的软岩地层以及煤层赋存条件，使得所采厚煤层采完一分层后剩余煤厚的开采十分困难，甚至由于出现顶底板管理、溃水、溃砂以及自然发火等难以解决的问题而不再具备开采条件。因此，防止回采及掘进工作面溃水、溃砂和解决煤水混流等问题以及能否采用综合机械化放顶煤等先进高效的采煤方法以改善矿区经济环境和实现稳产高产及煤炭资源的合理回收等，成为铁北煤矿安全生产中亟待解决的难题。

2.6.1.2.1　扎赉诺尔矿区铁北煤矿综放开采试验区的基本情况

扎赉诺尔矿区铁北煤矿于1991年8月投产，设计生产能力为150×10^4 t/a。投产初期采用高档普采，后来采用综采，采高一般为3.2 m。综放开采试验区为新一采区右三片，位于一采区中部。开采的煤层为下白垩统扎赉诺尔群伊敏组的II_{2a}煤，煤层稳定，煤层厚度10.4～13.6 m，平均厚度约12.4 m，经济可采厚度7～8 m，不具备经济开采价值的顶煤厚度约5 m，煤层倾角约6°。综放工作面长度约166 m，沿走向推进长度约1800 m，经济可采储量约226×10^4 t，煤层埋藏深度255～270 m。地层总体发育为单斜构造，区内无断层。煤层顶板为细砂岩或粉砂岩，底板为粉砂岩。II_{2a}煤顶板岩石的单向抗压强度2.85～6.28 MPa，顶板泥岩的塑性指数约为14.1，属重粉质黏土。II_{2a}煤上覆地层主要由下白垩统扎赉诺尔群伊敏组的沉积岩以及第四纪松散层两部分组成。煤系地层的岩性主要为细砂岩、中砂岩、粉砂岩及泥岩、砂质泥岩等，据统计，II_{2a}煤顶板以上约60 m范围内基岩柱的泥岩类岩石所占比例为32.9%～68.3%，平均约52.4%，覆岩应属软弱或极软弱类型，对于抑制垮落带和导水裂缝带的发育高度较为有利。

对II_{2a}煤开采有影响的含水层主要为II_{2a}煤顶板砂岩含水层。II_{2a}煤顶板砂岩含水层又进一步分为7个含水层，由下至上分别简称为1′含、1含、2含、3含、4含、5含、6含，含水层之间存在水力联系，并且局部地段水力联系密切。各含水层富水性及其有关情况见表2－16。

表2－16　各含水层富水性及其有关情况

含水层简称	岩　性	厚度/m	渗透系数/(m·d^{-1})	含水层间的泥岩厚度/m	含水层底界与II_{2a}煤的垂距/m	分布情况
1′含	细砂岩—粗砂岩	0～9	0.716		10～12	分布不稳定
1含	细砂岩—粗砂岩	3～8	0.716	2～4	8～24	全区分布
2含	细砂岩—中砂岩	7～32	0.800	6～20	24～42	全区分布
3含	细砂岩—中砂岩	2～15	0.800	3～25	42～74	

表 2-16（续）

含水层简称	岩　　性	厚度/m	渗透系数/($m \cdot d^{-1}$)	含水层间的泥岩厚度/m	含水层底界与 $Ⅱ_{2a}$ 煤的垂距/m	分布情况
4 含	细砂岩—中砂岩	3~14	0.800	0~14	51~82	
5 含	砂岩	0~9		0~24	79~99	
3 含、4 含、5 含合层		27~37			55~67	75-34 孔周围
6 含	砂岩	2~13		6~44		分布稳定

2.6.1.2.2　新一采区右三片综放开采防治水技术措施及安全开采情况

根据新一采区右三片的具体条件、$Ⅱ_{2a}$煤顶板砂岩含水层的赋存状态与富水程度、不同采厚情况下垮落带与导水裂缝带高度预计的结果，结合$Ⅱ_{2a}$煤开采受顶板以上多层含水层水体威胁的特点，经综合分析研究，提出新一采区右三片控水采煤的总体方案为“顶水开采与疏干或疏降开采相结合、先疏后采与边采边疏相结合、钻孔疏干或疏降与回采疏干或疏降相结合、分段控制放顶煤开采厚度与分步实施疏水截流相结合”。安全合理开采新一采区右三片半胶结砂岩含水层下压煤的总体原则是，首先要防止溃水、溃砂，其次要避免工作面涌水量超限，最终要研究探索疏水截流技术，逐步实施疏水截流，为后续开采创造便利条件，达到安全、经济、合理开采的目的。处理水体的基本原则是，对 1′含、1 含采用先疏后采措施，要求在采前予以疏干或基本疏干，以避免溃砂；对 2 含采用先疏后采与边疏边采相结合的措施，要求在采前预先疏降以降低回采期间的涌水压力，通过边采边疏予以疏干或基本疏干，为实现疏水截流创造条件；对 3 含、4 含、5 含采用边采边疏与部分顶水开采的措施，利用泥岩类隔水层中的采动裂缝随着下沉压实密合而使得导水、透水能力减弱甚至完全恢复原有隔水能力的特点，争取做到仅在回采期间排放含水层的大量涌水，而在回采结束后尽可能地减少涌水量，减少排水负担，降低排水费用；对 6 含及其以上含水层则采用顶水开采措施。

在工作面回采前采用井下仰上钻孔疏放技术对 1′含、1 含进行了预先疏干或疏降，有效地防止了 1′含和 1 含的溃砂危害。

限制工作面涌水量在可承受的范围内，使其不超过矿井、采区的排水能力和工作面的疏排水能力，以保证矿井、采区及工作面不被淹没和避免人民生命财产遭受损失；控制工作面的涌水方式，使其不恶化或者不过分恶化采煤作业环境，以确保正常的采煤作业和劳动条件等，这些都是实现新一采区右三片综放控水安全采煤过程中不可回避的重要内容。当开采厚度达到 7~8 m 时，预计导水裂缝带将完全波及 1′含、1 含、2 含，局部波及 3 含、4 含、5 含，但预计垮落带不波及 2 含及其上方各含水层，因此，2 含及其上方的 3 含、4 含、5 含等含水层一般只会对工作面充水，正常情况下一般不会向工作面溃砂，可以采取边回采边疏干或疏降的措施，利用回采工作面的自然涌水达到疏干或疏降上述水体的目的。为此，采取了分段控制放顶煤开采厚度的边采边疏技术措施。具体为：自工作面开切眼起推进至距开切眼 50 m 范围内，只采不放；距开切眼 50~150 m 范围内，采 3 m 放 2 m，累计采厚不超过 5 m；距开切眼 150~300 m 范围内，采 3 m 放 4 m，累计采厚不超过 7 m；距开切眼 300 m 至终采线范围内，采 3 m 放 5 m，累计采厚不超过最大经济可采厚度 8 m。在回采过程中还对 2 含、3 含、5 含的水位动态进行了监测，取得了相关数据。最终实现了顶疏结合综放安全开采，取得了显著的经济效益。

2.6.2 离层带蓄水的危害及其防治途径

2.6.2.1 离层带的特征及分布

离层是指岩层顺层面脱开的现象。它是由于所采煤层上覆岩层的非同步沉降而产生的。这是因为，煤系地层具有层状沉积特性，一般由若干不同厚度、不同岩性的沉积岩层组成，岩层间的黏聚力一般较弱、抗压强度较低。在采动影响引起的上覆岩层沉降变形过程中，当上下岩层的挠度不同时，一般将在上下岩层的层面处产生离层现象。这种离层现象往往发生于若干岩层的层面处，从而形成了离层带。尤其是当煤层上覆各岩层的力学性质差异很大、煤层开采后在垂直方向的运动呈现明显的空间不连续时，离层现象将更加突出。

覆岩在采动破坏过程中，形成的离层具有动态发育特征。正常情况下，随着煤层开采空间的形成，采空区内上覆岩层也由顶板向上依次垮落、开裂、离层及整体移动与变形，并由下而上逐层发展，直至地表。离层的动态发育过程一般为，离层首先发生在下位岩层，后出现于上位岩层，上位岩层中的离层裂缝宽度一般小于下位岩层，出现的时间也晚于下位岩层。离层裂缝最大值的位置一般位于工作面后方一定距离。在平面位置上，离层裂缝主要分布在采空区中部上方、由覆岩出现拉伸断裂破坏的断裂角所圈定的范围内。随着开采面积的不断扩大、岩层移动的稳定和采空区破碎岩层的逐渐压实，离层裂缝一般还会缩小、闭合，甚至逐渐消失。离层裂缝的持续时间主要受岩层结构、岩性、开采面积、开采速度等因素的影响，当岩层坚硬、开采速度小时，离层裂缝持续时间较长。

在采用全部垮落法管理顶板的情况下，根据覆岩的断裂破碎及透水透砂能力，煤层覆岩内一般会有 3 种不同的采动影响带，通称为垮落带、裂缝带和弯曲带（或整体移动带）[35]。一般情况下，随着覆岩破坏由下而上发展，顺层面脱开的离层裂缝多发生于垮落带、裂缝带内，并与垂直开裂的裂缝相互连通，共同构成垮落带、裂缝带，与采空区之间存在着由采动破坏性影响引起的较通畅的导水通道。而裂缝带以上的岩层则多表现为整体移动特征。当弯曲带内的岩层主要由软弱岩层构成时，一般会表现为整体移动变形；由软、硬岩层相间构成时，一般则会表现为由下而上的逐层的弯曲变形。弯曲带内虽然有时也产生裂缝，但裂缝宽度一般较小，数量较少，裂缝间连通性不好，导水能力微弱，有时弯曲带内虽然产生较明显的离层裂缝，甚至形成离层带。尤其是弯曲带内的软、硬岩层差别很大时，在坚硬岩层的下面往往会产生非常明显的离层现象，但该类离层裂缝与采空区之间一般不存在由采动破坏性影响引起的导水通道。

采动覆岩的离层裂缝是十分明显和普遍的。一般情况下，岩性坚硬、采动次数少时覆岩内的离层裂缝多、宽度大；反之离层裂缝少、宽度小，而且随着距离所采煤层越远，离层裂缝的宽度也越小[35]。离层裂缝一般出现于上下岩层的层面之间，有时也出现在比较厚的岩层中部。对于一般岩体条件尤其是覆岩厚度较小的情况而言，弯曲带内离层裂缝一般不发育，离层现象不明显，且持续的时间短，甚至稍纵即逝。但对于某些特殊岩体或特殊结构尤其是覆岩厚度较大且覆岩在弯曲带内存在差异明显的上硬下软型层段的情况而言，则弯曲带内岩层的离层裂缝有时将十分发育，离层现象十分明显，持续时间也较长，有时甚至会一直存在。目前在地表沉陷控制方面采用的离层充填减沉技术[36]，就是利用了某些结构较特殊的岩体在受到采动沉陷影响后所出现的位于弯曲带内明显的离层现象。

2.6.2.2 离层带蓄水及罕见的突水灾变

由覆岩的破坏特征可知，由于煤系覆岩的结构特点，覆岩破坏的过程是由下而上逐层发展的，覆岩的移动变形是不同步的，离层的产生和发育存在于整个覆岩破坏过程中，具有普遍性。但离层位置有高有低，离层空间有大有小，持续时间有长有短，有些离层裂缝的宽度很小，持续时间很短，甚至稍纵即逝；有些离层裂缝的宽度则较大，持续时间也较长。而离层带能否蓄水以及蓄水的能力等都是有条件的，主要受离层空间的大小、离层带本身的封闭条件、与周围含水层的水力联系、含水层的富水性等因素影响。

离层带的封闭条件与离层所处的位置以及周围的岩性条件等有关，而蓄水量的大小则与离层空间的大小、含水层的富水性以及水力联系程度等密切相关。由于导水裂缝带的透水性，使得导水裂缝带内发育的离层与采空区之间有着较好的连通性，一般难以蓄水。在弯曲带内，当岩层中存在刚度性质差异很大的岩层，且开采范围足够大，具备离层发育的空间时，在下软上硬的岩层之间有可能形成与采空区相互不连通的离层，这样的离层带一般具备一定的蓄水、储水条件，只要有水注入离层带，就会出现离层带蓄水现象。

采动覆岩离层的形成是一个动态过程，受到许多地质采矿因素的影响和制约，它一般经历发生、发展、稳定到闭合4个阶段。当弯曲带内形成的离层带与其周围的含水层存在水力联系时，含水层的水将会注入离层空间，使得离层带蓄水。而随着离层的逐渐闭合，离层带内的蓄水也会逐渐挤出，蓄水量逐渐减少。但当离层空间较大、离层持续时间较长、含水层具有一定的富水性时，离层带蓄水的现象一般也较明显。如兖州矿区兴隆庄煤矿在近第四系底部松散含水层采煤时，就曾出现了底含水位短时间内下降又回升而采煤工作面及采空区均未见任何涌水的现象，经综合分析认为，应属弯曲带内的离层带蓄水现象。

当蓄水丰富的离层带位于弯曲带底部时，还较容易受到采动破坏性影响的波及。当位于弯曲带底部且离层空间很大、离层持续时间很长、蓄水很丰富的离层带一旦受到采动破坏性影响的直接波及时，则极有可能酿成罕见的离层带突水灾变。有些位于导水裂缝带顶界的离层裂缝，在回采初期，当开采面积较小、采动破坏性影响所波及的范围也较小时，离层裂缝将处于暂时的封闭状态。周围若存在具有一定富水性的含水层时，则会由于周围含水层水的不断注入而形成离层带蓄积水体。此后随着开采面积和采动破坏性影响范围的扩大，采动裂缝将逐渐波及离层带水体，使得离层带水体成为向采空区充水的直接充水水源。此时充水量的大小以及水势的迅猛程度等则与离层带水体的多少、水压的高低以及采动破坏性影响波及的程度和时空关系即导水通道的畅通性等因素有关。当离层带水体的水量较充足，并随着采动破坏性影响的发展形成了突然畅通的导水通道时，则有可能发生水势迅猛的突水灾害。由于离层带蓄水状况难以查清，事先难以预测，发生突水灾变时来势迅猛，常常令人防不胜防，所以，其危害往往难以预测。以安徽省淮北矿区的海孜煤矿为例[37]，所发生的瞬时突水量高达3887 m^3/h的顶板突水灾害就是一例十分罕见的离层带突水灾变问题。

海孜煤矿设计生产能力 90×10^{4} t/a，核定生产能力 150×10^{4} t/a，主采煤层为下石盒子组7号、8号煤层及山西组10号煤层。7号煤层厚度0.2～3.2 m，平均1.29 m，煤层倾角平均18°。煤层顶板为细砂岩、粉砂岩及泥岩，距顶板法线方向54 m以上为岩浆岩床，厚度96～169 m，分布面积约10 km^2，岩浆岩下部为蚀变带，厚度23～25 m，节理裂隙发育。岩浆岩床区有4个地质勘探钻孔漏水，漏水量1.2～12.8 m^3/h。第四纪松散层底部四含的单位涌水量为0.923～0.4041 L/(s·m)，属弱富水松散含水层，直接覆盖在煤系地层之上。突水点位于84采区的745工作面。

在84采区内，为了解决7号、8号煤层的煤与瓦斯突出问题，作为下保护层首先开采了下距7号煤层法线约80 m、采厚约2 m的10号煤层。84采区设计7号煤层工作面6个，745工作面位于采区最下部，开采水平为－327.8～－382.1 m。84采区自1988年开采以来共有6个工作面发生16次顶板突水，突水量一般为10～350 m^3/h，出水时间在工作面周期来压期间，一般为沿走向推进距离90～100 m/次，规律性明显，出水形式多为顶板淋水。745工作面开采7号煤层，煤层倾角平均15°，工作面斜长120 m，沿走向推进长度400 m，采煤方法为炮采，顶板管理为全部垮落法，采厚2.2～2.5 m。2005年5月，当工作面沿走向推进距离达140 m时，工作面顶板首次出水，出水量达350 m^3/h，出水点位于工作面下顺槽内侧10～20 m处，18 h后出水量降至35 m^3/h，随后至103 h后出水量一直稳定在30 m^3/h左右，接着又突然发生顶板突水，瞬时突水量达3887 m^3/h，突水点约位于工作面下顺槽内侧10 m处，突水量大，水势迅猛，具有老空突水特征，实属罕见。出水后，工作面支护变形严重，表明覆岩破坏仍在发展过程中。根据突水表现为顶板来压期间工作面下部顶板突水的特点，结合745工作面的具体条件，经分析认为，出水水源主要为岩浆岩床下部蚀变带附近或下方的离层带内蓄积的水体，出水通道为采动破坏性影响突然波及，同时存在岩浆岩床下沉所产生的应力增大等综合作用。

2.6.2.3 离层带突水灾害的防治途径

离层带突水灾害的产生主要来自两个方面：其一是受采动影响形成了较大的离层空间，在离层空间内蓄积了足以突然涌出并令人防不胜防的离层带水体；其二是随着采动破坏性影响的发展，离层带水体与采空区之间突然产生了较畅通的导水通道。因此，防止离层带突水危害的技术途径主要也应分为两个方面：其一是处理水体，即疏放已经出现的离层带水体，或者避免出现明显的离层带蓄积水体；其二是实现有效隔离，防止采动破坏性影响突然波及离层带水体。而疏放或阻止离层带蓄积水体则是避免离层带突水最为有效的办法。此外，还要提高认识，重视离层带突水的隐蔽性、突发性和危害性。防治离层带突水灾害的技术途径主要归纳如下。

1. 加强防患意识

离层带蓄水及突出是极为特殊的水害问题，正常地质采矿条件下一般不会出现，只有在某些特殊的地质采矿条件下才可能发生，加之该类问题具有极大的隐蔽性和偶然性，一般不易察觉，很容易被人们所忽视。因此，在采煤生产过程中，应仔细分析研究具体的地质采矿条件，正确预测离层带的分布及其蓄水、突水可能性，增强防患意识，以最大限度地避免发生离层带突水灾害。

2. 正确预计采动破坏性影响的范围

发育在所采煤层覆岩内不同位置的离层带的蓄水、突水可能性以及所应采取的防范措施等都是不同的。因此，应在回采前正确预计垮落带、导水裂缝带高度以及有可能产生蓄积水体的离层裂缝的分布情况，以便为制定切实有效的防治离层带突水的有关措施和方法等提供参考依据。

3. 仔细探查离层带分布及其蓄水情况

对于存在离层带蓄水及其突水可能性的开采区域，应采取可靠的技术手段和方法，仔细探查并掌握离层空间的位置、发育程度、周围含水层的富水性、含水层与离层带的水力联系以及离层空间的蓄水程度等实际情况，为防治离层带突水提供可靠依据。

4. 处理离层带水体

一般情况下，离层裂缝是随着煤层开采而产生、发展、稳定、闭合的，某些极为特殊的地质采矿条件下所产生的离层裂缝不仅尺寸较大，而且持续的时间也较长，甚至一直存在。因此，在某些极为特殊的地质采矿条件下，持续存在的较大离层裂缝一旦与周围的含水层发生水力联系时，就极有可能使得离层带出现蓄积水体。此时，防止离层带出现蓄积水体可从两个方面着手：其一是有计划地探放水，以及时疏放离层带水体；其二是充填离层空间，以避免形成离层带水体。

1）探放离层带水体

对于裂缝带下部或垮落带内发育的离层裂缝，随着所采煤层上覆岩层的垮落、开裂，常常可以形成与采空区或采煤工作面相互沟通的较畅通的导水通道，周围含水层注入离层裂缝内的水基本上可以马上涌入采空区或采煤工作面，一般不会形成离层带水体。此时如果含水层的富水性较弱，则对该类离层裂缝一般不需要采取专门的疏放水措施。

当离层带位于导水裂缝带顶界附近时，离层带突水隐患最为严重，应采取可靠的探放水措施，如从井下施工一定数量的仰上探放水钻孔等，疏放或避免出现离层带蓄积水体。

当离层带底界与导水裂缝带顶界之间存在厚度较大且较可靠的隔水岩层可以有效地阻止离层带水体向采煤工作面及采空区充水时，原则上也可以不采取预先疏放水措施。但此时应密切注意随着离层带上方岩体的沉降而可能产生的冲击载荷，以及由此产生的高水压和水压致裂作用等异常因素可能导致的离层带突水灾变。因此，从确保安全角度考虑，在有条件时，该类离层水体也应考虑必要的探放水措施。

2）充填离层空间

离层带出现蓄积水体的重要原因之一是存在离层空间，如果在离层空间内及时充填固体材料，则可以有效地挤出离层空间内的水体，避免出现离层带水体。充填离层带的材料可采用粉煤灰及混凝土等，应能有效地避免离层带积水。

采用充填离层空间方法避免出现离层带水体时，如能结合地面减沉需要则可以事半功倍，取得一举两得的效果。此外，当受采煤与离层裂缝形成的时空关系影响而不具备探放离层带水体的条件时，也可以考虑采取充填离层空间的方法以避免出现离层带水体。

5. 加强管理

离层带蓄水及突水灾变是一个涉及多方面影响因素的复杂问题，除技术方面以外，也与采煤生产及管理等方面密不可分，因此，应加强管理，尽最大可能以避免该类灾害的发生。

2.6.3 大面积老空积水区的突水危害及其防治途径

2.6.3.1 大面积老空积水区的形成及其突水危害

井田边界煤柱的重要性是毋庸置疑的，对于某些大水矿井，不仅要确保井田边界煤柱的完整性和阻水可靠性，有时还要留设采区边界防水保护煤柱以实现分区隔离开采。这样一来，一旦矿井或采区发生突水淹没事故时，井田边界或采区边界煤柱就可以发挥阻水保护作用，达到保护相邻矿井或采区免遭淹没的目的。尤其是当矿井关闭时，井田边界煤柱的阻水保护作用更加不容忽视。但是，许多小煤窑的乱采乱挖则破坏了井田边界煤柱的完整性和阻水可靠性，导致非常严重的安全隐患。小煤窑的开采区域大多位于大矿井田的浅部，其井下涌水多数情况下都直接流入大矿，将排水负担直接转嫁给大矿。而小煤窑一旦发生突水事故，则会直接威胁到大矿的安全，甚至造成大矿的淹没。近年来，由于小煤窑突水而淹没大矿的实例较多，给大矿的生产带来很大被动，有的大矿甚至因小煤窑突水造成的淹没而被迫倒闭。而且由于井田边界煤柱的严重破坏，被淹没大矿的相邻矿井也往往难以保全。随着大矿的相继淹没，一般都会产生大面积的老空积水区。由于大矿开采的面积和深度一般都较大，所以，形成的老空水体的面积一般较大，水压一般也较高，对周围矿井以及未开采煤层构成的威胁一般都十分严重。该类老空水体一旦发生突水，则水势往往异常迅猛，水量也较充足，甚至在短时间内就可将矿井淹没，极易造成生命和财产损失，令人防不胜防。

以山东枣庄矿区为例，其陶枣煤田内有枣庄、朱子埠、陶庄、山家林、田屯、甘霖、黄贝等多对生产矿井和上百对地方乡镇煤矿，由于小煤窑的开采严重破坏了井田边界煤柱，小煤窑突水导致枣庄煤矿被淹，相继又淹没了朱子埠煤矿，造成该两矿井提前关闭，并形成了大面积水量充沛的老空水体。同时构成了对整个陶枣煤田内其他各矿井的严重水害威胁。为了治理水害，枣庄矿业（集团）有限责任公司投入了大量的人力、物力紧急抢险，采取了“以堵为主、以排为辅、并行作业”的综合治理方案，经过约2年时间的综合治理，才控制了枣庄、朱子埠煤矿因淹井被迫提前关闭而给整个陶枣煤田范围内各矿井带来的水害影响。

此外，当面积较大、水量较多、水源补给较充足、水头压力较高的老空水体位于煤层浅部开采区时，对深部煤层开采所构成的水害威胁一般都较严重，尤其是煤层倾角较大时，由于深部开采极易导致急倾斜煤层发生抽冒现象，此时如果老空水体位于所采煤层的上方，则突水威胁将更加严重。以广东四望嶂矿区为例，其4对民营矿井于1999年因小煤矿开采破坏和连降暴雨而引发各矿井被淹，为恢复生产，各矿井相继构筑防水闸墙、留设防水煤柱。随后，各矿相继在延深水平开始试采，大部分区域内的煤层倾角都较小，仅大兴煤矿等个别矿井开采范围内的煤层倾角较大，属急倾斜煤层。随着大兴煤矿井下开采面积的不断扩大，由于急倾斜煤层发生抽冒引起防水煤柱失效而造成了突水淹井灾害，来势凶猛的老空突水迅速淹没了矿井，造成了极为严重的生命财产损失，教训惨痛。

2.6.3.2 大面积老空水体突水危害的防治途径

发生老空突水所应具备的基本条件：一是要有较充足的老空水体作为突水水源，二是要形成较畅通的突水通道，二者缺一不可。所以，防止大面积老空水体突水也应从处理突水水源和隔离老空水体两个方面着手。

1. 处理老空水体

处理老空水体，疏干突水水源，是从根本上消除老空突水威胁的行之有效的措施，有条件时应优先考虑。

处理老空水体是有条件的。针对老空水体的特点，处理老空水体一般均需采取一定的疏排措施。对于水量及补给来源都较为有限的老空水体，一般通过采取适当的甚至简单的探放水措施即可奏效。但对于大面积老空水体来说，由于水量较丰富、补给来源较充足，一般都需要采取专门的疏排水措施，有时还需对集中出水点采取必要的封堵措施才能见效。

2. 隔离老空水体

隔离老空水体是在无法处理老空水体或疏干老空水体在经济上不合理时才不得不采取的措施。采取有效的隔离措施隔离老空水体，一般也基本上可以起到消除老空突水威胁的作用。

水体特点不同，所需采取的隔离措施也不同。针对老空水体的特点，一般可以分区域、分采区甚至分水平进行隔离，其关键是要确保隔离边界具有长期、可靠的隔水保护性能，同时还需要保证隔离边界不再遭受新的采动破坏性影响和不再出现新的损坏。

设计老空水体隔离边界时，既要考虑围岩破坏影响范围问题，同时也要考虑岩层移动、下沉影响等问题。由于老空水体位于已开采区域内，其中存在着四通八达的巷道和采空区，所以，老空水体隔离边界的构成也十分复杂。设置老空水体隔离边界时，除需要留设足够尺寸的防水保护煤岩柱外，有时在存在相连通巷道的情况下，还需要建立一定数量的防水闸墙，在存在相连通采空区的情况下，甚至还需要采取适当的注浆封堵措施。

针对急倾斜煤层易出现顺煤层抽冒现象的特点和大面积老空水体突水异常迅猛的特征，大面积老空水体下的急倾斜煤层应尽可能地避免沿垂直方向留设防水煤岩柱。当非留设不可时，则应充分考虑急倾斜煤层的顺层抽冒和安全防范等问题，同时还应注意到生产单位的技术、管理能力等相关问题，以做到万无一失。

3. 强化管理

老空突水问题是涉及技术、管理等多个方面的、十分复杂的特殊问题，因此，加强管理、给予充分重视等，对于防止老空突水灾害的发生尤为重要，针对具体的老空积水问题制定切实可行的安全防范措施以及确保各项安全防范措施的贯彻落实等都是必不可少的。

2.6.4 高水压松散含水层原生纵向裂隙发育覆岩的异常突水及其防治

以往的松散含水层水体下采煤实践中，一般开采深度较浅，含水层水头压力较低，或者松散含水层底部赋存一定厚度的黏土隔水层，或者松散含水层水体的富水性较弱，或者基岩风化带基本上是隔水的，或者基岩中的原岩裂隙尤其是高角度纵向原岩裂隙不发育，所以，在设计安全煤岩柱时一般不考虑含水层水头压力作用问题。《“三下”采煤规程》也是基于这样的实践条件而编写和修订的。但是，近年来在松散含水层水头压力达到3.6 MPa以上和开采煤层上覆煤系基岩中原生纵向裂隙发育条件下采用综合机械化采煤方法开采时，留设的防水煤柱尺寸均是按照《“三下”采煤规程》的规定选取的，却发生了突水并淹没矿井的异常现象。如位于安徽省宿南矿区的祁东煤矿就发生了首采工作面实际最小防水煤柱垂高较原设计大3 m条件下十分罕见的异常突水现象[38]。

2.6.4.1 高水压松散含水层原生纵向裂隙发育覆岩的特征

高水压是指具有一定富水性的松散承压含水层埋深较大、水头压力较高（一般应超过 3 MPa）的情况；原生纵向裂隙发育覆岩则是指开采煤层的上覆岩体在未受采动影响前就发育着较明显的以高角度纵向为主的原生裂隙，该类裂隙受到采动破坏性影响时极易扩展为导水裂缝。

以安徽省宿州煤田的祁东煤矿为例[38]，该矿井于1997年10月兴建，设计生产能力为 150×10^4 t，煤系地层为石炭二叠系，含可采煤层6层，现开采煤层分别为 3_2、6_1、7_1 煤。其新生代松散层厚度 235 ~ 453 m，底部的第四含水层组直接覆盖于煤系地层之上，厚度 0 ~ 59.10 m，平均 35 ~ 40 m，主要分布于古地貌为近南北向的谷口冲洪积扇及其东西两侧的残坡积至漫滩沉积区内，其他区域一般缺失。现有采区位于谷口冲洪积扇沉积区内，四含平均厚度一般 40 m 左右，主要由砾石、砂砾、黏土砾石、砂、黏土质砂等组成，夹多层薄层黏土或砂质黏土，底部没有黏土层，含水砂砾层直接作用于煤系地层基岩风化带上。据钻孔抽水试验资料，四含单位涌水量为 0.034 ~ 0.219 L/(s·m)，渗透系数为 0.114 ~ 3.282 m/d，水质类型为硫酸氯化钾钠钙镁水，富水性中等，水头压力一般超过 3.3 MPa，对浅部煤层的安全开采构成了直接威胁。原设计防水煤柱垂高 60 m。开采煤层上覆岩层以泥岩和砂岩交互沉积为主，泥岩及粉砂岩类岩层所占比例较高，力学特征属中硬类型，基岩风化带厚度薄，覆岩中的岩石多为硅质胶结，性脆易裂，由于受到不同地质年代多期构造运动的影响，岩体中原生裂隙尤其是高角度纵向裂隙发育（图 2-1），隔水性能较差，在采动破坏性影响下极易扩展为导水裂缝。

2.6.4.2 高水压松散含水层原生纵向裂隙发育覆岩条件下的异常突水

高水压松散含水层原生纵向裂隙发育覆岩等特殊地质采矿条件下发生的突水往往出人意料。以宿南矿区的祁东煤矿为例[38]，其首采区内 3_2 煤 3_222 首采工作面采用倾斜长壁综合机械化采煤方法，工作面长度为 150 m，煤层倾角约 13°，煤层平均厚度约 2.5 m。工作面回采上限标高 -417.9 m，最小防水煤柱垂高 63 m。四含厚度平均 42 m，水头压力超过 3.6 MPa。工作面回采推进至距开切眼 28.8 m 时基本顶初次来压，推进至距开切眼 42 m 时顶板再次来压，工作面发现有少量渗水，在不足一天的时间内水量持续增大至 1520 m^3/h，因矿井排水能力不足而导致淹井。随着突水淹井，四含水位急速下降，水位下降值超过 40 m，突水水源为四含水，突水通道为采动破坏性影响直接波及四含。其出人意料之处主要表现在两个方面：一是该工作面开采范围内的最小防水煤柱垂高 63 m，大于原设计的 60 m，却发生了严重的突水现象，超出了人们的认知程度；二是松散含水层的富水性属中等，但突水量最大值达到 1520 m^3/h，超过了现有知识预计的可能。

2.6.4.3 高水压松散含水层原生纵向裂隙发育覆岩异常突水原因的分析

实践结果表明，造成高水压松散含水层原生纵向裂隙发育覆岩异常突水的原因主要是对于该类特殊地质采矿条件的特殊性及其可能产生的异常结果等认识不足。以祁东煤矿 3_2 煤 3_222 首采工作面的异常突水现象为例，其原因主要在于祁东煤矿的地质采矿条件有着自身的特殊性。由于开采煤层上覆岩层属于高角度原生纵向裂隙发育的中硬类型，但其覆岩破坏高度却异常偏大，垮落带高度与采厚的比值一般达 6 ~ 7，导水裂缝带高度与采厚的比值一般达 19 ~ 28，与国内一般坚硬覆岩的数值相当；覆岩破坏程度

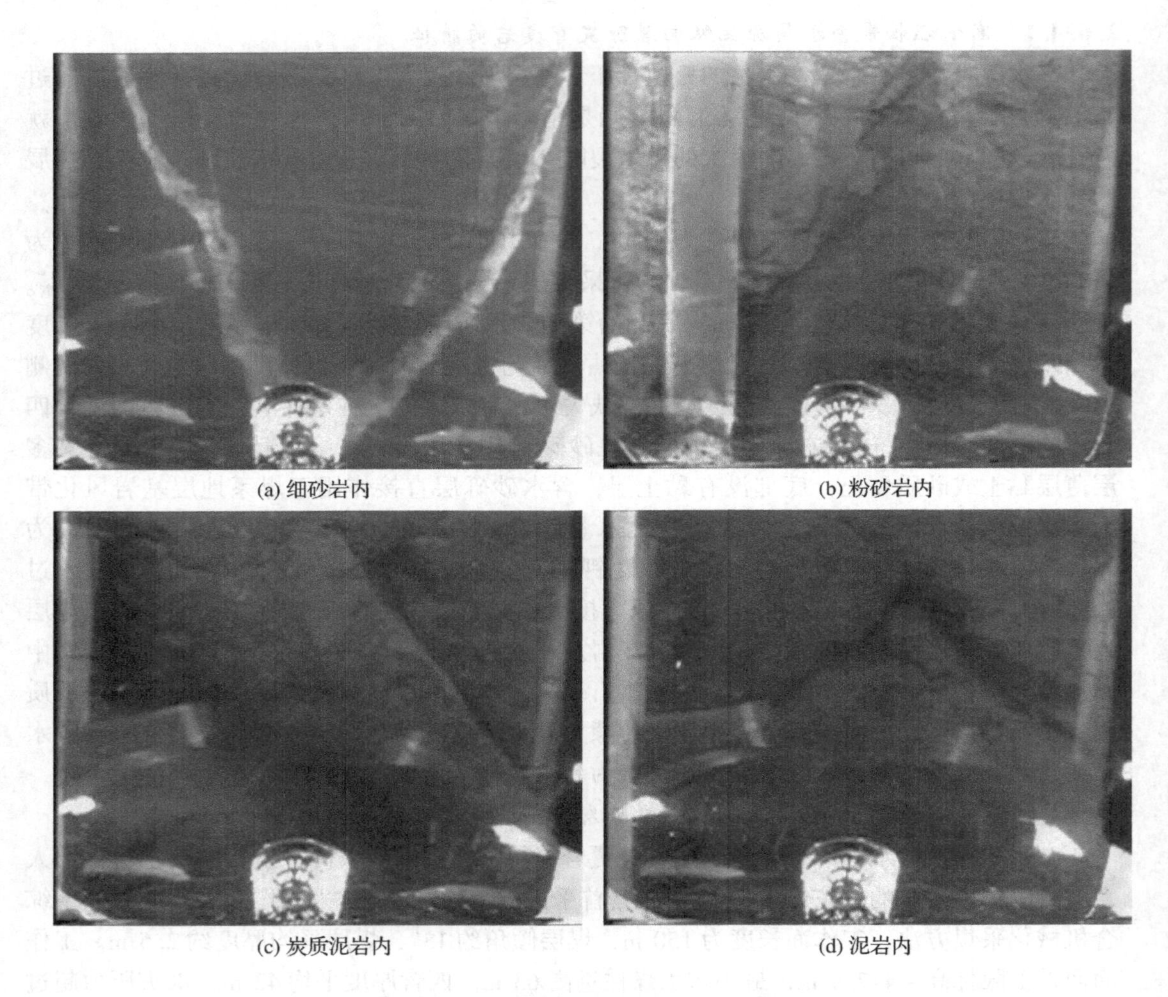

(a) 细砂岩内　(b) 粉砂岩内

(c) 炭质泥岩内　(d) 泥岩内

图 2-1　高角度原生纵向裂隙（祁东煤矿 7_1 煤采前对比孔彩色钻孔电视图片）

异常加剧，与坚硬难冒顶板的切冒型破坏特征有一定的相似性[21,25,27-29]。基于上述不利条件，加之松散含水层较厚，水头压力较大，超过 3.6 MPa，水体底部无黏土层，含水层水易于沿隐伏裂隙下渗并扩展，使得实际所需要的保护层厚度也明显加大，如祁东煤矿 3_2 煤实现无四含涌水条件下安全开采实际需要的最小保护层厚度约为采厚的 12 倍，明显大于《"三下"采煤规程》中关于保护层厚度按照 6 倍采厚选取的规定，实际厚度约增大 1 倍。而矿井设计时由于对祁东煤矿的特殊地质采矿条件认识不够，致使所留设的防水煤柱尺寸明显偏小，从而导致首采工作面回采时四含水通过采动裂缝直接溃入井下，造成淹井事故。

2.6.4.4　高水压松散含水层原生纵向裂隙发育覆岩条件下异常突水的防治

2.6.4.4.1　祁东煤矿 $3_2$22 首采工作面突水淹井的治理

祁东煤矿 $3_2$22 首采工作面突水淹井后，先后采取了快速强排复矿、建筑防水闸墙封闭突水区和注浆封堵采动破坏形成的四含突水通道等技术措施和治水工程，经历了近1年时间，对突水灾害进行了综合治理，撤出了被淹没的综采设备，达到了根治水害的预期效果。随后又降低回采上限重开开切眼，对剩余块段继续回采。

2.6.4.4.2　预防高水压松散含水层原生纵向裂隙发育覆岩异常突水的技术途径分析

针对松散层水体一般赋存于煤系地层露头之上的特点，首先应留设足够的防水煤柱以保证生产安全，然后再逐步提高回采上限以解放压煤储量。为此，必须掌握覆岩破坏规律及特点，正确预计覆岩破坏范围及程度，合理确定保护层尺寸。

1. 矿井生产初期留设足够的防水煤柱以确保安全开采

矿井生产初期，由于对具体地质采矿条件的特殊性尚缺乏全面、深入的了解，从保证安全角度出发，宜留设足够的防水煤柱，并合理确定适宜于高水压松散含水层作用于原生纵向裂隙发育覆岩条件的保护层厚度，防止高水压松散含水层水进入井下。

2. 采取相应措施逐步提高回采上限

为了降低资源损失率，减少防水煤柱压煤储量，随着矿井生产经验的不断积累、对特殊的高水压松散含水层原生纵向裂隙发育覆岩条件的逐步了解以及水体下采煤研究工作等的不断深入，应逐步提高回采上限。为此，可采取的相应技术措施主要有：

（1）疏降高水压松散含水层水体。高水压松散含水层的富水性对安全煤岩柱的类型和尺寸有着至关重要的影响。含水层富水性强时，一般需要留设防水煤柱进行开采；含水层富水性较弱时，一般可实现留设防砂甚至防塌煤柱开采，从而使得回采上限显著提高。通过对高水压松散含水层进行疏降可以使得含水层的水头压力降低，富水性减弱，从而达到提高回采上限以最大限度地解放水体下压煤的目的。

（2）限制覆岩破坏的发展。安全煤岩柱的尺寸一般为垮落带或导水裂缝带高度与保护层厚度之和，减小垮落带或导水裂缝带的高度一般也可使安全煤岩柱尺寸相应减小，从而收到提高回采上限的效果。通过对高水压松散含水层原生纵向裂隙发育覆岩条件下的覆岩破坏特征进行全面、系统研究，正确掌握覆岩破坏规律及特点，寻求减轻覆岩破坏程度和降低覆岩破坏高度的开采技术措施，有效地限制覆岩破坏的发展，从而实现提高回采上限开采。

2.6.5　我国煤矿特殊地质采矿条件下顶板水害问题的思考

2.6.5.1　导致特殊地质采矿条件下顶板水害发生的人为因素

特殊地质采矿条件下顶板水害的发生虽然有其不易被人察觉和令人防不胜防等特征，但其人为因素也不可忽视。这主要表现在以下几个方面。

1. 基础工作不足

以祁东煤矿松散含水层突水淹井为例，在勘探阶段只是查含水层，对开采煤层至含水层之间的岩层的隔水性能未做详细的勘查工作，致使在设计和矿井投产的初期对其特殊的地质采矿条件无法认清，所采取的防范措施无的放矢。

2. 犯经验主义的错误

以祁东煤矿松散含水层突水淹井为例，在设计和投产过程中，人们按照一般认识去设计防水煤柱和配备矿井排水能力，没有注意到其采深加大而使得松散含水层的水头压力增大和原生纵向裂隙发育等而可能带来的异常，如中硬覆岩破坏高度类似于坚硬覆岩结果、保护层尺寸远大于现有规程规定（经验认识）、中等富水松散含水层的突水量高达1520 m^3/h等，超过了已有经验的范畴。在事情发生后的一段时间内，人们仍然按照传统经验去解释，继续犯经验主义的错误。

3. 相关知识不够

以广东大兴煤矿采空区突水淹井灾害为例，主要原因是设计单位对于水体下采煤及其相关知识的了解和掌握严重不足，在设计时没有认识到老空水体突水的危害性以及急倾斜煤层容易产生抽冒并易于导致突水灾害等问题的严重性，也没有区分国有煤矿和小煤矿在生产及管理等方面的明显差异，致使其在设计急倾斜煤层区域的防水煤柱时没有综合考虑急倾斜煤层开采因为易于产生抽冒而必须采取特殊的防范措施以及小煤矿实际上能够达到的技术和管理水平等多种因素，在其设计方案的安全可靠性方面存在着严重缺陷，从而为后来的突水灾害埋下了严重的隐患。而小煤矿较低技术和管理水平以及为达经济目的而不顾后果的做法就使得设计时所埋下的隐患变成了现实。

4. 防范意识不足

以海孜煤矿离层带突水灾害为例，在发生突水灾害的回采工作面以及相邻的回采工作面生产过程中，曾多次出现顶板来压时涌水量明显增大的现象，由于现有技术和认知水平的局限性，对于其涌水来源只是简单地认为就是顶板砂岩水，没有也不可能相应地投入详细的探查和研究等工作，因而未认识到岩浆岩下部的离层带及其蓄水和危害等问题。

5. 存在侥幸心理

上述特殊地质采矿条件下的顶板水害问题的发生，都与人们心目中或多或少的侥幸心理有着密切的关系。

2.6.5.2 影响水体下采煤安全问题的几个重要环节

水体下采煤的安全问题，首先是一个十分复杂的、专业性很强的技术问题，不仅关系到矿井与人身安全，也关系到井下生产环境和经济效益。影响水体下采煤的因素很多，研究解决水体下采煤问题所需要的专业技术知识的范围也比较广泛，主要涉及采矿、地质、水文地质、岩石力学、岩层移动、地下水动力学、工程地质学、计算数学等多门专业学科领域，属边缘学科。

水体下采煤安全与否，不单纯是一个技术问题，更是一个涉及设计、生产、研究以及管理等多个方面的综合性问题，并贯穿于矿井设计、建设、生产甚至矿井报废后的整个过程中。能否实现水体下安全开采，不仅取决于水体类型、岩体结构及开采技术途径与措施等技术方面，更与设计、审批以及贯彻落实等各个环节密不可分，需要给予充分的注意和重视。所以，严把“三关”，即在设计中严把技术关、在管理中严把审批关、在生产中严把落实关，对于确保水体下压煤的安全合理开采有着至关重要的作用。

2.6.5.2.1 设计环节在水体下安全采煤中的作用

搞好水体下采煤设计是正确解决水体下压煤问题和确保矿井安全合理生产的基本前提。一个好的设计是保障矿井安全合理建设和生产、防止发生灾害性事故、确保水体下采煤工作顺利的最基本保证，而一个不合格的水体下采煤设计则后患无穷，它不仅会对矿井安全合理生产带来不利影响，甚至还会酿成灾害事故的不断发生。因此，要在设计环节严把技术关。

正确区分水体类型，清醒认识各类水体对矿井安全的威胁程度，清楚了解不同类型水体压煤的特点，准确圈定水体压煤的范围，遵循水体下压煤处理原则，因地制宜地选择解决水体下压煤问题的技术途径，合理确定水体下采煤的技术方案，制定切实可行的安全技术措施等，都是在水体下采煤设计中必须全面考虑和正确解决的问题。而正确区分水体类型又是决定水体下采煤可能性和可靠性的根本出发点。

水体下采煤不仅是一项十分复杂的、专业性很强的技术工作，更是一项实践性非常强的工作，现有规程、规范及标准中对于水体下采煤方面的规定基本上都是在充分吸收水体下采煤实践的经验、教训和总结观测研究数据的基础上制定的，所以，在进行水体下采煤设计时，不仅要严格遵守《“三下”采煤规程》以及其他有关规程、规范及标准等的规定，更要充分注意借鉴水体下采煤的成功实例和充分吸收水体下采煤的经验及教训。针对新矿区或者没有类似条件水体下采煤成功经验的矿区进行水体下采煤设计时，必须正确认识设计区域内的地质采矿条件，尤其要注意到其自身的特殊性及其与水体下采煤问题的利害关系，在考虑安全系数、制定安全技术措施以及配备矿井排水能力等方面都应留有更多的余地。否则，就有可能给矿井安全生产造成被动，甚至出现突水灾害，如安徽宿南矿区的祁东煤矿，由于原设计回采上限明显偏高，首采工作面刚投产就导致了松散含水层突水淹井的严重后果。

从原则上来讲，对于整体或首采区位于水体下压煤区的井田，在矿井设计阶段就应该全面考虑水体下采煤问题，而对于首采区以往的局部区域位于水体下压煤区的井田，在矿井设计阶段也应该考虑水体下采煤的相应问题，如水体下压煤问题的处理原则、解决途径以及水体下采煤方案的制定等。

水体下采煤设计工作不仅存在于矿井设计阶段，更多的还存在于生产阶段，如松散含水层下采煤中的回采上限确定问题，有时往往是随着矿井回采工作进行、对于松散含水层水体的不断疏降以及对于地质采矿条件的研究和认知程度的不断深化，回采上限也得以逐步提高，而有时则是由于设计阶段认识不足，致使原设计回采上限偏高，在生产阶段又不得不适当降低，即经过一定的生产实践以后，原设计回采上限的安全合理性一般都需要重新审定，这些都离不开水体下采煤设计工作。一般而言，矿井生产阶段的水体下采煤设计工作大多都是由研究机构来完成的，设计阶段的水体下采煤问题一般是简单的由矿井设计部门单独完成，而复杂的则大多需要研究机构的参与。

鉴于水体下采煤问题的特殊性及其复杂性，所以，水体下采煤设计工作应该由正确、熟练掌握水体下采煤专业知识的技术人员来完成。而落实设计的则是煤矿生产者，因此，在设计中不仅要有排除或降低风险以及确保安全生产的切实可行的相应措施，同时也要考虑到生产者的管理水平、技术水平、抗灾能力以及周围环境等方面的多种因素，所提出的方案还要具有可靠的安全保证，并留有一定的安全系数，为生产者留有一定的回旋余地。此外，对生产者一旦违反设计可能出现的严重后果也要有明确的说明。

总之，在水体下采煤设计环节中严格把好技术关，对于正确处理水体下压煤问题和确保水体下压煤的安全合理开采有着至关重要的作用。

2.6.5.2.2 审批环节在水体下安全采煤中的作用

有关上级在管理过程中把好审批关是正确解决水体下压煤问题和确保矿井安全合理生产的重要屏障。建立或完善处理水体下压煤问题的管理机制，严格履行水体下压煤开采的审批程序，对于确保水体下压煤的安全合理开采是十分重要的一个环节。这是因为，我国煤层赋存条件十分复杂，地质采矿条件千变万化，从事水体下采煤技术工作的专业人员对有关知识的掌握程度和处理有关问题的能力大小不一，从事水体下采煤技术研究及设计的有关单位和机构的资质和实际水平高低有别，存在水体下采煤问题的煤矿企业的管理水平、技术水平、生产规模、抗灾能力、井下作业人员素质以及周围环境等存在着明显差异，煤矿管理者自身的知识水平以及对水体下采煤问题的灾害性后果和管理的重要性的认知程度等也参差不齐，面对如此复杂的局面和诸多问题，都需要上级管理部门统一协调和正确处理。

建立完善的审批制度，对水体下采煤设计及其开采方案把好审批关，对于正确处理水体下压煤问题和安全合理地开采水体下压煤有着至关重要的作用。如山东省对于水体下压煤及其开采问题，多年来一直坚持由省里统一审批的制度，并在审批过程中严格把关，针对在水体下采煤的项目，具体到所回采的工作面，都逐一详细分析论证其安全合理开采的可行性，对可能出现的严重后果都给予充分的重视，并研究制定切实可行的安全技术措施和防范措施，近年来又组织相关领域内熟练掌握水体下采煤专业知识的专家进行评审，并对承担研究和设计任务的有关单位或机构的资质及其实际水平和能力加以核实，然后再审批，加大了把关力度，对于确保水体下压煤的安全合理开采起到了关键性的保障作用。因此，审批环节在水体下采煤中的作用不容忽视，解决好水体下采煤问题不仅仅是有关设计单位、生产单位以及科研院所的工作内容，更与管理机关和有关部门有着密不可分的关系。

2.6.5.2.3　贯彻落实环节在水体下安全采煤中的作用

处理好水体下压煤问题以及安全合理地采出水体下压煤是最终目的，完善的生产管理、对安全隐患的充分重视和清醒认识以及切实可行的安全技术措施等是确保矿井安全生产的重要保证和关键环节。所以，贯彻落实环节在水体下安全采煤中的作用是最直接的、不容忽视的，也是最重要的。

贯彻落实的关键是要体现在行动上。首先，煤矿生产者要严格按照设计及其审批意见执行，并应在执行过程中时刻注意对设计进行必要的检查，一旦存在问题时要对设计进一步补充、修改和完善，并履行报批手续；其次，要对可能存在的安全隐患有清醒的认识和足够的重视，防范措施要切实可行，并落实到每一个人，做好防范万一的准备；再次，对生产过程中随时可能出现的水体下采煤新问题、新隐患要给予高度的关注和重视，必要时应与专门从事水体下采煤技术研究工作的科研单位或机构合作开展相应的专项研究；最后，要建立严格的管理制度和上报制度，必须严格按照《“三下”采煤规程》及其他有关规程、规范及标准的规定和要求进行煤矿生产和管理，属于试采的，必须严格履行试采管理程序，一丝不苟地按照《“三下”采煤规程》的规定完成相应的试采工作内容。

2.7　我国部分煤矿水体下采煤典型实例

表 2－17 是我国 100 多个矿井在各类水体下近 2000 个工作面采煤典型实例的归纳。

表2-17 我国部分煤矿水体下采煤典型实例

水体		技术途径	安全煤岩柱类型	地层结构特征		矿井名称
				松散层	基岩	
河流	河床下无黏性土层	留煤岩柱顶水开采	防水	单一	复合	新汶矿区、阜新清河门煤矿
		留煤岩柱顶水开采	防水	—	单一	福建邵武煤矿
		留煤岩柱顶水开采	防水	局部缺失	复合	合山柳花岭煤矿
	河床下有黏性土层	处理补给水源	防砂、“煤皮”	复合	复合	井陉四煤矿
		留煤岩柱顶水开采	防水	复合	复合	峰峰通二煤矿、肥城杨庄煤矿、淮南李嘴孜煤矿、毕家岗煤矿
松散含水层	上部含水松散层	留煤岩柱顶水开采	防水	复合	复合	淮南孔集煤矿、李嘴孜煤矿
	下部含水松散层	留煤岩柱顶水开采	防水	复合	单一（复合）	辽源梅河煤矿（枣庄井亭煤矿、淮北刘桥煤矿、兖州兴隆庄煤矿）
		疏干开采	“煤皮”	复合	复合	广东马鞍煤矿、河北邢台煤矿
	多层含水松散层	顶疏结合	防砂	复合	复合	枣庄柴里煤矿、河北邢台煤矿
	上下部水力联系密切的松散层	疏降水体	防砂	单一	复合	鹤岗兴安煤矿
基岩含水层	基本顶厚层灰岩含水层	留岩柱顶水开采	防水	—	复合	开滦赵各庄煤矿、四川南桐煤矿
	基本顶厚层、顶板薄层灰岩含水层	顶疏结合	安全岩柱	—	复合	云南四营煤矿
	顶板厚层灰岩含水层	疏降水体	安全岩柱	—	复合	湖南煤炭坝煤矿
	直接顶厚层砂岩含水层	疏降水体	无岩柱	—	复合	鹤岗兴安煤矿
	直接顶薄层灰岩含水层	疏干水体	无岩柱	—	复合	徐州青山煤矿、韩桥煤矿、新汶张庄煤矿
	直接顶薄层砂岩含水层	疏干水体	无岩柱	—	复合	舒兰煤矿

2.8 我国煤矿水体下采煤存在的主要问题

我国煤层赋存条件复杂多变，煤矿开采条件与技术水平参差不齐，我国煤矿水体下采煤所面临的困难和存在的问题也是多方面的，主要如下：

（1）深部开采的规律认识和研究。

（2）特殊地质采矿条件下的水体下安全采煤问题。

（3）新技术新手段的研究应用问题。

（4）覆岩破坏的动态监测问题。

（5）安全预测预报及预警问题。

（6）应急救援问题。

（7）简捷有效的探测技术和手段尤其是超前探测技术手段等问题。

（8）矿井设计和矿井投产后防水（砂）煤柱尺寸的变更及其管理程序等问题。

（9）西部贫水矿区安全高效开采技术与水资源及生态环境保护问题。

（10）东部矿区水体下强力安全高效开采问题。

（11）松散含水层水体和基岩含水层水体的富水性分级标准需要明确、统一。

（12）原生裂隙发育条件对于水体下采煤安全性的影响及覆岩内原生裂隙发育程度的区分。

（13）在高水压松散层水体作用于纵向裂隙发育覆岩条件下的水压力作用问题。

（14）离层带积水造成水害的新问题。

（15）对水体类型划分的新要求等。

3 我国煤矿水体下采煤的典型水害特征及实例

3.1 我国煤矿水害类型与特点及水害频发的主要原因

矿井水害是危及煤矿安全生产的五大灾害之一。我国煤炭工业史上发生过的水害事故十分严重。长期以来，因为煤矿水害而造成的国家和人民生命财产及经济损失极为惨重[39-42]。据不完全统计，近20多年来，我国有近250对矿井被水淹没（含底板突水），死亡9000余人，经济损失350亿元。仅1995—2008年14年间共发生各类煤矿水害事故1613起，死亡6215人，约占各类煤矿事故死亡总数的7.6%，其中10人以上水害事故120起，死亡2191人。煤矿水害已成为影响煤矿安全生产的重大关键问题之一，对其进行防治工作具有十分重要的现实意义和长远的战略意义。

造成矿井水害的水源有大气降水、地表水、地下水和老空水。其中，地下水按其储水空间特征又分为孔隙水、裂隙水和岩溶水等。根据水源分类，可把我国矿井水害分成地表水水害、老空水水害、孔隙水［或松散层（冲积层）水］水害、裂隙水（或砂岩水）水害、岩溶水（薄层灰岩水、厚层灰岩水）水害等若干类型；根据水源来自于采掘空间的顶板或底板方向上的位置不同，又可把我国矿井水害分成顶板水害（水体下的水害）和底板水害（水体上的水害）等两个主要类型。一般而言，地表水水害、孔隙水［或松散层（冲积层）水］水害、顶板裂隙水（或砂岩水）水害、顶板岩溶水（薄层灰岩水、厚层灰岩水）水害以及来自于顶板方向的老空水水害等基本上应属于顶板水害（水体下的水害）的范畴，而底板裂隙水（或砂岩水）水害、底板岩溶水（薄层灰岩水、厚层灰岩水）水害以及来自于底板方向的老空水水害等则应属于底板水害（水体上的水害）的范畴。

我国煤矿发生的水害类型呈多样性。据新中国成立以来不完全统计的290起水害案例的分析，按照水源类型划分，其中地表水水害32起，约占所统计水害总数的11%；松散层（冲积层）水水害19起，约占所统计水害总数的7%；老空水水害137起，约占所统计水害总数的47%；石灰岩岩溶水水害95起，约占所统计水害总数的33%；砂岩水水害7起，约占所统计水害总数的2%。统计结果表明，水害发生的比例由高到低的顺序依次为老空水、石灰岩岩溶水、地表水、松散层水及砂岩水。据新中国成立以来不完全统计的18起（总死亡人数893人）一次死亡30人以上特别重大水害事故案例统计分析，其中地表水水害事故3起，约占所统计水害事故总数的17%，死亡人数计158人，约占所统计总死亡人数的18%；老空水水害事故11起，约占所统计水害事故总数的61%，死亡人数计548人，约占所统计总死亡人数的61%；石灰岩岩溶水水害事故4起，约占所统计水害事故总数的22%，死亡人数计187人，约占所统计总死亡人数的21%。统计结果表明，一次死亡30人以上特别重大水害事故发生的比例由高到低的顺序依次为老空水、石灰岩岩溶水、地表水。而据2000—2008年间不完全统计的72起（总死亡人数1386人）一次死亡10人以上水害事故案例统计分析，其中地表水水害事故5起，约占所统计水害事故总数的7%，死亡人数计93人，约占所统计总死亡人数的7%；老空水水害事故58起，约占所统计水害事故总数的81%，死亡人数计1108人，约占所统计总死亡人数的80%；石灰岩岩溶水水害事故8起，约占所统计水害事故总数的11%，死亡人数计175人，约占所统计总死亡人数的12%；砂岩水水害事故1起，约占所统计水害事故总数的1%，死亡人数计10人，约占所统计总死亡人数的1%。统计结果表明，2000—2008年间一次死亡10人以上水害事故发生的比例由高到低的顺序依次为老空水、石灰岩岩溶水、地表水及砂岩水。在2000—2008年间不完全统计的72起（总死亡人数1386人）一次死亡10人以上水害事故案例中，有29起水害事故发生在掘进工作面，约占所统计水害事故总数的40%，死亡人数计602人，约占所统计总死亡人数的67%；有20起水害事故发生在采煤工作面，约占所统计水害事故总数的28%，死亡人数计293人，约占所统计总死亡人数的33%。而据2007—2008年两年间不完全统计的56起（总死亡人数418人）一次死亡3人以上较大水害事故案例统计分析，其中老空水水害事故51起，约占所统计水害事故总数的91%，死亡人数计384人，约占所统计总死亡人数的92%；地表水水害（河水、洪水倒灌矿井）事故5起，约占所统计水害事故总数的9%，死亡人数计34人，约占所统计总死亡人数的8%。其中有45起水害事故发生在掘进工作面，约占所统计水害事故总数的80%。

我国煤矿水害特点主要有：水害类型多样，但不同地区、不同水害类型的发生频次及危害程度各不相同，总体来讲，北方以底板奥陶系灰岩岩溶水、老空水突（透）水为主，南方以顶底板岩溶水、老空水突（透）水为主。地表水体溃入矿坑事故在南北方也均占相当比例；陷落柱、断层、岩溶塌洞等天然通道及采动破坏性影响（上“三带”、下“三带”）、防水煤（岩）柱等人为通道是煤矿水害发生的主要突（透）水通道；随着已关闭矿井特别是乡镇个体小矿的大量增加，近几年老空水透水事故明显增多，造成的灾害明显增强，已成为目前我国煤矿水害的主要类型之一；近几年煤矿水害有上升趋势，包括事故起数和伤亡人数；雨季发生的透水事故占50%左右；水害事故多发生在掘进工作面；全国煤矿水害事故从煤矿所有制形式来看主要发生在乡镇煤矿、改制矿井及基建矿井；水害事故给乡镇煤矿带来的伤亡惨重，对国有煤矿造成的经济损失巨大。如广东大兴“8·7”矿难死亡121人，山西云左“5·18”矿难死亡56人，邢台东庞矿“4·12”突水事故造成直接经济损失近5亿元，峰峰牛儿庄矿“9·26”突水事故损失超过3.8亿元。据不完全统计，2005年由于水害造成的损失超过8亿元；事故发生后抢险难度大、时间长、费用高，社会影响恶劣。抢险救灾一般都需要半年以上的时间，有的可使矿井彻底报废。

据不完全统计，我国煤矿地表水水害事故在水害事故总数中约占11%。地表水体发生水害往往是由于疏忽大意，管理不严，乃至明知故犯，破坏防水煤柱，从而导致地表水体的水大量溃决，流入矿井造成灾害事故，雨季尤其是突降暴雨所发生的水灾仍较为普遍。特别是1987年以来，由于发展小煤窑所致，因破坏河流、水体防水煤柱造成的突水事故不断上升。

我国煤矿老空水水害事故最多，据不完全统计，约占煤矿水害事故总数的47%，且所占比例越来越大，尤其是近几年来，老空水水害事故已占煤矿水害事故总数的80%以上。20世纪60年代以前，以地表古窑、老窑积水溃入居多。由于这些积水古窑、老窑均在浅部，故当开掘巷道穿透时，经常发生由上而下溃入的情况，虽然一般积水量不大，造成淹井事故不多，但时常造成工作面停产和人身伤亡事故。60年代以后，有些大矿在回采后的采空区和老巷道封闭后也常有积水，这些新的老空区积水，在下水平或下分层开采时如不及时进行探放水，就可能造成突水事故甚至造成恶性人身伤亡事故。大矿附近的小煤窑私自越界开采，情况不予通报，造成老空积水突水事故，更是近20多年来老空水水害频发的重要原因。

据不完全统计，我国煤矿松散层（冲积层）水害事故约占煤矿水害事故总数的7%，并呈逐年明显减少变化。从我国发生过的松散层（冲积层）灾难性水害事故来看，引起事故的主要原因有：对地质条件复杂性的认识不足，采掘与支护措施不力，地质勘探程度不够；没有正规的设计；煤柱尺寸太小，往往是垮落带直接进入松散层；松散层底部存在富水含水层，开采前水文地质情况不清，没有按照含水层下回采条件留设煤柱，回采后水、砂或泥溃入井下；采煤方法使用不当，局部超限采煤，抽冒破坏了煤岩柱；在煤岩柱中开拓巷道或硐室，破坏了防隔水煤岩柱的完整性，年久因渗水、来压由蠕变到突变，冒顶坍塌形成灾害；掘进巷道位置不合理，掘进遇断层处理欠妥等，造成了局部水砂溃决，甚至发生突水淹井伤人等事故。虽然这类事故在大型煤矿已愈来愈少，但在中小煤矿还时有发生。

据不完全统计，我国煤矿岩溶水水害事故约占煤矿水害事故总数的33%，并呈逐年减少趋势，其中底板突水类型较多，顶板突水类型很少。我国煤矿薄层灰岩含水层下突水事故较多，大部分发生在我国中北部地区，以河南、河北、山东、江苏居多。这些地区太原群煤层的顶底板均有薄层灰岩含水层存在，在开采中必然要揭露这些含水层并予以疏干，当这些薄层灰岩含水层与地表水体或与厚层灰岩含水层发生水力联系时，常会发生较大的灾害性突水事故。我国受厚层石灰岩岩溶水威胁的煤矿床比较多，开采中发生的厚灰岩突水事故也较多，此类水害由于突水量大，常易发生恶性淹井事故。我国南方型厚层灰岩赋存于主采煤层顶底板，几乎无隔水保护层可利用，且以管道状岩溶系统充水为主，故一旦发生溶洞突水、突泥，往往来势凶猛。北方型厚层灰岩含水层主要是奥陶系灰岩含水层，一般构造正常地区均赋存于主采煤层以下，此类奥灰突水常与构造有关，如断层使得开采煤层与厚层灰岩对接突水及小断层带垂向导水裂隙突水等。

据不完全统计，我国煤矿砂岩类含水层造成的突水事故较少，约占煤矿水害事故总数的2%，分布地区也较小。

我国煤矿某些特殊地质采矿条件下的水害问题不容忽视，如古近纪、白垩纪半胶结砂岩含水层条件下的溃水、溃砂和离层带蓄水的突水危害，大面积老空积水区的突水危害，高水压松散含水层原生纵向裂隙发育覆岩的异常突水危害等。

我国煤矿水害事故频发的原因主要是：我国煤矿地质、水文地质条件复杂，矿井水文地质基础工作薄弱，现有水害防治技术手段推广应用不够，防治水技术与相关工作投入不足，矿井防治水专门人才缺乏，超强度开采煤炭资源，超层（深）越界开采，破坏防隔水煤柱，对防治水工作认识不足及防治水措施不落实等。

3.2 我国煤矿水体下采煤的典型水害实例

我国煤矿水体下采煤工作取得了很大成绩，但也不可避免地出现过一些局部性的水砂溃决和突水淹井等事故，虽然绝大部分未引起灾害，但都不同程度地影响了生产，增加了煤炭损失，甚至造成了隐患。发生事故的原因是多种多样的，既有客观因素，如受复杂、特殊条件和当前技术水平、研究及认知程度等所限而超出了人们的预测水平和防范能力等；也有主观因素，如疏忽大意、防范意识不足、存在侥幸心理、管理不严甚至明知故犯等，但主要的还是主观因素。

3.2.1 我国煤矿地表水体下采煤的典型水害实例

地表水体下采煤的典型水害实例主要分为掘进引起的、回采引起的及其他原因引起的等。

3.2.1.1 地表水体下掘进引起的水害实例

1. 吉林辽源梅河煤矿一井地面水库下绞车房掘进设计和支护不当引起抽冒导致透水淹井事故

梅河煤矿一井东翼第四系厚度 20 ~ 40 m，底部为厚 10 ~ 20 m 的含水砂砾石层，地面为一个库容量 9.6×10^4 m^3 的小水库。

采区绞车房设计平面位置正位于小水库正下方，绞车房硐室顶板标高为 +305 m，距含水砂砾石层底板垂高为 10 m。绞车房掘凿断面长 10 m，宽 7 m，高 6 m，设计为全部钢筋混凝土结构，后施工部门改为料石砌筑，标高提高 1.6 m。施工中遇砂岩顶板淋水很大。由于断面过大，局部冒顶高达 3 m 多，掘进头沿岩层倾斜面又超前垮落 2 m，采用了打木垛和秫秸帘子背顶，超前垮落处用料石和帘子填塞，片帮部位未处理。

1977 年 10 月 24 日，矿上决定停止绞车房掘进，要求尽快砌完端墙，并采取封水、封顶措施处理。由于端墙质量不好，11 月 4 日准备封水、封顶，但封水用材料没有购回。11 月上旬，绞车道里边端墙砌完后，发现从里边端墙顶部料石缝向外流水，并逐渐漫延到绞车房外边端墙上方料石缝出水。从 12 月 12 日起，每天清扫一次泥砂，后发展到 2 ~ 3 h 清扫一次，最后就来不及清扫了。

12 月 19 日 10 时，从绞车房突然涌出一股浑水，水中带细砂，工人被迫撤出。测量人员发现绞车房外约 2 m 处巷道料石缝往外流水，水中带砂和河卵石，但水量和水压不大。12 时又涌出一股水，工人第二次撤出。15 时，处理人员认为，按施工时冒顶高度 3 m 多计算，冒高顶点到砂层底板垂距仅 6.5 m，预计冒高已波及砂层，准备加固处理。18 时，绞车房和平车场交叉点与地表水库先后冒透，大量水和泥砂溃入井下，水库中间出现两个直径分别为 55 m 和 40 m 的塌陷坑。据计算，溃入井下的水和泥砂总量为 5.6×10^4 m^3，其中泥砂为 1.6×10^4 m^3，淹没巷道数百米，造成重大人员伤亡事故。

造成上述事故的原因，主要是忽视了大型地面水体下贴近含水砂砾层掘进时应采取的巷道支护措施。特别是在出现冒顶、片帮及涌水现象长达 2 个月的过程中，未及时采取防治措施，是造成事故的主要原因。

2. 广西来宾十五滩头蒙兴明煤井河床下禁采区域掘进引起的地表河水透水事故

十五滩头蒙兴明煤井位于来宾县溯社乡中许村红河河床十五滩头，采用斜井开拓，井筒斜长约 90 m，坡度约 35°，独眼井开采，属非法无证井。1999 年 3 月 3 日，该矿井打到四煤，3 月 5 日开始产煤。截至 3 月 8 日，已掘进四煤巷道近 20 m。在四煤巷道掘进过程中，作业人员曾发现煤壁松软、潮湿、炮眼有少量流水等现象，但没有意识到突水征兆，也没有采取任何防范措施，仍继续爆破掘进。3 月 8 日中班，只安排主井筒掘进，约 16 时

20分，在炮眼内装好炸药准备爆破，爆破后约30 s听到爆破地点传来“轰隆”一声，河水溃入井下，水位在距离井口约10 m处停止上涨，造成井下作业人员遇险。

蒙兴明煤井位于红河河床下，在河水下进行非法开采，红河水位高于井下作业区，形成强大水压差，在煤壁出现松软潮湿、炮眼流水等透水预兆的情况下，采矿者的安全意识及安全技能差，没有意识到会发生透水事故，没有采取任何防范措施，继续非法开采、爆破掘进，最终形成了与红河水沟通的导水通道，是这次突水事故的主要原因和应该吸取的教训。

3. 河北井陉四矿绵河下掘进冒顶引起的透水事故

井陉四矿南斜井在绵河下采煤，1963年11月7日在南平巷掘进上山，掘至距地表深度仅有18.29 m时，发生冒顶，水砂溃入矿井，6 h后地表出现塌陷坑，直径达10 m左右。透水点涌水量为660 m^3/h，12 h后涌水量明显减小，1天后涌水量稳定在210～240 m^3/h，1周后水流变清，涌水量降至80 m^3/h。

事故发生原因主要是掘进上山距地表太近，并发生冒顶，成为地表河水溃入矿井的通道。

4. 湖南涟邵牛马司煤矿铁箕山井掘进地质情况不明引起的河水灌入井下淹井事故

牛马司煤矿铁箕山井主要开采二叠系龙潭组煤层，其中2号煤层为全区普遍可采煤层，厚度1.1～3.1 m。地表水系中的桐木江横穿矿区北部，切割煤系地层。桐木江属间歇性河流，正常流量0.62 m^3/s，洪水期可达20 m^3/s。区内为一不对称向斜构造，东翼地层倾角较小，为20°～30°，西翼倾角较大，为40°～70°，并出现直立和倒转。在矿区西部，龙潭组煤系上覆地层中的白垩系与煤系呈角度不整合接触，白垩系底部为底砾岩层，厚度15～32 m，岩溶发育，含水性强，并被桐木江切割，两者水力联系密切，河水提供了丰富的动水量补给来源，是矿井充水的重要水源。

1973年6月4日，+100 m东总回风巷掘进到447 m时（距地面垂深152 m），工作面右下角开始出水（水量1 m^3/h）。6月7日，工作面下帮下部有水渗出，水量1～2 m^3/h。6月9日，水量增至25 m^3/h，并一直稳定到6月15日。6月10日，在东总回风巷掘进工作面北东方向平距400 m处（标高+245 m），白垩系红色岩层上的老窑口水位由+240 m下降到+210 m。6月16日，水量增到30.5 m^3/h。6月18日，在地表白垩系红层分布区有3个老窑井筒干枯，1个大水塘（长70 m，宽30～40 m），水位下降0.4 m，漏水量1000 m^3，桐木江河岸有塌陷迹象。6月25日，突水点水量增到47.2 m^3/h，7月2日，水量增到68.2 m^3/h。7月4日15时50分，该工作面突然大突水。19时，井下人员安全撤出。19时10分，桐木江在白垩系底砾岩处出现1个直径4 m的洞，河水全部沿着塌陷洞灌入地下，井下涌水量猛增到3400 m^3/h。由于井下无防水闸门，排水能力仅300 m^3/h，水仓容量仅900 m^3，到19时50分，全井被淹没。

事故发生原因主要是水文地质条件不清，特别是对位于开采煤层之上的白垩系红层底砾岩的岩溶发育规律、富水性以及与地表水的水力联系程度等，在地质勘探阶段没有进行专门的水文地质工作，矿井开采阶段水文地质工作也做得不够，故矿井设计、开采期间对位于开采煤层之上的红层底砾岩水均未采取防治措施，因此，井下防排水设施很不完善，矿井不具备抵抗水灾的能力。+100 m东总回风巷掘进工作面从1973年6月4日来水到7

月4日突大水淹井，历时1个月，地表也发现了水塘漏水、老窑水干枯、桐木江两岸有塌陷迹象等明显的水害征兆，但未能引起注意，没有及时采取果断措施，最终导致河水溃入淹井。事前没有查清水文地质条件，没有认清河水的危害性以及思想麻痹，是这次事故应吸取的主要教训。

3.2.1.2 地表水体下回采引起的水害实例

1. 江苏徐州青山泉煤矿地面河水下水采工作面超限开采引起的溃水、溃砂事故

青山泉煤矿1号井108水采工作面位于1号井井田向斜盆地东翼的东风井附近，开采下石盒子组3号煤层，煤层倾角25°，平均煤厚4 m，事故地点煤层倾角约30°，煤厚增大到6~8 m，地面标高+33 m。该水采工作面上方地表有一条废藏房河河沟，沟深1.5 m，地表有积水约900 m^3，其下第四纪冲积层厚度10 m，底板标高为+23 m。冲积层岩性自上而下由亚黏土、砂姜、黏土砂姜等组成。

108水采工作面采用后退式倾斜漏斗采煤方法，漏斗间距10 m，用全部陷落法管理顶板。

1959年1月2日，早班回采3号漏斗，中班开始掘2号、3号漏斗。1月3日18时30分，采后的3号漏斗开始抽冒，正好在地面河沟内产生了一个直径约20 m的塌陷坑，河沟水夹带着黄色亚黏土、砂姜、黏土砂姜等溃入井下，最大溃水量达1800 m^3/h，造成了人员伤亡，冲垮和淤塞巷道1200 m，停产56天，损失很大。

事故发生原因主要是超限开采。原设计开采上限为±0 m，露头煤柱垂高23 m，实际开采上限+19 m，岩柱垂高仅4 m。露头风化煤岩垮落引起冲积层泥砂抽冒，并导致河水溃入井下。事前没有认清河水的危害性以及开采时没有控制开采上限、人为地破坏了防水煤柱，是这次事故应吸取的主要教训。

2. 山东枣庄滕州市木石煤矿露天坑积水区下巷越界超限开采防水煤柱引起的透水事故

木石煤矿属木石镇办集体企业，其井底水平大巷标高-38 m，两个辅助水平标高分别为-5 m和-80 m，布置2个采区、8个采掘工作面，采煤方法设计采用巷道式，全部垮落法管理顶板，开采煤层为枣庄矿业集团莱村煤矿（已报废）和枣庄监狱生建煤矿3号煤层部分残余煤和14号、15号、16号、17号煤层，主采3号煤层残余煤，倾角23°，其余煤层尚未开采。井田内地面露天矿坑的地面标高+60 m，坑底标高+46.5 m，平常坑内部分区域有积水。2003年6—7月，该区连降暴雨，降雨量达411 mm，露天坑内积水增至10×10^4 m^3左右。

2003年7月26日21时40分，木石煤矿中班、夜班正在交接班时，3208探煤巷越界区域发生透水事故，导致矿井-38 m水平以下的5个作业地点的人员遇险。

事故发生原因主要是越界开采煤层防水煤柱，3208工作面在生产过程中顶板垮落后与露天坑坑底直接连通，导致露天坑内的积水、泥砂溃入井下。越界开采、人为破坏防水煤柱，是这次事故应吸取的主要教训。

3. 内蒙古平庄古山煤矿二井回采上限过高及未及时填充处理地面塌陷坑引起的透水淹井事故

平庄古山煤矿二井位于低山丘陵的山间盆地内，什大份干河由北向南从二井穿过，二井田上游河长10.7 km，汇水面积33 km^2，上游有8条支沟和4座小型水库，蓄水总量33000 m^3，河床纵向比降上游大于1/20，什大份村以下为1/100，下游筑有桥涵洞及拦河

坝等构筑物，严重影响河水的流量，洪水期上游水位猛涨，常造成洪灾。古山煤矿二井的煤系地层为上侏罗系阜新组，陆相沉积，地层为单斜构造，井田内断裂较发育，煤层倾角18°~35°，为厚及特厚煤层，煤层顶板为泥岩、粗砂岩及砂质泥岩，岩性松软，遇水易软化、泥化。第四系主要为黄土，局部为砂砾石层。煤系浅部上方局部赋存玄武岩，玄武岩中气孔和垂直裂隙发育。该区为半干旱气候，雨量少，但降雨集中。

1979年6月28日，平庄矿区突降暴雨，什大份干河河水暴涨，井田西侧防洪堤决口，洪水溃入塌陷坑。塌陷坑底下的岩土在水的渗透、浸泡和10 m多高水柱的压力下，形成泥石流向底部采空区渗滑，于最薄弱地段出现导水通道，大量洪水泻入井下，40 min左右全井被淹没。透水第二天见到塌陷坑中导水的部位为中心陡、边缘宽缓的倒喇叭形坑，当时这个小坑中尚有水，水面标高为+514.4 m，在水被排干后，中心部位露出1个直径5 m左右的不规则圆坑。

透水点发生于一区+460 m水平，位于井田的浅部，回风水平为+507 m，风巷顶板标高为+509 m左右。该区地面为什大份干河的两侧，河床底部留有保护煤柱。这个采区于1977年2月至1978年8月回采，回采煤层为6-7、6-8、6-9共3层，煤厚分别为7.36 m、5.6 m、2.25 m，采用长壁放顶煤方法回采，于1978年底完全封闭。干河两侧各有一处长100 m、宽60 m、深12 m左右的塌陷坑，塌陷前地表平缓，标高+528 m，透水前塌陷坑底标高+516~+515 m。煤层浅部的采空区垮落带已到达地表，塌陷坑底距回采上限最小垂高仅7 m，回采工作面最上层煤顶板为泥岩，上覆玄武岩（局部）和黄土，黄土厚13.5 m。

事故发生原因主要是异常的特大暴雨带来的洪水超过了防洪堤的能力以及河边塌陷坑底与采空区上限距离过小，没有按流域的最坏可能性去修筑防洪堤，没有及时回填并压实塌陷坑，而且长壁放顶煤的采煤方法也加剧了塌陷坑导水的可能性。采用新的采煤方法时要充分研究并满足其对防水煤柱的新要求和采取有效的防治措施，是这次事故应吸取的主要教训。

4. 安徽淮南矿区个体小井直接开采防水煤柱引起的地表下沉盆地积水透水事故

1987年3月2日6时许，位于新庄孜煤矿南翼C13煤层地表下沉盆地边缘区的农民朱海甫个体小煤矿，因开采C13煤层露头防水煤柱，造成地表突然出现塌陷坑。由于当时地表下沉盆地面积为$1.06\times10^4\ m^2$，深约4 m，总积水量约$42\times10^4\ m^3$，引起积水溃入井下，不仅朱海甫小煤矿毁灭，人员伤亡，而且使在下沉盆地周围开采C13煤层露头煤柱的9个相互连通的小煤矿全部淹没。同时，积水直接灌入C13煤层下方新庄孜煤矿C13煤层采空区，造成新庄孜煤矿全部停产，以及邻近的谢一、谢三两个煤矿部分停产6~9个月，经济损失巨大。

新庄孜煤矿C13煤层露头上方第四纪冲积层厚约17 m，岩性为黄土。C13煤层平均厚6 m，倾角约10°，防水煤柱垂高约20 m。防水煤柱垂高是按照C13煤层的采动影响与冲积层厚度设计的，不允许进行开采，特别是在地表积水的情况下更是要严格禁止开采。小煤矿在防水煤柱内开采，属乱采乱掘，或超限开采。由于小煤矿开采到冲积层底部，造成了第四纪黄土层垮落，上通地表，下通新庄孜煤矿采空区，是这次突水事故的主要原因和应该吸取的教训。

5. 山东新汶张庄煤矿因个体小井开采上限过高引起的地表冲沟透水事故

张庄煤矿开采十一煤，倾角20°，平均煤厚1.8 m，地面标高+175 m。开采煤层上方地表有一条冲沟，位于西南风井西侧，沟宽7 m，深3 m，平时水量甚微，雨季沟水暴涨。其下第四纪冲积层厚度7 m，底板标高为+168 m。冲积层岩性自上而下为亚砂土及薄层砂砾石等。因小煤窑开采，开采上限已达+162 m，其岩柱只有5.7 m，岩性砂质页岩。在采煤塌陷区上游1.5 km处有一容积60000 m^3 的小水库，水库下方为一开阔的汇水区，为塌陷区的补给水源。

1970年7月24日16时，地面冲沟沟底突然垮落塌陷，冲沟内的水量全部溃入井下，水流量约18000 m^3/h，导致第二水平（-210 m）大巷被淹没，第一水平（+35 m）停产1天，损失很大。

事故发生原因主要是小煤窑开采上限过高，防水岩柱破坏殆尽，致使地面塌陷严重，加之冲沟沟底在雨季受水流剧烈冲刷，成为地表水溃入大井的通道。事前没有认清河水的危害性以及开采时没有控制开采上限、人为地破坏了防水煤柱，是这次事故应吸取的主要教训。

3.2.1.3　地表水体下其他原因引起的水害实例

1. 辽宁抚顺老虎台煤矿旧斜井未充填处理引起的洪水淹井事故

老虎台煤矿井田内原有朗士河流经，后改道，横穿新屯东山隧道866 m疏水涵洞流入海新河。涵洞虽大部分已砌碹，但仍有324 m为裸露岩层，由洞口往东614 m段围岩为花岗岩片麻岩的裸露部位，因长期风化岩性变质，局部发生了顶板垮落（长14 m，高3.5 m），使原净高6 m的涵洞落石堆积3 m高，河水常在此段受阻，流速变慢，河段水位提高。

老虎台煤矿东部斜井和铁道间地表塌陷分布较广。斜井的井底-218 m与45号上段采区走向管子道连通，45号采区工作面风管、溜道可通向-330 m生产水平。

1954年8月26日，抚顺老虎台地区普遍降雨，连续降雨21 h，降雨量136.1 mm。地处井田南部的朗士河水量剧增，洪水由朗士河从南向东拐弯流至东山866 m疏水涵洞，因涵洞年久失修，塌方冒顶河道堵塞，致使河水严重受阻，流速减缓，河道上游水位上涨迅速，到16时30分，洪水由朗士河向东转弯，遇水堤坝低洼地段漫堤决口，洪水沿新屯旧河床急速北泄，水流至新东部旧斜井上部地表时又遇到原电铁路基阻挡，使洪流形成涡流旋转，产生垂直动压，导致新东部斜井井筒垮落，地表塌陷，17时洪水由此溃入井下。因该旧斜井未经充填处理，井底标高-218 m，又与45号上段采区走向管子道连通，洪水很快由-276 m水平，经45号采区工作面风管、溜道漫延至-330 m生产水平，不到30 min，从东往西3000 m巷道全部被淹，造成全矿井停产。由于通信联络及时，井下人员大部分从-225 m水平安全撤出，中央水泵房、西入口水道防水闸门关闭及时，使该处排水设备完整保存下来，为井下积水的排除创造了条件。

事故发生原因主要是井田上游朗士河改道所筑的拦河坝（2 m多高）太低，抗洪能力薄弱，主河道下游疏水涵洞内冒顶阻水，以及井田内旧斜井未充填处理导致地表塌陷，造成洪水溃入井下而淹井。及时充填处理地表塌陷坑和直通地表的废弃旧井巷，提高抗洪防灾能力，是这次事故应吸取的主要教训。

2. 吉林舒兰五井地面塌陷区积水溃入井下事故

五井井田内地面标高 +220 ~ +241 m，最低生产标高 -80 m，最高洪水位标高 +228 m。五井开采15号、16号、18号煤层，其开采范围内还有原丰广三井开采5号、7号、8号、10号、11号煤层，附近小煤窑开采冲刷带15号、18号煤层，累计开采高度约15 m，地表下沉约13 m，形成了较大面积的地面塌陷积水区。地面塌陷积水区位于五井井田左翼，其南部边缘有两处2001年被关闭小煤窑的废弃立井，两个井筒的距离为14 m。立井地面标高 +221 m，井底标高 +71 m，井深约150 m，大部分开采五井15号、18号煤层冲刷变薄带及超出越界开采保安煤柱，与五井15号、16号煤层采空区、巷道直接连通。这两处废弃的立井于2005年5月26日进行了回填，计划回填土方23625 m^3，实际回填土方23828 m^3，计划回填高度2.1 m，实际回填高度2.4 m，高出水面1.5 m，超过废弃立井井口标高0.5 m，但仍低于最高洪水位6.5 m。

2005年，舒兰地区降雨量较大，五井地面塌陷积水区的水位迅速上涨，由 +220 m上涨到 +222 m，超过立井回填土标高0.5 m，积水面积由原来的 11.4×10^4 m^2 增至 20.3×10^4 m^2，增加 8.9×10^4 m^2，积水量由原来的 14.8×10^4 m^3 增至 41.7×10^4 m^3，增加 26.9×10^4 m^3。

2005年8月19日6时40分，发现五井西北侧地面塌陷积水区内已废弃多年的小煤窑一立井井口处水面窜起1 m多高的水柱，经研究决定对地面塌陷积水区内的废弃立井立即组织人员回填加高，井上下设专人观测水情。16时14分，另一处废弃立井窜起1 m多高水柱3~4次，接着水面开始冒泡。16时21分，地面塌陷积水区水位实测下降5 mm。17时3分，水面出现旋涡，并向废弃立井涌入。17时22分，地面塌陷积水区内废弃立井井口处再次窜起水柱，紧接着出现大面积溃水。17时32分，井下供电、通信全部中断。从现场调查及资料分析，由于回填土被积水淹没，经浸泡、渗透，并逐步软化，在水体压力作用下（大约22个大气压，相当于2.2 MPa），地面塌陷区积水将废弃立井井筒、采空区和五井采空区及巷道导通，冲毁西风井 ±0 m处巷道密闭，先溃入 ±0 m水平以下采空区和巷道，又向上至 +160 m标高，有21596 m巷道被淹。

事故发生原因主要是地面塌陷区积水淹没废弃立井回填土0.5 m，在水体浸泡及压力作用下，导通废弃立井采空区及五井15号、16号煤层的采空区、巷道，溃入五井井下。做好充填直通地表的废弃旧井巷，加强监测及应急处理措施，是这次事故应吸取的主要教训。

3. 山东临沂罗庄龙山煤矿特大暴风雨袭击造成的突水淹井事故

龙山煤矿是临沂矿务局原朱陈煤矿，该矿区从清代就开始挖煤，因年代久远，留下了许多隐蔽古井。1993年8月4日16时30分至5日12时，罗庄镇降雨量370 mm，降雨过程集中在8月5日7—12时，并伴有大风。地面积水从北向南涌入矿区，河堤多处决口，洪水漫溢，造成矿区范围内积水深达1.5 m左右。井田内隐蔽古井在地面积水的压力下，突然下陷，汇成巨大的涡流泻入井下，塌陷暴露的20处古井形成的漏斗直径达8 m以上的5处，8~1.5 m的8处，1.5 m以下的7处，斑纹1处（长15 m，宽5~7cm）。这次塌陷的大部分古井隐蔽在庄稼地里，从未被人发现过。

事故发生原因主要是由于特大暴风雨袭击造成隐蔽古井突然下陷而形成的地透水淹井灾害。

3.2.2　我国煤矿松散含水层水体下采煤的典型水害实例

松散含水层水体下采煤的典型水害实例主要分为掘进引起的水害和回采引起的水害。

3.2.2.1　松散含水层水体下掘进引起的水害实例

1. 山东新泰县刘官庄煤矿掘进到松散层引起的淹井事故

新泰县刘官庄煤矿开采 2 号煤层，煤厚 1.94 m，倾角 21°。第四纪含水砂层直接覆盖于煤系上面，砂砾层厚 5.54 m。开采上限离砂砾层底板垂高为 4.26 m，采用残柱式开采方法，回采过程中顶板淋水较大。1960 年，由于缺乏地质和测量工作的保障，造成巷道掘到砂砾层，引起水砂溃入巷道，地表出现直径 12 m、深 3 m 以上的塌陷坑，并造成淹井事故。

2. 安徽淮北桃园煤矿留设防砂煤柱尺寸偏小使得开切眼冒顶引起的水砂溃决事故

淮北桃园煤矿 $1022_{上}$ 工作面布置在矿井第四系含水层的防水煤柱内，开采 10 号煤层，煤层平均厚度 3.6 m，倾角 25°，风巷标高 -255 m。工作面上覆第四纪松散层厚度 270 m 左右，其底部的四含厚度 9.7 m，含水层水位 -15 m 左右。该工作面已经完成了投产前的生产准备工作。2002 年 11 月 8 日 10 时左右，工作面开切眼上口出现淋水、冒顶现象，冒顶长度约 8 m，冒高 4 m 左右，冒顶区涌水量 35 m^3/h。11 月 10 日 0 时 56 分，开切眼上口大量泥石流突然溃出，发生突水、溃砂事故。3 时 21 分，再次发生了泥石流涌出。共溃出泥、砂、砾石 1900 m^3，堵塞巷道 200 m 以上。

事故发生原因主要是 $1022_{上}$ 工作面所开采的 10 号煤层在开切眼的厚度达到了 4 m，开切眼支护的基本支架工字钢梯形棚架设在煤底上，在水的浸泡下底板松软，支架下沉，导致了顶板离层；$1022_{上}$ 工作面风巷布置在软弱、松散、破碎的基岩风化带内，上覆松散层较厚，压力大，支护困难；巷道垮棚冒顶后，高冒区在风化带内形成垮落漏斗，难以形成垮落拱，致使垮落带不断向上发育直至导通四含，泥、砂、砾石溃入井下。对上覆第四系底含富水性及抽冒后泥砂流动的危害性认识不足，留设的防砂煤柱偏小，巷道掘进未采取有效的防漏、防抽冒措施，以至于巷道贯通后发生滞后溃砂伤人等，是这次事故应吸取的主要教训。

3. 山东枣庄柴里煤矿松散层水体下掘进遇风化破碎顶板和顶煤引起的冒顶事故

柴里煤矿露头区 311 西工作面，上覆第四纪冲积层厚度为 60 ~ 65 m，冲积层底板标高为 -20 ~ -25 m。该工作面浅部为 3 号煤层露头风化带，开采上限标高为 -45 ~ -47 m，露头煤柱垂高 22 ~ 24 m。煤厚平均 11.5 m，倾角 8° ~ 10°，顶板为泥质胶结的风化砂岩。

在掘进 311 西工作面第一分层回风巷时，由于顶板为泥质砂岩，风化后呈粉砂，十分破碎，在这种条件下，支护措施不力，曾因 3 处冒顶发生粉砂（岩石风化后形成的）流动，以致报废巷道 35 m。在该巷道维护的 28 个月中，巷道压力大，棚梁折断多，局部冒顶，形成巷道中粉砂堆积 10 余次。

311 西工作面集中回风巷标高为 -40 ~ -42 m，沿煤层底分层掘进，巷道顶距冲积层底垂高为 16 ~ 19 m，其中顶煤厚约 9 m。由于煤质松软，巷道在掘进和维护的约半年时间内，先后发生 10 处冒顶，泥水沿顶煤裂缝流出，整个巷道难以维护，报废巷道数百米。其中一处涌出泥石流达 120 m^3 左右，堵塞巷道长约 55 m。另一处冒顶范围长 6 m，涌出泥石流约 40 m^3，堵塞巷道长约 30 m，同时地表出现一个直径 2 m、深 1.5 m 的塌陷坑。

在露头区条件相似的工作面掘进时，由于有黏土岩伪顶，掘进中未出现异常，且巷道普遍干燥，无淋水、滴水现象。

4. 山东新汶张庄煤矿沈村井松散层下掘进遇断层引起的水砂溃决事故

张庄煤矿沈村井在距小汶河河床水平距离 180 m 处开采 11 号煤层，采深 14.1 m，其中第四纪含水砂砾层厚度为 6.5 m，基岩厚度为 7.6 m。砂岩占 56%，黏土岩占 44%。在巷道掘进时遇到一条落差为 2 m 的小断层，发生顶板垮落，由于支护和处理措施不力，造成了顶板沿断层破碎带抽冒，引起砂砾层水砂溃入巷道，地表出现一个直径 6 m、深 1 m 的塌陷坑，涌水量为 180 m^3/h 以上。

5. 河北开滦唐家庄煤矿松散层水体下掘进地质情况不明引起的水砂溃决事故

在唐家庄煤矿井田盆地乙北翼 12 号煤层露头区，第四纪冲积层厚 40 m，煤层倾角 16°。掘进前，由于对该地段的地质资料不清，从 12 号煤层上山（距冲积层底板垂高 16 m）掘进反斜石门至 9 号煤层，当巷道掘至距冲积层底板垂高约 4 m 时，由于顶板破碎，未采取特殊支护措施，于 1959 年 10 月 27 日发生水砂溃入巷道事故，淤塞大巷 150 m。

3.2.2.2　*松散含水层水体下回采引起的水害实例*

1. 松散层水体下超限开采引起的溃水、溃砂案例

河北开滦唐家庄煤矿水采超限开采引起的水砂溃入井下事故是一起松散层下超限开采引起的溃水、溃砂案例。

唐家庄煤矿盆地丙水力采煤区，煤厚 3.0 ~ 3.5 m，倾角 15° ~ 21°，上覆第四纪冲积层厚 50 m。该采区露头防水煤柱中的基岩厚度为 18 m。

1960 年 7 月 3 日，水枪落煤超过开采上限，垮落带到达冲积层。事故发生前，工作面已见到来自冲积层的小卵石及黄色浊水，但未引起注意，仍继续回采，最终造成水砂溃入井下，淤流直至大巷。同时在地面出现一个直径达 30 m、深 11 ~ 13 m 的塌陷坑。

事故发生原因和应该吸取的教训是水枪落煤不易控制采高，造成采高不均，以致形成局部地段垮落带进入了冲积层。

2. 松散层水体下超限出煤引起的溃水、溃砂案例

1）江苏徐州义安煤矿 704 工作面超限出煤引起的冲积层水砂溃入井下事故

义安煤矿东二采区 704 工作面开采 7 号煤层，煤厚 1.8 m，倾角 78°，为东翼第一水平露头区第一个工作面，采用小阶段爆破法采煤。

工作面上方第四纪冲积层厚 57.59 m，岩性由上而下：顶部为亚砂土和亚黏土；中部为黏土层，厚 14.06 m；底部为含水砾石层，厚 18.59 m。

煤层露头标高为 -21.39 m，设计开采上限 -60 m，实际开采上限处的露头防水煤柱垂高为 32 m。

事故发生前，在 -80 m 以上区段回采，已采完走向长度为 290 m。事故发生前两天，在靠近迎头 4 个小眼 20 m 宽的范围内，集中向防水煤柱捅煤，超限出煤 1017 t，相当于向上采掉垂高 22 m 的防水煤柱，抽冒已经达到冲积层底部。

704 工作面自 1974 年 8 月 17 日开始回采，共发生 4 次透水。第一次发生在工作面仅推进至 10 m 处，涌水量 0.8 m^3/min，10 天后水量减少。第二次发生在工作面推进到 56 m 处，最大涌水量 1.7 m^3/min，10 天后涌水量降为 0.33 m^3/min（此时将开采上限由 -60 m

降到 −70 m)。第三次发生在工作面推进到 220 m 处，最大涌水量为 0.72 m^3/min。第四次发生在工作面仅推进到 290 m 处，涌水量为 7.56 m^3/min，水夹着砂姜、砾石溃入顺槽直达 −160 m 水平大巷的水仓。9 h 后地面出现一个直径 15 m、深 1 m 的塌陷坑。

事故的教训是超限出煤引起煤柱抽冒。由于急倾斜煤层中的抽冒具有锥形形态发展态势，在煤层顶底板坚硬而平整的条件下，抽冒不仅可能在第一水平露头区发生，也可能在第二、三水平发生，抽冒达到数十米甚至数百米的高度。

2）安徽淮南李嘴孜煤矿西二石门西翼 C13 煤层工作面超限出煤引起的地表塌陷事故

李嘴孜煤矿西二石门西翼 C13 煤层工作面为露头区开采工作面，采深 110 m，煤厚为 4.5 ~ 6.0 m，倾角 62°。第四纪松散层总厚约 40 m，由上往下为砂质黏土层，厚 3.65 m；含水砂层，厚 12.4 m；泥灰岩，厚 23 ~ 25 m。泥灰岩为隔水层。

该工作面采用水平分层人工假顶下行陷落采煤方法。在一般情况下，采取了按回采体积控制产量的措施，未出现超限出煤的现象。但在 1961 年 9 月至 1962 年 2 月间，由于对严禁超限出煤措施执行不力，不适当地超限采出了垮落在采空区的煤，使煤柱局部的抽冒高度接近到松散层底部的泥灰岩，导致泥灰岩破坏，水砂下泄，于 1962 年 2 月出现地表塌陷坑。坑的直径最大处 36 ~ 40 m，最小处 21 ~ 22 m，面积 300 ~ 400 m^2，坑深 4.5 ~ 5.0 m，坑内积水。由于泥灰岩厚度大、隔水好，井下涌水量未见增加。

事故的教训是超限出煤引起煤柱抽冒，破坏了煤柱的完整性。对于急倾斜煤层，倾角越大，抽冒的可能性越大。

3）河北开滦唐山煤矿急倾斜煤层超限出煤引起的冲积层水砂溃入井下事故

开滦唐山煤矿开采急倾斜煤层，解放后曾发生过两次水砂溃入矿井事故。

第一次是在七水平西 26 石门 7697 工作面和 7694 工作面之间的石门垛地区，上覆冲积层厚 170 ~ 180 m，回采煤层为 8、9 合槽，煤厚 16 ~ 32 m，平均 20 m，煤层倾角 90°，煤岩柱高度 98 ~ 100 m。采用水平分层留煤顶下行陷落采煤方法。1959 年 10 月 27 日回采第三分层时，因局部超限采煤过多，水砂溃入采空区，虽未进入巷道，但由于采空区积聚的瓦斯被挤出，造成了人身事故。同时在地表出现直径 30 ~ 35 m、深 7 m 左右的塌陷坑。

第二次是在七水平 7494 工作面和 7495 工作面之间的 24 石门垛地区，上覆冲积层厚 160 m，回采煤层为 8、9 合槽，煤厚 16 ~ 23 m，平均 12 m，煤层倾角 90°，煤岩柱高度 91.5 ~ 110 m。采用水平分层下行陷落采煤方法。由于在工作面收作处超限采煤过多，同时受断层影响，于 1961 年 7 月 7 日水砂溃入井下，在平巷内流出约 60 m 远，同时在地表出现塌陷坑，其直径初始 33 m，后扩展至 40 m，坑深 10 ~ 12 m。

事故的教训是超限出煤引起煤柱抽冒，破坏了煤柱的完整性。对于急倾斜煤层，倾角越大，抽冒的可能性越大。

4）安徽淮南孔集煤矿西三石门东翼采区 B_{11b} 槽工作面超限出煤引起的地表塌陷事故

孔集煤矿西三石门东翼采区 B_{11b} 槽工作面煤厚 2.8 ~ 3.2 m，倾角 75°，直接顶为粉砂岩，厚度 6 m，岩性坚硬致密，采后不易垮落；基本顶为粉砂岩、砂岩，岩性坚硬；直接底为黏土岩，岩性软弱容易滑动。第四纪松散层总厚 37 ~ 43 m，由上往下为：表土层，厚 12.5 m；含水砂层，厚 21.63 m，岩性为粉砂、细砂、中砂，底部含有黏土透镜体夹层；砂层下为泥灰岩组，厚 1.28 m，岩性为钙质黏土夹砾石。

采区走向长度为 62 ~ 67 m，开采上限标高为 −80 m，防水安全煤岩柱垂高 60.5 m。

整个阶段分为3个小阶段回采。

第一小阶段从-80～-140 m水平，垂高52 m，实际回采垂高40 m，从1972年7月至8月10日用平板型掩护支架矸石充填采煤方法回采了3个带，平均每带走向长度20 m左右。

第二小阶段从-140 m水平至二道半，垂高67.5 m，实际回采垂高45 m，从1973年9月7日至10月15日用平板型掩护支架矸石充填采煤方法回采了3个带，平均每带走向长度20 m左右。

第一、二小阶段的掩护支架带间煤柱保留在同一垂直剖面上。两个阶段的6个工作面充填工作未能顺利进行，不同程度地改为垮采，致使超限采煤强度极大，煤柱局部被采掉，甚至在第二小阶段下部见到了上方巷道的金属棚等物。

第三小阶段垂高31.5 m，用挑煤皮方法采煤，从1973年10月30日至11月19日，实际出煤比原计划多3495 t。3个小阶段的总出煤量比工作面的可采储量多8727 t。

1973年11月19日，由于超限出煤引起流砂溃入矿井。流砂像泥石流一般在通过采空区后，顺链板机巷流动长达220 m。粗略估计其流动速度约660 m/h。流砂溃入矿井后，同时出现了地表塌陷漏斗，直径为26.5 m，深5.5 m；1个月后，井下涌水量约为1.54 m^3/h。

事故的教训是急倾斜煤层开采因超限出煤引起煤柱抽冒，并形成了地表塌陷漏斗。

3. 松散层水体下采煤方法不当引起的溃水、溃砂案例

江苏徐州新河煤矿一号井急倾斜煤层采煤方法不当引起的黄泥溃入井下事故是一起松散层下采煤方法不当引起的溃水、溃砂案例。

徐州新河煤矿一号井为开采急倾斜煤层的矿井，煤系地层上覆第四纪冲积层的厚度为43～60 m。冲积层岩性上部为流砂层和砂质黏土层互层，厚13.7～21.5 m；下部为黏土、砂质黏土、黏土砂姜和砾石层互层，厚13.7～20.0 m。南翼露头区西一采区502工作面开采7号煤层，煤厚3.5～10.0 m，倾角由接近90°到倒转75°。顶底板各有一层5～14 m的坚硬石英砂岩，采后不易垮落。

502工作面煤层露头标高为-10 m，开采上限-40 m，开采下限-97 m，回采阶段垂高57 m，采用平板型掩护支架采煤方法开采。开采条带沿倾斜长22～24 m，沿走向宽3.5～4.5 m，两条带之间留3 m宽的带间煤柱。

502工作面于1965年3月开始回采，到事故发生前，Ⅰ、Ⅱ、Ⅲ带均已采完，第Ⅳ带支架下放1.5 m，突然发生黄泥透入井下事故，地面出现塌陷坑（直径42～59 m），黄泥浆经溜煤小眼溃入溜子道及大巷，堵塞大巷长度1200 m，黄泥在大巷中的流速约7 m/min，造成人员伤亡。

事故发生主要原因是502工作面顶底板岩石坚硬，煤层倾角大，具备产生抽冒的自然条件，加上采用了短走向和沿倾斜下放的平板式掩护支架采煤方法，促进了抽冒的产生；带间煤柱偏小，在支承压力作用下，煤体疏松，容易实现超限出煤。事故发生前，502工作面超限出煤1241 t，实际上完全破坏了露头防水煤柱。

4. 松散层水体下开采上限过高引起的溃水、溃砂案例

1）安徽皖北祁东煤矿纵向裂隙发育覆岩高水压松散层水体作用条件下设计防水煤柱尺寸偏小引起的突水淹井事故

祁东煤矿于1997年10月兴建，煤系地层为石炭二叠系，上覆第四纪松散层，厚度235～453 m，底部的第四含水层组（简称为四含）厚度0～59.10 m，主要由砾石、砂砾、黏土砾石、砂、黏土质砂等组成，富水性中等，煤系基岩中原生裂隙尤其是高角度纵向裂隙发育，隔水性能较差，矿井设计防水煤柱垂高60 m。

首采区3_2煤$3_2$22首采工作面位于谷口冲洪积扇沉积区内，四含厚度平均42 m，水头压力超过3.6 MPa。采用倾斜长壁综合机械化采煤方法，工作面长度为150 m，煤层倾角约13°，煤层平均厚度约2.5 m。工作面回采上限标高－417.9 m，最小防水煤柱垂高63 m。

$3_2$22工作面推进至距开切眼28.8 m时，基本顶初次来压；推进至距开切眼42 m时，顶板再次来压，工作面发现有少量渗水。在不到一天时间内，水量持续增大至1520 m^3/h，并导致矿井淹没，未造成人员伤亡。

事故发生主要原因是祁东煤矿地质采矿条件十分特殊，其原岩裂隙尤其是高角度纵向原岩裂隙发育，基岩风化带厚度薄且具有透水性，而四含水头压力超过3.6 MPa，并直接作用于煤系地层的高角度纵向裂隙，加大了工作面回采所产生的导水裂缝带高度，也带来了需要增加保护层厚度的要求，与以往的水体下采煤研究、认识及设计等有了明显不同，而矿井设计时对于该类特殊地质采矿条件的特殊性及其可能产生的异常结果等认识不足，从而使得按照正常地质采矿条件设计提出的防水煤柱尺寸偏小，导致首采工作面回采时四含水通过采动裂缝直接溃入井下，造成淹井灾害。

2）江苏徐州旗山煤矿101工作面开采上限过高引起的溃水、溃砂事故

旗山煤矿101工作面是该矿投产后的第一个工作面，煤层倾角60°，煤厚4～8 m，采用水平分层人工假顶下行陷落采煤方法。

第四纪冲积层厚度为30.4 m，其底部为厚达18 m的含水砂姜砾石层。地面标高＋31.5 m，开采上限为－22 m，防水煤柱垂高23.1 m。由于在掘进时没有发现煤层的风化现象，向上掘巷至－12 m，此时煤柱垂高仅13.1 m。回采后垮落带波及冲积层底部，最大突水量达60.3 m^3/h，水夹着砂姜、砾石、粉砂和黄泥溃入井下，地面相应地出现直径4 m、深3 m的漏斗状塌陷坑。以后被迫将开采上限降低到－32 m，露头煤柱垂高为33.1 m，重开回风巷，丢煤3.6×10^4 t。

事故发生主要原因是在开采过程中不适当地缩小了原设计的煤柱尺寸。

3）江苏徐州青山泉煤矿煤岩柱尺寸偏小引起的水砂溃入矿井事故

青山泉煤矿108水采工作面在废藏房河下采煤，地表有积水约900 m^3。由于第四纪冲积层厚度仅约10 m，开采上限至冲积层底部的岩柱垂高仅7 m，为采高3 m的2.3倍，接近或小于垮落带的高度。加上水采方法难以实现等厚开采，于1959年1月3日在开始回采后的8 h，造成水砂和砾石溃入矿井，冲毁了大量巷道，工作面停产达3个多月。

5. 松散层水体下导水断层附近回采引起的溃水、溃砂案例

1）吕家坨煤矿3371工作面遇断层引起的水砂溃入井巷事故

在露头区导水断层附近开采时，由于断层破碎带垮落突水的原因，很可能引起沿断层破碎带抽冒，造成上覆冲积层水砂溃入井下。

吕家坨煤矿3371工作面煤层倾角35°左右，煤厚约4 m，采用水力采煤方法。当工作面采到离断层带15 m时，由于断层带岩体破碎，富水性强，加上难以控制好水枪的落煤

量，在断层破碎带内产生了抽冒型破坏，波及冲积层底部，引起泥砂下泄，并在地表出现直径 14 m、深 4.2 m 的漏斗状塌陷坑。

2）山东肥城杨庄煤矿二号井 302 工作面遇断层引起的水砂溃入矿井事故

杨庄煤矿二号井露头区 302 工作面煤厚 4.4 m，倾角 15°，采用水力采煤方法开采。上覆冲积层厚度 54 m，岩性为砂与黏土互层。露头煤柱垂高 11.6 m。该工作面内有一落差为 2.5 m、倾角为 48°的小断层。1962 年 3 月 5 日在回采过程中，水枪被垮落岩石埋住，处理时由于清运了垮落堆积的岩、煤块，造成顶板继续垮落。由于岩柱尺寸小，垮落波及冲积层底部，引起水砂沿断层破碎带溃入井下，地表产生漏斗状塌陷坑。

3）山东新汶良庄煤矿黄泥沟井在小断层群区开采引起的淹井事故

良庄煤矿黄泥沟井井口位于小汶河河床内的第四纪冲积砂滩上，冲积层厚 7.1 m，为含水砂砾层。

开采煤层为 4 号煤层，厚 1.63 m，煤层倾角 17°。开采上限至砂层的露头煤柱厚度为 15.24 m。基岩组成为砂岩占 65%，黏土岩占 35%。采煤方法为残柱式及短壁水砂充填。

由于该井田处于两个断层之间，工作面内小断层纵横交错，开采期间顶板淋水及断层裂隙涌水较大。1961 年该矿井报废前，为了取得水体下采煤经验，试验改水砂充填方法为全部陷落方法。由于断层群区岩体破碎，垮落波及冲积层，水砂溃入矿井，造成矿井淹没，并在地表形成一个直径 10 m、深约 1 m 的塌陷坑。

4）安徽淮北烈山煤矿一号井回采断层区三角煤引起的水砂溃入井下事故

烈山煤矿一号井在露头区回采断层区边缘三角煤，煤厚 6 ~ 18 m，倾角 18° ~ 25°，采煤方法为落垛式。上覆冲积层厚 43 m，开采上限至冲积层底部的露头岩柱厚度为 4 m，小于垮落带高度。1959 年 7 月，由于岩柱偏小，加上局部超限出煤，顶板垮落带进入冲积层，造成冲积层水砂溃入井下。

3.2.3 我国煤矿砂岩含水层水体下采煤的典型水害实例

砂岩含水层水体下采煤的典型水害实例分为掘进引起的和回采引起的两个方面。

3.2.3.1 砂岩含水层水体下掘进引起的水害实例

1. 吉林舒兰丰广矿五井古近系半胶结砂岩含水层下 +150 m 水平东翼集中运输巷施工漏顶引起的突水淹井事故

丰广矿五井开采古近系褐煤层，含煤岩系为单斜构造，倾角为 10° ~ 25°，区内构造简单，无大型断层，断层一般为高角度正断层。含煤岩系主要为砂岩、粉砂岩、页岩、泥岩，砂岩属半胶结，岩性松软，易碎成散体状。泥质岩类是该区隔水层，抗压强度 2.5 ~ 14 MPa，抗剪强度 0.16 ~ 2.6 MPa；松散半胶结和未胶结岩类是该区含水层，由细粉砂岩和泥岩组成，抗压强度 0.13 ~ 0.6 MPa，抗剪强度 0.008 ~ 0.02 MPa。

古近纪煤系地层上覆第四系底部砂砾含水层，厚度 2 ~ 5 m，含水丰富，透水性强，渗透系数 6.6 ~ 35.28 m/d，与古近纪砂岩含水层水力联系密切，对矿井浅部开采影响较大。主要含煤段内有砂岩 20 余层，累计厚度占地层的 50% ~ 60%，单层最厚可达 60 m，所有可采煤层的顶底板都有含水砂岩赋存。古近纪含水砂岩排泄条件差，各含水砂岩层间被泥岩类隔水层分隔，层间水力联系弱。古近纪砂岩含水层以静储量为主，属可疏干的含水层。

丰广矿五井 +150 m 水平东翼集中运输大巷送在 18 号煤层内，成巷 320 m。一石门往前 256 m 为料石发碹支护，再往前为锚喷支护，两种支护衔接处于 1979 年 12 月 23 日 18 时施工漏顶，导通 18 号煤层顶板砂岩，溃出大量水砂（出水点巷道标高 +152.2 m），初时涌水量 57 m^3/h，含砂率 20%，以后逐渐减少，但砂岩层内已形成空洞，逐渐往浅部发展。到 1980 年 4 月 29 日，间隔 129 天，18 号煤层顶板砂岩露头处于“天河”底部范围出现冒顶，第四系潜水和少量河水灌入井下。5 月 26 日井下水量增至 184 m^3/h。进入 6 月，连降大雨，河水猛涨，地表水补给充足，塌陷坑日渐扩大。到 6 月 17 日，塌陷坑面积 70 m×50 m，截断河流，河水全部溃入井下，最大流量达 5000 m^3/h，井下 +179.6 m 水平以下巷道全部被淹。同时，溃水点以上的地面也出现塌陷坑，直径 23 m，深 16 m。6 月 18 日，16 号煤层顶板砂岩露头处出现塌陷坑，直径 10 m，深 6 m。

事故发生主要原因是五井 +150 m 水平送东翼集中运输大巷时，一石门 15～18 号煤层之间的砂岩层已全部揭露，在巷道两种支护衔接处支护不好，造成冒顶，破坏了隔水层，使砂岩水溃入井下，造成严重溃水事故；井下出水后，防堵水措施不力，工作抓得不紧，失去了宝贵的时间，导致雨季河水溃入，造成淹井，属于特殊地质采矿条件下的水害问题。忽略了砂岩层条带状含水的特点，对高水头砂岩层浅部具有流砂性质认识不清，是这次事故应吸取的主要教训。

2. 河北开滦荆各庄煤矿砂岩含水层下掘进遇断层引起的突水事故

荆各庄煤矿井田内小型褶皱和断裂较发育，煤层顶底板砂岩层在小型褶曲和断裂带处张裂隙极发育，岩层破碎，常含有粉碎的白色砂粒与水的混合物。井下顶板抽冒后，水砂混合物由冒顶裂隙涌出，构成矿井水害。荆各庄煤矿开采山西组 5 号、7 号、9 号煤层，矿井涌水主要来自于煤系内部煤层顶底板砂岩裂隙水。荆各庄煤矿煤层顶板砂岩裂隙孔隙水主要分布在 5 号煤层顶板以上 0～100 m，岩性为中细砂岩、粉砂岩、页岩、泥岩和煤层互层，在古风化带附近岩层较软弱，易破碎成砂粒散体状。在正常情况下，顶板砂岩裂隙孔隙含水层接受煤系隐伏露头带冲积层水的补给，其富水性除了取决于本身的裂隙发育程度及层组内部各层间构造裂隙的贯通程度外，还取决于冲积层底部含隔水层的性质，对矿井充水形式主要表现为煤层采掘过程中或采空区的涌水。建井初期，顶板砂岩裂隙孔隙水水位与冲积层底部含水砂砾层的水位很接近，但随着矿井的开采、开拓和井下的不断疏水，其水位下降程度出现了不同。前期涌水量相当大，顶板砂岩裂隙孔隙水水位下降的速度较快，而冲积层底部砂砾层水位下降则不明显或很小。经过一个时期的井下疏水，涌水量随着顶板砂岩裂隙孔隙水的水位降到一定值后达到稳定。顶板砂岩裂隙孔隙水流入矿井的涌水量占矿井总涌水量的 45%～50%。涌水量增长规律大致与最上一个煤层的累计开采面积的对数成一定比例，并且老空区的涌水大部分随着下一水平煤层的开采而转移。在煤层破碎带或裂隙发育部位，涌水量的增长极不均匀，呈跳跃状。

1979 年 2 月 1 日零点班，在南翼 1096 运输巷掘进过程中遇 F_{16} 断层，掘进迎头灰白色中砂岩（即白砂矸）有北东向小洞向外流水，洞口直径约 5cm，水压和水量均不大。当天 8 时来压，巷道冒高，涌水量增至 180 m^3/h。2 月 4 日 14 时，涌水量达到峰值，为 1056 m^3/h。以后因垮落的白砂矸堵塞水口，水量减小，2 月 8 日 20 时，涌水量仅为 86.4 m^3/h。突水前 5 号煤层含水层水位标高为 −27.6 m，6 号煤层底板标高 −260 m，水压约 2.3 MPa，突水后水位最低标高为 −95.84 m，水位降低 68 m。

事故发生主要原因是在巷道掘进过程中遇到断层，导通了顶板5号煤层含水层。

3.2.3.2　砂岩含水层水体下回采引起的水害实例

1. 河北开滦荆各庄煤矿砂岩含水层下回采引起的突水事故

1980年1月17日，荆各庄煤矿1093工作面推进到140 m时，采高3 m，在工作面中间两处发生较大淋水，最大涌水量达133.8 m^3/h。1月25日19时，工作面推进至153 m，由皮带向下70 m处工作面发生冒顶，突水量增大至444 m^3/h，并夹有大量白砂矸。2月11日19时，工作面推进至156 m，由皮带向下105 m处工作面再次冒顶突水，支架来压，涌水量676 m^3/h。6月4日4时，7号、5号、4号泄水横管水量加大到1133 m^3/h。9月9日22时，4号、5号泄水横管冒顶来水，水量为600～1244 m^3/h，一直延续到1981年1月15日，水量稳定为600 m^3/h。

突水前的1980年1月16日，中6孔水位标高为-66.02 m；突水后的1980年9月9日，中6孔水位标高为-146.59 m。水位降低了80.57 m。

事故发生主要原因是在9号煤层顶板46 m以上赋存含水丰富的砂岩裂隙含水层（5号煤层含水层），含水层厚度30～150 m，裂隙发育，含水丰富，单位涌水量大于2 L/(s·m)，工作面回采对煤层顶板破坏产生的垮落带和导水裂缝带发育到顶板砂岩含水层，导通顶板5号煤层含水层造成突水。

2. 江苏徐州大黄山煤矿1号井砂岩含水层下139回采工作面引起的突水事故

大黄山煤矿1号井139工作面位于第一水平（-120 m）东二采区，回采下石盒子组第三层煤的上分层。顶板以上50 m内有3层砂岩，厚度3～15 m，间夹页岩2～10 m。139工作面处在井田向斜的轴北，靠近高角度的F_8正断层的断层带，落差2 m的小断层也较多，故构造裂隙发育，形成顶板砂岩富水带。

从1961年4月到1963年6月，139工作面曾发生过13次突水事故，其特征基本相似，大致为淋水压力增大，冒顶，基本顶断裂直至突水。其中以第4次（1961年12月）、第5次（1962年3月）、第7次（1962年4月）、第11次（1962年12月）最为严重，最大出水量为70.2～100.2 m^3/h，造成垮面、淤巷、堵人，被迫停止生产，重开开切眼，成块丢煤。

事故发生主要原因是构造裂隙发育，存在顶板砂岩富水带，一遇顶板垮落，产生导水裂隙，发生突水。

3.2.4　我国煤矿灰岩含水层水体下采煤的典型水害实例

我国煤矿灰岩水水害事故大多属于底板突水类型，突水地点大多位于掘进工作面，而顶板突水类型的灰岩水害事故则要少得多，属于灰岩含水层水体下采煤的水害事故则更少。灰岩含水层水体下采煤的水害又有薄层或厚层灰岩含水层水体下采煤的水害之分。

3.2.4.1　我国煤矿薄层灰岩含水层水体下采煤的典型水害实例

1. 江苏徐州青山泉煤矿2号井薄层灰岩含水层下-120 m水泵房突水事故

青山泉煤矿2号井-120 m水泵房位于斜井下口大巷的南侧，水泵房硐室掘凿于太原组（屯头系）17号煤层的层位中，水泵房巷道顶板标高-116.6 m，17号煤层厚度1 m，煤层顶板至九灰距离7.5 m，为砂质页岩，九灰厚2.5 m。煤层底板至十灰距离6.5 m，为砂质页岩，十灰厚3.5 m。九灰、十灰岩溶发育，含水丰富，是太原组的主要含水层。

1961 年 5 月 18 日 24 时，正在进行 – 120 m 水泵房吸水小井砌碹时，因放顶面积较大，在水仓小绞车以东 53 m 处冒顶，共垮落约 10 架棚，开始淋水，后来大巷也发生冒顶。到 19 日 1 时 10 分，顶板突水。突水前 10 min 流出黄水，流量为 12 m^3/h，3 时 50 分实测水量为 1560 m^3/h，11 时已淹至 – 45 m 水平。

事故发生主要原因是在 – 120 m 水平未疏干降压条件下，夹在上下富含水的九灰、十灰承压含水层中掘凿水仓泵房，本身就是带有风险的水下作业，同时，水头压力为 0.81 MPa，而上下隔水岩柱仅 5.3 ~ 6.5 m，都达不到安全隔水的厚度要求，在这种情况下，放顶失控，造成冒顶，导致了突水。

2. 山东新汶西港煤矿薄层灰岩含水层下 19 号煤层上部车场突水事故

在西港煤矿，大纹河横贯井田 2.5 km。砂砾层厚度 5 ~ 6 m，覆盖井田面积达 80% 以上，与大纹河水力联系密切，建井时主副斜井井筒过砂砾层时稳定涌水量为 700 m^3/h。

可采煤层上部有二、三、四层石灰岩含水层。其中二层石灰岩厚 1.7 ~ 3 m，岩溶发育，含水丰富，下距 15 号煤层 20 m。三层石灰岩厚 2 ~ 3 m，在断层附近裂隙发育，含水丰富，上距 15 号煤层 3 m。四层石灰岩厚 4 ~ 5 m，在 + 100 m 水平以上岩溶发育，含水丰富，在深部断层附近裂隙发育，为 18 号煤层直接顶板，下距 19 号煤层 25 ~ 30 m。

可采煤层下部有五、六层石灰岩和奥陶纪石灰岩。五层石灰岩厚 6 ~ 8 m，富水性较强，上距 19 号煤层 17 ~ 20 m。六层石灰岩厚 10 m，上距 19 号煤层 28 m。奥陶纪石灰岩厚 800 m，富水，上距 19 号煤层 60 ~ 70 m。

一采区 19 号煤层上山 1901 车场位于矿井一水平西翼，标高 + 125.6 m。1972 年 9 月 16 日开始出现冒顶，因陷落高度小，只见淋水。至 10 月 26 日，垮落高度增大，11 时涌水量为 180 ~ 360 m^3/h，水呈黄色。17 时 40 分涌水量为 420 m^3/h，18 时 33 分涌水量为 780 m^3/h，中央配电所被淹。10 月 27 日 1 时涌水量为 2220 m^3/h，6 时涌水量最大达 6210 m^3/h，副斜井水位升至 + 131 m。共计 26 h，全矿被淹。突水后，10 月 27 日 6 时，风井以西距出水点 230 m 处，四层石灰岩露头上部出现一塌陷坑，长 20 m，宽 15 m，深 0.8 m，风井以南距出水点约 200 m 处也出现直径约 3 m 的塌陷坑。附近的砂砾层水井水位下降或干涸，验贷台村西水井距突水点 800 m，水位下降，大纹河边砂砾层水坑距突水点 700 m，水位下降至干涸。

事故发生主要原因为突水点位于 F_{05} 断层处，断层倾角 80°，落差 5 m，轨道上山和车场都穿过此断层。由于断层两盘都在砂质页岩中掘进，断层面不太明显，两处都没有淋水现象。在 1972 年 8 月 1 日，15 号煤层回风巷掘进工作面出水淹井，此处受到水的长期浸润。在 9 月 4 日，排水见到井底，下去观察时，发现只有少量淋水。到 9 月 16 日，该处开始冒顶，有淋水。到 10 月 26 日，冒顶高度增大，涌水量逐渐加大，到 27 日矿井淹没。据封堵突水点 8 号注浆孔证实，轨道上山突水点冒顶高度为 22.6 m。19 号煤层上距四层石灰岩 25 m 左右，冒顶高度已达四层石灰岩中。据有关资料证实，水的来源为四层石灰岩，通道是断层带，补给水源为砂砾石层和大纹河水。

3. 山东新汶良庄煤矿薄层灰岩含水层上下掘进下山遇钻孔突水事故

1962 年 7 月 14 日，良庄煤矿 ± 0 m 水平三采区十一层下山掘进中，至大巷以下 61.3 m（标高 – 13.10 m）时，遇 35 号钻孔。初揭露时，发现顶板钻孔中往下漏砂，稍后出现滴水，随即突水。水带着泥砂从钻孔中涌出，发出响声，突水来势迅猛，最大涌水量

288 m^3/h。1 h后淹没整个下山，水沿着大巷泄出，造成矿井停产16 h，下山开拓推迟2个月，多掘石门60 m。5天后涌水量稳定在72 m^3/h。

事故发生主要原因是该区十一层煤距上部主要含水层一灰68.29 m，距下伏主要含水层四灰39.17 m，含水层水位均为+165 m左右，正常情况下无突水危险。但不可忽视的是35号钻孔。该孔在井田勘探阶段施工（1952年），孔深232.99 m，终孔层位在四灰以下。穿透了流砂层、已灰和四灰3个主要含水层。特别是一灰，厚3~4 m，岩溶发育，补给条件良好，为强含水层。而35号钻孔封孔材料为砂子和黄泥，起不到封堵含水层的作用，采掘中揭露该孔，突水是必然的。由于当时管理混乱，没有采取任何防范措施，致使掘进中揭露钻孔，造成突水事故。

3.2.4.2　我国煤矿厚层灰岩含水层水体下采煤的典型水害实例

1. 江西丰城云庄煤矿长兴灰岩岩溶水体下掘进突水事故

丰城矿区主要赋存上二叠系龙潭组B、C煤组，C煤组位于上部，B煤组位于下部，两煤组相距240 m。B煤组水文地质条件简单，已全面开发；C煤组顶板覆有长兴灰岩，受岩溶水严重威胁，故迟迟未开发。为了开采C煤组而兴建云庄煤矿，原设计采用疏干顶板长兴灰岩岩溶水方案采煤。

云庄井田内小断裂较发育，落差一般1~5 m，往往与一些中型断层交叉相切，使岩层破坏较大。井田内主要含水层有茅口灰岩、长兴灰岩和第四纪松散层。茅口灰岩赋存于煤系底部，为厚层纯质灰岩，岩溶发育，含水性强，是区域性富水含水层，因距离远，不会影响C煤组的开采。长兴灰岩位于C煤组的顶部，厚0~204 m，岩溶发育，溶洞主要分布在长兴灰岩中上部，集中在-50 m标高，个别达-220 m，溶洞最大高度20 m，一般2~5 m，岩溶率3.53%。长兴灰岩之上是第四纪红土、流砂和砾石层，两者间无隔水层，大气降水通过第四纪松散层渗透补给长兴灰岩。在井田西部，古近系砾岩岩溶含水层厚250 m，岩溶发育，成为长兴灰岩的直接补给水源。井田内田东小河流经井田中部长兴灰岩低洼地段，枯水期排泄地下水，洪水期补给地下水。

1972—1973年初，利用直通式放水钻孔在井下进行放水疏干，历时109天，共疏放地下水160.6×10^4 m^3，主孔水位下降了57.73 m，顶板长兴灰岩岩溶水水位降到+27.53 m标高。但因地面产生大量岩溶塌陷，危及云庄村的安全而被迫停止放水疏干。为使矿井达到移交生产的标准，在-60 m标高补掘总回风巷。-60 m总回风巷全长313 m，其中240 m在F_{46}断层上盘长兴灰岩下段含水性极弱的岩层内掘进，巷道掘至F_{46}断层处全巷道涌水量仅1 m^3/h。当-60 m总回风巷进入F_{46}断层下盘后，改为向西北拐弯掘25°上山沟通煤巷时，上山掘进到40.2 m，标高为-43 m处，遇落差1 m的小断层，该断层与另一落差为48 m的F_{46}断层在上山巷道迎头水平距9 m处交叉，致使迎头顶板抽冒，冒高4 m，冒顶后顶板标高已达-39 m。1974年7月7日15时50分，发生闷雷般巨响，随之发生了特大突水事故，仅85 min淹没巷道27600 m^3，造成全井被淹，突水量达19482 m^3/h。在地面702钻孔范围出现一个直径15 m的锅形塌陷坑，沿F_{46}断层有23个塌陷坑。井下突水时，地表泉水干枯，小河断流。

事故发生主要原因是云庄煤矿-60 m标高总回风巷在长兴灰岩中掘进，长兴灰岩的下部含水性一般较弱，中上部含水性强。总回风巷240 m长的巷道在长兴灰岩底界面上25 m含水性弱的岩层中掘进，故巷道涌水量极小。巷道过F_{46}断层后，拐弯掘上山40.2 m，遇小断层处标高已在 -43 m，它与云庄煤矿 702 钻孔揭露的 -35.7 m 最低岩溶发育高差仅有 7.3 m。巷道抽冒后空顶标高 -39 m，这时距附近最低岩溶带只有 3.3 m 的垂直差，加之 F_{46}断层和小断层交叉处距冒顶点仅有 9 m 水平距离以及断层交叉处岩石破碎等因素的综合影响，导致了这次突水。

2. 江西九江东风煤矿灰岩岩溶水体下煤巷透水事故

东风煤矿井田地质构造较简单，呈单斜构造，平均倾角 38°。4 条大断层，落差 20 m。在煤巷中，每隔 5 ~ 10 m 便有一条落差 1 ~ 5 m 的小断层，大都呈 "X" 形成对出现。断层的破碎带一般较小、较光滑，有较小的面状空间，可以作为导水的通道。两断层交叉处的岩石较破碎，小断层、裂隙、溶洞较发育。

东风煤矿的可采煤层为二叠纪乐平组单一煤层，厚度变化较大，平均厚度 1 m。煤层顶板为长兴灰岩，间接顶为青龙灰岩，底板为茅口灰岩，煤层底部有一层 1 ~ 3 m 厚的黏土页岩，区内东西各以一条大断层为界。

井田内主要含水层有 3 层，由下而上依次为茅口灰岩、长兴灰岩、青龙灰岩。长兴灰岩为煤层顶板，厚 20 ~ 30 m，长兴灰岩之上为 6 ~ 10 m 厚的钙质细砂岩及硅质岩，其上是厚度 300 m 以上的青龙灰岩。井下生产过程中所发生的突水点多数在长兴灰岩内，其稳定后的流量由不足 10 m^3/h 到 60 m^3/h 不等，径流时间也长短不一，最长可达数年以上。较明显的 3 次透水为 1974 年 7 月 4 日发生在 ±0 m 水平的煤巷掘进迎头透水，1981 年 11 月 12 日发生在 -36 m 标高的回采煤层顶板透水以及这一次的顶板透水。这 3 次透水的初始水量都超过 100 m^3/h。

这次透水的采空区是 1982 年 9 月以前回采完毕的。从回采工作开始到结束，透水点之下的 -42 m 水平平巷及其周围都未发现任何异常现象。1983 年 1 月 31 日 6 时 10 分左右，发现从 -42 m 水平平巷的棚顶流下一些夹有高岭土的煤泥淤积在透水点下方的平巷底板上，接着发生了透水事故，由于水势凶猛，水头迅速上升，导致淹井。

事故发生主要原因是地下溶洞沟通顶板裂隙而透水。这次事故是在较短时间内发生的一次爆发性类型溶洞透水，事先无任何征兆。水文地质资料不清，对顶底板含水层的积水、含水层的径流方向、径流带、水量及补给条件、裂隙和溶洞的分布情况不清；乱采乱挖现象严重；对含水丰富的煤层顶底板，没有采取先排水、后疏干的疏放降压措施就进行回采和掘进等，是这次事故应吸取的主要教训。

3. 贵州思南天池煤矿掘进接近煤层顶底板厚层灰岩溶洞水突出事故

天池煤矿井田内无大河流、山塘，地表水主要来源于大气降水；地下含水层主要为下二叠统茅口组和上二叠统吴家坪组，岩性均为石灰岩，主要含岩溶裂隙水和岩溶溶洞水，由于节理、裂隙及断裂构造发育不均一，茅口组和吴家坪组两个含水层是不均一含水层。

天池煤矿含煤岩系为上二叠统吴家坪组，该组底部含煤层 1 层，厚 0.5 ~ 1.4 m，平均 0.8 m 左右，倾角 10° ~ 14°。煤层顶板为吴家坪组灰岩，吴家坪组之上为二叠系长兴组灰岩，中下部夹薄层炭质、泥质页岩。煤层底板为含黄铁矿铝土质黏土岩，厚度 0.4 ~ 4.0 m，其下为茅口组灰岩。

2004 年 12 月 12 日 8 时，1 号上山掘进工作面采用手镐挖煤掘进，准备与上部四平巷贯通。10 时 30 分，1 号上山掘进工作面突然发生透水，短时间内大量水流从 1 号上山涌出，迅速淹没井底大巷（一水平）和二平巷等井巷。随后，与其相通的伍银煤矿的部分巷道被淹。

事故发生主要原因是天池煤矿1号上山在掘进过程中，由于水文地质情况不清，接近了与煤层立体斜交的隐伏的岩溶溶洞，在强大的水压力作用下，承压水冲破12 m左右的煤体，从巷道前方溃出，发生透水事故。

3.2.5　我国煤矿老空水体下采煤的典型水害实例

老空水水害大多发生在掘进工作面，只有少部分发生在采煤工作面。

3.2.5.1　老空水体下掘进引起的水害实例

1. 广西百色右江那读煤矿掘进透老空水特别重大事故

那读煤矿采用倾斜或走向长壁式全部垮落采煤法，爆破落煤。二、三、四号煤层为可采煤层，其中三号煤层为主采煤层，煤层厚度2.36 m。矿井正常涌水量为9 m^3/h，最大涌水量为20 m^3/h。-52 m水平设有中央泵房，水仓总容量936 m^3，排水能力300 m^3/h。矿井周边有废弃小煤矿老窑积水。

2008年7月21日11时40分，掘进作业时在4304工作面的中间巷与第三开切眼的交叉处发现水流突然增大，30 min后，出水点水量减小，随后又开始作业。15时32分，发生透水事故。

事故发生主要原因是该矿四采区4304工作面风巷第三开切眼掘进导透老空区水，导致采掘区域被淹，造成作业人员死亡。

2. 江西吉水石莲煤矿掘进发生老空水重大透水事故

石莲煤矿主要开采二叠系龙潭组王潘里段 C_1 煤层，煤层平均厚度0.98 m。矿井水文地质条件为简单—中等类型，以裂隙充水为主，井下涌水主要来自地表降水。溪沟、小水库、池塘和老窑遍布井田。

2003年7月26日10时39分左右，井下±0 m水平改一主上山掘进工作面发生透水事故。

事故发生主要原因是石莲煤矿浅部老窑多，早在1993年就曾发生过一次老窑透水事故。在±0 m水平以上作业应该坚持先探后掘的原则，改一主上山对应的地面附近已发现老窑痕迹。在可能存在水害的情况下，未能按照“有疑必探，先探后掘”的探放水原则及时探水，仍然盲目继续掘进，在事故当班震动爆破后，使老空水滞后突破隔水煤层突然涌出。未按规定组织探放水，盲目蛮干，是这次事故应该吸取的教训。

3.2.5.2　老空水体下回采引起的水害实例

1. 广东梅州大兴煤矿大面积老空水体下采煤急倾斜煤层抽冒特别重大透水事故

大兴煤矿采用斜井开拓方式，主井、副井和风井3条明斜井与暗斜井分3级延深至-480 m水平。布置6个水平、34个采煤工作面、12个掘进工作面，采用斜坡短壁采煤法，打眼爆破落煤工艺，自然垮落法管理顶板，开采顺序为下行式。

大兴煤矿开采3个煤层，其平均厚度分别为0.91 m、3.54 m、1.11 m。煤层倾角平均65°，属急倾斜煤层，开采水平为-290～-500 m水平。矿井正常涌水量150 m^3/h，最大涌水量200 m^3/h。

大兴煤矿前身为原四望嶂矿务局一矿井田范围内的小煤窑。在原四望嶂矿务局范围内，约有300处小煤窑。1999年11月，因小煤窑开采破坏和连降暴雨而引发各矿井被淹，井下巷道大量积水。原四望嶂矿务局破产后，各矿均在 -180 m 以上各水平构筑了井下堵水闸墙，6 对矿井共构筑 29 处堵水闸墙，使 -180 m 水平以上老空区大量积水，形成水淹区。经估算，积水量为 $1500\times10^4\sim2000\times10^4$ m^3。大兴煤矿在 -180 ~ -290 m 水平留设了 110 m 防水煤柱，并将矿井井巷向深部延深，开采水淹区下深部煤炭资源。

大兴煤矿井田内共有 6 个相对含水层组和 4 个相对隔水层组，导水裂隙不发育，含水性较差，矿井本身水文地质条件简单。但上部水淹区的水位标高约 +262 m，水淹区底界标高约 -180 m，该老空水体的水头压力约达 4.4 MPa，对矿井安全威胁严重。

2005 年 8 月 7 日 13 时 13 分，大兴煤矿主井发生透水，透水后主井、副井井筒均有雾气冒出，出现反风现象。透水后约 50 min，水位已从矿井最深部（ -480 m 水平）上升了 725 m，离主井口斜长 80 m（ +245 m 水平）。经估算，矿井总透水量约 25×10^4 m^3。

事故发生主要原因为大兴煤矿透水前井下布置 46 个采掘工作面，超强度开采，导致急倾斜煤层严重抽冒，破坏了上部留设的安全防隔水煤柱，使上部老空积水迅速溃入井下，导致透水事故发生。在大兴煤矿主井东翼四煤 -400 m 石门以东 150 m 附近，因煤层倾角大，是全矿井煤层倾角最大的地方，平均达 75°左右，近似直立，煤层厚度大，3 ~ 4 m，距 F_{16} 逆断层较近，小断层发育，煤质松软，极易发生抽冒，且是该矿的主要产煤区，事故前该区域开采强度大，大量出煤，曾多次发生抽冒。透水事故发生前的 8 月 7 日早上，还在该地区采出 120 t 煤。据调查，在 -400 m 水平的一个反眼处就放出了 12000 t 煤。据物探结果，透水通道位置在 -180 ~ -290 m 水平靠近 F_{16} 逆断层。

2. 辽宁抚顺老虎台煤矿老空水体下综放开采透水事故

老虎台煤矿于日伪时期建设开采，老虎台井田位于抚顺煤田中部。矿井采用斜井、立井阶段水平大巷开拓方式，有 3 个生产水平（ -330 m 水平、 -630 m 水平、 -730 m 水平）和 1 个准备水平（ -830 m 水平，无准备工作面，正掘瓦斯巷工程）。采煤方法为走向长壁综合机械化放顶煤，井下有 3 个采煤工作面，即 -330 m 东翼综放面、63003 综放面、73003 综放面；4 个掘进工作面，即 83002 运输巷煤掘面、83002 回风煤门岩掘面、73003 二期尾巷煤掘面、-630 ~ -580 m 排风道煤掘面。

矿井水文地质条件比较简单，共有 4 个含水层，除第四纪冲积层为强含水层外，其余均为弱含水层。井下水来自两个方面，一是矿井自然涌水，最大为 816 m^3/h，最小为 540 m^3/h；二是原龙凤煤矿来水，最大为 744 m^3/h，最小为 510 m^3/h。

事故发生在 -730 m 水平 73003 综放面。该工作面 2006 年 9 月 15 日开始回采，至 2007 年 3 月 10 日，共推进 194 m。西邻 83001 已采区，东边至 F16 -1 断层，以东为无煤区，南邻 -680 m 水平中央煤柱未准备区及 -680 m 水平 68002 与 73001 已采区，北至 F18、F16 煤柱线。煤层平均厚度 19 m，倾角 14° ~ 32°，回采标高为 -730 ~ -630 m，正常涌水量 82.8 m^3/h，最大涌水量 93.6 m^3/h。采煤方法为走向长壁综采放顶煤，自然垮落法管理顶板，具有冲击地压倾向性。工作面支护采用 ZF8000 -19/29H 型液压支架，端头支架为 ZFT28000/20/32S 型。工作面长度 79.5 m，采高 2.87 m，每刀截深 0.5 ~ 0.6 m，原班推进度 1.25 m。作业方式为“四六”作业制，即一班割煤、一班放煤、一班检修、一班空班。

2007 年 3 月 10 日二班，73003 综放面工作正常。20 时 44 分，大量湍急的水从工作面方向涌出，20 min 左右，涌水消退。这次特大水害事故除人员伤亡外，还造成了工作面运输巷、回风巷和煤门巷道及其机械运输设备的严重损坏。

事故发生主要原因是位于73003综放工作面上方的68002西采煤工作面采空区积水，受73003综放工作面采煤的影响，积水溃出，导致事故发生。忽视73003综放工作面上部的68002采煤工作面采空区可能有积水的重大隐患，没有采取探放水技术措施，防治水意识淡薄，水文地质工作力量薄弱等，是这次事故应吸取的教训。

3. 甘肃张掖山丹县吴涛煤矿巷采发生老空透水事故

吴涛煤矿属平坡煤田的一部分，井田为单斜构造，水文地质条件简单，地下水来源缺乏，有断层裂隙水及老空积水，地表无常年性流水和水体。矿井正常涌水量4.8 m^3/h，最大涌水量15 m^3/h。

透水地点为该矿三槽一水平南翼巷采工作面处（标高1515 m，此处超出该矿井田边界水平距离300 m，超深25 m）。该采煤工作面长度约12 m，爆破落煤，V型刮板输送机运煤到平巷，人工装煤推车外运。事故前工作面处于刚爆破完正在装煤的过程中。

2004年5月23日上午，发现工作面煤壁底部有水渗出，11时30分爆破完，过了约10 min，工作面突然发生透水。透水后主井三级联络下山12 m被水淹没，副井井筒545 m以下被水淹没。

事故发生主要原因是井下开采严重超层越界，在无探放水设备、没有落实探放水措施的情况下，冒险在已报废的老空下部进行回采作业，爆破诱发相邻矿井老空积水瞬间突出。

4. 贵州毕节赫章六合煤矿老空积水下采煤重大透水事故

六合煤矿井田内有可采和局部可采煤层4层，分别为C_{201}、C_{202}、C_{203}、C_{204}煤层，厚度分别为2.0 m、5.0 m、1.2 m、0.9 m，煤层倾角16°。C_{201}煤层与C_{202}煤层层间距为20～22 m，新井C_{201}回风巷有一落差为5 m左右的断层。矿区老窑开采情况复杂，水文地质条件属复杂类型。

2004年9月5日7时20分，六合煤矿新井井下因开采煤柱造成大面积冒顶，垮透C_{202}煤层老窑，造成老窑积水突入C_{201}煤层巷道内。

5. 江苏徐州旗山煤矿老空积水下水采抽冒透水事故

旗山煤矿－300 m水采区为新（新庄井）旗（旗山井）贯通下山煤柱，处于4号断层下盘的不对称向斜两翼，南翼陡，北翼缓，倾角18°～57°，开采下石盒子组（夏桥系）三层煤，煤厚平均3 m，顶板为灰白色中粗粒厚层砂岩。南翼上部以新4号断层为界，上部有铜山县大吴煤矿在－220 m标高以上采煤。－300 m水采区的其他三面均与本矿1974年以前的老空区相邻，开采中已多处揭露，证实无老空区积水。

新旗贯通下山从井田南翼急倾斜煤层底板岩石穿过4号断层进入水采区，经断层下盘向斜轴部煤层到达北翼缓倾斜煤层顶。水采区11漏斗的六平巷与该下山煤巷段相通，该平巷在回采前仍作该区进风、行人、运料之用。

1981年1月11日，事故发生前10天，在南翼急倾斜的12漏斗，采空区与新旗贯通主下山已经相通，回采13漏斗与12漏斗之间的煤时曾发生3次小型突水，同时还夹有几十块新旗贯通下山碹巷垮落下来的料石，但未引起重视。12日中班，回采14漏斗时又发生了两次小的突水。当夜地质科对该水情及水源进行了分析，于13日上午发出了水害通知单："由于新旗贯通主下山有少量水向下倒灌……工作面地处急倾斜易产生突水。"生产技术工作相应采取了保证巷道无坏棚、沿路畅通、水枪的水压要升压慢而降压快等措施后，继续生产。此后，直到发生事故前没有出现过出水现象。但1月21日23时30分中班交班后，22日的夜班工人刚接班开始回采15漏斗时，抽冒透14漏斗以上老空水，于23时45分突然发生透水，1800 m^3 水和500 m^3 碎矸残煤一泻而出，很快将煤浆道口上三角门冲垮堵塞，瞬时水量达57000 m^3/h，煤水泵房被淹，造成人员死亡。

事故发生主要原因是周围都是本矿自采区，多处揭露证明采空区无水，新旗贯通下山又有六号平巷与之相通，一直作为行人道，回采13、14漏斗时虽发生过5次小型突水，分析认为新旗贯通下山有少量水向下倒灌，未认识到淤堵聚积的可能性和严重性。事后查明，铜山县大吴煤矿不用直通地面的井口泵房将水排到地面，而是私自扒开通旗山煤矿西翼 -220 m 水平大巷的新旗贯通车场，往大矿废巷排水，造成水沿新旗贯通下山流入本水采区的老空区，遇适宜条件便淤积起来，使旗山煤矿早已疏干的采空区重新充水。由于本水采区又处于新4号断层下盘亚急倾斜（57°）部位，顶板砂岩坚硬，采后不易垮落，采空区便形成槽状蓄水库。矿地质、技术、安全部门事前都没有掌握和分析上述情况，造成水害预报不准确，防水措施缺乏针对性。

3.2.6　我国煤矿采动离层带蓄积水体下采煤的典型水害实例

采动离层带蓄积水体突出灾害所发生的频次虽然十分有限，但其对安全生产所构成的危害却不容忽视。2005年5月21日发生在安徽淮北海孜煤矿的745回采工作面溃水灾害是一例典型的且十分罕见的离层带突水灾变案例。

事故发生在海孜煤矿84采区7号煤层745工作面，采用炮采工艺，顶板管理为全部垮落法，采厚2.2～2.5 m。此前已在8采区开采了4个7号煤层工作面，在7号煤层下方开采了3个8号煤层工作面。

745工作面于2005年5月16日12时45分沿走向推进距离达140 m，出现了350 m^3/h 的涌水量，约6 h后水量降至200 m^3/h，约3天后水量衰减到35 m^3/h。又经过2天左右，突然大量出水，瞬时突水量达3887 m^3/h，并溃出矸石、煤量500 m^3，阻塞巷道53 m，阻塞工作面30 m。溃水水量之大、来势之凶猛，是海孜煤矿7号煤层顶板历次突水所没有的，在两淮矿区的顶板突水记录中也是没有的。

事故发生主要原因是745工作面沿走向已推进140 m，地表下沉及工作面上覆岩层移动正值活跃期，7号煤层上覆厚度170 m的岩浆岩，其移动变形在矿山压力综合作用下产生了巨大的动压；据地表实际观测资料，海孜煤矿84采区1042解放层工作面开采10号煤层（采厚约2 m）后的地表下沉仅0.1 m，说明10号煤层开采解放层后在巨厚岩浆岩下面的砂岩层形成了明显的离层空间，使得顶板离层在砂岩富水区存在积聚水的空间，形成了明显的采动离层带蓄积水体；由于受到采动破坏性影响波及和岩浆岩床下沉所产生的巨大动压同时作用等综合影响，溃水通道被瞬间冲破，离层带水体迅猛突出，酿成事故。溃水前无突水预兆，溃水时瞬时溃水量达3887 m^3/h，溃水后水量衰减快。对特殊地质采矿条件下离层带蓄积水体及其突水危害缺乏认识和研究，是这次事故应吸取的主要教训。

4　我国煤矿水体下压煤问题的宏观分类

我国煤矿地质采矿条件复杂多变，水体下压煤开采问题十分普遍，水体的性质及规模的大小以及对矿井安全的威胁程度，水体下压煤的状况及其解决该类问题的难易程度，区域生态环境对水资源保护要求的高低及其与水体下压煤开采矛盾的尖锐程度，乃至水体下压煤资源的合理开发与地区经济的协调发展等，对于水体下采煤的战略决策和宏观控制乃至水体下采煤技术的发展方向和可持续发展战略等都有着不同的要求。所以，从发展战略角度对水体下压煤问题进行宏观分类，对于合理开发水体下压煤资源、确保矿井生产安全、维护区域生态环境以及推动水体下采煤技术的进步等都具有十分重要的现实意义。

水体下压煤问题的宏观分类必须综合考虑水体类型与规模、煤层赋存条件与特征、覆岩结构与性能、采动破坏性影响的程度与特征、采煤工艺与方法、开采技术水平与采场管理能力、生产矿井的规模及防灾抗灾能力等因素的影响。由于水体、煤层、地层、开采条件以及采动影响程度等的复杂性和特殊性，加之成煤及上覆地层形成的漫长历史过程，为简单起见，对水体下压煤问题的宏观分类主要从水体类型、煤层赋存条件、地层结构特征、采动影响程度以及聚煤年代及成煤环境和煤炭资源及水资源分布等方面加以区分。

4.1　矿区水体类型划分

在解决水体下采煤问题时，首先必须正确区分水体的类型，以便针对各类水体的特点以及富水性的强弱等，采取相应的解决办法和安全措施。所以，正确区别水体类型，是决定水体下采煤可能性和可靠性的根本出发点。水在哪里，规模多大，赋存状态及补给条件如何，这些都是选择水体下采煤技术途径时需要正确分析和合理解决的问题[35]。

矿区水体类型按空间分布主要分为地表水体和地下水体两种。地表水体是指赋存于地球表面上的水体，如海洋、江河、湖泊、水库、沼泽、山沟水、稻田水等。地下水是指赋存于地壳浅层（正常情况下距地表 7 km 以内）中的水体。地下水体按埋藏条件、水体所处位置的岩层性质及水体下采煤特点和实际需要等又可分为松散含水层水体和基岩含水层水体。松散含水层水体是指松散层中的砂层水、砂砾层水及砾石层水，这类水体属孔隙水；基岩含水层水体主要指赋存位置处于基岩内的各类地下水体，如基岩中的砂岩、砾岩、砂砾岩、石灰岩岩溶等含水层水体和老采空区积水、采动离层带水、烧变岩含水带水体等。砂岩、砾岩、砂砾岩、石灰岩岩溶等含水层水体属孔隙、裂隙、岩溶水，其中岩溶水又分为隙流、脉流、管流和洞流等几种。老空区积水、离层带积水、烧变岩含水带等水体的特征与孔隙、裂隙、岩溶水的特征又有所不同。

根据地表水体、松散含水层水体和基岩含水层水体的赋存状态、水力联系以及我国部分煤田的地质、水文地质条件和处理水体下采煤的经验，可将水体分为单一水体和复合水体两大类型共7种。单一水体即指单纯的地表水体、单纯的松散含水层水体和单纯的基岩含水层水体共3种；复合水体则指上述单一水体的不同组合，常见的有地表水体和松散含水层二者构成的水体，松散含水层和基岩含水层二者构成的水体，地表水体和基岩含水层二者构成的水体，地表水体、松散含水层和基岩含水层三者构成的水体共4种。从水体下采煤需要出发，按水体与煤层之间有无隔水层又可将这7种常见的水体分为两类，其中水体与煤层之间有隔水层的为一类水体，无隔水层的为二类水体。

4.1.1　单纯的地表水体

单纯的地表水体是指江、河、湖、海、沼泽坑塘、水库、水渠、采空区上方地表下沉盆地积水、洪水、山沟水、稻田水等，且水体与松散层及基岩含水层无直接的水力联系（图4-1）。江、河、湖、海、水库属大型统一型水体，水量大，补给来源充足，对矿井生产威胁大。沼泽坑塘、水渠、采空区上方地表下沉盆地积水多属中小型统一型水体，水量较小，补给来源有限，对矿井生产威胁较小。洪水、山沟水、稻田水属季节性统一型水体，对矿井生产的影响受季节限制。

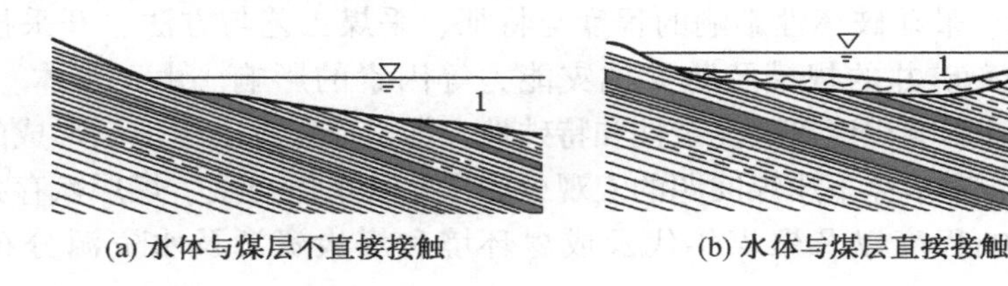

(a) 水体与煤层不直接接触　　(b) 水体与煤层直接接触

1—地表水

图4-1　单纯的地表水体类型

4.1.2　单纯的松散含水层水体

单纯的松散含水层水体是指松散层中的砂层水、砂砾层水及砾石层水。这类水体属孔隙水，其特点是流速慢、流量小。

松散含水层水体一般有松散层上部砂层水、中部砂层水、下部砂层水、松散层全部砂层水及松散层单一砂层水（图4-2）。松散层上部砂层水和中部砂层水一般富水性强，补给、径流、排泄条件好，但当其下部有较厚的黏土隔水层时，对矿井生产威胁较小。如果松散层上部砂层水和中部砂层水补给、径流、排泄条件不好，即使其下部黏土隔水层较薄，对矿井生产的威胁也是较小的。松散层下部砂层水及松散层全部砂层水对矿井生产威胁较大，特别是当砂层的富水性强，补给、径流、排泄条件好时，对矿井生产的威胁更大。

一般情况下，煤系地层上面不整合的古近纪、新近纪、第四纪地层当岩性相同时（如均为黏性土层），由于古近纪、新近纪地层沉积时代较早，在上覆岩层自重力的作用下，沉积物中的水分不断析出，甚至呈固结或半固结状态，故岩性致密，孔隙微细，水在其中的运动是十分困难和缓慢的。因此，古近纪、新近纪黏性土层的隔水性将优于第四纪黏性土层，而巨厚松散层中深部黏性土层的隔水性也将优于浅部黏性土层。

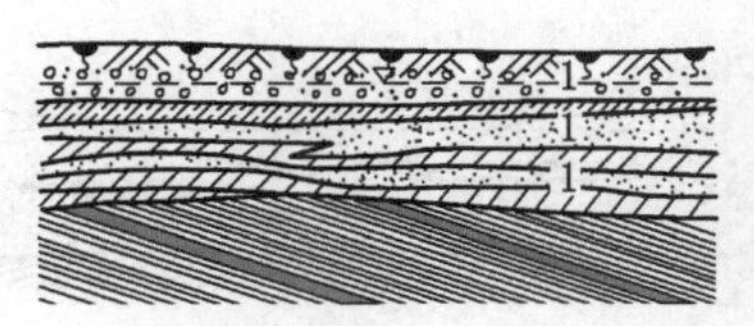

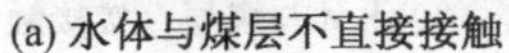
(a) 水体与煤层不直接接触

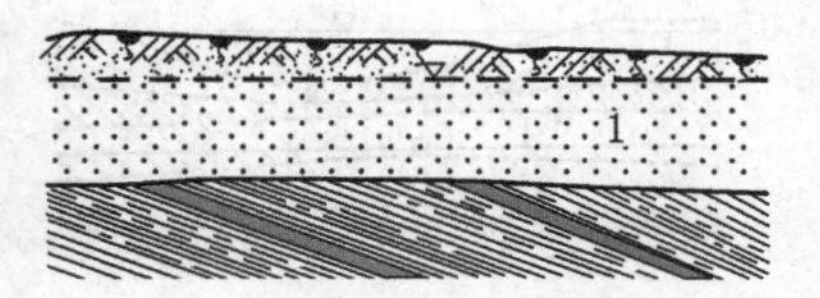

(b) 水体与煤层直接接触

1—松散层水

图4-2　单纯的松散含水层水体类型

4.1.3　单纯的基岩含水层水体

单纯的基岩含水层水体主要是指砂岩、砾岩、砂砾岩、石灰岩岩溶含水层水体及老采空区积水、离层水、烧变岩含水带水等水体。其中砂岩、砾岩、砂砾岩及石灰岩岩溶含水层水体属孔隙、裂隙及岩溶水。除砂岩孔隙裂隙水外，岩溶水的特点是流速快、流量大。

这类水体常见的有煤层直接顶和基本顶的薄层和厚层砂岩、砾岩、砂砾岩含水层水体及薄层和厚层石灰岩岩溶含水层水体（图4-3）。在这类水体中，一般是基本顶薄层含水层水体对矿井生产的威胁较小，直接顶厚层含水层水体对矿井生产的威胁较大。但是，根据含水层至煤层的距离大小、地下水的类型、含水层的富水程度、补径排条件以及开采深度的不同，其威胁程度的差别也很大。其关键是煤层顶面至基岩含水层水体底面的距离及其岩性。例如，石灰岩含水层水体，当富水性越强，补给、径流、排泄条件越好，开采深度越大时，对矿井生产的威胁也越大。

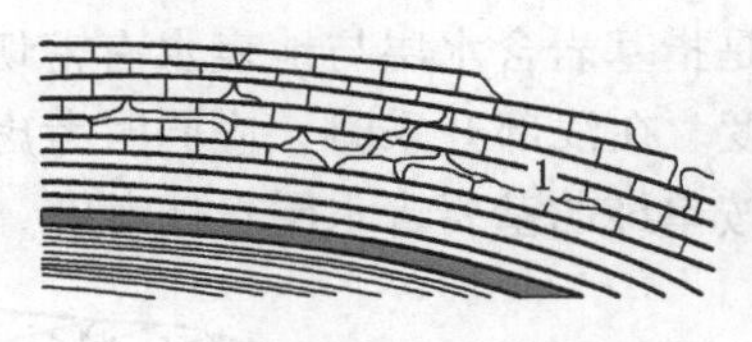

(a) 水体与煤层不直接接触

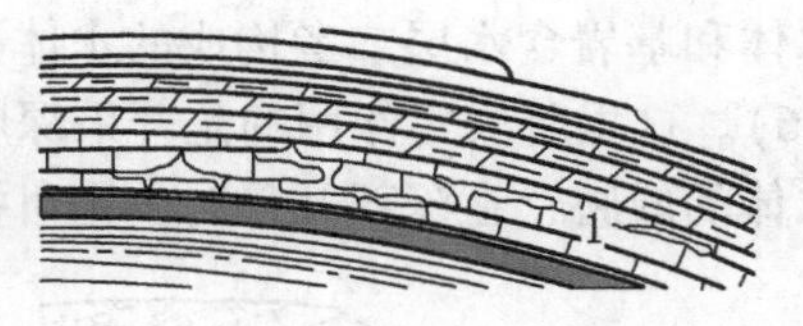

(b) 水体与煤层直接接触

1—基岩水

图4-3　单纯的基岩含水层水体类型

4.1.4　地表水体和松散含水层二者构成的水体

地表水体和松散含水层二者构成的水体是指松散含水层与地表水有密切水力联系的水体（图4-4）。这里起决定作用的是松散层中含水层的富水程度、赋存状态及松散层的总厚度。在松散层总厚度很小的条件下，可按单纯的地表水体对待；在松散层总厚度较大的条件下，则可按单纯的松散含水层水体对待。

4.1.5　松散含水层和基岩含水层二者构成的水体

松散含水层和基岩含水层二者构成的水体是指基岩含水层与松散含水层有密切水力联系的水体（图4-5）。这里起决定作用的是开采深度、松散层中含水层的富水程度、赋存状态及松散层的总厚度。在浅部开采（回采上限至基岩面的距离小于导水裂缝带高度，以

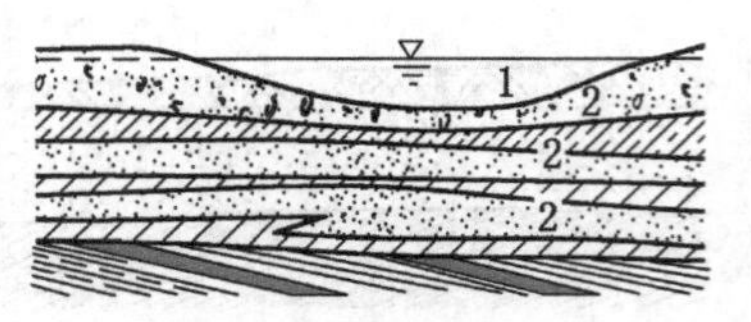

(a) 水体与煤层不直接接触

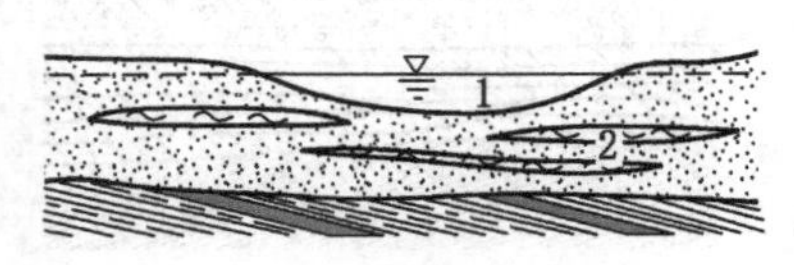

(b) 水体与煤层直接接触

1—地表水；2—松散层水

图 4－4　地表水体和松散含水层二者构成的水体类型

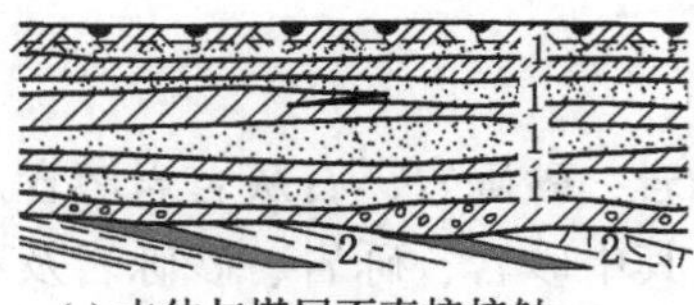

(a) 水体与煤层不直接接触

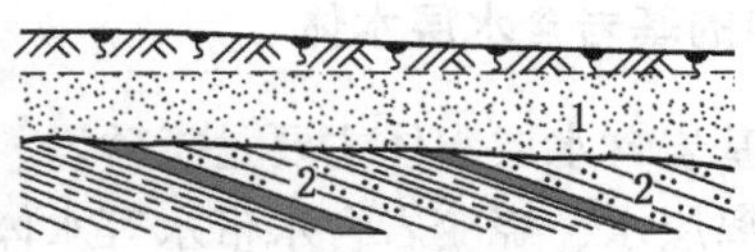

(b) 水体与煤层直接接触

1—松散层水；2—基岩水

图 4－5　松散含水层和基岩含水层二者构成的水体类型

下同）时，应同时考虑松散含水层和基岩含水层水体的威胁；在深部开采（回采上限至基岩面的距离大于导水裂缝带高度，以下同）时，则仅需考虑基岩含水层的威胁，松散含水层水体只是基岩含水层的补给水源。

4.1.6　地表水体和基岩含水层二者构成的水体

地表水体和基岩含水层二者构成的水体是指基岩含水层与地表水有密切水力联系的水体（图 4－6）。这里起决定作用的是开采深度。在浅部开采时，应同时考虑地表水体和基岩含水层水体的威胁；在深部开采时，则可按单纯的基岩含水层水体考虑。

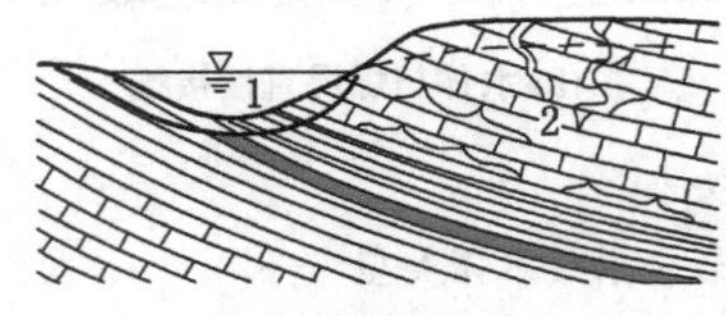

(a) 水体与煤层不直接接触

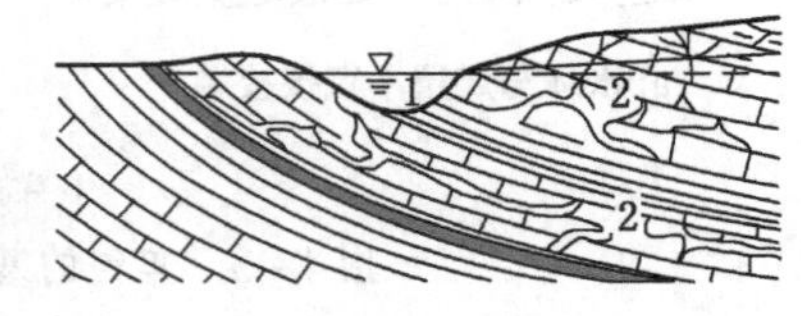

(b) 水体与煤层直接接触

1—地表水；2—基岩水

图 4－6　地表水体和基岩含水层二者构成的水体类型

4.1.7　地表水体、松散含水层和基岩含水层三者构成的水体

地表水体、松散含水层和基岩含水层三者构成的水体是指基岩含水层、松散含水层及地表水之间有密切水力联系的水体（图 4－7），一般情况是基岩含水层受到松散含水层水的补给，而地表水又补给松散含水层。这里除了应考虑开采深度外，还应考虑松散含水层的富水程度。在浅部开采时，应同时考虑地表水、松散含水层和基岩含水层 3 种水体的影响；在深部开采时，则可按单纯的基岩含水层水体对待。

上述两类 7 种常见水体类型随着其水力联系、水源补给、矿区地表地形等特点的不

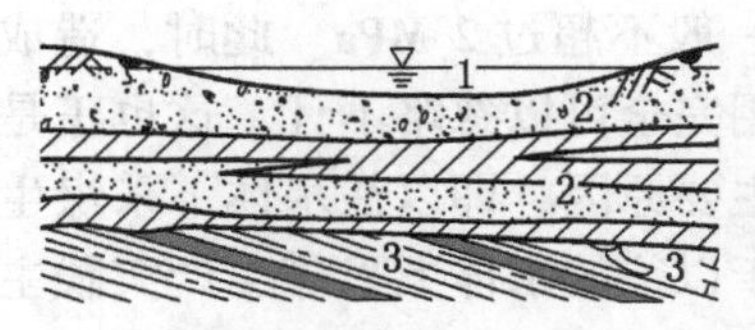
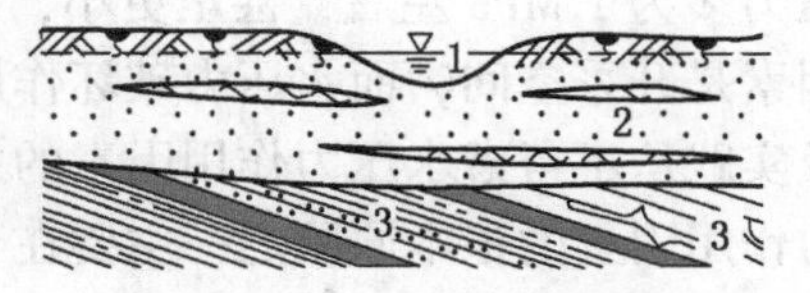

(a) 水体与煤层不直接接触　　(b) 水体与煤层直接接触

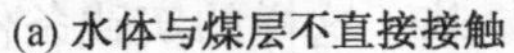
1—地表水；2—松散层水；3—基岩水

图 4-7　地表水体、松散含水层和基岩含水层三者构成的水体类型

同，也表现出对矿井生产的不同威胁。

从水体的水力联系特点来看，地表水体和松散含水层水体两种类型还可以分为水体与基岩之间有无黏土隔水层两种情况。水体与基岩之间有黏土隔水层的，对矿井生产较为有利，反之就不利。基岩含水层水体则可分为水体与煤层之间有无隔水岩层两种情况。有隔水岩层的对矿井生产的威胁较小，反之则较大。

从水源补给特点来看，地表水体、松散含水层水体和基岩含水层水体均可分为水源补给有限（不充足）和无限（充足）两种情况。水源补给有限的对矿井生产比较有利，反之则不利。

从矿区地表地形特点来看，地表水体、松散含水层水体和基岩含水层水体均可分为平原矿区和山地矿区两种情况。平原矿区地表水体、松散含水层水体与基岩含水层水体之间的水力联系一般不十分密切。在山地矿区，三者的水力联系一般比较密切。

从水体对矿井生产的危害程度方面来看，还可将水体分为灾害性水体、中等危害水体或有限危害水体以及可发生溃砂危害的水体等，如厚度大的强岩溶水体、水量充足的老采空区水体和地表的江、河、湖、海等大中型水体一般属灾害性水体，一旦突水可淹没矿井；强或中等富水松散含水层水体一般为中等或有限危害水体，一旦突水则小于矿井容水能力，不会淹井，或能排开，不会形成危及安全的积水深度，水进入井下的后果只是增加排水负担，恶化生产环境；松散含水层一般属可发生溃砂危害的水体，即使是弱富水的松散含水层，当其存在一定的水压力时，仍可发生明显的溃砂危害。

从含水层富水性方面来看，按照钻孔单位涌水量（q）和渗透系数（k）可将松散含水层水体和基岩含水层水体的富水性分为弱、中等、强和极强共4个等级标准：

（1）弱富水性含水层：$q \leqslant 0.1$ L/(s·m)，$k \leqslant 1.0$ m/d。

（2）中等富水性含水层：0.1 L/(s·m) $< q \leqslant 1.0$ L/(s·m)，1.0 m/d $< k \leqslant 5.0$ m/d。

（3）强富水性含水层：1.0 L/(s·m) $< q \leqslant 5.0$ L/(s·m)，$k > 5.0$ m/d。

（4）极强富水性含水层：$q > 5.0$ L/(s·m)。

注：评价含水层的富水性，钻孔单位涌水量以口径 91 mm、抽水水位降深 10 m 为准，若口径、降深与上述不符时，应进行换算再比较富水性。

从水压力作用角度来看，一般是水压力越大、富水性也越强时，对矿井生产的威胁越大。底板承压水上采煤的研究及实践结果表明，当水压力超过 2 MPa 时，水压力对于底板隔水层的破坏作用往往变得异常明显；而当水压力不足 2 MPa 时，水压力对于底板隔水层的破坏影响则一般不明显。以往的水体下采煤研究及实践往往局限于采深较小、含水层水压力也较小的条件，且从不考虑水压力作用因素。据不完全统计，以往水体下采煤研究与实践的水压力多为 1 MPa 左右，甚至更小，一般不超过 2 MPa。此时，造成顶板及覆岩破坏的主要因素是开采空间，而水压力破坏作用完全可以忽略不计，这也正是以往的水体下采煤研究及实践从不考虑水压力作用因素的主要原因，即以往水体下采煤生产实践中从不考虑水压力作用因素的根本原因之一主要在于以往的水体下采煤生产实践主要局限于水压力小于 2 MPa 的条件。现行的有关规程、规范也是基于这样的实践条件而编写和修订的，因而也就必然缺少该类条件下如何设计安全煤岩柱的相关规定和技术数据。但是，近年来在松散含水层水头压力达到 3 MPa 以上和开采煤层上覆煤系基岩中原生纵向裂隙发育条件下采用综合机械化采煤方法开采时，其水压力已经远远超过了 2 MPa，留设的防水煤柱尺寸虽然是按照现行的有关规程和规范进行设计的，但却均未考虑水压力作用因素，所以就发生了突水乃至淹没矿井的异常现象。如安徽省宿南矿区的祁东煤矿，在首采工作面实际最小防水煤柱垂高较原设计尺寸大 3 m 条件下所发生的十分罕见的异常突水[38]。因此，随着煤矿开采深度的加大，高水压作用条件下的防水安全煤岩柱设计问题也显得越来越突出。为了满足水体下安全开采的实际需要，应针对水压力的不同而区别对待，根据现有条件和技术水平，可按照含水层水体的水压力达到 2 MPa 来作为高水压力的下限，在水体下采煤设计中，对于达到高水压力条件的水体，当留设各类安全煤岩柱和制定相应的防治水安全措施时，应酌情考虑水压力作用因素。尤其是当水压力超过 3 MPa 以后，还应充分考虑高水压力对于保护层的作用影响等问题。按照水体下安全采煤等实际需要，可将水压力分为以下 4 个等级：

（1）水压小于 1 MPa：进行水量充足的老采空区积水等灾害性水体下采煤设计时，应根据水量大小、煤（岩）层厚度和强度及安全措施等情况酌情考虑水压力作用因素；进行其他含水层、断层和陷落柱等含水体下采煤设计时，可不考虑水压力作用因素。

（2）水压大于或等于 1 MPa 并小于 2 MPa：进行水量充足的老采空区积水等灾害性水体下采煤设计时，应根据水量大小、煤（岩）层厚度和强度及安全措施等情况考虑水压力作用因素；进行其他含水层、断层和陷落柱等含水体下采煤设计时，一般也可不考虑水压力作用因素。

（3）水压大于或等于 2 MPa 并小于 3 MPa：进行含水层、断层和陷落柱及老采空区积水等含水体下采煤设计时，应考虑水压力作用因素。

（4）水压大于或等于 3 MPa：进行含水层、断层和陷落柱及老采空区积水等含水体下采煤设计时，应充分考虑水压力作用因素。

从水体形成角度看，水体还可以分为自然水体和人为水体两大类。自然水体是指自然形成的水体，如前述水体中的海、江、河（人工河除外）、湖（人工湖除外）等完全由自然因素而非人工因素形成的地面水体，松散层含水层水体，除老采空区积水区、开采煤层顶板离层带蓄积的水体等以外的基岩含水层水体等。人为水体是指受人为因素影响而形成的水体，比较典型的主要有水库、人工河、人工湖、人工池塘、地表塌陷区积水等地面水体，以及位于地下的老采空区积水区水体，甚至还包括开采煤层顶板离层带蓄积的水体等。其中，位于地下的人为水体往往具有更大的危险性。其原因就在于该类水体紧靠开采区域，水体的赋存形式又十分集中，甚至类似于明水体，一旦形成导水通道，其出水形式一般十分突然和集中，往往在极短的时间内突出大量的涌水，对井下现场作业人员的生命安全构成极大的威胁。

从生产实用角度出发，水体下采煤中水体的分类还应该考虑水体受到开采影响方面的问题。所以，按水体的类型、流态、规模、赋存条件及允许采动影响程度，将受开采影响的水体又分为3类不同的等级，并已纳入《“三下”采煤规程》。这3类采动等级的水体及其所包括的水体类型和允许的采动程度主要如下：

（1）Ⅰ类水体，不允许导水裂缝带波及水体，其水体类型主要包括：

①直接位于基岩上方或底界面下无稳定的黏性土隔水层的各类地表水体。

②直接位于基岩上方或底界面下无稳定的黏性土隔水层的松散孔隙强、中含水层水体。

③底界面下无稳定的泥质岩类隔水层的基岩强、中含水层水体。

④急倾斜煤层上方的各类地表水体和松散含水层水体。

⑤要求作为重要水源和旅游地保护的水体。

（2）Ⅱ类水体，允许导水裂缝带波及松散孔隙弱含水层水体，但不允许垮落带波及该水体，其水体类型主要包括：

①底界面下为具有多层结构、厚度大、弱含水的松散层，或松散层中上部为强含水层、下部为弱含水层的地表中小型水体。

②底界面下为稳定的厚黏性土隔水层，或松散弱含水层的松散层中上部孔隙强、中含水层水体。

③有疏降条件的松散层和基岩弱含水层水体。

（3）Ⅲ类水体，允许导水裂缝带进入松散层孔隙弱含水层，同时允许垮落带波及该弱含水层，其水体类型主要包括：

①底界面下为稳定的厚黏性土隔水层的松散层中上部孔隙弱含水层水体。

②已或接近疏干的松散层或基岩水体。

按照水体的赋存条件、水力联系、水源补给、水体对矿井生产的危害、含水层的富水性、水压力的作用以及允许采动影响程度和处理水体下采煤的经验等进行分类的情况见表4－1。

表4－1 从水体条件出发进行分类的情况

<table>
<tr><th>条 件</th><th colspan="5">类 别 及 内 容</th></tr>
<tr><td rowspan="7">按水体赋存位置及埋藏条件</td><td>地表水体</td><td colspan="4">海洋、江河、湖泊、沼泽、山沟水、水库等</td></tr>
<tr><td rowspan="6">地下水体</td><td>松散含水层孔隙水</td><td colspan="3">砂层水、砂砾层水、砾石层水</td></tr>
<tr><td rowspan="5">基岩含水层水体</td><td>砂岩含水层水体</td><td colspan="2">砂岩、砾岩、砂砾岩</td></tr>
<tr><td>灰岩含水层水体</td><td>石灰岩岩溶</td><td>隙流、脉流、洞流</td></tr>
<tr><td colspan="3">老采空区积水区水体</td></tr>
<tr><td colspan="3">采动离层带蓄积的离层水水体</td></tr>
<tr><td colspan="3">烧变岩含水带水体</td></tr>
<tr><td rowspan="3">按处理水体下采煤经验</td><td rowspan="3">单一水体</td><td colspan="4">单纯的地表水体</td></tr>
<tr><td colspan="4">单纯的松散含水层水体</td></tr>
<tr><td colspan="4">单纯的基岩含水层水体</td></tr>
</table>

表 4-1（续）

条　件	类　别　及　内　容	
按处理水体下采煤经验	复合水体	地表水体和松散含水层二者构成的水体
		松散含水层和基岩含水层二者构成的水体
		地表水体和基岩含水层二者构成的水体
		地表水体、松散含水层和基岩含水层三者构成的水体
按水力联系特点	地表水体和松散含水层水体与基岩之间有黏土隔水层	
	地表水体和松散含水层水体与基岩之间无黏土隔水层	
	基岩含水层水体与煤层之间有隔水岩层	
	基岩含水层水体与煤层之间无隔水岩层	
按补给源	水源补给有限（不充足）的水体	
	水源补给无限（充足）的水体	
按地形	平原矿区地表水体、松散含水层水体与基岩含水层水体	
	山地矿区地表水体、松散含水层水体与基岩含水层水体	
按危害程度	灾害性水体	
	中等危害水体	
	有限危害水体	
	可发生溃砂危害的水体	
按富水性	弱富水性含水层	$q \leqslant 0.1$ L/(s·m)，$k \leqslant 1.0$ m/d
	中等富水性含水层	0.1 L/(s·m) $< q \leqslant 1.0$ L/(s·m)，1.0 m/d $< k \leqslant 5.0$ m/d
	强富水性含水层	1.0 L/(s·m) $< q \leqslant 5.0$ L/(s·m)，$k > 5.0$ m/d
	极强富水性含水层	$q > 5.0$ L/(s·m)
按水压力	低水压水体	水压小于 1.0 MPa
	一般水压水体	水压大于或等于 1.0 MPa 并小于 2.0 MPa
	高水压水体	水压大于或等于 2.0 MPa 并小于 3.0 MPa
	极高水压水体	水压大于或等于 3.0 MPa
按水体形成原因	自然水体	海、江、河（人工河除外）、湖（人工湖除外）等完全由自然因素而非人工因素形成的地面水体
		松散层含水层水体
		除老空区积水、采动离层带积水等人为水体以外的基岩含水层水体，含烧变岩含水带等自然水体
	人为水体	地面的水库、人工河、人工湖、人工池塘、地表塌陷区积水等
		采空区积水区水体
		煤层顶板采动离层带蓄积的水体

表4-1（续）

<table>
<tr><th>条　件</th><th colspan="2">类　别　及　内　容</th></tr>
<tr><td rowspan="12">按水体类型及允许采动影响程度</td><td rowspan="5">Ⅰ类水体</td><td>直接位于基岩上方或底界面下无稳定的黏性土隔水层的各类地表水体</td></tr>
<tr><td>直接位于基岩上方或底界面下无稳定的黏性土隔水层的松散孔隙强、中含水层水体</td></tr>
<tr><td>底界面下无稳定的泥质岩类隔水层的基岩强、中含水层水体</td></tr>
<tr><td>急倾斜煤层上方的各类地表水体和松散含水层水体</td></tr>
<tr><td>要求作为重要水源和旅游地保护的水体</td></tr>
<tr><td rowspan="3">Ⅱ类水体</td><td>底界面下为具有多层结构、厚度大、弱含水的松散层，或松散层中上部为强含水层、下部为弱含水层的地表中小型水体</td></tr>
<tr><td>底界面下为稳定的厚黏性土隔水层，或松散弱含水层的松散层中上部孔隙强、中含水层水体</td></tr>
<tr><td>有疏降条件的松散层和基岩弱含水层水体</td></tr>
<tr><td rowspan="2">Ⅲ类水体</td><td>底界面下为稳定的厚黏性土隔水层的松散层中上部孔隙弱含水层水体</td></tr>
<tr><td>已或接近疏干的松散层或基岩水体</td></tr>
</table>

注：表中的Ⅰ类水体条件下不允许导水裂缝带波及水体；Ⅱ类水体条件下允许导水裂缝带波及松散孔隙弱含水层水体，但不允许垮落带波及该水体；Ⅲ类水体条件下允许导水裂缝带进入松散层孔隙弱含水层，同时允许垮落带波及该弱含水层。

4.2　煤层赋存条件分类

从煤层赋存条件来看，煤层的倾角、厚度和埋藏深度等，是确定煤矿开发方案的重要依据，对覆岩破坏高度的影响十分显著，从而直接决定着水体下采煤的可能性和安全性。随着所开采煤层倾角和厚度等的不同，覆岩的破坏发展过程、破坏性影响的分布形态、最大高度等主要特征都会发生变化。所以，从水体下采煤需要角度出发，其煤层赋存的条件主要应反映在煤层倾角、煤层厚度、埋藏深度等方面。

4.2.1　煤层倾角

在一定条件下，随着煤层倾角由小到大逐渐变化，在采空区倾斜方向上，覆岩破坏范围的最终分布形态也由马鞍形逐步转变为抛物线拱形、类似抛物线拱形、不完全椭圆拱形，最后变为完全椭圆拱形。其根本原因即在于垮落岩块在采空区的运动形式。大量的现场观测资料表明，随着煤层倾角不同，如小于35°、介于35°~54°之间和大于54°等情况，垮落岩块在采空区的运动形式也会发生本质上的变化。具体情况如下：

（1）当煤层倾角小于35°时，覆岩破坏是由顶板向上逐渐发展的，垮落岩块在采空区的运动形式是基本上就地堆积起来。随着垮落带逐步向上发展，开采空间和垮落岩层本身的空间因为垮落岩块的碎胀而被充填，并使得上覆岩层的下沉和开裂程度减小，最终趋于稳定。这时，在采厚相同的条件下，采空区中部的垮落带和裂缝带基本上是一致的。覆岩破坏范围较均衡。

（2）当煤层倾角为35°~54°时，垮落岩块在采空区的运动方式是沿倾斜方向向下滚动和滑动，其后果是采空区下部易于被垮落岩块堆积填满，垮落发展过程持续时间较短，垮落高度较小。而采空区上部则不能很快被填满，垮落发展过程持续时间比下部稍长，垮落高度也略大。这时采空区上边界所采煤层本身会发生局部片帮现象，但一般不抽冒。覆岩破坏范围也较均衡。

（3）当煤层倾角大于54°时，垮落岩块在采空区的运动形式是成堆地沿煤层倾斜方向向下滑动，垮落带和裂缝带在采空区上部发育比较充分，而下部则显著减小，其后果是引起采空区上边界所采煤层的抽冒。有时抽冒高度会到达地表，致使覆岩破坏范围出现不均衡现象。在顶底板岩层坚硬、平整、光滑和煤层松软等情况下，所采煤层本身的抽冒现象更加剧烈和突出，成为水体下开采急倾斜煤层的一个严重问题。

随着煤层倾角增大，覆岩破坏的范围还会由只出现在煤层顶板岩层内逐步过渡到同时出现在煤层顶底板岩层及其所采煤层本身位于采空区上边界的部分内。对于急倾斜煤层而言，由于煤系地层受构造运动的挤压，煤层顶底板遭受破坏的程度相对比缓倾斜煤层大，因而顶底板岩石的层理与原生裂隙较发育，较易垮落。地表塌陷调查资料充分说明，煤层倾角越大，所采煤层发生抽冒的可能性越大，垮落的过程越惨烈。尤其是当煤层倾角增大到70°~90°时，地表出现塌陷坑的现象更为明显，说明煤层倾角对所采煤层抽冒高度的影响十分严重。

根据垮落岩块在采空区的运动形式和水体下采煤的实际需要，按照煤层倾角的不同进行分类，分别为：

（1）水平及缓倾斜煤层：煤层倾角≤35°。

（2）中倾斜煤层：35°<煤层倾角≤54°。

（3）急倾斜煤层：54°<煤层倾角≤90°。

而对于急倾斜煤层又进一步分为以下两种情况：

①54°<煤层倾角≤70°。

②70°<煤层倾角≤90°。

4.2.2　煤层厚度

煤层厚度决定了开采的厚度，而采厚和采空区面积则是造成覆岩破坏的根本因素。采空区面积只在覆岩不充分采动的条件下起作用，当采空区面积达到覆岩充分采动条件时就基本上不起作用了。

一般情况下，覆岩破坏高度随着煤层开采厚度的增加而相应增大。对于急倾斜煤层而言，采空区上边界发生所采煤层本身的抽冒是一种普遍现象，在顶底板岩性和所采煤层性质相同的情况下，一般煤厚越大，发生这种抽冒现象的可能性越大，垮落范围也越大。

煤层厚度不同，其所适宜的开采方法也不同。按照开采方法的需要，可采煤层的厚度可分为：

（1）薄煤层：煤层厚度≤1. 30 m。

（2）中厚煤层：1. 30 m<煤层厚度≤3. 50 m。

（3）厚煤层：3. 50 m<煤层厚度≤8. 0 m。

（4）巨厚煤层：煤层厚度>8. 0 m。

4.2.3　埋藏深度

按照埋藏深度的不同，可以分为浅埋煤层和深埋煤层。

按照水体下采煤的需要，一般可将煤层开采后所造成的垮落带、裂缝带的顶点能够发展到地表的煤层称为浅埋煤层；反之，可将煤层开采后所造成的垮落带、裂缝带的顶点不能够发展到地表的煤层称为深埋煤层。

4.2.4　煤层距离露头的远近

根据煤层距离露头的远近，煤层还有露头区和非露头区之分。

按照水体下采煤的需要，一般可将煤层开采后所造成的垮落带、裂缝带的顶点能够发展到基岩界面（指隐伏煤层）或者地表（指直接初露煤层）的煤层位置称为露头区；反之，可将煤层开采后所造成的垮落带、裂缝带的顶点不能够发展到基岩界面（指隐伏煤层）或者地表（指直接初露煤层）的煤层位置称为非露头区。

按煤层赋存条件进行分类的情况见表4－2。

表4－2　按煤层赋存条件进行分类的情况

条　件	类　别　及　内　容	
按煤层倾角	水平及缓倾斜煤层	煤层倾角≤35°
	中倾斜煤层	35°<煤层倾角≤54°
	急倾斜煤层	54°<煤层倾角≤90° 又进一步分为54°<煤层倾角≤70°和70°<煤层倾角≤90°两种
按可采煤层厚度	薄煤层	煤层厚度≤1.30 m
	中厚煤层	1.30 m<煤层厚度≤3.50 m
	厚煤层	3.50 m<煤层厚度≤8.0 m
	巨厚煤层	煤层厚度>8.0 m
按埋藏深度	浅埋煤层	煤层开采后垮落带、裂缝带顶点能够发展到地表
	深埋煤层	煤层开采后垮落带、裂缝带顶点不能够发展到地表
按煤层至露头距离	露头区	煤层开采后垮落带、裂缝带顶点能够发展到基岩界面（指隐伏煤层）或者地表（指直接初露煤层）
	非露头区	煤层开采后垮落带、裂缝带顶点不能够发展到基岩界面（指隐伏煤层）或者地表（指直接初露煤层）

4.3　煤矿地层结构及类型的划分

4.3.1　煤矿地层结构

从开采实践观点出发，煤层的地层结构类型有地质结构、水文地质结构、力学结构及开采结构等。地质结构是指地层的成层性和接触关系等特性，水文地质结构是指地层的水文地质特性，力学结构是指岩层的力学强度特性，开采结构是指开采煤层与某一特定岩层（煤层）的关系特性。

地层的地质结构有整合结构、不整合结构或层状结构、非层状结构等类型。

从地层中隔水层和含水层的宏观组合关系看，地层的水文地质结构有单一结构、复合结构、封闭半封闭结构及覆盖结构等 4 种类型。不同类型的水文地质结构，对矿区、井田、采区和回采区段的水文地质条件、矿井防治水方法及水体下采煤的开采技术途径的选择有着不同的影响。

1. 单一结构

单一结构，就是岩层的岩性和层次是单一的和均质的（图 4－8）。当岩层为单一结构时，如为含水层，则一般储水量大，渗透性强；如为隔水层，则一般防水性好，但抗裂性不如薄层状复合结构的地层。例如，全砂松散层是一种常见的单一结构地层。所谓全砂松散层，就是松散层中基本上全部为含水砂层，特别是粗砂层、砂卵石层、砂砾石层和黏土含量少的砂层。这种全砂松散层，不但松散层本身的富水性强，而且地表水常和松散含水层有密切的水力联系，整个松散层没有隔水能力。单层砂松散层是另一种单一结构地层。所谓单层砂松散层，就是松散层中只有一个含水砂层。这种砂层的水文地质条件比较简单，多属于上部含砂松散层，极少数也有埋藏于松散层底部的情况。一般砂层厚度较大，富水性较强。又如辽源梅河煤矿十二层煤顶板为厚层状含油泥岩，可认为是煤层上覆基岩的单一结构，含油泥岩虽具有相当好的隔水性，但抗裂性比不上多层结构的同类岩层（含油泥岩的抗裂性差还与其岩性有关）。

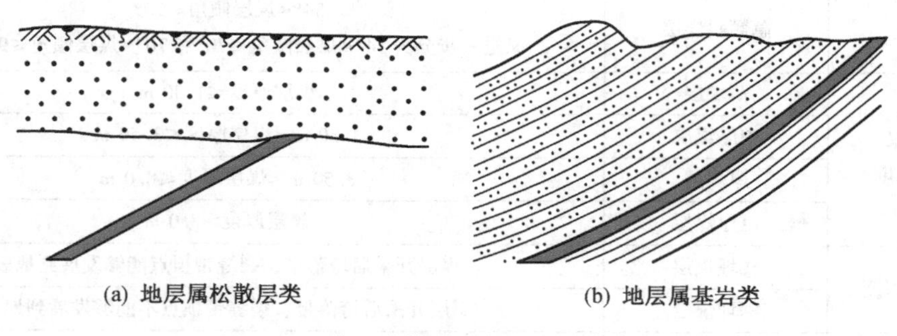

(a) 地层属松散层类　　(b) 地层属基岩类

图 4－8　单一结构型的水文地质结构类型

2. 复合结构

复合结构，就是岩层的岩性和层次是多种多样的（图 4－9）。复合结构可分为平行复合结构和交错复合结构。在复合结构的岩系中，含水层和隔水层处于分散状态。这些分散的含水层之间的垂向水力联系，因被其间的隔水层所阻隔而不畅通，地下水则以水平运动为主，一般形成“上强下弱”的富水性规律。多层砂松散层就是一种典型的复合结构地层。它们多为砂层与黏性土层交互沉积，因此，砂层与砂层之间的垂向水力联系不密切，一般是上部砂层之间的水力联系较好，下部地层因沉积时间较长；且在上部地层重力的长期作用下，砂层由疏松状逐渐变成为密实状，黏性土层则变为半固结或固结状；同时埋藏位置较深，远远低于当地侵蚀基准面，故与地表水及浅部含水层之间的水力联系较差。在多数情况下，松散层下部的弱含水砂层可以作为上部砂层水和地表水的相对隔水层。在我国华东、华北、西北地区许多煤田所见到的河流沉积相、湖泊沉积相的多层砂松散层都属于这一类型。由于砂的粒径小，含泥量大，松散层本身的富水性弱，透水性也不强。特别是当松散层厚度达百米以上时，其底部的透水性更差。

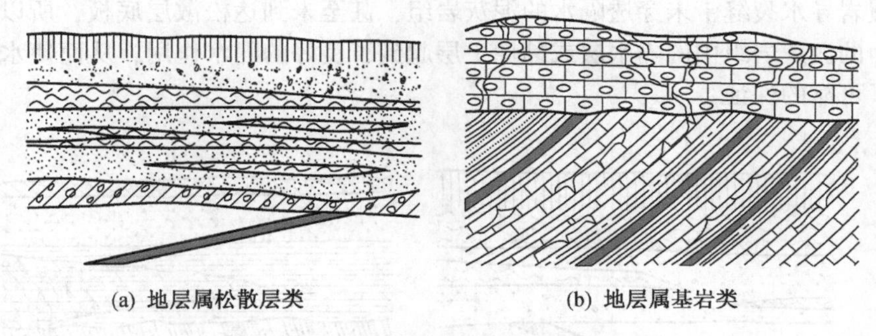

(a) 地层属松散层类　　(b) 地层属基岩类

图 4-9　复合结构型的水文地质结构类型

3. 封闭半封闭结构

封闭半封闭结构，就是具有隔水性的岩层或岩体，在一定范围内能够形成一个封闭的或半封闭的储水条件（图 4-10）。在封闭半封闭结构的岩系中，地下水以静储量为主，在垂直方向和水平方向的补给是缓慢的、有限的。因此，在这种条件下，有利于采用疏干或疏降水体的技术途径。我国煤田中河流沉积的冲积相松散层有时就具有半封闭结构特征，湖积相的泥灰岩则往往能形成封闭结构的含水地层。值得注意的是，在某些情况下，可隔水的断层带也能形成封闭半封闭的水文地质结构。例如，新汶张庄煤矿沈村井在开采十三层煤时，直接顶为第四层石灰岩含水层，由于汶南 1 号和汶南 2 号断层是隔水的，形成了东西封闭和第四层石灰岩露头接受其上覆古河床砂砾层水补给的半封闭结构，因此，成功地采用了疏干四灰水体的技术途径。

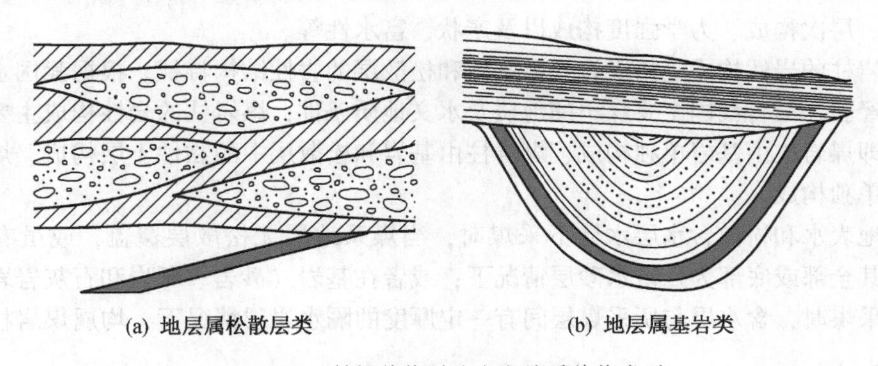

(a) 地层属松散层类　　(b) 地层属基岩类

图 4-10　封闭结构型的水文地质结构类型

4. 覆盖结构

覆盖结构，就是具有隔水性的岩层或岩体与煤系地层成不整合接触状态（图 4-11）。在覆盖结构的地层中，地表水体与地下水体，松散含水层水体与基岩含水层水体，不整合地层之间的地下水体，能够有效地被隔水盖层（第四纪黏性土层、不透水的现代风化壳或古风化壳等）所阻隔，因而有利于水体下采煤。例如，淮南矿区孔集、李嘴孜、毕家岗、新庄孜 4 个煤矿，多年来在淮河河床及滨河地区含水砂层下进行了大面积安全开采，其原因之一，从整体的观点看，就是这个地区的安全煤（岩）柱属于覆盖结构。例如，有的井田内有可隔水的泥灰岩组不整合覆盖于煤系地层之上，有的井田内有第四纪黏性土层不整合覆盖于煤系地层之上。而从局部看，多数井田内的松散层又都属于复合结构。由于采煤引起的覆岩导水裂缝带未穿透隔水的泥灰岩组，甚至未到达松散层底板，所以，在导水裂缝带上面的泥灰岩组中的隔水层或黏性土层起到了良好的隔水作用，从而使水体下安全采煤得到了可靠的保证。

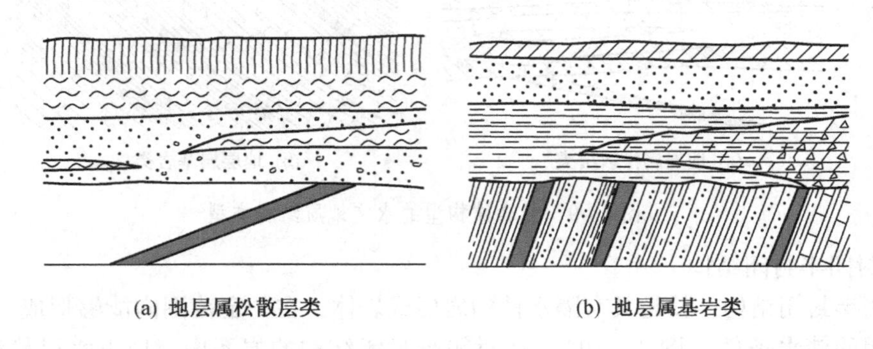

(a) 地层属松散层类　　(b) 地层属基岩类

图 4-11　覆盖结构型的水文地质结构类型

4.3.2　煤矿地层结构类型

地层的力学结构有坚硬—坚硬型结构、坚硬—软弱型结构、软弱—软弱型结构、软弱—坚硬型结构等类型。

地层的开采结构有紧贴结构、邻近结构、中距结构、远离结构等类型。

从水体下采煤角度出发，地层结构及类型重点是指煤岩柱的结构及类型，主要包括岩性构成、层次构成、力学强度构成以及产状、富水性等。

煤岩柱的岩性构成是指煤岩柱内基岩和松散层的岩性结构特征。根据我国水体下采煤的实践经验，结合我国主要煤田的地质及水文地质条件，煤岩柱的岩性构成主要分为 3 种类型，即煤岩柱由基岩单独构成、煤岩柱由基岩和松散层中的黏性土层构成、煤岩柱由黏性土层单独构成。

在地表水和松散含水层水体下采煤时，当煤系地层无松散层覆盖，或虽有松散层覆盖，而其全部或底部为强富水砂层情况下；或者在基岩（砂岩、砾岩和石灰岩岩溶等）含水层下采煤时，含水层与所采煤层间有一定厚度的隔水岩层情况下，均属煤岩柱由基岩单独构成。

煤岩柱由基岩单独构成时，煤岩柱的防水性主要取决于基岩本身的含水性及隔水性。当岩层的渗透性好、富水性强时，煤岩柱的隔水性能差，反之则隔水性能好。在地表水体及松散含水层水体下开采浅部煤层时，地表水体或松散层底部含水层水体与煤系基岩的水力联系一般很密切，矿井充水除煤系基岩含水层外，还有来自地面和松散层底部含水层的补给。此时煤岩柱的防水性尤其取决于基岩风化带的含水性及隔水性，基岩风化带的渗透性即富水性对矿井涌水量大小将起重要作用。

在煤系地层被松散层覆盖，而松散层底部为黏性土层的情况下，煤岩柱由基岩和松散层中的黏性土层构成。一般有两种可能的情况：其一是煤岩柱中的基岩厚度大于黏性土层的厚度，其二是基岩柱中的基岩厚度小于黏性土层的厚度。此时，地表水和松散层中含水层的水与煤系地层都没有直接的水力联系，或只有微弱的水力联系。从隔水效果看，这种类型的煤岩柱比由基岩单独构成的煤岩柱优越得多。

煤岩柱由黏性土层单独构成是指煤岩柱全部为松散层中的黏性土层的情况，其防水性和抗裂性都是最好的。此种条件只有极个别情况下才有可能。

煤岩柱的层次构成是指整个煤岩柱内岩层的单层厚度及其排列特征。根据我国水体下采煤的实践经验，结合我国主要煤田的地质及水文地质条件，煤岩柱的层次构成主要可分为5种类型，即煤岩柱由单一岩层构成、煤岩柱由不止一个厚层状岩层构成、煤岩柱由薄层状多个岩层构成、煤岩柱由厚层状与薄层状岩层交互构成、煤岩柱由许多厚度很小的隔水层构成。

煤岩柱由单一岩层构成时，其防水性和抗裂性一般都较差，如由厚层状砂岩、纯石灰岩构成的煤岩柱，但由厚层状单一黏性土层构成的煤岩柱的防水性及抗裂性则都好。

煤岩柱由不止一个厚层状岩层构成时，其防水性和抗裂性一般好于由单一砂岩及石灰岩等透水性岩层构成的煤岩柱，但不如由薄层状多个岩层构成的煤岩柱。煤岩柱构成中有厚层状黏性土层时其防水性及抗裂性则都好。

煤岩柱由薄层状多个岩层构成时，其防水性及抗裂性均较好，如由薄层页岩、砂岩、泥质灰岩及其互层构成的煤岩柱或由多层黏土层、砂质黏土层和砂层构成的岩柱，其防水性和抗裂性都好。

煤岩柱由厚层状与薄层状岩层交互构成时，其防水性和抗裂性一般好于由单一岩层构成的煤岩柱和由不止一个厚层状岩层构成的煤岩柱，但不如由薄层状多个岩层构成的煤岩柱。

煤岩柱由许多厚度很小的隔水层构成时，其防水性和抗裂性都较好，即使其厚度小到1 cm的岩层，只要其总厚度达到煤岩柱全厚的30% ~40%以上，并处于导水裂缝带上部及其以上位置时，其防水性和抗裂性都能满足要求。

煤岩柱的力学强度构成是指整个煤岩柱内岩层的单层力学强度及其排列组合特征。根据我国水体下采煤的实践经验，煤岩柱的力学强度构成主要可分为4种类型，即软弱—软弱煤岩柱、坚硬—坚硬煤岩柱、软弱—坚硬煤岩柱、坚硬—软弱煤岩柱。

软弱—软弱煤岩柱全部由软弱、塑性、韧性岩层构成，其防水性和抗裂性好。坚硬—坚硬煤岩柱全部由坚硬、刚性、脆性岩层构成，其防水性和抗裂性差。软弱—坚硬煤岩柱的近煤层部分由软弱、塑性、韧性岩层构成，远煤层部分由坚硬、刚性、脆性岩层构成；在这种情况下，当软弱岩层厚度大于导水裂缝带高度时煤岩柱的防水性和抗裂性好，当软弱岩层厚度小于导水裂缝带高度时煤岩柱的防水性和抗裂性差。坚硬—软弱煤岩柱的近煤层部分由坚硬、刚性、脆性岩层构成，远煤层部分由软弱、塑性、韧性岩层构成；在这种情况下，当坚硬岩层厚度大于导水裂缝带高度时煤岩柱的防水性和抗裂性差，当坚硬岩层厚度小于导水裂缝带高度时煤岩柱的防水性和抗裂性好。

按照岩层的产状特点，煤岩柱中的基岩有水平、倾斜、急倾斜或背斜、向斜以及被多断层、褶曲破坏等类型。

具有水平产状的煤岩柱，由于水平方向及垂直方向岩性及岩相的变化，位于导水裂缝带以上岩层的防水性能够充分发挥作用。具有倾斜、急倾斜产状的煤岩柱，因其露头广泛与上覆松散层接触，易于接受松散层水的直接补给。具有背斜产状的煤岩柱，根据岩性不同，其作用也各不一样。当背斜之上被含水砂层覆盖，而背斜地层为砂岩、页岩，背斜产状连续性好时，能够对急倾斜煤层采空区上边界所采煤层本身的抽冒起抑制作用。当组成背斜的地层为可溶性石灰岩类地层时，由于背斜轴部张性断裂密集，促使岩溶发育集中而成为地下水补给的良好通道。具有向斜产状的煤岩柱，当向斜地层为砂岩及石灰岩时，向斜盆地底部的富水性较强，水压较大，采掘时应特别注意顶板砂岩的涌水及水量。具有被断层、褶曲破坏的煤岩柱，对于急倾斜煤层有利。如在煤层浅部存在断层、褶曲破坏时，使煤层向上延展中断或改变产状，可能对采空区上边界所采煤层本身的抽冒破坏起抑制作用，减少松散层和地表塌陷的危险性。

按照岩层的富水性，煤岩柱中的基岩可分为强富水基岩、弱富水基岩、不富水基岩 3 种类型。

强富水基岩为结构面发育的裂隙粗砂岩、岩溶石灰岩等，煤岩柱无隔水能力。弱富水基岩多为砂质页岩、铁钙质胶结的中细砂岩等，煤岩柱的隔水性能较好。不富水基岩为泥岩、泥质页岩、泥质胶结的砂岩等，隔水性能最好。

按地层结构和覆岩特征及水体下采煤经验等分类的情况见表 4-3。

表 4-3　按地层结构和覆岩特征及水体下采煤经验等分类的情况

<table>
<tr><th>条　件</th><th colspan="3">类　别　及　内　容</th></tr>
<tr><td rowspan="16">按地层结构类型</td><td rowspan="4">地质结构</td><td colspan="2">整合结构</td></tr>
<tr><td colspan="2">不整合结构</td></tr>
<tr><td colspan="2">层状结构</td></tr>
<tr><td colspan="2">非层状结构</td></tr>
<tr><td rowspan="4">水文地质结构</td><td>单一结构</td><td>岩层的岩性和层次单一、均质</td></tr>
<tr><td>复合结构</td><td>岩层的岩性和层次多种多样</td></tr>
<tr><td>封闭半封闭结构</td><td>具有隔水性的岩层或岩体在一定的范围内能形成封闭或半封闭的储水条件</td></tr>
<tr><td>覆盖结构</td><td>具有隔水性的岩层或岩体与煤系地层成不整合接触状态</td></tr>
<tr><td rowspan="4">力学结构</td><td colspan="2">坚硬—坚硬型结构</td></tr>
<tr><td colspan="2">坚硬—软弱型结构</td></tr>
<tr><td colspan="2">软弱—软弱型结构</td></tr>
<tr><td colspan="2">软弱—坚硬型结构</td></tr>
<tr><td rowspan="4">开采结构</td><td colspan="2">紧贴结构</td></tr>
<tr><td colspan="2">邻近结构</td></tr>
<tr><td colspan="2">中距结构</td></tr>
<tr><td colspan="2">远离结构</td></tr>
<tr><td rowspan="3">按煤岩柱结构类型</td><td rowspan="3">煤岩柱的岩性构成</td><td colspan="2">煤岩柱由基岩单独构成</td></tr>
<tr><td colspan="2">煤岩柱由基岩和松散层中的黏性土层构成</td></tr>
<tr><td colspan="2">煤岩柱由黏性土层单独构成</td></tr>
</table>

表4-3（续）

条件		类别及内容	
按煤岩柱结构类型	煤岩柱的层次构成	煤岩柱由单一岩层构成	
		煤岩柱由不止一个厚层状岩层构成	
		煤岩柱由薄层状多个岩层构成	
		煤岩柱由厚层状与薄层状岩层交互构成	
		煤岩柱由许多厚度很小的隔水层构成	
	煤岩柱的力学强度构成	软弱—软弱煤岩柱	全部由软弱、塑性、韧性岩层构成，防水性和抗裂性好
		坚硬—坚硬煤岩柱	全部由坚硬、刚性、脆性岩层构成，防水性和抗裂性差
		软弱—坚硬煤岩柱	近煤层部分由软弱、塑性、韧性岩层构成，远煤层部分由坚硬、刚性、脆性岩层构成。软弱岩层厚度大于导水裂缝带高度时防水性和抗裂性好，反之防水性和抗裂性差
		坚硬—软弱煤岩柱	近煤层部分由坚硬、刚性、脆性岩层构成，远煤层部分由软弱、塑性、韧性岩层构成。坚硬岩层厚度大于导水裂缝带高度时防水性和抗裂性差，反之防水性和抗裂性好
按基岩柱产状特点	水平产状的煤岩柱		导水裂缝带以上岩层的防水性能够充分发挥作用
	倾斜、急倾斜产状的煤岩柱		易于接受松散层水的直接补给
	背斜产状的煤岩柱		背斜地层为砂岩、页岩，背斜产状连续性好时，对急倾斜煤层的抽冒能够起到抑制作用；背斜地层为可溶性石灰岩类地层时成为地下水补给的良好通道
	向斜产状的煤岩柱		向斜地层为砂岩及石灰岩时，向斜盆地底部的富水性较强，水压较大
	被断层、褶曲破坏的煤岩柱		对于急倾斜煤层有利，在煤层浅部存在断层、褶曲破坏时可能对抽冒破坏起抑制作用
按岩层富水性	强富水基岩		为结构面发育的裂隙粗砂岩、岩溶石灰岩等，无隔水能力
	弱富水基岩		多为砂质页岩、铁钙质胶结的中细砂岩等，隔水性能较好
	不富水基岩		为泥岩、泥质页岩、泥质胶结的砂岩等，隔水性能最好

4.4 煤矿水体下压煤覆岩类型的划分

覆岩的岩性及其结构特征与覆岩破坏高度有着密切的关系。以坚硬脆性岩层为主的覆岩，受开采影响后岩层易于断裂，覆岩破坏高度大；而以软弱塑性岩层为主的覆岩，受开采影响后岩层易于弯曲下沉，可以大大降低导水裂缝带的发育高度。由具有不同力学强度的岩层组合而成的覆岩对垮落带、导水裂缝带发育规律和分布特点的影响也各不相同。因此，水体下采煤覆岩类型的划分在水体下采煤中占有相当重要的地位。

4.4.1 顶板岩性结构类型

从覆岩的岩性和力学结构特征与覆岩破坏性影响最大高度关系的角度出发，可以将破坏性影响所涉及范围内的岩层，按照由煤层直接顶到基本顶的顺序，概括为 4 种类型的顶板。

1. 坚硬—坚硬型顶板

从直接顶到基本顶全部为坚硬岩层，稳定性很好。但在受到采动影响后岩层仍然能够发生碎块状垮落。这种类型顶板的典型实例为层状硅质胶结的石英砂岩和页岩互层，以砂岩为主。在垮落的发生和发展过程中，覆岩下沉量较小，开采空间和垮落岩层本身的空间几乎全部靠垮落岩块碎胀充填，垮落过程发展最充分，加之岩层开裂后不易密合和恢复原有隔水能力，所以覆岩破坏高度最大。其导水裂缝带的最大高度一般可达采厚的 18 ~ 28 倍，甚至可达 30 ~ 35 倍。

对于具有大面积巨块垮落可能性的极坚硬顶板，其发生垮落的条件及垮落高度，则取决于采空区面积、覆岩岩性及层理、节理发育程度等因素。有的要在采空区面积达到几千或上万平方米才能够垮落，有的还需更大的采空区面积才能发生垮落。

在开采顶底板岩层很坚硬的急倾斜煤层时，顶底板往往不易发生垮落，而采空区上边界所采煤层本身的垮落高度则发展得很大，有时甚至发展到地表。这是在水体下采煤时特别值得注意的问题。

2. 软弱—软弱型顶板

从直接顶到基本顶全部为软弱岩层，稳定性差，受到采动影响后易于垮落，工作面放顶后采空区立即被垮落岩块填满。这种类型顶板的典型实例一般由页岩或风化砂岩组成。在垮落的发生、发展过程中，覆岩下沉量较大，开采空间和垮落岩层本身的空间随覆岩下沉而不断缩小，所以，垮落过程得不到充分发展，覆岩破坏高度较小。此时导水裂缝带高度一般为采厚的 9 ~ 12 倍，甚至更小。

在煤系地层之上由含水松散层覆盖的矿区，开采接近基岩风化带的浅部煤层时，由于岩层受到风化作用后变得软弱，顶板属于软弱—软弱型，导水裂缝带高度显著减小。此时采空区上段覆岩破坏范围可能会大大缩小，甚至不再存在马鞍形分布形态。软弱塑性岩层内不容易产生连通性裂缝，在分层开采厚煤层和开采近距离煤层群时表现得最明显。在这种情况下，覆岩受到第一分层或第一层煤开采的影响，岩层的强度降低。因此，从开采第二分层或第二层煤开始，覆岩的下沉速度加快，开采空间因覆岩下沉而不断缩小，导水裂缝带高度相应减小。这也是软弱—软弱型顶板的一种特例。

在开采急倾斜煤层时，只要顶底板岩层是容易垮落的，采空区上边界所采煤层本身的垮落高度的增长幅度就会随着回采阶段垂高的增长而减小，并最后稳定下来。

3. 软弱—坚硬型顶板

直接顶为软弱岩层，如页岩、砂质页岩；基本顶为坚硬岩层，如砂岩、砾岩、石灰岩、辉绿岩等。这种情况下，在垮落的发生和发展过程中，直接顶也易于垮落，但基本顶的下沉速度很慢，下沉量很小，开采空间和垮落岩层本身的空间也几乎全部靠垮落岩块碎胀充填。所以，垮落过程发展得也比较充分。这时导水裂缝带范围一般能够到达坚硬基本顶。根据基本顶岩层的不同强度，基本顶或不折断而弯曲下沉；或长时间不发生移动和破坏，使得裂缝带顶点止于坚硬基本顶以下；或发生周期性折断，形成规则垮落。总之，覆岩破坏的发展过程十分缓慢。这种类型的岩层在坚硬岩层下方的离层现象明显，离层裂缝尺寸往往较大。

4. 坚硬—软弱型顶板

直接顶为坚硬岩层，如砂岩、石灰岩等；基本顶为软弱岩层，如页岩、砂质页岩或冲积层中的黏土层。在这种情况下，在直接顶发生垮落后，基本顶可随即下沉，便于减小开采空间和垮落岩层本身的空间，垮落过程得不到充分发展，导水裂缝带高度比较小。在厚松散层下开采时，当回采工作面接近松散层底部时，顶板条件即属于这种类型。

一般情况下，软弱—坚硬型顶板的导水裂缝带比坚硬—软弱型的发展更充分。

4.4.2 覆岩类型的经验划分

根据水体下采煤的实际需要和我国水体下采煤的生产实践以及近年来研究工作的成果，可将水体下采煤的覆岩分为极坚硬、坚硬、中硬、软弱和极软弱等5种基本类型。

1. 极坚硬型覆岩

极坚硬型覆岩的特征是顶板坚硬难冒，并具有大面积巨块垮落的可能性。顶板发生垮落的条件及垮落的高度取决于采空区面积、覆岩岩性的力学性能与节理、层理的发育程度等因素，往往需要采空区面积达到数千或数万平方米才能够垮落，如大同矿区的砾岩顶板。这种类型的覆岩对水体下安全采煤一般是不利的。

2. 坚硬型覆岩

坚硬型覆岩的特征是岩性坚硬，稳定性好。在采动影响下，顶板岩层能够发生碎块状垮落。其垮落过程发展得最充分，导水裂缝带高度最大，单层开采时一般可达采厚的18~28倍。岩层开裂后不易密合和恢复原有的隔水能力。这种类型的覆岩隔水性不好，对水体下安全采煤不利。

3. 中硬型覆岩

中硬型覆岩的特征是岩性硬度中等，稳定性较好。顶板能够随着工作面回柱或移架放顶而发生垮落。垮落过程发展比较充分，导水裂缝带高度较大，单层开采时一般可达采厚的12~17倍。岩层开裂后一般能够密合和恢复原有的隔水能力。这种类型的覆岩隔水性一般较好，对水体下安全采煤一般较有利。

4. 软弱型覆岩

软弱型覆岩的特征是岩性软弱，稳定性较差。工作面回柱或移架后顶板立即垮落。垮落过程发展不充分，导水裂缝带高度较小，单层开采时一般达采厚的9~11倍。岩层开裂后易于密合和恢复原有隔水能力。这种类型的覆岩隔水性好，对水体下安全采煤较有利。

5. 极软弱型覆岩

极软弱型覆岩的特征是岩性极软弱，稳定性差。当其成为工作面直接顶时一般很难维护。垮落过程发展不充分，对导水裂缝带的发育具有明显的抑制作用，导水裂缝带高度最小。岩层不易开裂，隔水性很好。这种类型的覆岩一般对水体下安全采煤最为有利。

4.4.3 覆岩类型的多因素多指标分类法

解决水体下采煤的覆岩分类问题对于普遍推广水体下采煤的成功经验，合理回收煤炭资源和改善矿井开采布局等都具有非常重要的现实意义。但以往在水体下采煤的覆岩分类中，一般都是根据经验来定性评价，其结果往往是因人而异，给正确评价覆岩类型带来很大偏差，有时为了避免出现偏差，也采用岩石单轴抗压强度分类法作参考。但由于其分类指标单一，代表性差，无法反映众多因素的影响，因而，常常不能正确判定覆岩的类型。所以，覆岩类型的经验判断或单因素分类法难以满足水体下采煤的实际需要。而在岩石力学以及工程地质等领域中所采用的岩石工程分类标准，虽然考虑了多项因素对岩石性质的影响，但由于其目的要求不同，解决问题的侧重点也大相径庭，同样无法满足水体下采煤的实际需要。

1. 覆岩分类的方法及指标

确定水体下采煤覆岩分类的基本原则是，有关参数易于获取，能够反映众多因素对覆岩类型的影响，结果准确、可靠、实用，能够满足水体下采煤的实际需要。为此，必须采用包含多种因素和多项指标的覆岩分类法，将这样的分类方法称为水体下采煤覆岩类型的多因素多指标分类法，简称多因素多指标覆岩分类法[31]。它主要包括岩石强度、岩芯质量、岩体物理力学性能、水理性质和采动影响特征等5个方面，并采用包含以上5个方面的因素在内的“综合特征值”来对覆岩进行综合评分。具体的分类指标即各单项指标分别为，岩石单轴抗压强度或点荷载强度、钻孔中直接获取的长度大于两倍直径的岩芯的总长度与钻孔总进尺之百分比即*RQD*（Rock Quality Designation）值[43-45]、钻孔声速（纵波速度）、岩石干燥饱和吸水率和岩石浸水后的崩解状态、采场矿压显现状况和顶板分类级别等。通过对大量的现场实践经验进行统计分析，得出了对应于各单项指标的覆岩评分值的增量及其综合特征值（表4-4、表4-5）。根据表4-4和表4-5可以对覆岩进行分类，并能进行定量评价。具体方法是，按照各单项指标对覆岩进行综合评分，然后再将对应于各单项指标的覆岩评分值的增量相加求和，所得结果即为综合特征值。再与表4-5进行对照，就可得到按综合特征值确定的覆岩类型。

2. 多因素多指标覆岩分类法的特点

多因素多指标覆岩分类法是根据丰富的水体下采煤实践经验总结得出的，表4-4和表4-5中的结果来源于大量的现场实测。所以，它的最大特点是准确、可靠、方便、实用、易于推广。此外，多因素多指标覆岩分类法还具有如下特点：

（1）它给出了正确评价水体下采煤覆岩类型的量化标准，因而有利于排除人为因素的影响，同时还便于利用计算机技术进行有关的模拟分析和综合评价，为水体下采煤技术的普及推广提供了途径。

（2）钻孔声速指标是对全钻孔进行实测而得到的，它全面反映了覆岩的节理、裂隙、孔隙、密度、岩性、风化程度等多种因素的综合影响，而且可以根据钻孔声速求出岩体的物理力学参数，因而能够代表覆岩的物理力学性质[31]和整体机能；采动影响状况指标直接反映了覆岩尤其是顶板岩层的整体力学性能，它建立了覆岩分类与采动破坏之间的直接联系；水理性能指标可在一定程度上反映出岩体的隔水性能；强度指标直接反映了岩石的硬度特性；*RQD*指标可以反映出岩体的整体性能。所以，多因素多指标覆岩分类法的分类指标比较全面，代表性较强，可以真实反映出岩层结构、赋存状态、含隔水性能、岩石及岩体的强度特征、节理与层理的发育状况以及采动影响特征等主要因素对覆岩类型的影响，能够较好地满足水体下采煤的实际需要。

（3）各单项指标的参数都可通过现场测量、统计分析、类比分析或室内实验而取得。可以充分利用现场施工的各类钻孔等得到有关参数。所以，获取参数较方便，实用性较强。

表4-4 各单项指标及其所对应的覆岩评分值的增值

类别	Ⅰ	Ⅱ	Ⅲ	Ⅳ	Ⅴ
点荷载指标/MPa	>4	2~4	1~2	不采用	不采用
单轴抗压强度指标/MPa	>60	40~60	20~40	10~20	<10
评分值	15	10	5	2	0
RQD/%	76~100	51~75	25~50	10~26	<10
评分值	20	18	12	7	4
纵波速度/($m\cdot s^{-1}$)	>4500	3000~4500	1500~3000	800~1500	<800
评分值	25	19	13	9	3
岩石干燥饱和吸水率/%	<2	2~5	5~8	8~12	>12
崩解状态描述	不崩解	很少崩解	可崩解	大部分崩解	全部崩解
评分值	20	14	7	3	0
采动影响状况描述	悬顶不冒	周期来压严重	有周期来压	来压不明显	无周期来压
顶板级类	Ⅳ	Ⅲ	Ⅱ	Ⅰ	Ⅰ
评分值	20	15	10	5	2

表4-5 按综合特征值的覆岩分类

类别	Ⅰ	Ⅱ	Ⅲ	Ⅳ	Ⅴ
描述	极坚硬型覆岩	坚硬型覆岩	中硬型覆岩	软弱型覆岩	极软弱型覆岩
综合特征值	81 ~ 100	61 ~ 80	41 ~ 60	21 ~ 40	≤ 20

4.4.4 覆岩内原生裂隙发育程度的区分

原生裂隙发育程度对于水体下采煤的安全性和可靠性往往起到至关重要的影响，也是选择水体下采煤技术方案和制定防治水安全技术措施时必须考虑的重要因素。尤其是当开采深度增大、含水层水压力也增大时，原生裂隙发育条件对于水体下采煤安全性的影响将更为突出。

覆岩的原生裂隙发育程度对于水体下采煤的影响作用主要反映在两个方面：其一是在原生裂隙发育条件下，覆岩的隔水性降低而含水性和透水性增加，尤其是当原生裂隙在煤层上覆基岩内发育较普遍而且以纵向裂隙为主时，往往会形成自水体底界至所开采煤层之间无良好隔水层的不利条件；其二是在原生裂隙发育条件下，与一般条件相比较，覆岩破坏的高度往往明显增大，破坏程度常常明显加剧，从而形成水体下安全采煤的不利条件。

原生裂隙的发育程度和发育形态以及裂隙发育所处岩层的岩性不同时，对于水体下采煤的影响程度也是不同的。以往水体下采煤生产实践中所遇到的覆岩的原生裂隙发育程度一般较为有限，或者虽然原生裂隙较为发育，但多以低角度即横向裂隙为主，且其岩石多为泥、钙质胶结，该类岩石的隔水性能往往较好，甚至还具有一定的再生隔水性。该类岩体条件对于实现水体下顶水安全采煤一般较为有利。

这里所说的原生裂隙发育覆岩一般是指开采煤层的上覆岩体在未受采动影响前就发育着较明显的以高角度纵向为主的原生裂隙，而且裂隙所处岩层的岩性多为硅质胶结，且性脆易裂，该类裂隙受到采动破坏性影响时极易扩展为导水裂缝。当含水层底部无任何黏性土或泥质、黏土质类隔水层或隔水岩层，同时基岩风化带也是透水的，或者基岩风化带厚度很薄时，就会使得上覆水体的水压力直接作用于原生裂隙发育的岩层之上，从而构成裂隙岩体高水压作用的不利条件。尤其是当其上覆水体的水压力很高时，这种条件有时会导致矿井生产过程中发生意想不到的异常灾害。如皖北的祁东煤矿，其开采煤层上覆岩层以泥岩和砂岩交互沉积为主，泥岩及粉砂岩类岩层所占比例较高，力学特征属中硬类型，覆岩中的岩石多为硅质胶结，性脆易裂，由于受到不同地质年代多期构造运动的影响，岩体中原生裂隙尤其是高角度纵向裂隙发育。彩色钻孔电视探测结果表明，煤层上覆岩层中的原生裂隙较发育，尤其是程度不同地发育着高角度纵向裂缝。钻孔冲洗液消耗量观测结果也表明，原岩存在着一定的渗透性，钻进过程中的冲洗液消耗量一般为 0.04 ~ 0.40 L/(s · m)，平均约为 0.16 L/(s · m)（图 4 – 12）。此类覆岩抵抗采动裂缝发育的能力很弱，隔水性较差，采动裂缝一般极易沿着原生裂隙尤其是沿着原生的高角度纵向裂隙扩展成导水裂缝（图 4 – 13、图 4 – 14），从而使得导水裂缝带高度明显偏大，尤其是一旦工作面来压异常时，导水裂缝带高度异常偏大的现象更为明显。此外，其四含即含水砂砾层底部无黏性土层，基岩风化带不仅厚度较薄，而且是透水的，所以，使得较高的含水层水压力可以直接作用于裂隙岩体之上，从而导致了虽然按照现行有关规程、规范留设相应的防水煤柱，仍发生了十分罕见的四含异常突水乃至淹没矿井灾害。而以往的水体下采煤生产实践

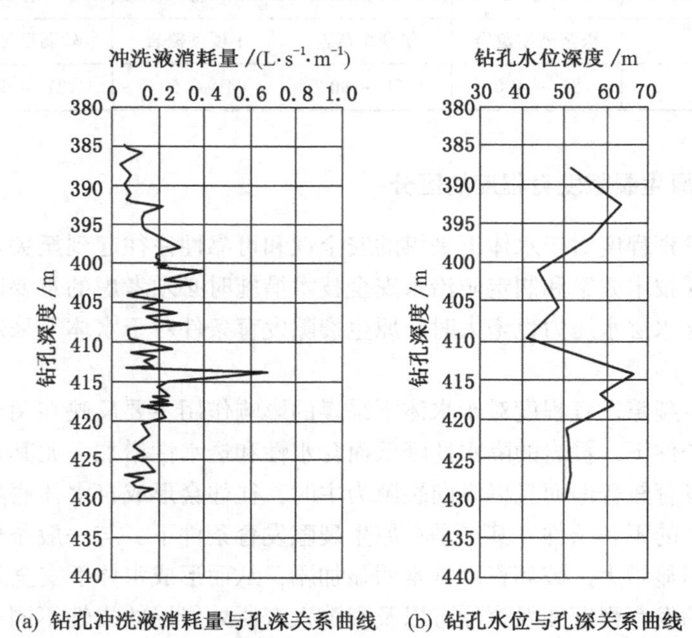

(a) 钻孔冲洗液消耗量与孔深关系曲线　(b) 钻孔水位与孔深关系曲线

（祁东煤矿 7_1 煤采前孔）

图 4 – 12　采前实测钻孔冲洗液消耗量及钻孔水位观测曲线

及科学研究中，在其松散含水层底部往往赋存一定厚度的黏土隔水层，或者松散含水层水体的富水性较弱，或者基岩风化带基本上是隔水的，即便存在高水压条件，其水压力也无法直接作用于裂隙岩体之上。

（祁东煤矿 3_2 煤 L4 孔彩色钻孔电视图片）

图 4－13 导水裂缝带顶点位置的纵向裂缝

（祁东煤矿 7_1 煤 D1 孔彩色钻孔电视图片）

图 4－14 导水裂缝带顶点位置的裂缝及涌水现象

按照水体下采煤研究成果及实践经验并依据水体下采煤实际需要，对煤矿水体下压煤进行覆岩类型划分的情况见表 4－6。

表 4－6 从覆岩特征出发进行分类的情况

条件	类别及内容			
按水体下采煤研究与实践	极坚硬型覆岩	顶板坚硬难冒，并具有大面积巨块垮落的可能性	多因素多指标分类法中的综合特征值为 81～100	点荷载强度大于 4 MPa
				单轴抗压强度大于 60 MPa
				RQD 为 76%～100%
				钻孔声速中的纵波速度大于 4500 m/s
				岩石干燥饱和吸水率小于 2%
				岩石浸水后的崩解状态为不崩解
				采场矿压显现状况为悬顶不冒
				顶板分类级别为Ⅳ类
	坚硬型覆岩	岩性坚硬，稳定性好，能够发生碎块状垮落，垮落过程发展的最充分	多因素多指标分类法中的综合特征值为 61～80	点荷载强度为 2～4 MPa
				单轴抗压强度为 40～60 MPa
				RQD 为 51%～75%
				钻孔声速中的纵波速度为 3000～4500 m/s
				岩石干燥饱和吸水率为 2%～5%
				岩石浸水后的崩解状态为很少崩解
				采场矿压显现状况为周期来压严重
				顶板分类级别为Ⅲ类

表 4-6（续）

条件	类别及内容			
按水体下采煤研究与实践	中硬型覆岩	岩性硬度中等，稳定性较好，顶板能随回柱或移架放顶发生垮落，垮落过程发展较充分	多因素多指标分类法中的综合特征值为 41～60	点荷载强度为 1～2 MPa
				单轴抗压强度为 20～40 MPa
				RQD 为 26%～50%
				钻孔声速中的纵波速度为 1500～3000 m/s
				岩石干燥饱和吸水率为 5%～8%
				岩石浸水后的崩解状态为可崩解
				采场矿压显现状况为有周期来压
				顶板分类级别为Ⅱ类
	软弱型覆岩	岩性软弱，稳定性较差，回柱或移架后顶板立即垮落，垮落过程发展不充分	多因素多指标分类法中的综合特征值为 21～40	单轴抗压强度为 10～20 MPa
				RQD 为 10%～25%
				钻孔声速中的纵波速度为 800～1500 m/s
				岩石干燥饱和吸水率为 8%～12%
				岩石浸水后的崩解状态为大部分崩解
				采场矿压显现状况为来压不明显
				顶板分类级别为Ⅰ类
	极软弱型覆岩	岩性极软弱，稳定性差，成为直接顶时一般很难维护，垮落过程发展不充分	多因素多指标分类法中的综合特征值大于或等于 20	单轴抗压强度小于 10 MPa
				RQD 为小于 10%
				钻孔声速中的纵波速度小于 800 m/s
				岩石干燥饱和吸水率大于 12%
				岩石浸水后的崩解状态为全部崩解
				采场矿压显现状况为无周期来压
				顶板分类级别为Ⅰ类

4.5 煤矿采动影响的分类

4.5.1 采动破坏影响程度的类型

从水体下采煤时水的渗透角度出发，可将采煤工作对覆岩的影响分为非破坏性影响和破坏性影响两种类型。从影响后果上来说，非破坏性影响是指岩层受到采煤工作影响后，所产生的移动和变形不引起连通性的、导水的裂缝，而呈整体移动。受非破坏性影响的那部分岩层称为非破坏性影响区，或称为渗透性微小变化区。垮落带和裂缝带以上的移动岩层就是非破坏性影响区。非破坏性影响区是水体下采煤时防止增加矿井额外涌水量的保护层；破坏性影响是指岩层受到采煤工作影响后，所产生的移动和变形会引起连通性的、导水、导砂、导泥的裂缝和垮落。受破坏性影响的那部分岩层称为破坏性影响区，或称为渗透性增强区。垮落带和裂缝带就是破坏性影响区的主要部分。破坏性影响区波及水体时，矿井会增加额外涌水量。破坏性影响尤其是垮落性破坏接触到水体时，有突水和泥砂溃入井巷的危险。

从煤层覆岩受到开采影响后所发生的破坏形式和程度的不同来区分，破坏性影响又可分为垮落性破坏和开裂性破坏两种类型。

垮落性破坏是当煤层顶板受到采煤工作影响后，发生离层、断裂并脱离原生岩体而下落到采空区的现象，即顶板垮落。采用全部垮落方法管理顶板时，煤层覆岩发生垮落性破坏。但在顶板特别坚硬的情况下，即使采空区面积很大，也长期不发生垮落性破坏。如我国辽源矿区煤层顶板中的安山岩，厚度达100~200 m，在采厚一般为1.5 m、开采范围达走向长3000 m、倾斜宽500~600 m时，从未发生垮落性破坏。采用充填方法管理顶板时，如果充填体比较密实，一般不发生垮落性破坏，只发生开裂性破坏。如果充填体不密实，会发生局部的垮落性破坏。

开裂性破坏是当岩层受到采煤工作影响后，发生离层、断裂，但不脱离原生岩体，即顶板开裂。开裂性破坏损害了岩层的连续性，但仍能使岩层保持原有的层次。采用全部垮落方法管理顶板时，煤层覆岩的开裂性破坏见于垮落性破坏区之上。随着垮落的岩块被压实，开裂性破坏不断形成并发展。采用充填方法管理顶板时，开裂性破坏则见于煤层直接顶范围内，同样随着充填体的被压实而不断和发展。

从发生垮落的面积大小来看，垮落性破坏又可分为碎块小面积垮落和巨块大面积垮落两种形式。

在覆盖岩层强度和厚度都较小的情况下发生碎块小面积垮落，如煤层顶板为页岩、砂质页岩、砂岩、石灰岩等。碎块垮落随着采煤工序的循环周期性地发生。如采用长壁式采煤方法时，随着支护体的前移而随即垮落。具有碎块小面积垮落特性的岩层，采煤引起的破坏性影响有比较明显的规律性。

在覆盖岩层强度和厚度都很大的情况下发生巨块大面积垮落，如煤层顶板为十分坚硬的厚砂岩、砾岩、玄武岩等。巨块大面积垮落的发生与采煤工序的循环无一定关系。一般是采空区达到一定范围时发生突然垮落，有时可能造成灾害性的破坏事故。如我国大同矿区的煤层基本顶为十分坚硬的厚层砂岩、砾岩，往往是采空区面积达几万至几十万平方米时才发生垮落；新疆艾维尔沟矿区三、四号煤层顶板，为十分坚硬的砂岩砾岩互层，采空区面积相当大时，仅直接顶局部垮落，而基本顶呈悬空状态。开采急倾斜厚煤层时，在采空区未被垮落的岩块和煤炭填满的情况下，采空区上边界所采煤层本身有时也发生巨块垮落。具有巨块垮落特性的岩层，采煤引起的破坏过程无明显的规律性，往往具有突然发生的特点，给生产造成不同的困难，威胁矿井的安全生产。

从水体下采煤时水的渗透角度出发，可将采煤工作引起的岩层内部裂缝分为导水的连通性裂缝和不导水的非连通性裂缝两种形式。当岩层内部出现连通性裂缝时，导水能力大大增强。破坏性影响区内的开裂性破坏，就是因为岩层内部的裂缝是属于连通性的。当岩层内部不出现连通性裂缝时，导水能力只发生微小变化。非破坏性影响区内的裂缝是属于不连通性的。如浅部煤层开采时，从煤层顶板到地表的整个覆盖岩层内部都产生裂缝，由于岩层各部分受力状况不同以及岩性软弱等原因，连通性裂缝只发展到一定高度，而离所采煤层较远的覆岩，在压缩、剪切力的综合作用下，裂缝是互不连通的，其导水性与采动前差别很小。

从覆岩破坏发展到最大高度的临界状态或充分程度来看，与地表移动中的充分采动与非充分采动情况类似，覆岩破坏的发育也同样有非充分采动、充分采动及超充分采动之分。一般而言，覆岩破坏发育的充分程度与开采面积及开采厚度、覆岩岩性与结构等多种因素都有关系。在这里，仅以倾斜方向尺寸足够大情况下的走向方向为例加以说明。当采空区走向尺寸较小时，例如，缓倾斜煤层中硬顶板长壁开采情况下一般达不到20～60 m，或急倾斜煤层开采情况下一般达不到100 m左右时，沿走向方向采空区覆岩破坏范围的最终形态呈拱形分布，破坏范围的最大高度随着采空区走向尺寸的增大而增大，这种开采规模称为非充分采动或次临界开采；当采空区走向尺寸增大到使得覆岩破坏范围的最大高度达到极限值时的开采规模称为充分采动或临界开采；当采空区走向尺寸继续增加，使得覆岩破坏范围的最大高度不再增加，甚至采空区中部的覆岩破坏高度反而降低并基本上保持在某一高度上不变，覆岩破坏范围的最终形态呈马鞍形分布，此时的开采规模称为超充分采动或超临界开采；当开采空间某一方向的尺寸极小（如掘进巷道或开掘开切眼等）时的开采（或掘进）规模称为极不充分采动。一般而言，充分采动条件下覆岩破坏范围的高度最大，可以达到应有的最大值（即极限值）；超充分采动条件下覆岩破坏范围的最大高度有时保持为极限值（如坚硬覆岩且超充分采动程度有限条件下），有时则低于极限值（由于覆岩整体下沉起到了减小开采空间的作用）；非充分采动条件下覆岩破坏范围的最大高度低于极限值；极不充分采动条件下的覆岩往往不发生破坏。

4.5.2　覆岩破坏及分布形态的类型

4.5.2.1　覆岩破坏的类型

从水体下采煤的角度来看，覆岩破坏有两种不同的类型，即均衡破坏和非均衡破坏。

均衡破坏是指煤层被大面积开采以后，从煤层顶至水体底界（或地表）之间的覆岩完整地出现破坏性影响和非破坏性影响两个区域，即完整地出现垮落带、裂缝带及整体移动带。均衡破坏具有明显的规律性和普遍性。均衡破坏往往出现于开采厚度大致相同、煤层顶板能够产生碎块小面积垮落、垮落岩块能在短时间内对覆岩起支承作用条件下。按照破坏性影响的发生、发展过程及最终形态的不同，均衡破坏又有均衡—等量破坏和均衡—不等量破坏之分。当破坏性影响在采空区各个部位基本上一致时，为均衡—等量破坏。采用分层长壁式采煤方法开采水平及缓倾斜煤层引起的覆岩破坏一般为均衡—等量破坏。当破坏性影响在采空区各个部位不一致时，覆岩破坏为均衡—不等量破坏。采用长走向、小阶段开采方法开采中倾斜、急倾斜煤层的覆岩破坏，一般为均衡—不等量破坏。

非均衡破坏是指煤层被大面积开采以后，从煤层顶至水体底界（或地表）之间的覆岩全部为破坏性影响区，即全部为垮落带、裂缝带，甚至全部为垮落带。容易出现非均衡破坏的情况主要有：开采深度极小、厚度很大的煤层时；采用非正规、不适当的采煤方法开采时；开采急倾斜煤层，尤其是顶底板坚硬、平整、光滑和煤层性质松软的急倾斜厚及特厚煤层时；在浅部用非正规的采煤方法回采厚及特厚煤层时；在断层破碎带附近回采时；在浅部掘进，甚至巷道掘成以后，对巷道冒顶处理不及时，尤其是掘进迎头接触到风化岩层破碎带或流砂层时。非均衡破坏也有非均衡—等量破坏和非均衡—不等量破坏之分。采空区各个部位都是非均衡破坏时，为非均衡—等量破坏。采空区局部为非均衡破坏时，为非均衡—不等量破坏，或称为局部破坏。采空区上方地表出现的塌陷漏斗坑，就是由于覆岩的局部非均衡—不等量破坏所引起的。

根据煤层采空以后不同类型覆岩的移动与破坏形式，可将覆岩破坏分为5种主要类型，即“三带”型、抽冒型、切冒型、拱冒型及弯曲型。

“三带”型破坏是指覆岩全部为可垮落的岩层（其单向抗压强度一般为10～80 MPa，个别岩层虽有例外，但仍不能形成悬顶）。在采用长壁垮落法开采条件下，顶板能够随采随垮，上面的岩层不会形成悬顶，而被垮落矸石支撑起来，并继续弯曲下沉与变形，在覆岩内自下而上依次产生垮落带、裂缝带和弯曲带或整体移动带，形成“三带”型破坏类型。在此条件下，由于覆岩变形后不能形成具有支撑能力的悬顶，且不断地开裂垮落，并在工作面或采空区边界形成悬臂梁或砌体梁，而在采空区内形成对覆岩起支撑作用的矸石支座，所以，构成悬臂梁或砌体梁—矸石支撑平衡结构体系。所谓悬臂梁或砌体梁—矸石支撑平衡结构体系，即将长壁工作面或采空区边界外的基本顶岩层看成悬臂梁或砌体梁，它的一端固定在煤柱上，另一端支撑在采空区内垮落的岩层上的一种采场—围岩力学平衡结构体系。构成这种平衡体系的覆岩，其破坏过程一般都是由下而上逐次发展的。当垮落带、裂缝带不能到达地表时，地表出现连续变形。“三带”型破坏是开采层状矿层的最普遍形式，有着明显的规律性，是覆岩破坏规律中的重点研究对象。

在“三带”型破坏类型中，垮落带是指采用全部垮落法管理顶板时，采煤工作面放顶后引起的煤层直接顶板发生变形、离层、断裂后脱离原生岩体而下落到采空区的破坏范围。垮落带内岩层破坏的特点是，岩层完全失去了原有的连续性和层次，而且是越靠近煤层越破碎、紊乱，垮落带岩块之间的空隙多，连通性强，不但透水，也透泥砂。根据垮落岩块的破坏和堆积状况，垮落带还可分为不规则垮落和规则垮落两部分。不规则垮落的特征是岩层完全失去原有的层次，规则垮落的特征是岩层基本上保持原有的层次。位于垮落带内的水体和井巷都将会遭受十分严重的破坏。垮落带的透水和透泥砂能力与垮落岩块的块度、级配、岩性、开裂程度以及稳定时间长短等有关。当岩性软弱时，垮落带的透水和透泥砂能力较差，特别是采空区经过灌浆处理后，垮落带常常能够形成密实的再生顶板，甚至可能局部地恢复其原有的隔水能力；裂缝带位于垮落带以上到弯曲带之间。裂缝带的形成是由于垮落带内的岩石尚未完全接触基本顶和未被完全压实，所以，使得上部岩层在重力作用下仍有较剧烈的移动，并在层理、节理、裂隙等岩层结合力薄弱和附加应力集中的部位，产生较大的离层和断裂，其整体性也常常遭受破坏。裂缝带内岩层破坏的特点，是岩层发生垂直层面的裂缝或断开和岩层顺层面离开（一般称之为离层裂缝）。离层裂缝的产生，说明了岩层破坏由下而上的发展过程。根据垂直层面裂缝和离层裂缝的不同张裂程度以及裂缝的连通性的好坏，可将裂缝带沿垂向分为严重开裂、一般开裂和微小开裂3个部分。这3个部分透水性不同，但都不能透泥砂。严重开裂部分直接位于垮落带以上，其破坏特征是岩层大都断开，但都保持原有的层次，裂缝的连通性强，漏水严重。一般开裂部分位于严重开裂部分以上，其破坏特征是岩层不断开或很少断开，裂缝的连通性较强，漏水程度一般。微小开裂部分位于一般开裂部分以上，其破坏特征是岩层有裂缝，但基本上不断开，裂缝的连通性不太好，漏水性微弱。一般情况下，严重开裂部分一旦波及水体势必会发生严重的透水事故，一般开裂部分如波及水体也会发生透水事故，微小开裂部分如触及水体则只会增加矿井涌水量；弯曲带或整体移动带是指裂缝带以上到地表的整个覆岩。弯曲带或整体移动带的形成是由于垮落裂缝带（或称导水裂缝带）内岩层的下沉变形继续向上发展的结果。其移动的方式和程度主要取决于下部垮落岩石的碎胀程度和裂缝带内岩层体积的增大程度。随着采深、采厚、岩性、地层结构、采煤方法及顶板管理方法等的不同，弯曲带或整体移动带常常表现为整体弯曲变形或整体剪切变形两种形式。当采深采厚比值较大以及裂缝带以上的岩层为中硬以上或为坚硬、中硬、软弱岩层相间为主时，则岩层在移动过程中大多表现为由下而上逐层发展的弹性塑性弯曲，形成覆岩的弯曲变形。当采深采厚比值较小和以软弱岩层为主时，则岩层在移动过程中大多表现为整体断开，形成覆岩的整体剪切移动，其剪切面为压密型断裂面。弯曲带或整体移动带的显著特点是岩层移动的整体性，软弱岩层及松散土层的整体性更为显著。所以，弯曲带或整体移动带内的岩层，在一般情况下都具有较好的隔水能力，成为水体下采煤的良好保护层。现场观测结果表明，弯曲带或整体移动带内的岩层也会产生裂缝，但是裂缝都小，数量少，裂缝间的连通性不好，导水能力微弱，而且随着移动过程的发展，岩层受压程度高，裂缝会不断密合，受到破坏的岩层的隔水性也逐渐得到恢复。因此，对于水体下采煤来说，弯曲带或整体移动带内的岩层的裂缝可以忽略不计。

煤层覆岩“三带”型破坏特征的形成是有条件的，并不是在任何情况下采煤时都会同时出现垮落带、裂缝带和弯曲带或整体移动带。例如，当采用充填法管理顶板时，由于采出空间充填后间隙大为减小，上覆岩层仅产生弯曲而不断裂，一般就不会出现垮落带和裂缝带，而仅有弯曲带，地表也只是产生平缓下沉；当开采深度较小和开采煤层较厚，且采用全部垮落法管理顶板时，则往往只出现垮落带和裂缝带而无弯曲带或整体移动带，地表出现非连续变形，有时甚至会仅仅出现垮落带，此时垮落高度直达地表，并在地表出现塌陷坑等。

抽冒型破坏是覆岩全部为极软弱的岩层（或土层）且开采深度较小或者接近冲积层开采，或者接近较大的断裂破碎带开采，或者急倾斜煤开采等条件下，煤层或覆岩仅在局部地方沿竖向一直向上垮落的破坏形式，也称为宝塔形垮落。抽冒型破坏往往形成于覆岩变形后不能形成悬顶，而在采空区内又无垮落矸石支撑的情况下，采场—围岩的力学平衡结构体系只能靠上覆岩层的不断垮落来维持，因此，在地表产生漏斗状塌陷坑，出现非连续变形。覆岩的抽冒型破坏具有一定的突然性，对水体下采煤的矿井安全威胁很大，往往形成溃水、溃泥砂的通道。

切冒型破坏指的是覆岩全部或大部分为极坚硬岩层，当开采深度较小（100 ~ 150 m）和开采面积达到一定范围时才发生一次性突然垮落，并在地表产生突然塌陷，出现非连续变形。此时覆岩变形后不能形成悬顶，采空区内即使有煤柱也不能成为稳定的支座，而是形成板或板拱组合—无支撑或不稳定煤柱支撑平衡结构体系。这种平衡结构指采空区顶板在没有任何支撑或有不稳定的煤柱支撑时不产生开裂与垮落而形成悬顶状况的一种采场—围岩力学平衡结构体系，或者指在没有任何支撑或有不稳定煤柱支撑时，近煤层顶板产生自然拱形或砌体拱形垮落，远煤层顶板不产生开裂与垮落而形成悬顶状况的采场—围岩力学平衡结构体系。切冒型覆岩破坏的危险性很大，其破坏过程往往带有突发性，而且垮落岩体的整体如同反漏斗形状，它的四周断裂面一般导水性都比较好，对水体下采煤极为不利。大同矿区的顶板大面积垮落和地表突然塌陷就是典型的切冒型破坏。

拱冒型破坏是指垮落的范围呈拱形分布的一种破坏形式。当开采面积很小或巷道掘进以及煤层上面某一高度上存在一层或若干层单向抗压强度达 80 MPa 以上的极坚硬岩层，并采用长壁垮落法开采等情况下，顶板岩层或该极坚硬岩层以下的岩层会在局部地方或大面积发生垮落，而且垮落发展到一定高度后就出现悬顶，形成垮落拱，即形成拱冒型破坏。这种破坏形式的特点是采空区周围垮落高度小，中央垮落高度大，垮落过程有瞬时发生与逐次发生之分，这主要取决于岩性及地层组合结构等因素。形成拱冒型破坏的采场—围岩力学平衡结构体系主要有自然拱或砌体拱—无支撑结构和板、拱—无支撑结构。所谓自然拱或砌体拱—无支撑结构是指采空区顶板垮落成自然拱形或砌体拱形，并到一定高度后形成悬顶状况，而采空区内的垮落矸石上面总有一定空隙，对未垮落岩层不起支撑作用。而板、拱—无支撑结构则是指在没有任何支撑时，近煤层顶板产生自然拱形或砌体拱形垮落，远煤层顶板不产生开裂和垮落而形成悬顶状况。形成拱冒型破坏时地表只产生微小下沉，出现连续变形。在我国大同矿区和阜新平安矿一井就曾观测到这种破坏现象。

弯曲型破坏指的是在局部或大面积采空暴露情况下，整个覆岩不发生垮落而只发生整体弯曲下沉。这种破坏形式出现在直接顶或覆岩全部为巨厚层状极坚硬的砾岩、砂岩、石灰岩等岩层，且具备相应的采矿条件，如采高较小，或者采用条带、刀柱等部分开采方法等条件下，其采场因围岩—力学平衡结构体系为板—无支撑或煤柱支撑结构。即采空区顶板在没有任何支撑或有煤柱支撑时不产生开裂与垮落而形成悬顶状况。弯曲型破坏时覆岩不发生垮落性破坏，地表也只是产生不明显的下沉与变形，而且变形是连续的。

4.5.2.2 覆岩破坏范围最终分布形态的类型

在采用全部垮落法管理顶板时，随着煤层倾角、采煤方法、开采面积及开采规模等的不同，采空区覆岩破坏范围的最终分布形态一般可分为马鞍形、抛物线拱形、椭圆拱形、拱形及均布形等形态类型。

马鞍形分布形态的特点是采空区边界上方的破坏范围略高，其最高点位于开采边界以内或以外数米（一般5~10 m）的范围内；采空区中间部分的破坏范围较低而平坦，在采空区面积相当大和采厚大体相等的情况下，其最高点基本上相等。采用全部垮法管理顶板时，在采空区尺寸较大并达到充分采动的条件下，无论是开采水平及缓倾斜煤层，还是开采倾斜或急倾斜煤层，在走向方向上，采空区覆岩破坏范围的最终分布形态一般都能形成两边高中间低的马鞍形。对于水平及缓倾斜煤层（0°~35°）长壁垮落开采的情况，采空区覆岩破坏范围的最终形态在倾斜方向上也能形成两边高中间低的马鞍形。形成马鞍形分布形态的主要原因是永久性开采边界的存在。

抛物线拱形的形成与煤层倾角的大小有着密切关系。采用走向长壁全部垮落采煤方法开采中倾斜煤层（36°~54°）时，在采空区倾斜剖面上，覆岩破坏范围的最终分布形态呈上大下小的抛物线拱形。其形成原因是垮落岩块下落到采空区底板后继续向采空区下部滚动，于是采空区下部很快就能被垮落岩块所填满。而采空区上部则由于垮落岩块的流失，等于增加了开采空间，所以其垮落高度就大于下部，导水裂缝带高度也大于下部。开采倾角为55°~70°的急倾斜煤层时，在倾斜方向上的破坏范围也大体上类似于抛物线拱形分布形态。此时的破坏范围不仅出现在采空区顶板法线方向上，而且还出现在采空区上边界以上的垂直方向上。采空区上边界以上所采煤层的破坏能够在一定高度稳定下来而不再扩展，底板岩层也不发生明显的破坏。采空区边界以上垂直方向上破坏范围的最大高度点是在顶板岩层内，而不是在所采煤层内，并且其最大高度一般都小于或等于顶板法线方向上破坏范围的最大高度。

椭圆拱形的形成与煤层倾角的关系也十分密切。开采倾角为 71°~80°的急倾斜煤层时，在倾斜方向上覆岩破坏范围的最终形态为不完全椭圆形。此时采空区上边界以上所采煤层本身的破坏仍然能够在一定高度稳定下来，但底板岩层将发生明显的破坏。采空区边界以上垂直方向上破坏范围的最大高度也大于顶板法线方向上破坏范围的最大高度。垂直方向上破坏范围最高点的位置有可能在顶板岩层内，也有可能在所采煤层内，这主要取决于顶底板岩性、煤层力学强度及顶板管理方法。当急倾斜煤层的倾角增加到 81°~90°时，倾斜方向上覆岩破坏范围的最终分布形态将由不完全椭圆形转变为完全椭圆形。此时煤层顶底板岩层均发生明显破坏，而且所采煤层的破坏先于顶底板岩层破坏的现象尤为突出，破坏范围的最高点也都在所采煤层内。

拱形分布形态的形成与采动破坏的充分程度如开采面积、开采厚度以及覆岩岩性等因素关系密切。在直接顶或基本顶为极坚硬的岩层条件下，或者采用垮落条带等方法开采而使采空区面积较小时，采空区覆岩破坏范围的最终形态常常呈现拱形分布状态。此时覆岩破坏的范围是两边低中间略高。此外，在特厚煤层开采条件下，当采厚达到很大而采空区面积较小难以达到充分采动条件时，其后几个分层的覆岩破坏范围往往也形成拱形分布形态。对于长壁开采条件，当工作面从开切眼开始推进而覆岩破坏高度尚未发展到最大高度时，随着工作面沿走向推进距离的增加，采空区覆岩破坏的范围首先形成拱形分布形态，随着工作面沿走向继续推进和采空区尺寸的进一步扩大而所得覆岩破坏高度已发展到最大值以后，覆岩破坏高度则不再增大，其覆岩破坏范围的拱形分布形态将逐步消失而逐渐转变为其他类型的分布形态。

均布形分布形态一般仅形成于某些特定的条件下。严格意义上的均布形分布形态是指采空区上方的覆岩破坏高度是相同的，且其上界基本上处于一个平面内，而实际当中这样的情况是很难出现的，只有在松散层底部为黏性土层水平条件下开采近水平煤层，二者的距离又很小的条件下，其覆岩破坏范围的分布形态才有可能出现严格意义上的均布形分布。所以，广泛意义上的均布形分布形态应指覆岩破坏范围的上界基本上处于同一个平面内的情况。在存在着对覆岩破坏有着十分明显抑制作用的某些特殊的覆岩条件下，垮落带尤其是导水裂缝带范围的上界往往会终止于该岩层的底界位置，而形成广泛意义的均布形分布形态。例如，在开采工作接近到基岩风化带的情况下，开采被厚松散层覆盖的煤层露头部分时，采空区上段的导水裂缝带范围可能大大缩小，并基本上截止在基岩风化带内或松散层的底部；在经过多次重复开采的条件下，其导水裂缝带范围的上界在采空区各个部位几乎都是一致的。

4.5.3 覆岩破坏控制的分类

在水体下采煤生产实践中，尤其是在处理基岩含水层下采煤问题时，从对采动影响的控制角度出发，可能出现无条件控制采动影响、有条件局部控制采动影响、有条件完全控制采动影响 3 种情况。这里的控制采动影响，是指在处理水体下采煤的具体问题时，使开采上限至水体底界面的最短距离即安全煤岩柱的最小尺寸，分别与垮落带和导水裂缝带最大高度相适应，以便获得水体下采煤最大的可能性和充分的可靠性，保证安全生产及限制矿井涌水量增加。

无条件控制采动影响是指导水裂缝带内无隔水层，而全部为含水层，此时，安全煤岩柱的尺寸为零。在这种情况下，如果对水体不进行处理，则回采工作面的作业条件将是恶劣的，并可能造成矿井涌水量的大量增加。无条件控制采动影响的可能情况有：回采上限贴近含水松散层，但煤层直接顶板不是含水层；回采上限贴近含水松散层，且煤层直接顶和基本顶均为含水层；回采上限不贴近含水松散层，但煤层直接顶和基本顶均为含水层。

有条件局部控制采动影响是指导水裂缝带内同时出现含水层和隔水层，但垮落带内无含水层。此时，安全煤岩柱尺寸大于垮落带最大高度，但小于导水裂缝带最大高度。在这种情况下，由于直接顶或部分基本顶为隔水层，只要把回采工作面顶板支护搞好，工作面作业条件是能够得到保证的。同时，只要含水层补给量小，补给来源不十分充足，采区内有相应的排水系统和相当的排水能力，则含水层的水会随着工作面放顶而从采空区内泄出，可能收到边采边疏的效果。有条件局部控制采动影响的可能情况有：回采上限邻近含水松散层，但顶板含水层离煤层有一定距离；回采上限离含水松散层较远，但顶板含水层离煤层有一定距离。

有条件完全控制采动影响是指导水裂缝带内全部为隔水层而无含水层。此时，安全煤岩柱尺寸大于导水裂缝带的最大高度。在这种情况下，不论是直接在含水松散层下采煤，还是直接在基岩含水层下采煤，安全煤岩柱尺寸都大于导水裂缝带的最大高度，所以，既能够有效地防止溃水和溃砂现象的发生，又能有效地防止工作面和采区涌水量的增加，因此，能够实现顶水采煤。

按煤矿采动影响和破坏性影响范围等分类的情况见表4－7。

表4－7　按煤矿采动影响和破坏性影响范围等分类的情况

<table>
<tr><th>条件</th><th colspan="4">类　别　及　内　容</th></tr>
<tr><td rowspan="6">按水体下采煤时水的渗透</td><td>非破坏性影响</td><td colspan="3">所产生的移动和变形不引起连通性的、导水的裂缝，而呈整体移动</td></tr>
<tr><td rowspan="3">破坏性影响</td><td rowspan="2">垮落性破坏</td><td>碎块小面积垮落</td><td>破坏性影响有较明显的规律性</td></tr>
<tr><td>巨块大面积垮落</td><td>破坏过程无明显的规律性</td></tr>
<tr><td>开裂性破坏</td><td colspan="2">发生离层、断裂，但不脱离原生岩体</td></tr>
<tr><td colspan="3">导水的连通性裂缝</td><td>出现连通性裂缝时导水能力大大增强，破坏性影响区内的裂缝属于连通性的</td></tr>
<tr><td colspan="3">不导水的非连通性裂缝</td><td>不出现连通性裂缝时导水能力只发生微小变化，非破坏性影响区内的裂缝属于不连通性的</td></tr>
<tr><td rowspan="4">按覆岩破坏发展的充分程度</td><td colspan="3">非充分采动</td><td>覆岩破坏高度随着采空区尺寸的增大而增大，尚未达到极限值时的开采规模</td></tr>
<tr><td colspan="3">充分采动</td><td>采空区尺寸增大到使得覆岩破坏范围的最大高度达到极限值时的开采规模</td></tr>
<tr><td colspan="3">超充分采动</td><td>采空区尺寸增大到使得覆岩破坏范围的最大高度不再增加甚至采空区中部的覆岩破坏高度反而出现降低时的开采规模</td></tr>
<tr><td colspan="3">极不充分采动</td><td>开采空间某一方向的尺寸极小时的采掘规模</td></tr>
</table>

表4-7（续）

条件	类别及内容			
按水体下采煤需要	均衡破坏	均衡—等量破坏		
		均衡—不等量破坏		
	非均衡破坏	非均衡—等量破坏		
		非均衡—不等量破坏		
按覆岩移动与破坏形式	“三带”型破坏	垮落带	不规则垮落	岩层完全失去原有的层次
			规则垮落	岩层基本上保持原有的层次
		裂缝带	严重开裂	岩层大都断开，但保持原有层次，裂缝连通性强，漏水严重
			一般开裂	岩层不断开或很少断开，裂缝连通性较强，漏水程度一般
			微小开裂	岩层有裂缝，但基本上不断开，裂缝连通性不太好，漏水性微弱
		弯曲带	整体弯曲变形	岩层在移动过程中大多表现为由下而上逐层发展的弹性塑性弯曲，形成覆岩的弯曲变形
			整体剪切变形	岩层在移动过程中大多表现为整体断开，形成覆岩的整体剪切移动，其剪切面为压密型断裂面
	抽冒型破坏	煤层或覆岩仅在局部地方沿竖向一直向上垮落，也称为宝塔形垮落		
	切冒型破坏	覆岩发生一次性突然垮落，在地表产生突然塌陷，出现非连续变形		
	拱冒型破坏	采空区周围垮落高度小，中央垮落高度大，垮落的范围呈拱形分布		
	弯曲型破坏	在局部或大面积采空暴露情况下，整个覆岩不发生垮落而只发生整体弯曲下沉		
按覆岩破坏范围最终分布形态	马鞍形	采空区边界上方破坏范围略高，采空区中间部分破坏范围较低而平坦		
	抛物线拱形	采用走向长壁全部垮落采煤方法开采中倾斜煤层（36°～54°）、开采倾角为55°～70°的急倾斜煤层时		
	椭圆拱形	不完全椭圆形	开采倾角为71°～80°的急倾斜煤层时	
		完全椭圆形	开采倾角为81°～90°的急倾斜煤层时	
	拱形	覆岩破坏的范围是两边低中间略高		
	均布形			
按覆岩岩性与破坏性影响高度的关系	坚硬—坚硬型顶板	从直接顶到基本顶全部为坚硬岩层，稳定性很好，但能够发生碎块状垮落，垮落过程发展最充分		
	软弱—软弱型顶板	从直接顶到基本顶全部为软弱岩层，稳定性差，易于垮落，工作面放顶后采空区立即被垮落岩块填满，垮落过程得不到充分发展		
	软弱—坚硬型顶板	直接顶为软弱岩层，易于垮落，基本顶为坚硬岩层，下沉速度很慢，下沉量很小，开采空间和垮落岩层本身的空间也几乎全部靠垮落岩块碎胀充填，垮落过程发展得也比较充分		
	坚硬—软弱型顶板	直接顶为坚硬岩层，基本顶为软弱岩层，直接顶发生垮落后，基本顶可随即下沉，便于减小开采空间和垮落岩层本身的空间，垮落过程得不到充分发展		

表4-7（续）

条件	类别及内容			
按裂隙对水体下采煤的影响	原生裂隙发育的覆岩	隔水性降低，含水性、透水性增加，覆岩破坏高度增大，破坏程度加剧	以横向裂隙为主	岩石为泥、钙质胶结时隔水性能往往较好
			以纵向裂隙为主	受到采动破坏性影响时极易扩展为导水裂缝
	原生裂隙不发育的覆岩	该类岩体条件隔水性能往往较好，对于实现水体下顶水安全采煤一般较为有利		
按对采动影响的控制	无条件控制采动影响	导水裂缝带内无隔水层而全部为含水层，安全煤岩柱尺寸为零	回采上限贴近含水松散层，但煤层直接顶板不是含水层时	
			回采上限贴近含水松散层，且煤层直接顶和基本顶均为含水层时	
			回采上限不贴近含水松散层，但煤层直接顶和基本顶均为含水层时	
	有条件局部控制采动影响	导水裂缝带内同时出现含水层和隔水层，垮落带内无含水层，安全煤岩柱尺寸大于垮落带最大高度，小于导水裂缝带最大高度	回采上限邻近含水松散层，但顶板含水层离煤层有一定距离时	
			回采上限离含水松散层较远，但顶板含水层离煤层有一定距离时	
	有条件完全控制采动影响	导水裂缝带内全部为隔水层而无含水层，安全煤岩柱尺寸大于导水裂缝带最大高度		

4.6　我国煤矿水体下压煤开采技术及措施的分类

4.6.1　顶板管理方法的类型

顶板管理方法直接控制着覆岩垮落和断裂的空间条件，决定着覆岩破坏的基本特征和最大高度。常见的顶板管理方法有全部垮落、全部充填和煤柱支撑3种类型，它们所引起的覆岩破坏形态和高度也各不相同。

全部垮落法是我国普遍采用的顶板管理方法。这种方法使覆岩破坏的发展最充分，破坏最严重，具有“三带”型破坏的特点，对水体下采煤最不利。

全部充填法管理顶板也是一种常见的方法。它的作用就在于人为地减小了开采空间，所以，这种方法对覆岩的破坏性较小，一般只引起开裂性破坏，而无垮落性破坏。与全部垮落法相比，这种方法的导水裂缝带高度要小得多。在充填工作质量不好、充填材料质量很差、采厚很大等情况下，也有可能在充填体上面发生规则垮落和开裂性破坏，其破坏程度视充填体的压缩量而不同，但总会小于全部垮落法的情况。因此，采用全部充填法管理顶板对水体下采煤是非常有利的。

煤柱支撑法管理顶板有条带法、房柱法和刀柱法等，一般只在顶底板比较坚硬的情况下采用。这种方法的覆岩破坏状况和最大高度取决于煤柱尺寸、采留比以及采空区是否充填等因素。在所留煤柱能够支撑住顶板的情况下，开采部分的顶板或者不垮落，或者只是局部垮落，但其覆岩破坏范围都比较小，高度较低，而且大都孤立存在，对水体下采煤有利。

4.6.2 采煤方法的类别

采煤方法和顶板管理方法一样，都是影响覆岩破坏规律的重要因素，决定着开采后煤层顶板暴露的形式、空间和时间。

采煤方法对覆岩破坏高度的影响，主要表现在开采空间的大小和垮落岩块在采空区内的不同形式两个方面。

从采煤工艺的机械化水平及动力条件角度出发，采煤方法可有爆破落煤、水力落煤、普通机械化采煤、综合机械化采煤等之分；对于特厚煤层及巨厚煤层条件，从顶煤处理形式来看，还有放顶煤开采与分层重复开采或大采高一次采全高之分。

应用于水体下采煤领域的采煤方法可以说是多种多样的，但由于不同的采煤工艺方法的采动破坏性影响程度不一样，其适用条件以及所要求的安全煤岩柱的最小尺寸也不同。一般是煤层厚度越大及开采强度越大时，采动破坏性影响的程度越大，所要求的安全煤岩柱的最小尺寸也越大。

采煤方法特别是作为传统意义上的采煤方法，由于其应用历史长，工艺较简单、灵活，在水体下采煤领域的应用时间最早，也最全面。从炮采工艺方法、水力落煤工艺方法，到普机采工艺方法、综合机械化采煤工艺方法甚至综合机械化放顶煤开采工艺方法；从长壁式等全面开采，到条带、刀柱或房柱式等部分开采；从长壁式开采，到短壁式开采；从单一煤层的单层开采，到近距离煤层群的多层重复开采；从薄或中厚煤层的单层初次开采，到厚或巨厚煤层的分层重复开采；从厚或巨厚煤层的分层重复开采，到放顶煤一次开采或放顶煤重复开采。各类采煤方法及开采工艺在水体下采煤领域都有着程度不同的应用，既有成功实例，也有失败和教训。一般而言，可使覆岩形成均衡破坏或者能够控制采动破坏性影响的采煤方法，往往容易在水体下采煤中得到成功应用，并且效果也较好；而易于使覆岩形成非均衡破坏或者采动破坏性影响易于失控的采煤方法，如水力落煤工艺方法等，往往在水体下采煤领域中应用的效果都不好。

使得覆岩破坏具有明显的规律性，一般可使覆岩形成均衡的“三带”型破坏类型的采煤方法主要有缓倾斜煤层的单一长壁全部垮落法和倾斜分层长壁下行全部垮落法、急倾斜厚煤层的水平分层人工假顶下行垮落法和沿走向推进的伪倾斜柔性掩护支架采煤法等。

开采急倾斜煤层时，容易引起采空区内垮落岩块的再次运动并造成采空区上边界所采煤层本身垮落和形成局部集中超限采煤的采煤方法主要有挑煤皮采煤法、煤皮假顶采煤法、落垛式采煤法、仓房式采煤法、沿倾斜下放的平板型掩护支架采煤法等。

随着煤炭科学技术水平的不断进步、煤矿开采技术水平的不断提高以及地质采矿条件的不断变化，我国煤矿水体下安全采煤的开采技术也在不断发展，采煤工艺的机械化程度也越来越高，高产高效的效果也越来越好。其主要特点为，采煤方法及各有关技术的发展变化与现代化安全生产需求及现代技术水平的结合更加紧密，尤其是高产高效采煤方法在水体下安全采煤中得到了成功应用和不断发展。根据我国煤矿水体下采煤的生产实践经验，在水体下采煤领域成功应用的机械化等高产高效采煤工艺方法（顶板管理方法为全部垮落法）的情况主要如下。

4.6.2.1 长壁式综合机械化全部垮落采煤方法的应用

综合机械化全部垮落采煤方法尤其是大采高综合机械化全部垮落采煤方法，由于开采强度较大，致使开采影响及其破坏程度较剧烈，对实现水体下安全采煤十分不利，与传统的水体下安全采煤技术原则发生了冲突。

1. 长壁式综合机械化分层全部垮落采煤法顶水安全开采

综合机械化采煤在顶水安全开采方面进行了成功的应用。顶水采煤就是在采煤工作面上方存在水体并且不对其进行疏降处理的前提下进行顶水作业。其具体做法主要是留设合理的防水煤岩柱，主要应用于强、中等水体条件下，优点是一般不增加矿井额外涌水量。如山东兖州矿区兴隆庄煤矿原设计按照普机采分4层开采要求留设了垂高为80 m的防水煤柱，采用走向长壁综合机械化全部垮落法开采，对特厚煤层（厚度7.5~9.2 m）进行分层大采高（2.4~3.3 m）不疏降顶水开采，在综采分3层开采条件下成功地将原设计防水煤柱缩小到了51 m。

2. 长壁式综采大采高一次采全高全部垮落采煤法留设防塌煤柱安全开采

采高越大，覆岩破坏高度就越大，破坏程度也越剧烈。针对河北邢台矿区东庞煤矿第四纪松散层底部砾石层富水性弱，补给、径流条件也较弱等具体条件，进行了4.5 m高架综采一次采全高留设防塌煤柱开采实践，通过井下探放水及边采边疏预先疏干底砾层，实现了最小基岩柱7.7~15 m时限制采厚3.6~4.0 m、最小基岩柱大于15 m时一次采全高4.5 m条件下的安全开采。

4.6.2.2 综合机械化放顶煤开采方法在不同类型水体及复杂条件下的应用

放顶煤开采是一种高产高效的采煤方法，其特点是一次开采厚度明显加大，开采强度明显增加，致使采动破坏性影响程度明显加剧，对实现水体下安全采煤十分不利。

1. 综合机械化放顶煤开采在松散层含水体条件下的应用

放顶煤开采技术在松散层含水体下的应用最普遍，开始时间最早，针对露头煤柱所进行的水体下综放开采技术研究也最多。如兖州、邢台、龙口、淄博济北、淮南等矿区，都开展了留设防水或防砂乃至防塌煤柱等条件下的综放开采试验研究，其覆岩则以中硬类型为主，其次为软弱类型。

1）综合机械化放顶煤顶水安全开采

随着综放开采方法的普遍应用，开采厚度也明显增大，致使覆岩破坏高度明显加大，所需留设的防水煤柱的尺寸更需增大，此时就出现了能否在矿井原设计防水煤柱条件下实现综放安全开采以及如何确定综放开采的合理回采上限等新问题。如山东兖州矿区兴隆庄煤矿原设计按照普机采分4层开采要求留设了垂高为80 m的防水煤柱，采用综放开采先后在最小防水煤柱垂高78 m、68 m、65 m及中硬覆岩、煤厚平均8.7 m条件下实现了顶水安全开采，各采煤工作面自投产至结束均未出现明显的涌水、淋水现象，或者仅在底黏缺失处出现采空区滞后涌水；在兖州煤田的太平煤矿实现了3号煤层首采工作面在最小防水煤柱垂高60 m、煤厚8 m、中硬覆岩、存在底黏条件下的综放顶水安全开采，工作面无水；在地处海滨的山东龙口矿区“三软”地层条件下，在含水砂层下和2号煤层采空区下采用放顶煤开采方法，实现了3个综放工作面的顶水安全开采；在山东龙口矿区海下煤田也成功地实现了综放顶水安全开采。

2）综合机械化放顶煤留设防砂煤柱安全开采

针对过去在含水砂层下禁止采用放顶煤方法留设防砂煤柱开采厚煤层的规定，开展了综合机械化放顶煤留设防砂煤柱开采的试验研究，取得了成功经验和有关技术数据。如山东兖州矿区杨村煤矿第四纪松散层底部含水砂层属弱富水松散层，含水砂层底部为厚度1～4 m的黏土层，采用综放开采，实现了平均煤厚8.0 m、最小防砂煤柱垂高30 m条件下的安全开采，回采工作面内未出现淋、涌水现象；山东兖州兴隆庄煤矿四采区第四纪松散层底部含水砂层属弱富水松散层，含水砂层底部无黏土层，覆岩为中硬类型，实现了最小防砂煤柱垂高51 m、开采厚度9.5 m和最小防砂煤柱垂高33 m、开采厚度5.5 m条件下综放安全开采。

3）综合机械化放顶煤留设防塌煤柱安全开采

针对过去留设防塌煤柱开采厚煤层也禁止采用放顶煤方法的规定，开展了综合机械化放顶煤留设防塌煤柱开采的试验研究，也取得了成功经验和有关技术数据。如河北邢台矿区邢台煤矿，松散层底部含水砂层基本已疏干，通过井下探放水、边采边疏预先疏干底砾层以及井下注浆治理溃泥溃砂，取得了采放厚度6.4 m、最小防塌煤柱12 m条件下放顶煤开采的成功经验。

2. 综合机械化放顶煤开采在基岩含水层水体条件下的应用

在基岩含水层下也成功地应用了综放开采技术。如陕西彬县矿区在白垩纪砂砾岩含水层下成功地实现了顶水综放开采和顶水综放重复开采；在扎赉诺尔矿区铁北煤矿多层半胶结砂岩含水层下不仅成功地应用了顶疏结合综放开采技术，而且解决了采用综采开采方法所难以解决的难题，更加显示出综放开采技术应用于该类地层及水体条件下的优势。

3. 综合机械化放顶煤开采在地面水体条件下的应用

在开采地面水体下压煤方面也成功地应用了综放开采技术，如龙口、鹤岗、大屯等矿区在海下、湖下、河流下进行的综放顶水安全开采等。

4. 综合机械化放顶煤开采在水体下急倾斜煤层条件的应用

对水体下急倾斜煤层应用水平分层综放开采技术也进行了试验研究，如梅河四井解决了急倾斜煤层水平分层综放工作面溃泥、溃水的难题。

5. 综合机械化放顶煤开采在采空区水体条件下的应用

在采空区水体下进行综放开采也进行了试验研究，如大同矿区同忻矿部分侏罗系采空区水体下的压煤将采用综放顶水开采技术，部分采空区将疏干后再进行综放开采。

6. 综采与综放相结合重复开采在松散含水层水体条件下的应用

针对既要有效地降低覆岩破坏高度又要实现高产高效安全开采的需求，开展了综采与综放相结合的试验研究，如山东兖州矿区兴隆庄煤矿在第四纪底部含水砂层富水性中等、煤层厚度8.2～9.5 m、顶分层综采开采厚度2.4～3.3 m、底分层综放开采厚度2.8～8.5 m及最小防水煤柱垂高分别为66 m、46 m、44 m和对应的平均煤厚分别为8.7 m、8.5 m、9.1 m条件下，成功地实现了不疏降顶水安全开采，各工作面回采过程中均未见明显涌水及淋水现象。

7. 水体下其他形式的放顶煤安全开采

1）普机采悬移支架放顶煤留设防塌煤柱安全开采

枣庄柴里煤矿326($3_{下}$）工作面悬移支架放顶煤，防塌煤柱厚度12 m。其上为第四系底部砾石层，富水性弱，单位涌水量为0.014 L/(s·m)，经多年自然疏放已经基本无水。基岩风化带厚度约8 m。该工作面长度120 m，沿走向推进长度250 m，采厚平均4.9 m，其开采范围完全处于原防砂煤柱内。该工作面自1998年8月开始回采，至1999年2月结束，实现了12 m防塌煤柱普机采悬移支架放顶煤安全开采。开采过程中，工作面未出现淋水、涌水现象，顶板管理及作业环境良好。

2）高落式采煤法顶水安全开采

高落式采煤法在小煤窑中应用较普遍，特点是采场布置较灵活，对地质采矿条件的适应性较强。但其落煤过程难以控制，覆岩破坏情况一般较难预测。所以，在水体下采煤中常常禁止使用。该采煤工艺方法在水体下采煤中也有成功应用的实例。如内蒙古赤峰建昌营煤矿厚煤层开采受到第四系孔隙潜水强含水层和煤系基岩孔隙裂隙承压弱含水层等多种、复合水体的威胁和影响，5个煤组的煤层厚度分别为4.2～14 m，覆岩类型为软弱至极软弱，成功地实现了高落式采煤方法顶水安全开采，既采出了水体下压煤，又保证了矿井安全。

4.6.3　水体下采煤技术安全措施的类别

水体下采煤的技术安全措施是实现水体下安全采煤的重要保障。无论何种采煤方法和开采工艺，在水体下采煤领域中的成功应用往往都离不开与之相适应的技术安全措施。水体下采煤的技术安全措施可分为开采技术措施和安全防护措施两个方面。

4.6.3.1　水体下压煤开采技术措施的类别

采取开采技术措施的目的即在于减轻覆岩破坏的影响程度，使覆岩破坏的影响与所留设的安全煤岩柱相适应，或者限制采动影响的范围，控制可能的受灾面积，以实现水体下安全采煤。从开采角度出发，水体下采煤的技术安全措施主要有分层间歇开采、长走向小阶段间歇开采、正常等速均匀开采、充填开采、分区开采、试探开采、部分开采，以及避免垮落的岩块和煤炭流失、工作面留设顶煤和将回风巷布置在顶板岩层内、工作面架设木垛等措施。

分层间歇开采是指用倾斜分层下行垮落方法开采缓倾斜厚煤层的一种开采措施。它是我国煤矿在水体下采煤时结合保留一定的煤岩柱而比较普遍采用的一种方法，特别是在水体下开采浅部煤层，即采用防砂或防塌安全煤岩柱时，必须采取的一种有效的技术措施。它可使覆岩的破坏高度同一次采全厚比较起来小得多，且为覆岩形成“三带”型破坏创造了有利条件，可避免出现异常的非均衡破坏，有利于保护煤岩柱固有的水文地质条件。根据厚煤层分层开采时覆岩破坏高度近似地按分式函数关系增长的规律，应尽量减小第一、二分层的采厚。实测资料表明，第三分层以后各分层导水裂缝带高度的增长幅度一般都比较小，所以，垮落带和导水裂缝带的总高度也就小。因此，在煤岩柱尺寸较小的情况下，如能将第一、二分层的导水裂缝带高度控制在煤岩柱高度范围以内，则以后各分层的导水裂缝带高度也可能被控制在煤岩柱高度范围内。合理的分层间歇时间，应根据采区采煤地质条件以及岩层移动规律来确定。对于中硬覆岩，一般在采后3～4个月就基本趋于稳定，然后便可进行下分层的开采。一般来说，上下分层同一位置的回采间隔时间应大于4～6个月。原则上是软弱覆岩间隔时间可短些，坚硬覆岩间隔时间要长些。

长走向小阶段间歇开采是指用水平分层或沿走向推进的伪倾斜柔性金属掩护支架全部

垮落采煤法开采急倾斜煤层的开采措施。它是我国煤矿在水体下开采急倾斜煤层时结合保留一定的煤岩柱而普遍采用的一种比较有效的方法。所谓长走向小阶段间歇开采就是将全水平分为3~4个小阶段开采。顶板易冒时分为3个，顶板难冒时分为4个。第一、二小阶段垂高为15~20 m，第三、四小阶段垂高为30~35 m。回采时，将每个小阶段沿采区走向长度（一般200~300 m）全长一次采完。每采完一个小阶段停采3~4个月，然后再回采下一个小阶段。由于每次回采的阶段高度小，走向长度大，小阶段之间有一定的间歇时间，所以有可能使所采煤层本身及顶板岩层形成均布型垮落，减少非均布的宝塔型垮落的可能性，从而增加防水煤岩柱的完整性及安全性。

正常等速均匀开采是在采用全部垮落法管理顶板的情况下，工作面控顶范围内的顶板有时会出现断裂或超前断裂现象。如果煤层顶板为薄隔水层，其上面为含水层，且含水层位于导水裂缝带范围以内时，顶板断裂会造成工作面淋水，恶化劳动条件。为了改善工作面劳动环境，使工作面顶板不产生断裂，进而达到使含水层水随回柱放顶而涌向采空区的目的，可以采用正常等速均匀开采方法，既要保持工作面的正常循环和连续均匀推进，同时还要保持采厚均一，加强顶板管理，防止顶板隔水层超前断裂，保护隔水层的隔水性能。此外，为了使顶板的涌水不流向工作面作业区，还应将走向长壁工作面布置成伪倾斜方式，工作面下口超前，上口落后；或者采用倾斜长壁工作面布置方式，使顶板涌水流向采空区。当富水性较强，采空区涌水量大时，采区内应设置疏水巷。

采用充填方法管理顶板是实现水体下安全采煤最有效的开采技术措施之一。它可以显著地减少覆岩破坏高度，大大缩小煤岩柱的尺寸。这是因为用外来材料及时地充填采空区，使覆岩受到充填物的支撑，一般不发生垮落性破坏，同时抗裂性破坏高度也将明显降低。以前常用的充填方法有水砂充填、风力充填、矸石自溜充填和矸石带状充填等。其中水砂充填效果最好，风力充填和矸石自溜充填次之，矸石带状充填效果最差。近年来发展了膏体充填等新的充填技术方法，如风积砂似膏体机械化充填技术等。

分区开采就是在水体下（或上）采煤以前，在采区与采区之间设置隔离煤柱，并在适当地点建立永久性防水闸门，或是用独立的井口或采区进行单独开采。在有可能发生突然性涌水的矿井和采区，应采取建立防水闸门的措施，这样一旦发生突水事故时，可以有效地控制水情，缩小灾害的影响范围。例如，在石灰岩岩溶含水层或暗河下采煤时，由于溶洞、暗河水具有水量大、来势猛的特点，就有必要采用这种措施。在采深很小和水源补给充足的情况下，宜于分井田或分采区单独开采。具体做法是根据水体的富水性强弱、规模大小、防水煤岩柱尺寸大小及隔水层厚薄等条件，将水体下面的煤层划分成若干个单独的井田或采区，必要时还可分别采用不同的开采措施。当水体规模较大，水源补给充足时，也可以采用几个井田联合同时开采、同时排水的方式，这样可收到缩短疏降时间、减少突水危险、降低排水费用的效果。

所谓试探开采，就是按照先易后难的原则合理安排开采顺序，试探性地进行开采并逐步接近水体的一种方法。这样做既可以在试采中确切地了解采动对防水煤岩柱的破坏程度，又能够不断地摸索出适合本地区的最佳开采方法和措施，可以确保水体下的安全开采。试探开采是水体下采煤的一个重要技术原则，它的具体方法有先远后近、先厚后薄、先深后浅、先简单后复杂等几种。

先远后近即先采远离水体、后采水体下面的煤层。例如在河下采煤时，一般应先采河床以外所地区，取得经验和数据后，再进入河床下开采。在河床下开采浅部煤层时，有时应采取雨季远河水开采，旱季近河水开采，或雨季多掘，旱季多采的方法。

先厚后薄即先采隔水层厚、后采隔水层薄的煤层。例如在水体下采煤的深度较小或水体下面煤岩柱尺寸较小的条件下，如果水体下面隔水层的厚度变化很大，或是对隔水层的隔水能力了解不够时，一般应先采隔水层厚度较大的地区，通过试验，取得经验和数据后，再采隔水层厚度较小的地区。

先深后浅即先采较深部、后采较浅部的煤层。在松散含水层水体下采煤情况下，当地质和水文地质条件掌握较差时，可以先采下水平，后采上水平，或者先采第一水平中的下部小阶段，后采上部小阶段。这样通过先采下阶段，还有可能达到将含水层疏干的效果。

先简单后复杂即先采地质条件简单、后采地质条件复杂的煤层。在煤系地层岩性坚硬、煤系地层上面无古近纪、新近纪、第四纪松散层覆盖的条件下，断层的存在与否及其导水性往往是影响水体下采煤安全性和可靠性的关键。因此，坚持先简单后复杂的原则，是确保水体下采煤安全生产的重要前提。

部分开采是指条带法开采、刀柱法开采以及控制采厚等几种方法。其作用是保持顶板的完整性，减少导水裂缝带的高度。它是在某些特殊的地质和水文地质条件下，无法采用全采方法时为了尽可能地采出水体下煤炭资源和确保安全生产而采用的开采方法。它适用于地表水体和松散强含水层下无隔水层时开采浅部煤层，或者在采厚大、含水层水量丰富、水体与煤层的间距小于导水裂缝带高度等条件下。

条带法开采就是把煤层划分成条带，然后采一条，留一条。保留的条带宽度取决于开采深度及煤的抗压强度，深度越大、强度越小，保留的条带宽度应当越大。一般多采用5~40 m的条带宽度，采出率可达30%~70%。对于采用条带法开采的采空区，可以采用充填方法处理，也可以采用全部垮落方法处理。条带法一般适用于开采基本顶坚硬的煤层。条带法开采对于降低顶板破坏高度和减小底板破坏深度都是有效的。

刀柱法开采就是在采空区保留窄条煤柱以支撑顶板。刀柱宽度一般4~8 m，刀柱间顶板跨度20~40 m。此方法适用于直接顶坚硬不易垮落，并随着基本顶周期压力的产生而出现工作面大量淋水的煤层。

控制采厚就是根据煤岩柱和水体的地质及水文地质条件，在煤层厚度很大的情况下，为了确保安全生产而采取减少采厚的一种方法。一般在接近风化带或水体对矿井安全生产威胁较大的地点采用。

房式开采在采留比合适的情况下，可以减轻甚至基本消除覆岩破坏。例如，日本九州地区二瀬煤矿使用房柱式风力充填方法（采出40%，保留60%）和房柱式垮落方法（采出40%，保留60%）开采缓倾斜中厚煤层时，获得了有关房式开采可以基本消除覆岩破坏的实测资料。房式采煤法在我国较少采用。

避免垮落的岩块和煤炭流失是指垮落在采空区内的岩块和煤炭的碎胀性，是自然充填采空区和阻止覆岩继续发生垮落的根本原因。如果垮落在采空区内的岩块和煤炭出现流失现象，则等于增加了采厚，垮落高度亦会相应增大。因此，避免垮落的岩块和煤炭流失，是减少煤岩柱破坏的重要措施。在缓倾斜煤层开采条件下，在开采上限接近基岩风化带时，往往在回风巷和工作面发生局部性垮落，这时，应当加强回风巷的维护及工作面上口的顶板管理工作，提高支护质量。处理冒顶时，应避免在处理过程中顶板继续垮落。否则，有可能使局部垮落扩展到很大高度，并有可能引起水砂和泥土溃入巷道。在急倾斜煤层第一水平开采条件下，经常出现采出垮落在采空区内煤炭的现象，实际上是超限回采煤柱，造成煤柱的局部破坏，甚至扩展到煤层露头。在煤系地层有含水松散层覆盖时，可能会使水砂和泥土溃入井下。因此，“按尺定产，严禁超限采煤”便是此时必须要采取的一项十分重要的措施。对难以垮落的坚硬顶板还要进行人工强制放顶。

工作面留设顶煤和将回风巷布置在顶板岩层内是指在水体下浅部煤层开采顶板严重风化条件下，当顶板十分破碎或煤层直接顶与含水砂层接触时，为了防止发生工作面局部冒顶，改善工作面顶板压力状况和劳动条件，避免造成水砂溃决事故，可以采取留设护顶煤的措施。护顶煤厚度应根据具体的开采地质条件而定；当直接顶为含水层，而含水层的富水性又很强时，为了减少掘进、回采时的涌水量，可以将回风巷布置在底板岩石内，这样一方面改善了劳动条件，一方面起到预先疏降作用。

工作面架设木垛是指在顶板薄隔水层以上有含水层，且采用长壁全部垮落方法开采时，对于有周期压力的顶板可沿工作面每隔 20 m 设置一个木垛，以保持工作面顶板的完整性，而将顶板涌水“甩入”采空区，改善工作面的劳动条件。此方法仅在炮采或普机采条件下才能采用。

4.6.3.2　水体下采煤安全防护措施的类别

安全防护措施是为了保障矿井和人身安全，出现灾害时减少和控制受灾范围而必须采取的重要措施。它是水体下采煤时必不可少的预防性措施。

水体下采煤时经常采用的一般性安全防护措施主要有：对水体下采煤的安全防护工作加强领导，加强管理，配备专人具体负责；对受水威胁的工作面和采空区的水情加强监测，对水量、水质、水温及水位动态进行系统观测和及时分析；设置排水巷道，定期清理水沟、水仓；正确选择安全避灾路线，配备良好的照明、通风与信号装置；对采区周围的井巷、采空区及地表积水区范围和可能发生的突水通道作出预计并采取相应措施等。

在类似于石灰岩岩溶强含水体下采煤时需要专门采取的安全防护措施主要有：在开采水平、采区或煤层之间留设隔离煤柱或建立防水闸门和防水闸墙：确定隔离煤柱尺寸的原则是使煤柱至水体之间的岩体不受到破坏；导水断层两盘和陷落柱周围均应留设煤柱。煤柱留设应考虑断层或陷落柱破碎带的静水压力、采动影响及岩移破坏角等因素，需要根据具体的采煤地质条件确定；配备足够的矿井排水设备，完善配套设施，疏通采区及矿井排水系统，要具备在一旦发生突水事故时保证不淹没矿井的排水能力；在受突水威胁的采区建立单独的疏水系统，加大排水能力及水仓容量，或建立备用水仓；采取地面防水措施，减少地下水的渗漏补给来源。如加强地表防洪，及时处理地表塌陷和裂缝，修补和疏通沟渠，等等；做好地质预报工作，及时查清各种构造破坏，特别注意断层破碎带的突水。在地质条件特殊或构造不清时，应采取探放水措施。在静水压力较大的地方，应当先探后掘；在掘进巷道时，要严格控制巷道顶底板高度，避免人为地减少含水层与煤层间的隔水层厚度；定期观测含水层水位动态，掌握井下涌水量的分布特点及其变化规律等。

在采空区积水和基岩含水层下采煤或有充水断层破碎带存在时应采取的措施有：采用巷道、钻孔或巷道与钻孔相结合等方法，先探放和疏降，后开采。

在地表水体和松散含水层水体下采煤时探测基岩面标高的措施有：准确掌握基岩面标

高，在基岩面地形比较复杂的情况下，详细探查，控制钻孔的距离一般不得小于200～300 m一个。

在近地表或在已疏降的全砂松散含水层下采煤时的地面防水措施有：加强地面防水工作，避免地表水通过采动裂缝流入井下；可根据井田地面地形特点建立地面疏排水网路系统，如河流改道，加固加高河堤等，防止洪水进入采空区地面；对腐植表土层薄的地区，要回填因采煤引起的塌陷坑。

在受流砂溃决威胁条件下采煤时应专门采取的措施有：为了能在流砂溃决时堵住流砂，制止流砂暴泻，避免造成巷道淹没事故，可采取工作面放顶挂挡砂帘和设置防砂门堵砂放水等措施；发现流砂溃决征兆时，首先撤离一切作业人员，进行警戒（一般在回风巷第一道防砂门进行观察），组织专人处理。

除此之外，按照被保护的对象不同，还可以分为保护井下安全的开采和保护水资源的开采等。按照煤矿水体下压煤开采技术及措施等分类的情况见表4-8。

表4-8 按照煤矿水体下压煤开采技术及措施等分类的情况

条件	类别及内容		
按采煤方法	从采煤工艺的机械化水平及动力条件		爆破落煤
			水力落煤
			普通机械化采煤
			综合机械化采煤
	从厚煤层顶煤处理形式		放顶煤开采
			分层重复开采
			大采高一次采全高
			顶分层综采与底分层综放相结合
	按采煤工艺		炮采工艺
			水力落煤工艺
			普机采工艺
			悬移支架放顶煤开采工艺
			高落式（俗称“放大院”）工艺
			综合机械化采煤工艺
			综合机械化放顶煤开采工艺
	按开采面积	全面开采	长壁式等
		部分开采	条带式
			刀柱式
			房柱式
	按工作面长度		长壁式开采
			短壁式开采
	按煤层数多少		单一煤层的单层开采
			近距离煤层群的多层重复开采

表4-8（续）

条件	类别及内容				
	按煤层厚度不同				薄或中厚煤层的单层初次开采
					厚或巨厚煤层的分层重复开采
					厚或巨厚煤层的放顶煤一次开采
					厚或巨厚煤层的放顶煤重复开采
	按覆岩破坏特征	覆岩破坏具有明显的规律性，一般可使覆岩形成均衡的“三带”型破坏类型的采煤方法			缓倾斜煤层的单一长壁全部垮落法
					缓倾斜煤层的倾斜分层长壁下行全部垮落法
					急倾斜厚煤层的水平分层人工假顶下行垮落法
					急倾斜厚煤层的沿走向推进的伪倾斜柔性掩护支架采煤法等
		开采急倾斜煤层时容易引起采空区内垮落岩块的再次运动并造成采空区上边界所采煤层本身垮落和形成局部集中超限采煤的采煤方法			挑煤皮采煤法
					煤皮假顶采煤法
					落垛式采煤法
					仓房式采煤法
					沿倾斜下放的平板型掩护支架采煤法等
按采煤方法	按高产高效采煤工艺	长壁式综合机械化全部垮落采煤方法			长壁式综合机械化分层顶水安全开采
					大采高一次采全高留设防塌煤柱安全开采
		综合机械化放顶煤开采	松散层含水体条件下的应用		顶水安全开采
					顶疏结合安全开采
					留设防砂煤柱安全开采
					留设防塌煤柱安全开采
			基岩含水层水体条件下的应用		
			地面水体条件下的应用		
			水体下急倾斜煤层条件的应用		
			采空区水体条件下的应用		
		悬移支架放顶煤开采	松散层含水体条件下的应用		留设防塌煤柱安全开采
		高落式采煤法顶水安全开采	第四系孔隙潜水强含水层和煤系基岩孔隙裂隙承压弱含水层等多种、复合水体条件	顶疏结合安全开采	对第四系孔隙潜水强含水层顶水开采
					对煤系基岩孔隙裂隙弱含水层边采边疏
按顶板管理方法	全部垮落法	覆岩破坏发展最充分，破坏最严重，具有“三带”型破坏特点，对水体下采煤最不利			
	全部充填法	对覆岩破坏较小，一般只引起开裂性破坏，而无垮落性破坏，比全部垮落法的导水裂缝带高度要小得多，对水体下采煤非常有利			

表4-8（续）

条件	类别及内容				
按顶板管理方法	煤柱支撑法	覆岩破坏状况和最大高度取决于煤柱尺寸、采留比以及采空区是否充填等，在所留煤柱能够支撑住顶板的情况下，对水体下采煤有利		条带法	
				房柱法	
				刀柱法	
按技术安全措施	按开采技术措施	分层间歇开采	在水体下用倾斜分层下行垮落方法开采缓倾斜厚煤层时采用较普遍，是采用防砂或防塌煤柱时必须采取的有效技术措施		
		长走向小阶段间歇开采	用水平分层或沿走向推进的伪倾斜柔性金属掩护支架全部垮落采煤法开采急倾斜煤层，在水体下开采急倾斜煤层时结合保留一定的煤岩柱而普遍采用的较有效的方法		
		正常等速均匀开采	采用全部垮落法时防止顶板隔水层超前断裂而造成工作面淋水，进而达到使含水层水随放顶而涌向采空区的目的		
		充填开采	是实现水体下安全采煤最有效的措施之一，可显著减少覆岩破坏高度，缩小煤柱尺寸	风积砂膏体充填	充填效果好
				水砂充填	充填效果好
				风力充填	充填效果较水砂充填差
				矸石自溜充填	充填效果较水砂充填差
				矸石带状充填等	充填效果最差
		分区开采	采区与采区之间设置隔离煤柱，在适当地点建立永久性防水闸门，或用独立井口或采区单独开采		
		试探开采	按照先易后难的原则合理安排开采顺序，试探性地进行开采并逐步接近水体	先远后近	先采远离水体、后采水体下面的煤层
				先厚后薄	先采隔水层厚、后采隔水层薄的煤层
				先深后浅	先采较深部、后采较浅部的煤层
				先简单后复杂等	先采地质条件简单、后采地质条件复杂的煤层
		部分开采	作用是保持顶板的完整性，减少导水裂缝带的高度，是在无法采用全采方法时而采用的开采方法	条带法开采	把煤层划分成条带，然后采一条，留一条
				刀柱法开采	在采空区保留窄条煤柱以支撑顶板
				控制采厚	煤层厚度很大为确保安全而减少采厚的一种方法
				房式开采	采留比合适时可以减轻甚至基本消除覆岩破坏
		避免垮落的岩块和煤炭流失	垮落在采空区内的岩块和煤炭的碎胀性，是自然充填采空区和阻止覆岩继续发生垮落的根本原因，避免其流失，是减少煤岩柱破坏的重要措施		
		工作面留设顶煤和将回风巷布置在顶板岩层内			
		工作面架设木垛		仅在炮采或普机采条件下才能采用	
	按安全防护措施	一般性安全防护措施			
		类似于石灰岩岩溶强含水体下采煤时需要专门采取的安全防护措施			
		在采空区积水和基岩含水层下采煤或有充水断层破碎带存在时应专门采取的措施			

表 4-8（续）

条件	类别及内容	
按技术安全措施	按安全防护措施	在地表水体和松散含水层水体下采煤时探测基岩面标高的措施
		在近地表或在已疏降的全砂松散含水层下采煤时的地面防水措施
		在受流砂溃决威胁条件下采煤时应专门采取的措施
按被保护对象	保护井下安全的开采	
	保护水资源的开采	

4.7 我国煤矿水体下压煤资源条件及地质、水文地质环境的宏观分类

4.7.1 按聚煤时代及赋煤特征的分类

我国水体下压煤的现状与我国煤炭资源的分布、地质构造特征、含煤岩系的沉积特征及水文地质环境以及水资源尤其是地下水资源的分布等都有着密切的关系，是我国煤矿水体下压煤问题宏观战略分类的重要基础。

我国具有煤炭资源丰富、成煤早、成煤时间长、分布面积广、煤田类型多样等特点。根据我国各地质时代聚煤作用的不均衡性、所形成的煤炭资源赋存的主要特征、煤炭资源量及地域分布情况、地质构造特征以及水资源尤其是地下水资源的分布特点以及煤系煤层及其上覆地层的水文地质环境等，根据水体下采煤的需要，可从不同地质年代、不同聚煤区域内含煤地层的岩性特征、构造特征及构造演化等不同角度和不同方面对我国的煤田进行宏观分类。在我国的几个较强的聚煤作用时期中，除早古生代的早寒武世外，按照从晚古生代早石炭世依次到新生代新近纪的顺序，考虑到不同地质年代大地构造的状况及变迁、不同聚煤时期含煤地层及煤层赋存特征以及水文地质环境在不同地区的差异等，结合我国6个聚煤区内即华北石炭二叠纪聚煤区、华南二叠纪聚煤区、东北白垩纪聚煤区、西北侏罗纪聚煤区、西藏滇西二叠纪及新近纪聚煤区、台湾新近纪聚煤区内含煤地层的地质年代、煤层特征及水文地质特征等情况，从宏观上可将我国的主要煤田大体上分为古生代石炭二叠纪煤田（华北型石炭二叠纪煤田、华南型石炭二叠纪煤田、西北型石炭二叠纪煤田、西藏滇西型石炭二叠纪煤田、东北型石炭二叠纪煤田）、中生代晚三叠世煤田（华南型晚三叠世煤田、华北型晚三叠世煤田、西北型晚三叠世煤田、西藏滇西型晚三叠世煤田）、中生代早中侏罗世煤田（西北型早中侏罗世煤田、华北型早中侏罗世煤田、华南型早中侏罗世煤田、东北型早中侏罗世煤田）、中生代早白垩世煤田（东北型早白垩世煤田、西藏滇西型白垩纪煤田）、新生代古近纪和新近纪煤田（东北型古近纪和新近纪煤田、华北型古近纪和新近纪煤田、华南型古近纪和新近纪煤田、西藏滇西型新近纪煤田、台湾型新近纪煤田）等不同类型的煤田。

4.7.1.1 古生代石炭二叠纪煤田

石炭二叠纪煤田在我国分布普遍，含煤地层分布最多、最广，煤层发育良好，主要含

煤地层是华北和西北东部的上石炭统、下二叠统和华南的上二叠统，华南下石炭统及下二叠统也含煤。其中晚石炭世—早二叠世、晚二叠世含煤建造赋存的煤炭资源量分别占全国煤炭资源总量的26%、5%。

4.7.1.1.1 华北型石炭二叠纪煤田

华北型石炭二叠纪煤田位于华北石炭二叠纪聚煤区内，分布最广，遍及北京、天津、山西、河北、山东、河南、辽宁、吉林、内蒙古、甘肃、宁夏、陕西、江苏、安徽等省(区)。主要煤田有沁水、大同、宁武、西山、平朔、阳泉、黄河东、运城、潞安、晋城、济宁、兖州、淄博、新汶、莱芜、肥城、枣庄、平顶山、焦作、鹤壁、安阳、永城、禹县、密县、开滦、兴隆、峰峰、邢台、井陉、淮南、淮北、徐州、丰沛、本溪、沈南、南票、浑江、长白、府谷、吴堡、渭北、贺兰山、桌子山、准格尔等。

从地质构造方面来看，华北聚煤区的大地构造单元为华北地台的主体部分，地理分布范围西起贺兰山六盘山，东临渤海和黄海，北起阴山燕山，南到秦岭大别山，区内缺失晚奥陶世到早石炭世的沉积。华北石炭二叠纪煤田在中石炭世太原期聚煤作用强烈，具有海侵—海退“转换期”成煤及区域上“翘板式”聚煤的特点，到晚二叠世晚期的石千峰期，转为干旱气候下的内陆河湖相环境。其特点是构造稳定，聚煤作用发育，煤炭资源赋存条件简单，储量丰富。但后期构造变形使煤层稳定性受到不同影响。西部地区变形较弱，如鄂尔多斯盆地东缘、沁水盆地等，煤层赋存较稳定。也有某些地区遭受强烈挤压变形及断裂作用，如华北地台北缘，煤层稳定性较差，主要是燕山运动造成的。而其中处于华北地台南缘与秦岭印支褶皱带过渡区域的豫西、两淮诸多矿区或含煤盆地，往往挤压和逆冲推覆构造发育，含煤性较好，有急倾斜煤层。某些地区则沉陷过深（如华北平原区)。

从含煤岩系的岩性及岩相情况来看，在华北型石炭二叠纪煤田内，石炭二叠纪含煤地层属典型的地台沉积，主要形成了中石炭世本溪组、晚石炭世太原组、早二叠世山西组、下石盒子组4个含煤地层，其中本溪组含煤性差，其余3个组含煤性均好，尤以山西组和下石盒子组含煤性最好。按沉积特征可归纳为4种类型。在北纬41°以北的阴山、大青山、燕山、辽西的阴山燕辽地层分区，石炭二叠系属陆缘山间盆地沉积，在阴山、大青山称为拴马桩组（群)，在辽西地区称为红螺岘组。在北纬35°~41°之间的华北地层分区，石炭二叠系由老至新划分为本溪组、太原组、山西组、下石盒子组、上石盒子组和石千峰组，主要含煤地层为上石炭统太原组和下二叠统山西组。在北纬35°以南（豫西及两淮）的华北地层分区，含煤地层主要为下二叠统山西组、下石盒子组和上二叠统上石盒子组。在鄂尔多斯西缘的贺兰山地层分区，石炭二叠系从下至上划分为红土洼组、羊虎沟组、太原组、山西组、下石盒子组、上石盒子组和石千峰组，主要含煤地层为太原组和山西组，其次为羊虎沟组。含煤地层存在东西分异、南北分带现象，由北向南含煤层位逐渐抬高。

晚石炭世太原组的厚度从小于100 m至700 m以上不等，以山西为中心向南北变薄，向东西增厚。岩相除局部为陆相外，其余皆为海陆交替相沉积，主要为砂岩、粉砂岩、泥岩、灰岩、煤层和少量砾岩。其岩性组合有3种类型，属于以陆相为主的滨海冲积平原型的主要有位于华北北部阴山古陆南缘以及秦岭古陆与中条隆起北侧的浑江、辽东、辽西、冀北、北京、晋北、准格尔旗、桌子山、宁夏等煤田，由过渡相、冲积相、近浅海相组成，特点是愈近古陆，陆相成分愈多，以碎屑岩、泥岩为主，通常无石灰岩，个别偶见1～2层石灰岩。属于以过渡相为主的滨海平原型的主要有位于华北平原中部的辽东复州湾、冀中南、山东、晋中南、陕西渭北等煤田，特点是岩性较细，以砂岩、粉砂岩、泥岩为主，含灰岩4～10层，但单层均较薄，总厚一般小于20 m。以滨海—浅海相为主的滨海—浅海型的主要有位于北纬34°30′以南地区的豫西、苏西北、皖北诸煤田，特点是浅海环境占优势，以灰岩为主，可占地层剖面组成的60%，夹粉砂岩、泥岩和煤层。

早二叠世早期山西组的岩性和岩相以陆相占优势，可分为3种类型。属于以陆相为主的山前冲积平原型的主要分布于阴山古陆南缘、秦岭古陆北缘以及西部桌子山、贺兰山等地，为陆相沉积，以冲积相为主。煤系底部为分选极差的厚层粗碎屑岩（矿砾岩层），多数地区以砂岩、粉砂岩、泥岩为主；中部为砂岩、粉砂岩、页岩及煤层。属于以陆相为主的滨海冲积平原及滨海平原型的主要分布在华北中部地区，包括晋中南、太行山东麓、豫北、冀东及山东诸煤田，为陆相沉积，无过渡相沉积，多为中细砂岩，仅在中条—吕梁隆起、鲁中隆起等隆起区的边缘出现狭窄带状较粗的岩性地区。属于以陆相为主的潟湖海湾型的主要分布在秦岭北支以南，包括豫西、皖北及苏西北诸煤田，是陆相沉积并以过渡相为特征，岩性以细粒碎屑岩的粉砂岩、页岩及泥岩为主，粗碎屑岩少见，岩相组合以过渡相为特征。

早二叠世晚期下石盒子组具有南北厚、中间薄的整体变化趋势。下石盒子组的岩性构成主要为粗碎屑岩、粉砂岩、泥岩、煤层等，内蒙古准格尔旗、京西、冀北等地均有砾岩和砂砾岩，东部浑江及西部桌子山、东胜等地以砂岩为主，中部冀北、晋北等地以砂岩、泥岩为主，淮北以砂岩、粉砂岩、泥岩为主，淮南、徐州以粉砂岩、泥岩、砂岩为主。

晚二叠世早期上石盒子组的岩性构成主要为砾岩、砂岩和泥岩等，河南西、东部及皖北一带以泥岩、粉砂岩、砂岩为主。

从煤层赋存情况来看，上石炭统可采煤层分布于北纬35°以北地区，下二叠统可采煤层遍及整个华北盆地，上二叠统煤层仅局限于南华北地区。石炭二叠系主要可采煤层厚度的总体变化趋势为北厚南薄，南北分带明显。在北纬38°以北，存在一个厚煤带，厚度一般大于15 m，最厚超过30 m，并进一步发生东西分异，呈现出厚薄相间的南北向条带。在北纬35°～38°之间，煤层厚度一般大于10 m，其中大于15 m者呈席状、片状分布，个别小于5 m者零星展布在肥城、晋城、邯郸等地区。在北纬35°以南的南华北地区，煤层厚度一般小于10 m，有向南变薄趋势。

从水文地质情况来看，在华北型石炭二叠纪煤田内，石炭二叠纪含煤岩系的基底在华北大部分地区为奥陶纪碳酸盐岩，在贺兰山、桌子山一带为前震旦亚界或震旦亚界，在豫西的益阳、平顶山等地为寒武纪碳酸盐岩。在寒武、奥陶系灰岩与煤系地层之间隔水层厚度超过百米的地区，如沁水盆地及京唐、两淮等地区，其构造相对简单，寒武、奥陶系灰岩水对煤系地层威胁较小；在隔水层厚度较薄、为30～50 m的地区，如太行山东含煤区，其构造相对较复杂，寒武、奥陶系灰岩水与煤系地层含水层之间存在水力联系，对煤层具有充水威胁；在奥陶系地层缺失的地区，如豫西临汝一带，寒武系灰岩成为煤系地层的基底，但寒武系灰岩出露不够广泛，岩层富水性较差，补给水源不充裕，对煤层开采威胁较小。

煤系内的含水层主要有太原组薄层灰岩及下二叠统山西组、下石盒子组的砂岩等。太原组薄层灰岩的厚度一般小于7 m，层数较多，存在地区差异，富水性弱至中等，但水的储存量小。多为煤层直接顶板，成为井巷的直接充水含水层，在无补给或少量补给时，易于疏干，对煤层开采影响小，在遇较大断裂与奥陶系灰岩发生水力联系而使得补给来源充裕时，则对煤层开采影响大。在沁水煤田、渭北煤田、鄂尔多斯东缘含煤区，太原组薄层灰岩的单位涌水量为0.0004～0.108 L/(s·m)。山西组、下石盒子组砂岩的单位涌水量为0.00005～0.137 L/(s·m)，渗透系数为0.0002～0.137 m/d。在太行山东含煤区，为断块构造，导致煤系地层中的太原组薄层灰岩和山西组砂岩与奥陶系直接接触，发生水力联系，如邢台矿区、峰峰矿区鼓山西的和村—孙庄向斜、安阳矿区珍珠泉以西块段、鹤壁矿区小南海泉群以西块段等。在豫西煤田，煤系地层薄层灰岩的单位涌水量为0.0000479～0.302 L/(s·m)，渗透系数为0.000458～2.93 m/d，煤系砂岩层单位涌水量为0.000217～0.45 L/(s·m)，渗透系数为0.000721～4.0 m/d；在徐淮含煤区，以两淮为主，煤系砂岩裂隙含水层单位涌水量为0.00152～0.8911 L/(s·m)，渗透系数为0.00152～2.37 m/d。太原组薄层灰岩单位涌水量为0.00105～0.224 L/(s·m)，渗透系数为0.0017～3.09 m/d。

太原组属海陆交互相沉积，水文地质条件具有南北差异。在郑州—徐州一线以南的南部地区，太原组以海相沉积为主，所含灰岩层数多（10～13层），厚度大，约占太原组沉积总厚的60%，但煤层不发育，基本上无主要可采煤层。太原组中所含灰岩只对其上覆的山西组及下石盒子组中的煤层开采起充水作用；在郑州—徐州一线以北、石家庄—太原一线以南的中部地区，太原组中含有多层重要的可采煤层，成煤环境属滨海平原型，煤系沉积为海陆交替相，夹有多层薄至中厚层石灰岩，多位于各煤层的顶板。这些灰岩的岩溶发育，且通过断层错动与奥灰有水力联系，不仅是开采太原组煤层的直接充水含水层，而且还往往导致开采山西组煤层的井巷底板突水。在石家庄—太原一线以北的北部地区，太原组以碎屑沉积为主，只有少量薄层灰岩或不含灰岩。太原组中以砂质岩层中的裂隙水为主，不含岩溶水。开采太原组的威胁主要是下伏奥灰高压岩溶水有可能通过断裂错动或岩溶陷落柱突入矿井。总的来说，北部太原组的水文地质条件比中部简单。

本溪组中所含灰岩层数及厚度由西向东逐渐增多。其中除了鲁中的淄博、济东、黄河北、肥城、新汶及河北的井陉等煤田中的徐家庄灰岩厚度较大（5～20 m），岩溶较发育，且与奥灰有水力联系，因而含水较丰富，常造成矿井底板突水外，其余均含水甚微。从总体上看，本溪组为相对隔水层组，是太原组及山西组煤层的开采的有利条件。

山西组基本上为陆相沉积，不含灰岩，矿井充水水源一般以煤系中的砂岩裂隙水为主，水量一般不大。但在部分矿区，由于煤层至下伏灰岩含水层间的相对隔水层厚度较薄，下伏含水层的水压较高，或由于存在导水断层或导水的岩溶陷落柱，致使下伏岩溶水大量涌入矿井。总的来说，其水文地质条件比太原组简单。

上下石盒子组均为陆相含煤地层，距下伏灰岩很远，不存在岩溶水问题，煤层开采的主要充水水源为砂岩裂隙水，水量不大，水文地质条件较简单。

煤系地层上覆砂岩地层厚度较大，地表风化带和裂隙发育的浅部富水性一般较强，但随着深度增加，裂隙减少，富水性变弱，对煤层开采的影响也减小。

从平面上看，可分为南部、中部和北部3个带。在淮南、淮北、永夏、确山一带，主要含煤地层为山西组及石盒子组，可采煤层距奥灰很远，奥灰水一般不能直接威胁煤层开采，其主要水文地质问题，一是巨厚的新生界含水层直接覆盖在煤层露头之上，二是太原组薄层灰岩的含水性及其与奥灰水的联系程度。水文地质条件一般不很复杂。此带以北至太原—石家庄一线的中部地区，太原组中含有重要可采煤层，其最下可采煤层距下伏奥灰仅隔有20～60 m的本溪组，太原组与本溪组又有多层灰岩，与下伏奥灰往往有密切的水力联系。煤层开采时，奥灰、太原组及本溪组中的灰岩水极易大量涌入矿井，屡屡造成矿井淹没，是华北区水文地质条件最复杂的煤田。在太原—石家庄一线以北，本溪组一般较厚（40～80 m，兴隆煤田达230 m），含灰岩较少，太原组中的灰岩也很少、很薄，或者不含灰岩，基本上不存在岩溶水问题。下伏奥灰水一般也不易直接威胁矿井。除个别陷落柱问题造成突水淹井（1987年开滦范各庄矿曾发生震惊世界的特大突水特例）外，总体而言，北部的水文地质条件较中部简单。

从新生界尤其是第四系的赋存、富水及矿井充水水源等情况来看，在第四系很薄甚至煤系直接裸露地表的煤田，如山西、陕西以及太行山东南麓和山东、江苏、淮南的淮地台、中低山区、丘陵及山间河谷等地区，山麓斜坡地带多数为冲洪积、坡积和残积等沉积，渗水性能好，第四系无阻水作用，基岩风化裂隙发育，这些地区的风化带裂隙水、薄层松散层孔隙水、大气降水和地表水之间的水力联系非常密切，往往成为矿井充水的充足水源，有的甚至造成突水淹没灾害。

在第四系厚度为50～200 m的煤田，如河北、河南、山东、江苏和安徽黄淮平原的一些地区，第四系一般含有2～4层孔隙含水层组，富水性有强有弱，第四系底部附近的松散层含水岩组对矿井充水有直接影响。视第四系底部松散含水层富水性的强弱和距离开采煤层的远近等不同，对矿井充水影响的程度和方式等也不同，有的仅有充水影响，有的还同时有溃砂影响，有的由于富水性很弱甚至会起到隔水或相对隔水作用，个别的还有可能造成采场、采区甚至矿井淹没等灾害，如皖北祁东煤矿。

巨厚新生界赋存于开平向斜、两淮和太行山东麓等少数煤田，对煤系地层影响较大。其中的一种情况是，由于覆盖于煤系之上的新生界巨厚，水储存量大，接受大气降水后直接补给煤系地层中的裂隙砂岩形成了充沛的补给水源，如开平向斜；另一种情况是，巨厚新生界由多个含隔水层交互沉积而成，垂向水力联系弱，新生界含水层对煤系含水层的补给一般较弱。

总体而言，华北型石炭二叠纪煤田虽然普遍沉积于中奥陶统石灰岩之上，存在底板岩溶水的严重威胁，但含煤地层的上覆地层均为陆相沉积，不存在厚层顶板岩溶水问题。岩溶发育以溶洞、溶隙为主，大型溶洞不多，暗河更少见，岩溶地貌不显著，岩溶发育较深，岩溶系统及含水构造多为大中型或巨大型，常能形成面积达数百平方千米至数千平方千米的大型自流盆地及大型岩溶系统。

4.7.1.1.2　华南型石炭二叠纪煤田

华南型石炭二叠纪煤田位于华南二叠纪聚煤区内，其范围涉及贵州、广西、广东、海南、湖南、江西、浙江、福建、云南、四川、湖北、江苏、安徽等省（区）。以早二叠世晚期至晚二叠世聚煤作用最强，主要煤田有宣威、六盘水、织金、纳雍、南桐、天府、中梁山、广旺、涟邵、郴耒、黄石、丰城、乐平、曲仁、梅县、合山、天湖山、永安、长兴、宜泾等。

从地质构造方面来看，华南型石炭二叠纪煤田的基底由扬子地台、华南褶皱带、印支—南海地台在加里东期拼合而成。其中扬子地台区较为稳定，聚煤作用相对较强，变形较微弱，煤炭资源赋存条件简单；华南褶皱带基底不稳，聚煤作用相对较弱，构造作用及岩浆活动十分强烈，褶皱、断裂发育，条件复杂，构造煤发育；印支—南海地台为聚煤盆地的物源区之一。各类复杂的褶皱、逆冲推覆、重力滑动、滑（褶）推叠加、伸展、平移及走滑断裂等构造形式在有些煤田中发育广泛，煤层破坏强烈，稳定性差，如位于扬子地台北缘的煤田，发育由北向南的逆冲推覆构造，赋存急倾斜煤层。

从含煤岩系的岩性及岩相情况来看，在华南型石炭二叠纪煤田内，最重要的含煤地层是以海陆交互相为主的晚二叠世龙潭组，具有工业价值的含煤地层有晚石炭世测水组、早二叠世童子岩组和梁山段、晚二叠世吴家坪组。在杭州鹰潭赣州韶关北海一线以南的东南地层分区，二叠纪含煤地层主要形成于早二叠世晚期，在闽西南、粤东、粤中称童子岩组，在浙西称礼贤组，在赣东一带称上饶组。在连云港合肥九江株洲百色一线以南的江南地层分区，二叠纪含煤地层主要为海陆交互相的龙潭组，其次是以碳酸盐岩为主的合山组。在龙门山、洱海、哀牢山一线以东、秦岭大别山以南的扬子地层分区，晚二叠世含煤地层以碳酸盐岩沉积为主的称为吴家坪组，以海陆交互相沉积为主的称为龙潭组和汪家寨组，以玄武岩屑为主的陆相沉积称为宣威组。华南二叠纪含煤地层存在明显的穿时现象，含煤层位由东向西抬高，在东南地层分区为下二叠统，在江南地层分区为下二叠统上部的茅口阶（龙潭组下部），在扬子地层分区为上二叠统龙潭阶和长兴阶（均系龙潭组）。

华南晚二叠世早期的聚煤环境显示多样化的特色，聚煤环境属于滨海冲积平原型，主要分布于古怀玉山、武夷山、万洋山、诸广山、云开山地的东南侧或川滇古陆东侧，岩性构成主要为粉砂岩、细砂岩、泥岩，或细砂岩、粉砂岩、泥质岩，富水性弱，矿井充水主要为砂岩裂隙水、大气降水。属于滨海平原型的主要分布于苏北、苏南、皖东南、浙北、赣中、川南、滇东、黔中等地，岩性构成以粉砂岩、泥岩、细砂岩为主，局部地区含薄层石灰岩，富水性弱至中等，矿井充水主要为砂岩裂隙水。属于滨海三角洲型的主要分布于湘中、湘南、粤北及滇东、黔西等地，岩性构成主要为粉砂岩、泥岩、细砂岩、薄层石灰岩等，富水性弱至中等。属于滨海—浅海碳酸盐岩型的主要分布于鄂西、湘西北、湘中、川东、黔东、桂中、桂西等地，岩性构成以碳酸盐岩为主，其次为泥质、铝土质岩层，有的可采煤层直接顶板为隔水的泥质和铝土质岩层，而其上为厚层含水性强的白云质灰岩和硅质岩段，有的可采煤层直接顶板和底板均为含水性强的灰岩，如分布于桂中、桂西等地的合山组，岩溶水、地表水和大气降水为矿井充水的充足水源，对矿井安全威胁严重。

从煤层赋存情况来看，上二叠统煤层厚度呈现中部厚、向四周变薄的总体趋势，周边煤层厚度一般小于5 m。中部煤层发育特征在不同地区有所不同，分布于黔北—川南隆起带上的川南、南桐、华蓥山、桐梓和毕节等煤田或矿区，可采煤层总厚1.90～23.25 m，平均4.33 m。分布于黔中斜坡带的贵阳、织纳、威宁等煤田或矿区，可采煤层总厚3.04～38.0 m，平均9.98 m。处于黔西断陷区的六盘水煤田，是华南西部的重要富煤地区，可采煤层总厚4.68～45.79 m，平均15.27 m。地处滇东斜坡区的宣威、恩洪矿区，可采煤层总厚2.72～42.13 m，平均11.11 m。

分布于湘中、粤北地区的下石炭统测水组，在湘中含主要可采煤层1层，煤层平均厚度1～3 m，个别煤层局部最大厚度接近20 m。

上二叠统龙潭组普遍含有可采煤层，由南向北大致可分为3个聚煤带。南带位于赣南—粤北—湘南一带，含全区稳定可采煤层 1～2 层，厚度一般小于 2 m。中带展布于湘中—赣东—皖东南—浙西北—苏南一带，是华南东部龙潭组的主要富煤地带，含全区稳定可采煤层 1 层，厚约 2 m。北带位于鄂东南—皖南—赣北一带，仅含较为稳定及不稳定薄煤层，厚度 1 m 左右。

从水文地质情况来看，华南型晚古生代二叠世含煤岩系为龙潭组或吴家坪组，煤系基底为早二叠世茅口组、童子岩组和官山段等。在浙西、赣东北、赣南、粤东南等地，龙潭组煤系基底为早二叠世的含泥质细砂岩、粉砂岩和以泥质为主的碎屑岩，富水性很弱。在滇东富源、宣威和川东乐山、筠连一带，龙潭组煤系基底为早峨眉山玄武岩，富水性弱。在苏南、赣中等地，龙潭组煤系基底为早二叠世晚期粗的长石石英砂岩、石英砂岩和粉砂岩等粗碎屑岩，富水性中等。在华南西部的川东华蓥山、川南松藻、湘中涟源和煤炭坝、桂中合川、桂西南宁、粤北连阳等地，龙潭组煤系或合山组煤系基底为茅口组碳酸盐岩，富水性强，单位涌水量为 10～40 L/(s · m)，对煤层开采构成严重威胁。

湘中—赣中、东南含煤区为低山丘陵地形，降雨充沛，主要含水层为岩溶裂隙含水层，分别为上二叠统大冶组、大隆组（长兴组）及下二叠统茅口组，含水层富水性中等至强。岩溶裂隙含水层分别位于煤系地层的顶部或底部，露头区岩溶裂隙发育，易于补给，富水性中等至强，距主要开采煤层较近，是矿井的直接充水含水层，对煤层开采威胁大。川东、川南—黔北、滇东—黔西、黔桂等含煤区为山地与丘陵地形，地形陡峭，降雨充沛，大气降水顺沟渠流走，较难补给地下水。煤系以上的飞仙关组富水性弱，煤系富水性中等，下伏茅口灰岩富水性强。茅口灰岩与煤系地层之间有较厚的峨眉山玄武岩，二者水力联系微弱。

从第四系的赋存、富水情况及矿井充水水源情况来看，华南地区主要含煤岩系多数赋存于低山丘陵或高山地区，第四纪松散层很薄，多为基岩原地风化后堆积、坡积和冲积形成，岩性粗，渗水性大，但储水性小，是大气降水、地表水下渗的良好通道，无阻水作用。

总体而言，华南型二叠纪煤田内，大多数都既有底板岩溶水问题，又有顶板岩溶水问题。如早石炭世测水组下有石磴子灰岩，上有梓门桥灰岩及壶天灰岩；早二叠世梁山组则被夹在栖霞灰岩与黄龙灰岩之间；晚二叠世龙潭组也是底有茅口灰岩，顶有长兴灰岩。岩溶异常发育，溶蚀洼地、喀斯特漏斗、落水洞星罗棋布，岩溶地貌千姿百态，大型溶洞和暗河到处可见，但岩溶随着埋藏深度的增大迅速减少，岩溶系统及含水构造多为中小型，岩溶裸露程度高，降雨充沛，补给条件好，地下水交替强烈。但汇水面积小，地下水补给量与储存量都受到很大限制，煤层开采时，矿井涌水量一般要比华北区的小（除与地表水直接贯通者）。因此，在华南型石炭二叠纪煤田内，许多煤矿可以将运输大巷直接置于茅口灰岩之中。由于岩溶发育强烈而埋藏浅，岩溶含水层大片裸露地表，或者只有不厚的新生代松散层覆盖，随着矿井供排水，岩溶含水层水位下降，往往导致大范围内发生地表陷落坑群，同时使得浅部水源枯竭，甚至影响矿区及周边生态环境。

4.7.1.1.3　西北型石炭二叠纪煤田

西北型石炭二叠纪煤田位于西北侏罗纪聚煤区，该区局部地带赋存石炭二叠纪含煤地层。

从地质构造角度来看，如河西走廊，在石炭纪接受海侵而形成海陆交互相煤系，具有褶皱带基底型含煤盆地的特点，主要是构造作用强烈，褶皱和断裂发育且复杂，构造煤发育，有急倾斜煤层。

在西北型石炭二叠纪煤田内，沉积了与华北的本溪组及太原组相当的海陆交替相含煤地层。羊虎沟组整合于靖远组之上，其层位与华北的本溪组大致相当。煤层结构复杂。除在靖远窑街有局部可采煤层外，在景泰黑山、山丹花草滩、玉门东大窑等地也偶夹不稳定的可采煤层1~2层，层厚0.54~3.18 m。在宁夏碱山地区含煤10余层，总厚12.1 m，煤层结构复杂。

河西走廊—北祁连地区的太原组含煤性较好，分布也较广泛。太原组沉积厚度的变化趋势为东西段厚而中段薄。在山丹平坡—东水泉矿区，太原组含煤15层，可采6层，单层最大厚度12.7 m，一般为0.4~0.7 m。在九条岭矿区含煤6层，可采3层，单层最大厚度3.07 m，一般1.11~2.09 m。武威红水矿区含煤20层，可采4层，单层厚度1.1~2.34 m。柴达木北缘含煤区的中石炭世属海陆交互相含煤地层，以怀头他拉石灰沟含煤性较好，含煤20层，可采7层，总厚4.75 m。怀头他拉南山含薄煤层6层，旺尕秀含薄煤3层。至牦牛山只含煤1层。晚石炭世太原组也为海陆交互相含煤地层，分布于怀头他拉、旺尕秀一带。石灰沟含煤8层，可采5~7层，多为薄煤层，局部厚度可达2.5 m。旺尕秀含薄煤13层，可采9层，煤层不稳定。

西北型石炭二叠纪煤田的水文地质条件与华北截然不同。该区石炭系的基底为泥盆系陆相地层，太原组与奥陶系相距甚远，对太原组煤层的开采无威胁。太原组中所含石灰岩很少、很薄，以裂隙水为主，不存在岩溶水问题。区内气候干旱，降水稀少，补给条件差。水文地质条件一般很简单。该区地表和地下均严重缺水，只有个别地段当煤层位于地表水流之下时，才存在地表水或第四系砂层水的威胁问题。

在西北型石炭二叠纪煤田区内，桌贺地区的第四纪冲积扇潜水含水层富水性中等至强，二叠—三叠系裂隙水含水层富水性弱至中等，石炭二叠系裂隙水含水层富水性弱，奥陶系岩溶裂隙水含水层富水性中等至强，太古界千里山群裂隙水含水层富水性弱。煤系和奥陶系灰岩水含水层之间的上石炭统本溪组厚度19.68~3168 m，一般厚度约1200 m，明显削弱了奥陶系灰岩水对煤系的影响。

4.7.1.1.4 *西藏滇西型石炭二叠纪煤田*

西藏滇西型石炭二叠纪煤田位于西藏滇西聚煤区。

晚二叠世煤田位于西藏东北部及青海南部，分布在羌北—昌都、羌南及兰坪—思茅地块之上。其范围包括沿着古陆的东北侧狭长滨海地带，含煤地层为妥坝组，在青海南部则称为乌丽组，分布于昌都妥坝、察雅、巴贡、芒康等地。向南延入滇西，向北延入青海乌丽，再向西延入藏北双湖热觉查卡，呈北西—南东方向延伸并向北东凸出的弧形展布。

从地质构造方面来看，西藏滇西聚煤区的地质演化历史复杂，受北西—南东向深断裂的控制和成煤后期的破坏，多为小型含煤区块。强烈的新构造运动使含煤盆地的褶皱、断裂极为发育，含煤块段分布零星，煤层赋存条件差。

在西藏滇西聚煤区内，下石炭统、上二叠统煤系分布面积较大，含煤2~80层，单层厚度在1 m左右，主要分布于唐古拉山山脉附近。

晚二叠世含煤段位于妥坝组的中部，含可采煤层14层，一般单层厚度1 m左右，最厚达2 m。煤层不稳定，结构复杂。总的变化趋势是以妥坝为中心，向南北两端含煤性变差。乌丽组煤层发育于中下部，含煤5层，单层厚0.5~0.6 m。妥坝组的岩性以陆相粗碎屑岩为主，乌丽组含煤段中有1~3层薄层灰岩，但岩溶不发育，距上段厚层灰岩及下伏石炭系厚层灰岩较远。妥坝组及乌丽组对煤层开采的充水以裂隙水为主，水文地质条件简单。但煤田构造复杂，断层众多，当断层使煤层与上段或下伏厚层石灰岩直接接触时，有可能遇到岩溶水问题[46]。

4.7.1.1.5　东北型石炭二叠纪煤田

东北聚煤区的大地构造单元为兴蒙褶皱系东段、华北地台东北缘及濒太平洋褶皱系，地理范围包括黑龙江、吉林、辽宁中部和北部以及内蒙古东部。区内有石炭二叠纪含煤地层分布。

在辽东太子河流域发育有石炭二叠纪含煤地层，在其西端形成有红阳煤田。它为一由北东向西南倾伏的不对称向斜盆地。向斜东南翼较陡，局部呈直立及倒转状态，西北翼较缓。含煤地层主要为上石炭统太原组与下二叠统下部山西组，中石炭统本溪组与下二叠统上部下石盒子组仅含薄煤层。红阳煤田的太原组与山西组是一套海陆交互相滨海平原型沉积。依据剖面上沉积相序列变化特点，可划分为14个沉积旋回，每个沉积旋回均含有一层煤。有两种聚煤环境：一是海水退出潮坪后形成的泥炭沼泽聚积的煤层，二是扇三角洲平原形成的泥炭沼泽聚积的煤层。石炭系上统太原组厚度85 m左右，是红阳煤田中的主要含煤地层。含煤14层，其中下部的12、13号煤层为全区主要可采层。山西组厚度110 m左右，含煤7层，其中3、7号煤层可采。含煤地层的特点是，煤层层数多而且较薄，各煤层厚度、层间距变化甚小，结构单一或简单。含海相泥岩数层，黏土层一般见于煤层底板。其岩性由各种粒度的砂岩、粉砂岩、泥质岩、炭页等组成，一般呈现灰色、灰白色、灰黑色、黑色等颜色。12号煤层顶板为海相泥岩，为厚层状。13号煤层底板是耐火黏土，为潟湖相沉积。

红阳煤田的新近纪、第四纪松散层总厚280~1430 m，水文地质条件复杂。但含煤地层覆盖较厚的中生代侏罗纪砂岩、泥岩、火山岩等地层，封闭了晚古生界上部的不整合面。石炭二叠纪含煤地层以砂岩、泥岩为主，富水性弱，可采煤层顶底板多为泥岩或黏土岩、粉砂岩，为良好隔水层。

4.7.1.2　中生代晚三叠世煤田

中生代晚三叠世煤田主要分布于华南各地，其次是华北及西北地区，主要有湖南、江西、广东东北部、福建、浙江、湖北西部、四川盆地、云南东部、贵州西部、西藏、鄂尔多斯盆地、新疆、吉林东部等地，重要的含煤地层主要为安源组、艮口群、焦坪组、沙镇溪组、须家河组、一平浪组、大巴冲组、土门格拉组、瓦窑堡组、塔里奇克组、北山组等。

4.7.1.2.1　华南型晚三叠世煤田

华南型晚三叠世煤田位于华南二叠纪聚煤区内，是晚三叠世含煤地层的集中分布区，主要煤田有四川渡口、永荣、威远，云南一平浪，广东南岭、马安，湖南资兴，湖北秭归、荆当，江西萍乡、攸洛，福建邵武等。

从地质构造方面来看，中晚三叠世期间，扬子地台西部及华南东南部成为前陆坳陷带，分别形成了川、滇、赣、湘、粤晚三叠纪聚煤盆地，川中、滇中晚三叠世聚煤盆地的煤炭储量丰富。印支运动以来，华南褶皱带内晚古生代和早中生代煤系受到强烈挤压变形，线状褶皱发育，且伴随广泛的逆冲、推覆构造，而扬子地台则全面上升为陆，属陆相沉积发育阶段，变形较微弱。

从含煤岩系的岩性及岩相情况来看，在华南型晚三叠世煤田内，重要的含煤地层有湖南和江西的安源组、广东东北的艮口群、福建和浙江一带的焦坪组、湖北西部的沙镇溪组、四川盆地的须家河组、云南的一平浪组、云南东部和贵州西部的大巴冲组等。沉积类型有内陆山间盆地型、滨海湖盆型、清湖海湾型。其中以赣中湘南的安源组及四川盆地的须家河组含煤性较好，安源组含可采煤层1~15层，须家河组含可采煤层1~9层，均为薄煤层，仅局部达到中厚煤层，其他地区则只含局部可采煤层。在华南西部，沉积了较重要的晚三叠世含煤地层，如凌口宝鼎、红坭断陷盆地的大荞地组，滇中断陷盆地的一平浪组，川西、滇西坳陷带的巴贡组等，含有多层可采煤层，尤以四川凌口大荞地组含煤最好，可采煤层2~73层，可采煤层总厚1.87~58.5 m。

在华南的晚三叠世含煤地层中，以砂质岩层中的裂隙水为主，不含岩溶裂隙水，水文地质条件较简单。矿井充水因素主要为大气降水、地表水或新生界砂砾层水通过风化裂隙、构造裂隙进入矿井。矿井涌水量往往在雨季明显增大，如四川盆地达县矿区柏林煤矿，涌水量平时小于100 m^3/h，雨季达400~1250 m^3/h。在开采浅部煤层时，还需要注意老窑积水。在江西中部的萍乡东平、安福、花鼓山等矿区，安源组的下伏地层为早三叠世大冶灰岩，并部分不整合于长兴灰岩及茅口灰岩之上。广东北部的红卫坑组直接覆于早石炭世石灰岩之上。四川盆地的须家河组下伏中三叠世的雷口坡灰岩及早三叠世嘉陵江灰岩，都不同程度地存在底板岩溶水问题。广东唐村的晚三叠世含煤地层被石炭系石灰岩飞来峰所覆盖，存在顶板岩溶水问题。断层还往往使含煤地层与下伏或上覆含水层直接接触或成为灰岩水进入矿井的通道。

4.7.1.2.2　华北型晚三叠世煤田

华北型晚三叠世煤田位于鄂尔多斯盆地内。在华北地区，太行山以西在晚二叠系石千峰组之上连续沉积了三叠系。在鄂尔多斯盆地沉积了晚三叠世晚期的瓦窑堡组含煤地层，位于陕西的富县—横山一带。但在三叠纪末，鄂尔多斯盆地普遍隆起并发生宽缓褶曲，使瓦窑煤系大部剥蚀，仅在盆地中部保存了一小部分。煤层多而薄，可采煤层2层，可采煤层总厚2.75 m。煤系中不含岩溶裂隙水，均以砂质岩层中的裂隙水为主，其水文地质条件较简单。

4.7.1.2.3　西北型晚三叠世煤田

西北型晚三叠世煤田主要位于青海祁连山南麓的木里、西宁盆地，新疆准噶尔盆地，天山南麓的库车盆地，沉积了晚三叠世含煤地层，分别为默勒群、郝家沟组、塔里奇克组。库车盆地的塔里奇克组含煤较好，可采15层，平均可采总厚度35.41 m，最厚51.28 m。默勒群则含煤性较差，煤层薄而不稳定。煤系中不含岩溶裂隙水，均以砂质岩层中的裂隙水为主，其水文地质条件较简单。区内气候干旱，降水稀少，补给条件差，地表和地下均严重缺水，只有个别地段，当煤层位于地表水流之下时，才存在地表水或第四系砂层水的威胁问题。

4.7.1.2.4　西藏滇西型晚三叠世煤田

西藏滇西聚煤区的主体为青藏高原，是特提斯体系演化的结果，由一系列中间地块以及缝合带形成块、带相间的大地构造格局。晚三叠世煤分布在羌北—昌都、羌南及兰坪—思茅地块之上，煤层层数多、厚度薄和稳定性差。上三叠统含煤6～8层，单层厚度一般小于1 m。西藏东部的土门格拉群含煤地层中含有少量薄层石灰岩，存在裂隙岩溶水问题。

4.7.1.3　中生代早中侏罗世煤田

我国早中侏罗世的聚煤范围较晚三叠世广泛，几乎遍及全国多数省区，是我国最主要的聚煤期，其煤炭储量约占我国煤炭总储量的60%。聚煤作用最强的主要分布在西北和华北等地区，以新疆的储量最为丰富，华南的广东、湖南、江西、福建、湖北等省亦有零星赋存。主要含煤地层有延安组、大同组、窑坡组、北票组、武当沟组、义马组、坊子组、水西沟群等。我国北方早中侏罗世含煤地层分属新疆地层分区、北山燕辽地层分区、柴达木秦祁地层分区和鄂尔多斯地层分区。在新疆分区的北疆地区，早中侏罗世含煤地层为水西沟群，自下而上划分为八道湾组、三工河组和西山窑组，八道湾组和西山窑组为主要含煤地层。在北山燕辽地层分区的西段，下中侏罗统自下而上分为芀芀沟组和青土井群，后者为主要含煤地层。在中段的大青山一带，含煤地层主要为五当沟组和召沟组。在东段地区，主要含煤地层为海房沟组和红旗组。在柴达木秦祁地层分区，现有木里、阿干镇、窑街、靖远等主要生产矿区，中侏罗统木里组、阿干镇组和窑街组为主要含煤地层。鄂尔多斯地层分区包括陕、甘、宁、蒙诸省区的鄂尔多斯盆地和晋西、豫西等地区，主要含煤地层为中侏罗统延安组。

我国早中侏罗世含煤地层全部为陆相沉积，自西向东有塔里木南北缘、伊宁、准噶尔、吐鲁番、柴达木北缘、青海大通河、靖远—会宁、鄂尔多斯、大青山、大同、北京、蔚县、北票、田师付等主要煤田。其中以准噶尔盆地规模最大，鄂尔多斯盆地次之，塔里木南北缘盆地、吐鲁番煤盆地及伊宁煤盆地亦为规模巨大的大型煤盆地，其他则均为中小型煤田。

4.7.1.3.1　西北型早中侏罗世煤田

西北型早中侏罗世煤田位于西北侏罗纪聚煤区，其范围包括新疆全部、甘肃大部、青海北部、宁夏和内蒙古西部。

从地质构造来看，西北聚煤区由塔里木地台、天山兴蒙褶皱系西部天山段和昆仑褶皱带、祁连褶皱带、西秦岭褶皱带等大地构造单元组成，早中侏罗世的聚煤作用最强。其中，以地台为基底的含煤盆地具有构造稳定、聚煤作用发育、煤炭资源赋存条件简单、储量丰富等特点；以褶皱带为基底的含煤盆地，包括天山—兴蒙褶皱带地区的海西褶皱带上的含煤盆地等，具有构造作用强烈、褶皱和断裂发育且复杂、构造煤发育等特点。而地台与褶皱带过渡区含煤盆地往往挤压和逆冲推覆构造发育，含煤性较好。如准南、柴北、祁连等地的含煤盆地，均发育由造山带指向盆地和由基底隆起指向聚煤坳陷的逆冲推覆构造。

从煤系地层及煤层赋存情况来看，西北型早中侏罗世煤田的含煤地层主要为下中侏罗统，分布于数十个不同规模的内陆坳陷盆地，如准噶尔、吐哈、伊犁、塔里木、柴达木、民和、西宁、木里等盆地及柴北—祁连、准南和塔北等煤田或含煤区。

准噶尔盆地位于新疆北部天山、阿尔泰山及扎伊尔界山之间，为我国最大的早中侏罗世煤田，水西沟群含煤地层断续出露于盆地边缘，以盆地南缘发育最好，水西沟群自下而上可分为八道湾组、三工河组、西山窑组。八道湾组属早侏罗世，为湖泊、沼泽相沉积，主要由砂岩、砾岩、泥岩、粉砂岩、煤层、炭质泥岩等组成，含可采煤层10层，可采总厚度10.7~16.41 m，单层最大厚度15 m。三工河组属早中侏罗世，为湖相沉积，由泥岩、砂岩、砂砾岩、砂质泥岩、粉砂岩、炭质泥岩夹煤线造成，不含可采煤层。西山窑组属中侏罗世，为湖泊、沼泽相沉积，由砂岩、砾岩、泥岩、粉砂岩、炭质泥岩及煤层组成，含可采煤层33层，多为中厚煤层，并发育巨厚煤层，可采总厚108.58~151.11 m，单层最大厚度达63.96 m（B42煤）。

吐哈盆地分为西部的吐鲁番坳陷和东部的哈密坳陷两部分。在吐鲁番坳陷的吐鲁番—七克台地区，煤层最厚超过120 m，向四周逐渐变薄。在吐鲁番坳陷西端的艾维尔沟地区，含煤12~18层，以中厚煤层为主，可采煤层总厚度6.28~76.33 m，平均32.2 m，含厚煤层2~3层，煤层结构较简单。

从水文地质情况来看，区内地势较高，降水量稀少，黄土覆盖较普遍，大气降水对煤系的补给较弱，煤系富水性弱，对主要开采煤层基本无威胁。区内气候干旱，降水稀少，地表和地下均严重缺水。

在准噶尔盆地，盆地中部上覆巨厚白垩系及古近系、新近系，煤层埋藏很深。水西沟群及其下伏、上覆地层全为陆相沉积，以砂质岩层中的裂隙水为主，孔隙水次之。盆地式中高山常年积雪，冰川发育，夏季雪水融化，汇入盆地，一部分沿盆地边缘基岩露头渗入基岩含水层，一部分由地表流向盆地中部消失于古尔班通古特沙漠之中，最后完全消耗于蒸发。煤层露头部位常有以雪水为源的溪流通过，还往往有冰碛层、冰水堆积或古河床砂砾层沿煤层露头部位展布。这些地表水流及第四纪砂砾层中的水，是煤系中砂岩裂隙含水层的主要补给水源，也是煤矿开采时的主要充水水源。愈往盆地中部，地表水流愈少，气候也愈干旱，补给条件愈差，地下水的交替愈停滞，地下水的排泄愈依赖于蒸发，水的矿化度愈高，形成明显的水平分带性。盆地边缘的矿井涌水量一般为100 m^3/h，最大870 m^3/h。矿井水主要来自浅部，愈往深部补给条件愈差，岩层裂隙发育程度愈差，矿井涌水量愈少，或基本不增加，矿井涌水量主要随着走向开采长度的增大而增加，随着距地表水、古河床砂砾层或冰水堆积层的距离的增大而减小，与开采深度的关系不显著。

柴北—祁连含煤区、准南煤田、华北北缘的大青山、桌贺含煤区等地的多数煤田处于构造抬升隆起区，地面标高为1000~2400 m，气候干旱，雨量稀少，大气降水多以地表径流方式流走，第四系很薄，含水层的水量一般偏小。

柴北—祁连含煤区为中晚侏罗世煤田，第四纪含水层厚312 m，富水性中等至强，煤系砂岩裂隙含水层富水性弱至中等，煤系基底为灰岩，富水性弱。

准南煤田为中侏罗世煤田，第四纪含水层富水性中等至强，煤系砂岩含水层富水性弱，断层组富水性弱。

4.7.1.3.2 华北型早中侏罗世煤田

华北型早中侏罗世煤田位于华北石炭二叠纪聚煤区内，主要分布在鄂尔多斯盆地、燕山南麓、内蒙古大青山、豫西、山东、辽宁等地。其中以内蒙古东胜及陕西神木、榆林、黄陵、彬县最为著称，而该区内的水资源及地区生态环境保护问题也十分突出。

从地质构造方面来看，总体上经历了晚三叠世印支期的南北向挤压、侏罗纪燕山期的北西—南东向挤压和新生代喜马拉雅期的拉张，褶皱构造、推覆构造和滑动构造发育，煤田构造变形强烈，挤压构造主要发育于聚煤区周缘，构造变形向聚煤区内部逐渐变弱。由西至东表现为鄂尔多斯沉降带与太行隆起带、华北沉降带与胶辽隆起带。不同地区遭受剥蚀及构造变形的强弱程度各不相同。在吕梁山以西地区，继续坳陷形成巨型的鄂尔多斯内陆聚煤盆地，早中侏罗世煤系的变形较弱，煤层赋存较稳定。在吕梁山与太行山之间的山西地块，三叠系及其以前的地层因隆升而遭受剥蚀，仅发育小型早中侏罗世内陆聚煤盆地。在太行山以东地区，三叠系因抬升而遭受强烈剥蚀，晚白垩世后岩浆活动强烈，裂陷伸展形成渤海—华北盆地，并发育伸展型滑覆构造。

从煤层赋存情况来看，在鄂尔多斯盆地及大同、京西、大青山、蔚县、义马、坊子等小型山间湖盆内赋存下中侏罗统煤层。

鄂尔多斯盆地是我国第二个特大型早中侏罗世煤盆地。其规模仅次于准噶尔盆地。北至阴山南麓，南至秦岭北麓，东界吕梁山，西抵贺兰山。包括内蒙古的东胜煤田，陕西的榆神府煤田，宁夏的碎石井煤田，甘肃的华亭煤田、安口—新窑煤田，以及这些煤田所包围的广大范围。盆地中除了早中侏罗世含煤地层外，还广泛地下伏石炭二叠纪含煤地层，局部下伏晚三叠世含煤地层（瓦窑堡组）。早中侏罗世含煤地层自下而上分为富县组、延安组、直罗组、安定组。其中，延安组为主要含煤地层，主要由河床相砂岩，湖泊相泥岩、粉砂岩，湖滨相砂质泥岩、细砂岩及湖泊沼泽相炭质泥岩和煤交互组成。含煤10组，每组有1~3层可采煤层。在东胜煤田，含可采煤层4~11层，单层最厚10.33 m；在榆神府煤田，含可采煤层4~10层，单层最厚12.07 m；在碎石井煤田，含可采煤层6~14层，单层最厚12.52 m；在焦坪煤田，含可采煤层1~3层，单层最厚34 m（42号煤）；在华亭煤田，含可采煤层5~7层，单层最厚60.19 m（10号煤）。鄂尔多斯盆地不仅规模巨大，而且地层平缓，构造简单。除了盆地西部边缘地带有少量断层并使岩层倾角局部变陡（如华亭煤田）外，大范围内均未发现断层，岩层倾角仅3°~5°，一般呈非常宽缓的向斜和背斜，波状起伏。

鄂尔多斯盆地南部为半干旱黄土高原，北部为干旱沙漠地带，降水稀少，地下水补给条件差。延安组岩石粒度组成较细，裂隙一般不发育，含水较微弱。但在煤层露头部位，由于煤层曾普遍自燃，使煤层露头部位的顶板存在十数米至数十米的“烧变岩”带，裂隙异常发育，存在许多空洞，裂隙最大宽度达14 cm，空洞最大直径达10 cm，含水较丰富。由于煤层层数较多，层间距较小，地层倾角平缓，各煤层的“烧变岩”连成一片，形成一个分布较广的含水带。在沟谷中往往有泉出露，大者可达78.3~311.7 m^3/h。分布于煤层露头之上的新近纪及第四纪含水砂层及砂砾层，虽然厚度、水量都不大，但在浅部开采时，常发生突水、溃砂事故，甚至造成淹井。延安组的下伏地层晚三叠世延长组为陆相沉积，含水非常微弱，不存在底板水问题。延安组上覆地层为中侏罗世直觉组，其上部泥岩、粉砂岩为相对隔水层，有效地阻止了白垩系洛河砂岩含水层及新生界含水层中的水，使其难以对开采延安组煤层的矿井充水。下部的中粗砂岩、砂砾岩为弱含水层，一般40~60 m，最厚可达125 m。浅部裂隙发育，单位涌水量为0.01~0.2 L/(s·m)，40 m以下富水性减弱，单位涌水量小于0.01 L/(s·m)。现有矿井的涌水量一般都不大，主要充水水源为风化带裂隙水或第四系含水层水通过风化裂隙带渗入矿井。此外，还有老窑积水和烧变岩带中的水。

鄂尔多斯盆地早中侏罗世煤田的供水水源较缺乏，尤以北部、中部为甚。水资源匮乏现象较普遍，明显存在着地区水资源及生态环境保护问题，尤其是北部的干旱沙漠地带，由于煤矿开采带来的水资源匮乏、土地沙化范围扩大和地区生态环境恶化等问题十分突出。

大同盆地位于山西北部，为具有石炭二叠纪和早中侏罗世双套含煤地层的煤田。含煤盆地呈北东向椭圆形分布。早中侏罗世含煤地层呈减小的椭圆形分布于盆地的东北部，含煤地层为大同组，在南部整合于早侏罗世永定组之上，在北部不整合超覆于石炭二叠纪煤层之上。大同组由砂岩、粉砂岩、泥岩和煤层组成，底部为含砾粗砂岩。属河流相与内陆湖泊沼泽相交替沉积。主要可采煤层6层，厚度稳定。下部层以南部发育较好，上部层以北部发育较好。煤田构造为北东向不对称向斜，西北翼宽缓，倾角5°~15°，上覆白垩系；东南翼狭窄，倾角20°~60°，边部直立或倒转。

大同煤田处于半干旱黄土高原，蒸发量是降水量的4.3倍，降水较集中（每年7、8月），易于成洪峰排泄，地下水补给条件差。煤田内主要含水层为十里河及口泉河谷第四纪砂砾含水层，厚度0~20 m，单位涌水量为1.21~9.47 L/(s·m)，对埋藏于河谷地段的浅部煤层开采有影响；其次为基岩风化裂隙含水带，在河谷地段一般深度30~60 m，在两岸台地上为50~110 m，单位涌水量为0.13~1.42 L/(s·m)，最大可达20.07 L/(s·m)，是降水和地表水向矿井充水的主要途径。在风化裂隙带以下，含水性较微弱，单位涌水量小于0.1 L/(s·m)，对矿井充水作用很小。生产矿井的实践表明，其充水水源主要有：降水通过基岩风化裂隙带补给矿井；开采河谷附近的浅部煤层时，地表水及河谷砂砾层水通过基岩风化裂隙带渗入矿井；浅部老窑积水；断层出水，矿区内的断层一般不含水或含水微弱，但当断层通过河谷地带时，断层裂隙带可能含水。

蔚县煤田位于河北西部蔚县断陷盆地的西部，属华北古生代坳陷的北缘及天山—阴山巨型构造带东段的南缘。含煤地层为早中侏罗世下花园组，主要由泥岩、粉细砂岩、中粗砂岩和煤层组成，含可采煤层8层，主要可采4层，集中于下部。下花园组的沉积基底为下奥陶统（煤田南部）及寒武系（煤田北部），直接覆于石灰岩之上，1号煤层开采时存在底板岩溶水威胁，这是不同于其他早中侏罗世煤田的明显特点。下花园组上覆地层由下至上为中侏罗世九龙山组、髫髻山组、后城组。九龙山组为凝灰质胶结的杂色砂砾岩、粗砂岩、中砂岩、粉砂岩，髫髻山组为由安山岩、安山集块岩、火山角砾岩及凝灰质砂砾岩组成的火山碎屑岩，后城组为泥质胶结的杂色砾岩、凝灰质砂岩及砂砾岩。下花园组本身及上覆地层九龙山组、髫髻山组、后城组的含水性较微弱，对矿井充水作用不大。在煤田南部还广泛覆盖第四纪砂砾、粉细砂、亚黏土及黄土。第四纪砂砾层虽含水丰富，但有巨厚的相对隔水岩层阻隔，难以对煤层开采起到直接的充水作用。煤田内构造简单，倾角平缓，5°~15°。断层有北东东和北北西两组，前者多为高角度正断层，后者多为平推逆断层。

4.7.1.3.3 华南型早中侏罗世煤田

华南型早中侏罗世煤田的含煤性较差。在我国南方的早侏罗世地层虽广泛分布，但含煤性均较差，中侏罗世地层则一般不含煤。早侏罗世含煤地层在湖北西部（秭归、荆当）及湖北东南的香溪组，湖南南部、广东北部、广西东部的造上组含煤性稍好，含有一至数层不稳定的可采或局部可采煤层。香溪组为陆相沉积，水文地质条件一般简单。造上组为潟湖海湾相沉积，水文地质条件中等至复杂。桂东西湾煤田下侏罗统大岭组下部为含煤段，含可采及局部可采煤层6层，分上下两个煤组，煤组间为厚层石灰岩，一般厚度

29 m。下煤组为主要含煤段，厚度0～38 m，一般厚度18.7 m；上煤组厚度0～92 m，一般厚度26.7 m。上部无煤段为厚层隐晶质灰岩，厚度0～164 m，一般厚度85 m。大岭组之下为天堂组，厚度20～150 m，由砾岩、泥岩及硅质泥岩组成。其下伏地层为古生代灰岩，大岭组灰岩及古生代含灰岩中富含岩溶裂隙水，并有富江及拱河流经其上，曾因河水导入矿井而造成停产。

4.7.1.3.4　东北型早中侏罗世煤田

东北型早中侏罗世煤田位于东北白垩纪聚煤区内，主要分布于该区的南部，如辽宁的北票、沈北田师付等煤田。

从地质构造情况来看，东北聚煤区分别卷入太平洋体系和古亚洲体系，并大约以松辽盆地为界分为东西两部分。对于东北聚煤区煤田形成及后期改造具有影响的主要是今太平洋构造演化阶段，仅在局部受到古太平洋构造演化的影响。二叠纪末华力西运动使西伯利亚板块与华北板块发生陆—陆碰撞，全区隆起遭受剥蚀。三叠纪以来，东北东部受太平洋体系的控制，三叠世中晚期的印支运动使得西太平洋古陆与古亚洲大陆东西会聚碰撞形成褶皱带。

4.7.1.4　中生代早白垩世煤田

早白垩世是我国中生代的第三个重要聚煤期，所赋存的煤炭资源量约占全国煤炭资源总量的7%。下白垩统含煤岩系主要分布于我国东北和内蒙古东部地区，我国最厚的煤层(239 m)就赋存于该区的胜利煤田。区内有我国许多重要的煤田，如鸡西、鹤岗、双鸭山、勃利、蛟河、营城、辽源、铁法、阜新、扎赉诺尔、伊敏、霍林河、平庄等煤田。主要含煤地层有城子河组、穆棱组、石头河组、石头庙组、沙河子组、沙海组、阜新组、奶子山组、辽源组、大磨拐组、伊敏组、霍林河组、杏园组（九佛堂组）、元宝山组（阜新组）、白音花群等。在西藏南部怒江以西的八宿、路崖、边坝一带及阿里地区亦有早白垩世煤系沉积。

4.7.1.4.1　东北型早白垩世煤田

东北型早白垩世煤田位于东北聚煤区内，范围包括内蒙古东部、黑龙江全部、吉林大部和辽宁北部的广大地区，主要聚煤期为早白垩世。该区目前探明和开采的煤田（或煤产地）主要有鸡西、双鸭山、鹤岗、和龙、延吉、蛟河、扎赉诺尔、牙克石、白音华、元宝山、北票、阜新、铁法、抚顺、沈北、舒兰、依兰、珲春等。

从地质构造情况来看，由西向东，自大兴安岭西侧的海拉尔、巴彦和硕、多伦含煤区逐渐向东至大兴安岭东侧、松辽盆地，最后至东部的郯庐断裂带两侧，绝大多数聚煤盆地构造简单，以张性正断层为主，构造形态简单。东部地区的构造样式则更多地表现为收缩构造，后期挤压强烈，变形为近东西向复式向斜，地层褶皱强烈，倾角较陡甚至直立、倒转（双鸭山、双桦煤田)，且有大规模的逆冲断层伴生。该区由于是在拉张环境下发生聚煤作用，后期虽经历数次构造反转，但未对煤体结构形成严重破坏。鹤岗矿区煤体结构破坏一般，东部鸡西矿区等推覆构造、逆断层发育地带煤体结构破坏严重。鹤岗、鸡西、七台河、营城、辽源、蛟河等矿区集中分布在北北东向敦化—密山、依兰—伊通以及北西向的勃利—北安、丰满等断裂带的影响范围内。

从煤系地层及煤层赋存情况来看，在大兴安岭以西，聚煤盆地众多，煤层厚度巨大，平均可采煤层总厚超过 60 m，煤层最大厚度达 239 m，常有巨厚煤层发育，但侧向不甚稳定，结构复杂。在大兴安岭以东，煤层层数增多，煤层总厚明显减小，可采煤层总厚约 20 m。

城子河组是黑龙江的主要含煤地层，在鸡西煤田含可采煤层 3～17 层，在双鸭山煤田含可采及局部可采煤层 8～16 层，在绥滨集贤煤田的东容区含可采及局部可采煤层 15 层，在勃利煤田含可采及局部可采煤层超过 40 层。阜新组是辽宁的主要含煤地层，在阜新煤田含煤 6 组，最大可采总厚 106 m。在铁法煤田含煤 20 层，最大可采总厚 52.71 m。白音花群是内蒙古东部的主要含煤地层，在胜利煤田含可采及局部可采煤层 11 组，其中第 3、4、5、6 号煤层在盆地中合并，形成了可采总厚达 239 m 的巨厚煤层。在平庄—元宝山煤田称杏园组、元宝山组，含可采及局部可采煤层 4～14 层，可采总厚最大 112 m，一般约 50 m，单层最大厚度 60.11 m。在霍林河煤田称霍林河组，含可采及局部可采煤层 8～13 层，可采总厚最大 101.78 m，一般 45～80 m，单层最大厚度 51.38 m。在伊敏煤田称大磨拐组、伊敏组，含可采及局部可采煤层 38 层，单层最大厚度 50.3 m。该区许多煤田含有多层巨厚煤层，多集中于大兴安岭以西的内蒙古东部地区，适宜大型露天开采。

该区早白垩世含煤地层虽均为陆相沉积，但由于晚期燕山运动及喜马拉雅运动在该区各地所表现出的强度和特征有所不同，使该区各地的水文地质条件也存在着显著的区域性差异。在大兴安岭以西的内蒙古东部地区，早白垩世含煤地层沉积时及其以后，地壳趋于稳定，构造趋于平静，区内各煤田具有煤层厚度大、岩层倾角平缓、断层稀少、含煤地层之上基本上无上覆地层、岩石的石化程度与煤的变质程度均较低等特点。在水文地质及工程地质条件上表现为：砂质岩石仍保持松散或半松散状态，抗压强度很低，组成岩石的颗粒之间的原生孔隙仍基本保存或部分保存，裂隙不很发育。以含孔隙水为主，裂隙水次之，岩石的粒度组成对其含水性与透水性的大小仍起着重要作用。泥质岩层保持塑性状态，是良好的隔水层；煤层较其顶底板岩层相对坚硬，在后期形变中易于产生脆性破裂，故裂隙较发育。裂隙宽度可达 0.25 m，含有丰富的裂隙水，常为煤田内的主要含水层，这是该区煤田水文地质条件的显著特点。在伊敏露天区，煤层的单位涌水量一般为 2～10 L/(s·m)，最大可达 20 L/(s·m)。随着埋藏深度的增加，煤层中的裂隙率、裂隙宽度及其含水性显著减小；断层破碎带及其两盘岩层中的裂隙带均不很发育，断层对于岩层的含水性、透水性的作用不明显；采矿工程地质条件比较复杂，矿井开采时，顶底板管理和巷道维护都比较困难，易发生煤层顶板砂岩涌砂事故。在大兴安岭以东则显著不同，早白垩世含煤地层沉积时，地壳振荡运动较频繁，含煤地层沉积以后，含煤盆地又继续下陷，沉积了 3000～5000 m 的白垩系及古近系、新近系。区内煤层层数多而厚度薄，岩石的石化程度与煤的变质程度都较高，岩性比较坚硬，组成岩石的颗粒之间的原生孔隙大部分已消失。后期构造破坏比较剧烈，断层众多，成岩裂隙及构造裂隙较发育，以含裂隙水为主，孔隙水次之，岩石粒度组成对其含水性与透水性的作用已不明显，而主要取决于裂隙发育程度。当煤层埋藏深度较浅时，又产生新的风化裂隙，并使原有的成岩裂隙及构造裂隙进一步扩大，构成导水性较强的风化裂隙含水带。随着埋藏深度增加，裂隙发育程度及其含水性、透水性均显著减小，形成明显的垂直分带性，通常划分为强风化裂隙含水带和亚风化裂隙含水带。前者的深度一般 50～70 m，单位涌水量为 1～3 L/(s·m)；后者的深度一般 120～150 m，单位涌水量为 0.1～1.0 L/(s·m)。风化裂隙含水带直接接受降水补给，并常与地表水及第四纪砂砾层水相联系。矿井充水具有浅部大、深部小，靠近河谷地段大、远离河谷地段小的明显特征。煤层较其顶底板岩层相对软弱，裂隙发育较顶底板岩层差，含水性、透水性十分微弱，明显不同于大兴安岭以西的情况。断层破碎带及其两盘岩层中的断层裂隙带一般较发育，含水性、透水性一般大于正常岩层。当断层与地表水或第四纪砂砾含水层沟通时，往往造成矿井大量涌水。

燕山运动末期，东满山地相对隆起，松辽平原及三江平原相对坳陷，喜马拉雅运动仍继承了这种格局，使大兴安岭以东地区的煤田水文地质条件出现隆起、坳陷煤田两种类型。位于隆起区的煤田，水文地质条件一般较简单，只有在河谷地段开采浅部煤层时，地表水及第四纪砂砾层水可沿风化裂隙带、断层裂隙带或采动裂隙带灌入矿井，其水文地质条件才较复杂。位于松辽坳陷及三江坳陷区的煤田（如红阳煤田及绥滨、集贡煤田），煤层露头隐伏于巨厚的新生界含水层下，煤层开采时易导致上覆含水层中的水和砂溃入矿井，须在煤层露头部位留设足够的防水煤柱，才能安全开采。

在大兴安岭以东，早侏罗世煤田的水文地质特征基本上是一致的。区内除鸡西、鹤岗为低山、丘陵、斜坡盆地地形外，其余煤田多为平原。地下含水层一般以风化带裂隙含水带为主，层间裂隙含水层为辅。风化裂隙带的富水性一般为中等至强，风化裂隙带以下含水层的富水性弱。集贤煤田的煤系以上覆盖着巨厚的新近系、第四系，其中新近系的富水性弱至中等，对地表水和浅部含水层水进入煤系地层有阻隔作用。

在大兴安岭以西，水文地质条件独特，煤层为主要含水层。煤系砂岩有的呈松散或半松散状态，煤层开采时存在溃水、溃砂威胁，需要将煤层水和靠近开采煤层的半胶结砂岩含水层水疏干才能采煤。

4.7.1.4.2　西藏滇西型白垩纪煤田

在西藏也有白垩纪含煤地层分布。

早白垩世含煤地层各地名称不一，在怒江以西的昌西、八宿、洛隆、边坝至嘉黎一带称多尼组，以粉砂岩、泥岩为主，含可采或局部可采煤层10层，单层厚度0.15～2.75 m；在林周、堆龙德庆、墨竹工卡一带称拉萨群，以砂岩、粉砂岩为主，含煤10层，单层厚度0.3～2.0 m；在改则川坝、洞卡、玛米一带称川坝组，以粉砂岩、泥灰岩为主，含煤2层，单层厚度0.3～1.2 m。

晚白垩世含煤地层称秋乌组，分布于日喀则地区雅鲁藏布江两岸。秋乌组岩性自下而上为底砾岩、砂岩、粉砂岩、泥岩、流纹集块岩和凝灰质砂岩，含煤5～7层，单层厚度0.2～2.0 m。煤层结构简单，不稳定至较稳定。

根据含煤地层的岩性，应以含裂隙水为主，水文地质条件应不复杂。

4.7.1.5　新生代古近纪和新近纪煤田

新生代古近纪和新近纪煤田在我国的分布很不均衡，含煤沉积具有从老至新、由东北向南迁移的时空分布特征，自然形成东北—华北及西南—华南两大不同时空的聚煤区。古近纪煤田主要分布在东北、南岭以南及滇西，新近纪煤田主要集中于南方尤其是云南。

东北—华北聚煤区的古近纪含煤地层主要沉积于燕山运动以来所形成的一系列北北东向断裂及断陷带中，其次沉积于松辽坳陷及华北坳陷的边缘部分。大小含煤盆地40余个。

新近纪煤田主要分布于杭州—成都—唐古拉山以南地区，东起台湾，西至西藏的巴喀，北至唐古拉山南麓的丁青、类乌齐和川西的白玉昌台，南至海南的长坡。新近纪含煤盆地大小数百个，大的近1000 km²，小的不足1 km²，其中以云南最为发育，含煤最丰富。

古近纪、新近纪煤田的具体分布与晚期燕山运动所产生的断陷带及坳陷带密切相关。古近纪煤田分布于燕山晚期运动所形成的构造盆地，新近纪煤田分布于古近纪末的喜马拉雅运动所形成的断陷盆地。二者的含煤地层在沉积上不连续，在空间分布上也不一致。

4.7.1.5.1　东北型古近纪和新近纪煤田

东北型古近纪和新近纪煤田以古近纪煤田为主，位于燕山晚期运动所形成的构造盆地中，沿华夏式断裂及阴山构造带展布，主要分布在大兴安岭—吕梁山以东地区，北至黑龙江的孙吴、逊克，向东分布于三江平原的图们、珲春。聚煤时代以古近纪始新世、渐新世为主，主要有抚顺、梅河、沈北、永乐、依兰、舒兰、珲春等煤田。其中，抚顺、依兰为长焰煤，其他均为褐煤。主要含煤地层有老虎台组、栗子沟组、古城子组、杨连屯组、舒兰组、梅河组、虎林组、宝泉岭组、富锦组、达连河组、永庆组、平阳镇组、永订组、珲春组、土门子组、桦甸组、邱家屯组等。抚顺煤田含煤最好，含煤3层，单层最大厚度可达97 m。其次为沈北煤田，含煤2层，单层最大厚度18.5 m。抚顺、依兰、沈北煤田还含有油母页岩层。

我国的古近纪含煤地层以陆相沉积为主，不含岩溶水，其上覆地层及下伏地层也无岩溶水威胁。古近纪煤系岩石的固结程度与石化程度均较低，组成岩石的颗粒之间的原生孔隙仍基本保存，砂质岩石呈松散或半松散状态，泥质岩层具有较大的塑性，裂隙一般不发育。煤系岩层以含孔隙水为主。岩石的粒度组成、分选性、胶结程度对其含水性、透水性起主导作用。断层一般只对两盘的含水性、隔水性起着错位或对接作用，断层裂隙带及其导水作用一般不显著。但在抚顺、依兰煤田，煤系岩石的固结程度与石化程度稍高，可呈半坚硬状态，裂隙较发育，裂隙水具有较重要的地位，尤以风化带及断层带较为显著。但与古生代及中生代煤田相比，其裂隙发育程度及导水作用仍有逊色。

开采古近纪煤田时，往往在工程地质条件上遇到很大困难。一是流砂溃入井巷，二是井巷变形严重，三是露天边坡不稳。当未固结的饱水粉砂层含有一定数量的亲水矿物（如蒙脱石、伊利石、水云母等）时，这种粉砂层便称为流砂层。流砂的持水度很大而给水度很小，水、砂不易分离。一经扰动或振动，便迅速液化，呈流体状态流动，其休止角近似零。吉林舒兰煤田的煤层顶底板存在多层较厚的流砂层，当巷道揭露流砂层或揭露通过流砂层的未封闭钻孔时，或当采区或巷道顶板垮落触及流砂层时，或煤层底板与下伏流砂层之间的隔水层厚度和强度不足以抵抗下伏流砂层的压力，使采区或巷道底板发生底鼓和破裂时，流砂就会大量溃入井巷，轻则吞没部分巷道及片盘，重则毁灭整个矿井，而且清除恢复井巷的工作异常困难。大规模的流砂冲溃，还可导致地表沉陷，危及地面建筑安全。开采这类煤田时，必须采用特殊的方法提前很长时间预先疏干，使流砂失去其流动性，方可安全开采。至于一般的含水砂层（即所谓"假流砂"），虽也能溃入并充填部分巷道，但其流动与危害性要比真流砂小得多。且水、砂易于分离，疏干和治理也比较容易，只是水量较大。古近纪煤系中的黏土质岩层具有很大的塑性，巷道产生底鼓、顶垂、帮凸、断面缩小、支架折断、铁轨上拱和弯曲等现象，使井巷维护十分困难，辽宁的沈北煤田、吉林的梅河煤田和珲春煤田等均存在此类问题。

东北型古近纪及新近纪煤田中，也有新近纪含煤地层沉积，位于黑龙江东北部的三江平原中，有新近纪中新世至渐新世褐煤分布。其中七台河南区含煤12层，可采5层，可采总厚1.9～15.5 m，煤层结构复杂，厚度变化大。新近纪煤系岩层的固结程度、胶结程度、石化程度更差。砂质岩层一般呈松散状态或半胶结状态，泥质岩层一般呈塑性状态。煤层本身没有岩溶水问题。煤系岩层的含水性、透水性几乎完全取决于组成煤系岩层的粒度组成、分选性及其胶结程度，主要为孔隙水，裂隙一般不发育。

4.7.1.5.2 华北型古近纪和新近纪煤田

华北型古近纪和新近纪煤田以古近纪煤田为主，主要沉积于早期燕山运动所形成的北北东向隆起与坳陷基础上的一系列北北东断陷带中和华北坳陷的边缘部分。主要分布在河南的栾川、卢氏以北，西至吕梁山，向东分布于山东的黄县、平度。

古近纪煤田主要有山东黄县、山西繁峙、河北曲阳、灵山县、涞源县等，聚煤时代以古近纪始新世、渐新世为主，主要含煤地层有山东的黄县组（沙河街组）、河北的灵山组等。

黄县煤田的古近系黄县组中段含煤，煤层和油页岩互层，可采煤层1～4层，最大可采总厚17 m，煤层厚度自东向西增大，单层最大厚度9.88 m，为褐煤。还含有油母页岩层，煤系富水性弱，岩层以含孔隙水为主，不含岩溶水，断层导水作用一般不明显。煤层顶底板岩石的强度低于煤层，属典型的“三软”地层条件，井巷维护十分困难。

河北的古近系灵山组主要岩性由黑灰色、灰色砂砾岩和灰黑、灰绿色泥岩组成，夹砂岩及1～5层褐煤。

河南的新近系馆陶组一般含煤2～3层，单层厚度可达2 m。

4.7.1.5.3 华南型古近纪和新近纪煤田

华南型古近纪和新近纪煤田分布于秦岭—淮河以南，以新近纪煤田为主，也有古近纪煤田，含煤地层主要有小龙潭组、昭通组、那读组等。

华南型古近纪煤田主要有广东茂名、广西南宁和百色等煤田，其含煤地层的含煤性不如东北型古近纪煤田。广西百色盆地的始新世那读组共含煤80余层，总厚50 m，可以对比的煤层为11个煤组、28层煤。

华南型新近纪煤田的聚煤时代主要为新近纪中新世和上新世。川滇区新近纪含煤盆地150个以上，最著名的是小龙潭和昭通等处。

新近纪中新世含煤地层在云南较发育，含煤性好。如开远的小龙潭盆地、南华吕合盆地、寻甸先锋盆地、宜良凤鸣村盆地、弥勒盆地等均有巨厚煤层形成。其中开远小龙潭盆地的新近纪中新世小龙潭组主采煤层位于中段，厚40～223 m，盆地中心最厚，向盆缘分岔并减薄。小龙潭盆地仅含可采煤层1层，但其最大厚度达222.96 m。先锋盆地含可采煤层6层，单层最大厚度174.59 m。盆内由两个古山梁分割成3个洼地，洼地中煤层最佳，煤层全区分布。

新近纪上新世含煤地层在西南地区广泛发育，以滇东、滇东北及川西地区的含煤性最好。如滇东北的昭通盆地、滇东的曲静盆地、滇中的罗茨盆地等，均含有厚或巨厚煤层。其中昭通盆地的上新世昭通组主采煤层位于中段，含可采煤层3层，可采总厚最大193.77 m，单层最大厚度125.24 m。

新近纪含煤盆地的分布与构造的关系十分密切。在川西、滇东地区，新近纪含煤盆地沿着一系列南北向断陷带展布。滇东、桂南及其以东，新近纪含煤盆地的分布以沿北北东向断陷带为主，兼受东西向构造的控制。

华南型新近纪煤田的含煤地层为陆相碎屑沉积或滨海相碎屑沉积（沿海地区），煤层本身无岩溶水问题，主要为孔隙水，裂隙一般不发育。但昭通、先锋、凤鸣村及小龙潭煤田均有部分地段煤系直接沉积于下伏灰岩侵蚀面之上，且可采煤层与下伏岩溶含水层之间无可靠的隔水层，因而存在底板岩溶水问题。跨竹煤田的东部及东南部由于断层错动使煤系及煤层与岩溶化的灰岩直接接触，部分存在岩溶水问题。

4.7.1.5.4 西藏滇西型新近纪煤田

西藏滇西型新近纪煤田主要分布在唐古拉山以南地区，西至西藏的巴喀，北至唐古拉山南麓的丁青、类乌齐和川西的白玉昌台。主要煤田有滇西的剑川、川西的波源盆地、西藏的南木林等。新近纪上新世含煤地层在西南地区广泛发育，该区内以川西地区的含煤性最好，如川西的波源盆地等，含有厚或巨厚煤层。

新近纪含煤盆地的分布与构造的关系十分密切。该区在川西地区，新近纪含煤盆地沿着一系列南北向断陷带展布。滇西及西藏地区，新近纪含煤盆地群沿着北西向反“S”形扭动构造带及其配套断陷带分布。

新近纪地层的沉积厚度与沉陷深度一般不大，一般只有数百米。其上除有薄的第四系覆盖外，无其他覆盖层。煤系岩层的固结程度、胶结程度、石化程度都较差。砂质岩层一般呈松散状态或半胶结状态，泥质岩层一般呈塑性状态，甚至与第四纪砂层及黏土层相差无几。但剑川、南木林等少数煤田的煤系岩层的石化程度稍高，可达半坚硬状态。该区内新近纪含煤地层为陆相碎屑沉积，无岩溶水问题。

4.7.1.5.5 台湾型新近纪煤田

台湾型新近纪煤田位于台湾新近纪聚煤区，主要含煤地层有台湾西部地区的新近纪中新世三峡群（南庄组）、瑞芳群（石底组）、野柳群（木山组）等。

在台湾，新近纪地层的沉积厚度较大，可达7000 m。煤系岩层的石化程度可达半坚硬状态。其新近纪含煤地层属温暖气候条件下活动型的滨浅海沉积，含煤地层中含有凸镜状石灰岩，存在孔隙水和裂隙水。

4.7.2 按所存在压煤开采问题的水体类型进行分类

4.7.2.1 存在地表水体下压煤问题的煤田

存在表水体下压煤问题的煤田在全国各地都有，尤以东部较多，各类地表水体下的都有。按照水体的规模不同，可分为大型统一型水体和中小型统一型水体及季节性统一型水体。

大型统一型水体的水量大，补给来源充足，对矿井生产威胁大，如江、河、湖、海、水库。该类水体下的煤田，如鲁西南、苏西北的微山湖、昭阳湖，济宁煤田的南阳湖、马场湖，苏南的太湖，内蒙古北部的呼伦湖下都有煤层赋存；长江、黄河在流经各省时都穿越了不少煤田，其水下的煤炭资源亦属可观；淮河流域的河水下压煤问题亦十分突出，仅淮南矿区在淮河下的压煤储量就达 30×10^8 t 以上。这些大型地表水体下的煤层，目前尚未开发。在煤系之上有厚层新生代松散层覆盖条件下的湖、海下煤田，由于厚层新生界中的黏土类隔水层存在阻隔作用。这种情况下的湖、海一般不会成为向矿井直接充水的水源，甚至对松散层底部向矿井直接充水的含水层也没有补给关系，其对矿井开采的威胁一般有限。而某些煤系露头直接出露于地表或松散层厚度很薄或全为含水砂层时，尤其是河流直接切割煤层露头时，地表水体往往构成矿井开采的严重威胁。

中小型统一型水体的水量较小，补给来源有限，对矿井生产威胁较小，这类水体如沼泽坑塘水、水渠水、采空区上方地表下沉盆地积水等。

季节性统一型水体对矿井生产的影响受季节限制，这类水体如洪水、山沟水、稻田水等。

当煤系范围内或靠近煤层露头有河流流过，甚至切割煤层露头，或者在煤层浅部区分布着湖泊、水库等地表水体时，往往成为矿坑经常或突然涌水的来源，此类煤田的水文地质条件在一定程度上将变得复杂。从地表水体对矿井充水含水层的补给及对矿井充水的情况来看，主要可有 3 种情形。其一是构成煤系上覆松散含水层的补给水源，这种情况往往出现在河谷区内的矿井，煤层赋存在当地侵蚀基准面以下，上覆第四纪松散层。大气降水、河水和第四纪松散层地下水之间水力联系密切，是矿井水主要补给水源。如黑龙江鹤岗兴安矿位于河谷区，侏罗纪煤系上覆第四纪含水砂层，小鹤立河直接切割七至九层煤露头，河水通过补给第四纪冲积层潜水和基岩裂隙水而间接向矿井充水，对矿井生产危害很大，仅在兴安矿建矿期间就发生 4 次较大突水。其二是构成煤系基底岩溶水的补给水源，这种情况主要出现在矿井充水以岩溶含水层为主的北方石炭二叠纪煤田和南方晚二叠世煤田的矿区，其煤系基底中奥陶统石灰岩和下二叠统茅口灰岩，在矿区煤系外围广泛出露，组成中低山区与丘陵低山区，地表水系发育，灰岩中发育溶隙、溶洞，接受大气降水和地表水渗漏补给转化为岩溶水而流经矿区，成为煤层下伏高压含水层地下水。如陕西渭北煤田属底板进水为主、岩溶含水层充水为主的煤矿区，含煤地层为石炭二叠系，太原组下组煤层受奥陶统灰岩水威胁。区内流经矿区及边缘的大小河流计 18 条，分属黄河、渭河水系。黄河流经煤田东部，穿过奥陶系灰岩约 7 km，存在岩溶水害问题。其三是通过塌陷洞直接灌入矿井，这种情况主要发生在南方岩溶含水层充水为主的煤矿区，区内地表水系发育，矿井长期大量排水使地下水位降低到河水位以下，在河床及河段产生了大量塌陷洞，造成河水直接大量灌入矿井。

地表水对矿坑充水影响程度取决于地表水体的性质和规模大小，地表水与煤层顶底板和覆盖层充水含水层之间的水力联系程度，矿区地形及煤层上覆和下伏岩层的透水性。如常年性河流、湖泊和水库，对矿井充水的强度大而稳定，充水危害程度严重；季节性河流、小溪、冲沟等，对矿井充水有季节性变化。以大气降水为主要充水水源的矿床，其矿坑涌水量受降水量的控制具有明显的分区特征。降水量小的地区，如西北地区，其矿坑涌水量小；降水充沛的南方，矿坑涌水量普遍较大。

引起地表水体水害事故的原因较多，其中的主观原因更不容忽视，如疏忽大意、管理不严，甚至明知故犯、破坏防水煤柱等，客观方面主要表现在雨季尤其是突降暴雨等突发现象引发水灾事故较普遍。地表水体水害事故的典型案例主要有：吉林辽源梅河煤矿一井地面水库下绞车房掘进设计和支护不当引起的抽冒导致透水淹井，广西来宾十五滩头蒙兴明煤井河床下禁采区域掘进引起的地表河水透水，河北井陉四矿绵河下掘进冒顶引起的透水，湖南涟邵牛马司煤矿铁箕山井掘进地质情况不明引起的河水灌入井下淹井，江苏徐州青山泉煤矿地面河水下水采工作面超限开采引起的溃水、溃砂，山东枣庄滕州市木石煤矿露天坑积水区下巷采越界超限开采防水煤柱引起的透水，内蒙古平庄古山煤矿二井回采上限过高及未及时填充处理地面塌陷坑引起的透水淹井，安徽淮南矿区个体小井直接开采防水煤柱引起的地表下沉盆地积水透水，山东新汶张庄煤矿因个体小井开采上限过高引起的地表冲沟透水，辽宁抚顺老虎台煤矿旧斜井未充填处理引起的洪水淹井，吉林舒兰五井的地面塌陷区积水溃入井下，山东临沂罗庄龙山煤矿特大暴风雨袭击造成的突水淹井等。

4.7.2.2 存在松散含水层水体下压煤问题的煤田

新生界的沉积年代有第四纪、新近纪、古近纪之分，从其富水性及其对煤炭开采的影响程度角度来说，一般以第四纪含水松散层影响最大，新近纪含水松散层影响次之，古近纪含水松散层影响最小。这里所说的松散含水层水体均指以煤系盖层形式赋存的新生代含水层。该类含水层以陆相地层为主，在我国西部内陆盆地、山间盆地、东部平原、边缘海盆及江河谷地等广泛分布，与矿井安全开采的关系十分密切。新生代松散含水层大多能够接受地表水及大气降水的直接补给，常常是矿井充水的直接水源或间接水源。

新生代松散含水层随着厚度以及沉积环境等不同，其压煤条件下的水文地质特征等也不同，引起松散层（冲积层）水害事故的原因亦不同。

引起松散含水层水害事故的原因较多，既有客观方面的，也有主观方面的，条件不清、认识不够、防治工作不到位、防治措施缺乏针对性等都是不可忽视的重要原因。松散含水层水害事故的典型案例主要有：山东新泰县刘官庄煤矿掘进到松散层引起的淹井，安徽淮北桃园煤矿留设防砂煤柱尺寸偏小使得开切眼冒顶引起的水砂溃决，山东枣庄柴里煤矿松散层水体下掘进遇风化破碎顶板和顶煤引起的冒顶，山东新汶张庄煤矿沈村井松散层下掘进遇断层引起的水砂溃决，河北开滦唐家庄煤矿松散层水体下掘进地质情况不明引起的水砂溃决，松散层水体下超限开采引起的溃水、溃砂，江苏徐州义安煤矿704工作面超限出煤引起的冲积层水砂溃入井下，安徽淮南李嘴孜煤矿西二石门西翼C13煤层工作面超限出煤引起的地表塌陷，河北开滦唐山煤矿急倾斜煤层超限出煤引起的冲积层水砂溃入井下，安徽淮南孔集煤矿西三石门东翼采区 B_{11b} 槽工作面超限出煤引起的地表塌陷，江苏徐州新河煤矿一号井急倾斜煤层采煤方法不当引起的黄泥溃入井下，安徽皖北祁东煤矿纵向裂隙发育覆岩高水压松散层水体作用条件下设计防水煤柱尺寸偏小引起的突水淹井，江苏徐州旗山煤矿101工作面开采上限过高引起的溃水、溃砂，江苏徐州青山泉煤矿煤岩柱尺寸偏小引起的水砂溃入矿井，吕家坨煤矿3371工作面遇断层引起的水砂溃入井巷，山东肥城杨庄煤矿二号井302工作面遇断层引起的水砂溃入矿井，山东新汶良庄煤矿黄泥沟井在小断层群区开采引起的淹井，安徽淮北烈山煤矿一号井回采断层区三角煤引起的水砂溃入井下等。

4.7.2.2.1 存在巨厚新生代松散含水层水体下压煤问题的煤田

存在巨厚新生代松散含水层水体下压煤问题的煤田在我国东北、华东、华北等地区都有着广泛的分布，如东荣、开滦、大屯、巨野、梁宝寺、兖州、济宁、峰峰、焦作、淮南、淮北、邢台等。一般情况下，巨厚的新生界阻隔了大气降水和地表水对煤系中含水层的直接补给，其对矿床的充水主要取决于新生界底部含水层的富水性及其与其他含水层的水力联系状况等。

存在巨厚新生代松散含水层下压煤问题的煤田在我国东部分布较广，尤其是黄淮平原及三江平原中的所有煤田均被巨厚的新生界含水层覆盖。如两淮煤田，厚度100～800 m

的新生界（第四系及新近系、古近系）直接覆盖于石炭二叠纪煤系之上，煤层露头直接与新生界底部接触，煤层开采时，为了防止水砂大量溃入矿井，留设了垂高 60 ~ 80 m 的安全煤岩柱。因煤层层数多，倾角较平缓，留设安全煤岩柱所损失的煤炭资源量很大。类似的还有苏北的丰沛煤田、豫东的永夏煤田、山东的鲁西煤田、黑龙江的东容煤田，以及隐伏于华北平原、松辽平原、三江平原、成都平原之下的所有煤田。华北平原、松辽平原、三江平原、成都平原等以冲积、湖积、洪积、海陆交互相沉积为主，其河湖沉积极厚，大部分具有黏土类地层与砂类地层交互沉积的特征，多数情况下都能够完全或大部分阻隔地表水体对矿井的直接充水，而对矿井充水的直接水源往往是松散层下部或仅为底部的含水砂层。

在华北聚煤区内，巨厚的新生界赋存于开平向斜、两淮煤田和太行山东麓等少数煤田，在开平向斜等地，巨厚新生界接受大气降水后直接补给煤系中的含水层，巨厚覆盖层中的地下水储存量大，对煤系地层形成了充沛的补给水源。在两淮等煤田，巨厚新生界由多个含隔水层交互沉积组成，各隔水层对各含水层的垂向补给起到了不同程度的阻隔作用，一般只有赋存于新生界底部的含水层才对煤系含水层起到直接补给作用，但其补给量一般有限。而在赋存底黏的区域，则阻隔了新生界对煤系含水层的补给。

在东北聚煤区内，如大兴安岭以东的集贤和红阳两煤田，其煤系顶部都覆盖着巨厚的新近纪、第四纪松散地层，总厚 280 ~ 1430 m。其中红阳煤田新近系、第四系的水文地质条件复杂；集贤煤田的新近系以灰绿色砂砾岩及粗砂岩为主，颗粒上细下粗、半胶结，厚约 200 m，单位涌水量为 0.0012 ~ 0.83 L/(s · m)，渗透系数为 0.0302 ~ 0.093 m/d，含水性微弱，对煤系地层阻隔地表水和浅部含水性较强的含水层进入煤系地层起了很大作用。

除上述以冲积、湖积、洪积、海陆交互相沉积为主的平原区内存在巨厚新生代松散含水层水体下的煤田外，在以黄土堆积为主的黄土高原区以及戈壁、沙漠、黄土依次更迭沉积的内蒙古西部和内湖相沉积的柴达木盆地等都存在巨厚新生界松散含水层水体下的煤田。如柴北—祁连、淮南和塔北等煤田，覆盖有厚度较大的第四纪松散堆积物，但周边往往有基岩出露。其地下水内循环作用突出，地下水形成的补径排均发生在盆地边缘至中心的地层中，大气降水为盆地的主要补给来源，垂直蒸发为盆地的主要排泄方式，表现为封闭型水文地质特征。

在西北的山区，如祁连山、天山等山麓地带，洪积相砾石堆积山很广，且厚度大，一般在数百米甚至达千余米厚，也存在着巨厚新生界松散含水层水体下的煤田。

存在巨厚新生代松散含水层水体下压煤问题的煤田，第四纪松散层一般为含隔水层交互沉积，孔隙含水层组的含水性有强有弱，对矿井充水有直接影响的是第四系底部附近的松散层含水岩组。其中，岩性粗的砂砾石层含水丰富，对矿井开采有充水影响，岩性细的或粗粒砂砾中含泥质多的松散层含水性弱，甚至为隔水层。岩性细的松散层虽然含水性弱，但对矿井有溃砂影响。当第四系厚度很大时，其下部的含水层往往成为带有高水头压力的孔隙承压含水层，在第四纪松散层底部赋存一定厚度且分布稳定的黏土层时，其第四纪松散层内的孔隙承压水对煤矿开采一般没有影响；但当第四系底部为砂砾层且含水较丰富时，由于含水层水压明显增大，其对矿井开采的充水影响将变得更为严重。如安徽淮北煤田的宿南矿区，在第四纪谷口冲洪积扇下开采时，其第四系厚度 350 ~ 375 m，底部四含厚度 35 ~ 50 m，单位涌水量为 0.034 ~ 0.219 L/(s · m)，渗透系数为 0.114 ~ 3.282 m/d，直接与煤系地层接触，四含水头压力超过3.6 MPa。首采工作面推进至距开切眼42 m时顶板第二次来压，工作面出水，水量持续增大至1520 m^3/h，因矿井排水能力不足而导致淹井。

4.7.2.2.2　存在较薄新生代松散含水层水体下压煤问题的煤田

全国多数煤田中都存在厚度较薄的新生代松散含水层水体下压煤问题。其中的新生代松散含水层水体大多为河谷砂砾层含水层，其富水性一般较强，对浅部煤层开采的威胁不容忽视；其次为砂层含水层，其富水性虽然较弱，但对浅部煤层开采的威胁也同样不容忽视。

在山西、陕西、东北、蒙东、太行山东南麓、山东、江苏、淮南等地的淮地台、中低山区、丘陵地区以及南方除江汉平原、南阳盆地以外其他地区的中低山、丘陵、山间盆地等，煤系之上覆盖的第四系很薄，甚至缺失，有的煤系裸露地表，山麓斜坡及山间河谷等地带多为冲洪积、坡积、残积沉积。第四系渗透性强，无阻水作用。煤系基岩风化裂隙发育，有的风化带很深。这些地区的风化带裂隙水、薄层松散层孔隙水、大气降水和地表水无疑将成为矿井充水的充足水源。

在西北，为半干旱大陆性气候，雨量稀少，处于构造抬升隆起区的煤田，第四纪沉积很薄，如内蒙古高原、鄂尔多斯台缘、鄂尔多斯西南部的隆起带等，地貌上以构造剥蚀或剥蚀堆积地形为主，地势较高，大部分地区有黄土覆盖，黄土渗透性能较差，降水后大部分顺沟渠流走，很少能透过黄土层补给基岩。

陕北的榆神府煤田，倾角平缓的早中侏罗世煤层露头之上广泛分布第三纪含水中细砂层及第四纪砂砾层。其第四系上更新统萨拉乌苏组砂层往往直接覆盖于侏罗纪煤系之上，接受大气降水的直接补给，入渗条件较好，厚度数米至数十米，在厚度大、分布广的地段，富水性一般较好，对浅部煤层开采威胁大，易造成突水、溃砂。而这些地区的煤层厚度大、倾角小、埋深浅，煤层以上基岩厚度薄，如神木东胜矿区，煤层以上的基岩厚度一般仅20～120 m，大保当地区一般为40～260 m，煤层开采后的采动破坏性影响极易发展到第四系上更新统萨拉乌苏组砂层。

内蒙古东部元宝山的早白垩世褐煤赋存浅而巨厚，倾角3°～14°，地处英金河河谷平原之中，煤系上覆厚度约60 m的第四纪卵石含水层，水量异常丰富，英金河蜿蜒其上，老哈河流经其侧，补给条件良好。

马鞍矿区的晚三叠世煤系倾角较缓，上覆第四系含水层厚度20～30 m，最厚可达45 m，单位涌水量为0.4～1.39 L/(s·m)。

4.7.2.3　存在基岩含水层水体下压煤问题的煤田

基岩含水层水体下压煤问题普遍存在于各煤田中，只是问题的轻重程度不一，危害的大小不同而已。

4.7.2.3.1　存在砂岩含水层水体下压煤问题的煤田

砂岩含水层水体下压煤问题普遍存在于各煤田中，砂岩含水层水体下采煤的危害除溃水或淹没外，个别的还有溃砂，如位于东北、蒙东地区的古近纪、白垩纪半胶结砂岩含水层等。一般情况下，砂岩含水层的富水性较为有限，对安全开采的威胁较轻，基本上可以通过疏干实现安全开采。也有个别情况下的砂岩含水层富水性很强，对安全开采的威胁较严重。

砂岩含水层水害事故的典型案例主要有：吉林舒兰丰广五井第三系半胶结砂岩含水层下 +150 m 水平东翼集中运输巷施工漏顶引起的突水淹井，河北开滦荆各庄煤矿砂岩含水层下掘进遇断层引起的突水，河北开滦荆各庄煤矿砂岩含水层下回采引起的突水，江苏徐州大黄山煤矿 1 号井砂岩含水层下的 139 回采工作面突水等。

1. 存在砂岩裂隙含水层水体下压煤问题的煤田

砂（砾）岩裂隙水的特点是水量一般不是十分丰富，富水性也不均衡，赋水特点受裂隙分布规律所控制。坚硬、半坚硬岩石是裂隙发育的物质基础，成岩作用、构造作用及风化作用是形成裂隙的作用力，岩石的埋藏深度及上覆岩层的静压力是裂隙发育的环境条件。一般情况下，岩性愈脆硬，形成裂隙的作用力愈强，埋藏愈浅，裂隙愈发育。裂隙含水层的含水性和导水性一般随着埋藏深度的增大而减弱。

在华北聚煤区，煤系地层上覆砂岩地层厚度较大，除地表风化带和裂隙发育的浅部富水性较强外，一般随深度加深，裂隙逐渐减小，富水性逐步变弱，在一般开采深度对煤层开采影响较小。其中，沁水煤田、渭北煤田、鄂尔多斯东缘含煤区的山西组、下石盒子组砂岩单位涌水量为 0.00005 ~ 0.137 L/(s · m)，渗透系数为 0.0002 ~ 0.137 m/d；豫西煤田的煤系砂岩单位涌水量为 0.000217 ~ 0.45 L/(s · m)，渗透系数为 0.000721 ~ 4.0 m/d；徐淮含煤区的煤系砂岩裂隙含水层单位涌水量为 0.00152 ~ 0.8911 L/(s · m)，渗透系数为 0.00152 ~ 2.37 m/d。鄂尔多斯盆地早中侏罗世延安组下部中粗砂岩、砂砾岩在浅部裂隙发育区的单位涌水量为 0.01 ~ 0.2 L/(s · m)，40 m 以下富水性减弱，单位涌水量小于 0.01 L/(s · m)；大同煤田基岩风化裂隙含水带单位涌水量为 0.13 ~ 1.42 L/(s · m)，最大可达 20.07 L/(s · m)，风化裂隙带以下单位涌水量小于 0.1 L/(s · m)。

在西北聚煤区，柴北—祁连含煤区是中晚侏罗世煤田，窑街组煤 2 顶板砂岩裂隙含水层单位涌水量为 0.021 L/(s · m)，渗透系数为 0.0169 m/d；大青山煤田拴马桩煤系石叶湾组砾岩、砂砾岩含水层单位涌水量为 0.00233 ~ 0.136 L/(s · m)，石拐煤系召沟组、五当沟组粗砂岩含水层单位涌水量小于 0.2 L/(s · m)。桌贺地区为石炭二叠系煤田，二叠—三叠系裂隙水含水层单位涌水量为 0.0047 ~ 0.10941 L/(s · m)，渗透系数为 0.00000565 ~ 0.119 m/d；石炭二叠系裂隙水含水层单位涌水量为 0.01 L/(s · m)，渗透系数小于 0.1 m/d。准南煤田为中侏罗世煤田，八道湾组砂岩含水层单位涌水量为 0.0001 ~ 0.0078 L/(s · m)，渗透系数为 0.55 ~ 0.044 m/d。

在东北聚煤区，一般以风化带裂隙含水带为主，层间裂隙含水层为辅，地下水运动主要在浅部风化裂隙带中，在风化裂隙带下部为微裂隙带和构造裂隙带，存在着封闭状态的地下水。风化裂隙带单位涌水量为 0.24 ~ 2.73 L/(s · m)，渗透系数为 1.22 ~ 3.03 m/d，风化裂隙带以下含水层单位涌水量为 0.0048 L/(s · m)，渗透系数为 0.223 m/d。在早白垩世含煤地层中，岩石的石化程度与煤的变质程度均较低，砂质岩石仍保持松散或半松散状态，抗压强度很低，此类煤田中的煤层较其顶底板岩层相对硬一些，在后期形变中易于产生脆性破裂，故裂隙较发育。裂隙宽度可达 0.25 m，含有丰富的裂隙水，常为煤田内的主要含水层。如在伊敏露天区，煤层的单位涌水量一般为 2 ~ 10 L/(s · m)，最大可达 20 L/(s · m)；强风化裂隙含水带深度一般为 50 ~ 70 m，单位涌水量为 1 ~ 3 L/(s · m)；亚风化裂隙含水带深度一般为 120 ~ 150 m，单位涌水量为 0.1 ~ 1.0 L/(s · m)；正常层间裂隙含水层的稳定涌水量一般小于0.1 L/(s·m)。

2. 存在砂岩孔隙含水层水体下压煤问题的煤田

砂（砾）岩孔隙水的特点是流量小，对生产威胁较小。

在东北聚煤区大兴安岭以西的早白垩世含煤地层中，泥岩与砂岩交互沉积，开采煤层顶板以上赋存的砂岩距离煤层远近不同，层数不一，砂岩呈松散或半松散状态，抗压强度很低，裂隙不发育，以含孔隙水为主，裂隙水次之，呈半胶结状态的饱水砂岩中的泥砂具有一定的流动性，极易造成井下溃水、溃砂，危及采区安全，并且造成经济损失。如内蒙古扎赉诺尔矿区铁北煤矿，在采用炮采、普机采及综合机械化采煤工艺开采下白垩统扎赉诺尔群伊敏组的II_{2a}煤时，就曾多次出现溃水、溃砂现象。

在东北聚煤区大兴安岭以东的古近纪含煤地层中，如吉林舒兰煤田，古近纪煤系砂岩呈松散或半松散状态，以含孔隙水为主，砂岩颗粒很细，饱水的粉砂层呈流砂状，而且水、砂不易分离。煤层顶底板存在多层较厚的流砂层，极易大量溃入井巷，危害严重。大规模的流砂冲溃还可导致地表沉陷，危及地面建筑安全。

4.7.2.3.2 *存在石灰岩岩溶含水层水体下压煤问题的煤田*

存在石灰岩岩溶含水层水体下压煤问题的煤田主要分布于华南、华北地区，而且在华南地区为厚层岩溶含水层，在华北地区为薄层岩溶含水层。

1. 存在薄层石灰岩岩溶含水层水体下压煤问题的煤田

存在薄层石灰岩岩溶含水层水体下压煤问题的煤田主要分布于华北地区。

薄层石灰岩岩溶含水层主要存在于晚石炭世太原组煤系中。太原组属海陆交互相沉积，在华北北部阴山古陆南缘以及秦岭古陆与中条隆起北侧的浑江、辽东、辽西、冀北、北京、晋北、准格尔旗、桌子山、宁夏等煤田，太原组属于以陆相为主的滨海冲积平原型沉积，岩性以碎屑岩、泥岩为主，通常无石灰岩，个别偶见1~2层石灰岩。在华北平原中部的辽东复州湾、冀中南、山东、晋中南、陕西渭北等煤田，太原组属于以过渡相为主的滨海平原型沉积，岩性以砂岩、粉砂岩、泥岩为主，含灰岩4~10层，单层厚度较薄，总厚一般小于20 m。在北纬34°30′以南地区的豫西、苏西北、皖北诸煤田，太原组属于以滨海—浅海相为主的滨海—浅海型沉积，岩性以灰岩为主，可占地层剖面组成的60%，夹粉砂岩、泥岩和煤层。

太原组水文地质条件具有南北差异。以郑州—徐州一线及石家庄—太原一线为界可以分为南部、中部及北部地区，北部地区太原组的水文地质条件比中部地区简单。在南部地区，太原组以海相沉积为主，虽然灰岩层数多，达10~13层，厚度大，但基本上无主要可采煤层。在中部地区，太原组为海陆交替相沉积，可采煤层发育，各煤层顶板赋存多层薄至中厚层石灰岩，岩溶发育，且通过断层错动与奥灰有水力联系，是开采煤层的直接充水含水层。在北部地区，太原组以碎屑沉积为主，只有少量薄层灰岩或不含灰岩。太原组中以砂质岩层中的裂隙水为主，不含岩溶水。

在华北型石炭二叠纪煤田内，太原组薄层灰岩厚度一般1~7 m，层数多，富水性弱至中等，水的储存量小，多为煤层直接顶，对井巷有直接充水影响，在无补给或少量补给时，煤层开采后可以很快疏干。外来补给充裕时较难疏干，对煤层开采影响大，如邢台矿区、峰峰矿区鼓山西的和村—孙庄向斜、安阳矿区珍珠泉以西块段、鹤壁矿区小南海泉群以西块段等。太原组薄层灰岩的单位涌水量在沁水煤田、渭北煤田、鄂尔多斯东缘含煤区为 0.0004 ~ 0.108 L/(s · m)，在豫西煤田为 0.0000479 ~ 0.302 L/(s · m)，渗透系数为 0.000458 ~ 2.93 m/d，在徐淮含煤区为 0.00105 ~ 0.224 L/(s · m)。

在华南晚二叠世早期的聚煤区内，仅局部地区煤系含有薄层石灰岩，如苏北、苏南、皖东南、浙北、赣中、川南、滇东、黔中等地的滨海平原型沉积以及湘中（如涟邵煤田）、湘南（如永来煤田）、粤北及川滇古陆东侧滇东、黔西等地的滨海三角洲型沉积，含水层富水性弱至中等。

西藏东部的土门格拉群含煤地层中含有少量薄层石灰岩，也存在裂隙岩溶水问题。

我国煤矿顶板薄层灰岩含水层水体条件下的典型水害实例主要有：江苏徐州青山泉煤矿 2 号井薄层灰岩含水层下 -120 m 水泵房的突水，山东新汶西港煤矿薄层灰岩含水层下 19 层煤上部车场的突水，山东新汶良庄煤矿薄层灰岩含水层上下掘进下山遇钻孔的突水等。

2. 存在厚层石灰岩岩溶含水层水体下压煤问题的煤田

存在厚层石灰岩岩溶含水层水体下压煤问题的煤田主要分布于华南地区。

在华南晚二叠世早期的聚煤区内，主要分布于鄂西、湘西北、湘中、川东、黔东、桂中、桂西等地的滨海—浅海碳酸盐岩型晚二叠世含煤岩系，岩性主要为碳酸盐岩，厚层含水性强的灰岩直接位于可采煤层的直接顶板和底板，或位于隔水的泥质和铝土质岩层直接顶之上，对煤层开采威胁严重。

在湘中—赣中和东南含煤区，为低山丘陵地形，降雨充沛，主要含水层皆为岩溶裂隙含水层，含水层富水性中等至强，其中上二叠统大冶组岩溶裂隙含水层厚度平均 72 m 左右，单位涌水量为 0.00001 ~ 0.1101 L/(s · m)；上二叠统大隆组（长兴组）含水层厚 75 m左右，单位涌水量为 0.00363 ~ 1.38 L/(s · m)，距龙潭组煤组为 30 m 左右；下二叠统茅口组厚 350 m，单位涌水量为 0.00085 ~ 3.735 L/(s · m)。各含水层之间均有良好的隔水层，层位厚度稳定，一般平均 50 ~ 70 m。岩溶裂隙含水层均在煤系地层的顶或底部，含水层露头岩溶裂隙发育，易于补给。含水层亦即充水岩层距主要开采煤层较近，亦是煤层的充水层，对煤层开采威胁较大。如赣中丰城矿区龙潭组的 C 煤组，煤层顶板上距强烈岩溶化的厚层长兴灰岩仅 3 ~ 5 m。云庄煤矿试采 C 煤组时，顶板涌水量高达 6582 ~ 19000 m^3/h，致使试采井迅速淹没，并引起大范围地面塌陷。与丰城矿区同处一个北东向条带（大致沿武夷古陆北支的西北缘分布）内的安福矿区、杨桥矿区、高安矿区、平乐矿区，直至皖南的芜铜矿区、苏南的常州矿区和苏州矿区等，龙潭组都发育有 C 煤组（在苏南称上煤组），上距长兴灰岩都很近，同样存在厚层石灰岩岩溶含水层水体下压煤问题。

在川东南的松藻矿区，长兴灰岩下距主采煤层 K_3 的顶板仅 16 ~ 39 m，距 K_4 及 K_6 煤层则更近。长兴灰岩岩溶、裂隙和暗河异常发育，对该区煤层开采造成严重威胁，使羊义滩背斜以东的大量煤炭资源未能开发。与松藻矿区处于同一走向的桐梓矿区也同样存在厚层石灰岩岩溶含水层水体下压煤问题。

广东唐村的晚三叠世含煤地层被石炭系石灰岩飞来峰所覆盖，存在顶板岩溶水问题。粤北曲仁煤田的格顶井田及花坪向斜东翼，龙潭组与上覆白垩系砾岩呈不整合接触。白垩系砾岩由石灰岩巨砾组成，已强烈岩溶化，含水丰富，给不整合面附近的煤层开采造成严重威胁。

总体而言，位于华南二叠纪聚煤区的煤田，大多数都存在厚层顶板岩溶水问题。如早石炭世测水组上有梓门桥灰岩及壶天灰岩，早二叠世梁山组被夹在栖霞灰岩与黄龙灰岩之间，晚二叠世龙潭组上有长兴灰岩。南方厚层石灰岩含水层虽然岩溶异常发育，岩溶地貌独特，但岩溶系统的发育与当地侵蚀基准面的高低有关，在当地侵蚀基准面以下，岩溶发育程度往往随着埋藏深度增大而迅速减弱，岩溶系统及含水构造多为中小型，汇水面积小，地下水补给及储存量都受到了很大限制。除与地表水直接贯通者以外，矿井涌水量一般小于华北地区厚层石灰岩岩溶充水的矿井，而且有的矿井还具备自流排水的有利条件。

还有的煤田在正常情况下煤层顶板以上无石灰岩含水层，但由于断层的推覆作用或构造倒转作用，将本来远离煤层或位于煤层底板以下的石灰岩含水层置于煤层顶板之上。如赣中的碴渡煤田中段，由于金盘龙断层的推覆，使高度岩溶化的壶天灰岩及中等岩溶化的梓门桥灰岩直接与测水煤系的煤层顶板在不同部位相接触；在赣中、川东的某些煤田中，有将茅口灰岩倒转于龙潭煤系的现象；在开滦煤田，开采向斜的北西翼也可见到奥陶系灰岩倒转于石炭二叠纪煤系之上的情形。

由于岩溶发育强烈而埋藏浅，岩溶含水层大片裸露地表，或者只有不厚的新生代松散层覆盖，随着矿井供排水，岩溶含水层水位下降，往往导致大范围内发生地表陷落坑群，同时使得浅部水源枯竭，甚至影响矿区及周边生态环境。

我国煤矿顶板厚层灰岩含水层水体条件下的典型水害实例主要有：江西丰城云庄煤矿长兴灰岩岩溶水体下掘进突水，江西九江东风煤矿灰岩岩溶水体下煤巷透水，贵州思南天池煤矿掘进接近煤层顶底板厚层灰岩溶洞水突出等。

4.7.2.3.3　存在老空区积水下压煤问题的煤田

我国煤矿开采历史悠久，许多矿区浅部都有许多废弃的老窑，形成程度不同的老空区积水下压煤问题。如淄博矿区，据统计有老窑2200多个，积水量超过$3000\times10^4\ m^3$。位于开采煤层浅部的老窑水像小水库一样分布于生产矿井的上方，对采煤构成直接威胁，其危害不容忽视。

随着老空区的位置、积水量和补给情况的不同，其对矿井开采的威胁程度也有所不同。有的老空区积水补给匮乏，成为一坑死水，有的可以得到大气降水的补给，并以泉的形式排泄，有的相邻老空区中的积水可能相互连通。针对老窑而言，由于数量较多，开采年代久远，没有较详细的资料记载，其位置、深度不易准确确定，往往给防治老窑水带来许多困难。老窑水的危害除了突然溃入矿井外，在采掘活动接近老窑时，也以淋水、渗水、滴水等形式进入矿井，对于补给匮乏的老窑水，可以逐渐被疏干，不至于发生突然溃水，但对于补给条件较好的老窑水，则可能成为浅部煤层开采时矿井充水的重要水源。由于老窑中煤层及顶底板岩层中黄铁矿的氧化作用，老窑水可形成酸性的强腐蚀性水，尤其是煤层顶底板碳酸盐岩类较少而以砂页岩为主使得交替循环条件较差的老窑水，更易形成强酸性地下水，对矿井设备的破坏较严重。

在开采煤层群时，上部煤层的采空区有时存在积水区，从而使得下部煤层不同程度地出现老空区积水下压煤问题，尤其是双系煤田，更容易形成大面积采空区积水下压煤问题，如大同煤田。

大同煤田为侏罗系煤系和石炭二叠系煤系重叠赋存的双系煤田，侏罗系煤层位于石炭二叠系煤系之上，已经进行了多年的开采，形成了大面积的采空区，并存在着多个积水区，导致石炭二叠系煤层处于侏罗系老空区水体下。仅在开采石炭二叠纪煤层的同忻井田范围内，其上部侏罗系煤层采空区积水的总面积达到 $681.6\times10^4\ m^2$ 左右，总积水量达到 $691.1\times10^4\ m^3$ 左右，对石炭二叠系煤层的安全开采构成了一定的甚至严重威胁。而解放前开采的古窑区主要分布于永定庄、同家梁、忻州窑、白洞、大斗沟等井田范围内，其具体情况难以查清，有的古窑区甚至仍由现有生产矿井排水，所以对石炭二叠系煤层安全开采所构成的威胁也更为严重。

开采同一煤层当倾角较大时，其浅部区开采所形成的采空区积水往往对深部煤层形成采空区积水下压煤问题，尤其是开采急倾斜煤层的情况下，此类采空区积水对深部煤层安全开采的威胁将会变得十分严重。如广东梅州四望嶂矿区因小煤窑开采破坏和连降暴雨而引发各矿井被淹，使 -180 m 水平以上老空区大量积水，形成水淹区。而大兴煤矿开采范围内为急倾斜煤层，在 -180 ~ -290 m 水平留设了 110 m 防水煤柱，将矿井井巷向深部延深开采水淹区下深部煤炭资源，由于急倾斜煤层严重抽冒而导致透水淹井，教训惨痛。

老空区积水突水的水量一般与导水通道和老空区积水的动、静储量有关。没有补给水源的老空区积水往往在短期内即可排干，但由于是在短时期内造成大量的水突入矿井，也有可能造成较大的灾害；在与地表水连通或者因暴雨中大量雨水注入老空区情况下，老空区水一旦突然溃入矿井，则可能造成淹井事故。

我国煤矿老空水水害事故的典型实例主要有：广西百色右江那读煤矿的掘进透老空水，江西吉水石莲煤矿掘进发生的老空水透水，广东梅州大兴煤矿大面积老空水体下采煤急倾斜煤层抽冒引发的特别重大透水淹井，辽宁抚顺老虎台煤矿老空水体下的放开采透水，甘肃张掖山丹县吴涛煤矿巷采发生的老空透水，贵州毕节赫章六合煤矿老空积水下的采煤透水，江苏徐州旗山煤矿老空积水下的水采抽冒透水等。

4.7.2.3.4 *存在火烧岩含水带下压煤问题的煤田*

火烧岩在西北区的一些侏罗世煤田广泛分布，是一种特殊的裂隙含水层。

火烧岩是由于煤层出露地表并普遍自燃而形成。我国西部陕西、甘肃、内蒙古及新疆等省区，有许多侏罗纪煤田多处于干旱半干旱地带，其中一些煤田的浅部常常由于煤层的自燃而使其上覆岩层烘烤变质而形成火烧岩带，成为一种特殊的含水岩层。火烧岩带多沿主要煤层的走向呈断续状展布，其特征受地形、水系以及煤层厚度、产状等因素控制，以沟谷两侧发育较好，煤层倾角较平缓、埋藏较浅，位于当地侵蚀基准面以上的地带，火烧岩带的宽度和深度也较大。火烧岩带的一般宽度 1 ~ 2 km，最宽可达 12 km 以上。当主要煤层间的间距不大时，各煤层形成的火烧岩带可以连接成片。火烧岩的形成主要是受煤层燃烧时的热力烘烤，或是由于下伏煤层及围岩燃烧或受烘烤后体积缩小而引起上覆岩层的塌陷，形成裂隙比较发育、透水性和储水能力较煤系明显增强的特殊的含水或透水岩带。火烧岩一般厚度 20 ~ 30 m，厚者可达 50 ~ 60 m，从下而上可分为 3 段，即类熔岩、烧变岩和烘烤岩。

类熔岩段的原岩成分、结构均已改变，具杏仁状气孔及流纹状构造，气孔一般 1 cm 左右，大者达 5 ~ 12 cm，裂隙十分发育；烧变岩段的原岩结构、构造未发生显著改变，岩层在重力作用下塌陷，岩石呈大小不等的菱形碎块及蜂窝状，裂隙发育，裂隙宽度一般 0.2 ~ 0.5 cm，最宽可达 10 ~ 30 cm；烘烤岩段的岩石结构、构造未发生改变，只是岩石颜色发红，有一些裂隙发育。

火烧岩埋藏浅、透水性强，易于接受大气降水补给，其富水性与分布区的面积大小有关。在陕北等地区，一些火烧岩上往往有第四系上更新统萨拉乌苏组砂层覆盖，其间无稳定隔水层，大气降水补给萨拉乌苏组，使得火烧岩中常有流量较大动态较稳定的泉水出露。在一些地段，萨拉乌苏组水位与火烧岩水位间往往存在陡坎，形成跌水现象；在鄂尔多斯盆地，煤层露头部位的顶板存在十数米至数十米的烧变岩带，裂隙、空洞发育，裂隙最大宽度达 14 cm，空洞最大直径达 10 cm，含水较丰富，对煤层浅部露头区的开采构成了直接威胁。

火烧岩通常位于煤层的露头部位，是浅部煤层开采的充水水源，也往往是这些处于干旱半干旱地带的矿床充水的最主要水源，决定着矿井的充水强度和能否疏干。当火烧岩分布较局限，上部又无广泛的第四纪砂层覆盖时，其充水能力有限，易于疏干，对煤层开采危害不大，但由于火烧岩带导水性很强，如发生突水，来势也可以很猛。当火烧岩带分布范围广泛，尤其是其上覆盖有大面积的萨拉乌苏组砂层时，其矿坑充水量将较大并较稳定。更值得注意的是，在这种情况下，萨拉乌苏组砂层和火烧岩中的地下水常常是当地宝贵的水资源，既是供水层，又是生态环境形成中的最主要因素，当其中地下水大量进入矿坑后将危及当地本来就十分脆弱的生态环境，也可能造成水资源的破坏。

4.7.2.3.5 存在采动离层带水体下安全开采问题的煤层

采动离层带蓄积水体属于一种特殊的基岩含水层水体类型，是伴随着井下回采而产生的。离层带蓄积水体的形成是受条件限制的。能够形成离层带蓄积水体并产生突水危害的基本条件主要应包括：

（1）具备能够形成较明显的离层空间的覆岩条件。

（2）具备及时向离层带充水的水源条件。

（3）所形成的较明显的离层空间的赋存层位、蓄积的离层带水体与采动破坏构成能够突水的协调条件。

根据离层裂缝的形成条件，在长壁回采全部垮落法管理顶板条件下，除“三软”地层外，一般都会形成空间大小不等、持续时间长短不一的离层裂缝，而且是岩性越坚硬、岩层的单层厚度越大，形成的离层裂缝空间越大，离层持续的时间越长；尤其是随着综合机械化采煤的初次开采厚度的明显增大、回采工作面明显加长、推进速度明显加快以及采深越来越大，离层裂缝的发育将会越来越明显，离层带蓄积水体及其对回采安全的威胁也会随之加重。

总体而言，存在采动离层带水体下安全开采问题的煤层在多数矿区的开采过程中都程度不同地存在，除某些覆岩中存在强度、单层厚度都明显较大的岩层等特殊条件容易酿成灾害甚至酿成严重灾害外，一般情况下对回采的危害尚不明显。但随着矿井开采逐步向深部发展和开采强度逐渐加大以及地质采矿条件的诸多不同，此类问题可能会变得较为明显甚至十分明显。

4.7.2.3.6 存在封闭不良钻孔造成复合水体下压煤开采等新问题的煤田

在煤田勘探中，有很多钻孔要穿过多个含水层。按照规定，各类钻孔竣工后都要进行封孔，其目的就是防止钻孔成为矿井充水和沟通各含水层水力联系的通道。但由于受到众多因素的影响，也确实存在着个别甚至是一定数量的未封闭钻孔或封闭不良钻孔。

未封闭钻孔或封闭不良钻孔的破坏作用，首先在于人为地加强了各含水层之间的水力联系，使直接充水含水层的补给条件得到改善，增大了补给量，矿井涌水量也随之增大，特别是直接充水含水层能通过钻孔得到强含水层的补给时，常常使矿井涌水量大而稳定，难以疏干，同时造成钻孔附近呈高水位异常；其次是有可能造成有关含水层甚至老空区水等通过钻孔直接向矿井充水，此时其水势迅猛、水量也大，在钻孔导致松散含水层水进入矿井的情况下，还可能伴随着溃砂现象，从而对煤矿开采构成更大威胁；还有就是当采掘活动位于未封闭钻孔或封闭不良钻孔的附近或钻孔下方时，会对井下作业人员的安全构成直接威胁。

按我国煤矿水体下压煤资源条件及地质、水文地质环境等进行宏观分类的情况见表4-9。

表4-9　按水体下压煤资源条件及地质、水文地质环境等进行宏观分类的情况

条　件	类　别　及　内　容	
按聚煤时代及赋煤特征	古生代石炭二叠纪煤田	华北型石炭二叠纪煤田
		华南型石炭二叠纪煤田
		西北型石炭二叠纪煤田
		西藏滇西型石炭二叠纪煤田
		东北型石炭二叠纪煤田
	中生代晚三叠世煤田	华南型晚三叠世煤田
		华北型晚三叠世煤田
		西北型晚三叠世煤田
		西藏滇西型晚三叠世煤田
	中生代早中侏罗世煤田	西北型早中侏罗世煤田
		华北型早中侏罗世煤田
		华南型早中侏罗世煤田
		东北型早中侏罗世煤田
	中生代早白垩世煤田	东北型早白垩世煤田
		西藏滇西型白垩纪煤田
	新生代古近纪及新近纪煤田	东北型古近纪及新近纪煤田
		华北型古近纪及新近纪煤田
		华南型古近纪及新近纪煤田
		西藏滇西型新近纪煤田
		台湾型新近纪煤田
按所存在压煤开采问题的不同水体进行分类	存在地表水体下压煤问题的煤田	大型统一型水体下的煤田
		中小型统一型水体下的煤田
		季节性统一型水体下的煤田
	存在松散含水层水体下压煤问题的煤田	存在巨厚新生界松散含水层水体下压煤问题的煤田
		存在较薄新生界松散含水层水体下压煤问题的煤田

表4-9（续）

条件	类别及内容		
按所存在压煤开采问题的不同水体进行分类	存在基岩含水层水体下压煤问题的煤田	存在石灰岩岩溶含水层水体下压煤问题的煤田	存在厚层石灰岩岩溶含水层水体下压煤问题的煤田
			存在薄层石灰岩岩溶含水层水体下压煤问题的煤田
		存在砂岩裂隙孔隙含水层水体下压煤问题的煤田	
		存在老空区积水下压煤问题的煤田	
		存在烧变岩含水带下压煤问题的煤田	
		存在采动离层带水体下安全开采问题的煤田	
		存在封闭不良钻孔造成复合水体下压煤开采等新问题的煤田	

5　我国煤矿水体下采煤技术的发展战略

我国幅员辽阔，水体下煤炭资源赋存条件、水资源分布及地下水赋存特征、区域水体下采煤技术水平以及不同煤矿企业的技术力量和管理水平等都有着明显的差异，所以，水体下采煤技术的发展战略也随之而有所不同。下面将从不同地域不同条件水体下压煤资源的宏观开发战略、水体下压煤开采的宏观管理战略以及水体下采煤技术本身的开发与发展战略等方面对水体下采煤技术的总体发展战略进行探讨。

5.1　我国煤矿水体下压煤资源的宏观开发战略

我国煤矿水体下压煤资源的宏观开发战略应考虑到我国煤炭资源的分布、水资源的分布、水体下压煤的现状以及煤炭工业建设和国民经济的整体战略及发展等，要与不同地区、不同时期的煤炭资源需求量等相适应。所以，针对我国东部水害问题加大解放水体下压煤资源的力度，合理解决西部贫水矿区水体下压煤资源开采和水资源保护技术及其协调关系，按照不同的水体下压煤条件因地制宜地采取水体下压煤资源开发及技术和措施，兼顾不同的水体下压煤问题和相应的关键技术内涵开发水体下压煤开采安全预警系统，以及面对水害威胁严重矿井重点解决水害防治问题、面对水资源匮乏及地区生态环境恶化条件重点解决水资源与煤炭开采并重的技术及相关问题、面对急倾斜煤层及巨厚坚硬顶板等复杂特殊的困难条件综合研究适宜有效的采煤方法和水体处理技术等，都属于水体下压煤资源宏观开发战略的重要内容。

5.1.1　加大解放东部地区水体下压煤资源的力度

我国煤炭需求量最大的地区是东部，但我国煤炭资源的分布则是东少西多、南少北多，主要分布在西北地区，已探明的资源则集中在晋、陕、蒙、宁地区以及南方的贵州、川南、滇东。煤炭资源的分布决定了我国煤炭工业建设的重心必然逐步西移。但煤炭工业战略西移是一个长期的渐进过程，东部地区开发早，资源紧缺，煤炭需求量大，供需矛盾突出，而西北地区开发需要创造条件，需要时间。所以，稳住东部才能保证战略西移的顺利。稳住东部的办法除了东部地区找煤以外，解放东部地区水体下压煤资源，同时尽量提高煤炭资源回收率都是十分必要的。但我国东部地区可供建设新井的资源不多，而且开采条件多比较复杂。因此，加大解放东部地区水体下压煤资源的力度具有重要的战略意义。

我国东部有许多松散层覆盖下的隐伏煤田，煤层较多、较厚，而倾角较小，以往开采浅部煤层时，多采用留设露头防水煤柱的方法来防止新生界含水层水进入矿坑，留设防水煤柱尺寸一般达 60 ~ 80 m，压煤数量巨大，具有较大开发潜力。据不完全统计，东部地区仅新生界含水层下露头煤柱的压煤储量就超过 50×10^8 t。如能将这些煤炭资源解放出一部分或大部分，对于提高矿井生产效益和缓解东部地区煤炭资源不足的局面均有重要作用。

从煤矿生产实践情况及现有技术水平来看，解放新生界含水层下压煤的潜力很大，效益很好，应加大支持力度，加强合理确定开采上限和提高现有开采上限等方面的研究和攻关，进一步解决好松散层水体下防止溃水、溃砂、溃泥的关键技术。

5.1.2　开发合理解决西部地区水体下压煤资源开采和水资源保护的技术

晋、陕、蒙地区的预测煤炭资源量约占全国的40%以上，不仅煤炭资源丰富，而且煤层稳定性好，构造简单，煤质优良，是我国现在和将来煤炭工业的主要基地。晋、陕、蒙和我国西部许多矿区均处在干旱半干旱缺水地区，开发这些矿区的关键问题之一是解决好矿区供水问题，有效地保护生态环境。而且从社会发展的长远意义角度来讲，水资源保护及合理利用比煤炭资源本身的开发具有更重要和更积极的意义。

从目前现状来看，西部许多新建矿区虽然水资源贫乏，但当地人烟稀少，工农牧业发展水平低，水资源利用率很低。随着矿区开发，当地的工农牧业也在发展，人民生活水平在不断提高，需水量也将迅速增加，矿区发展与工农业争水的问题会逐步显现并愈加突出。西部矿区的生态环境多比较脆弱，不适当的采煤和采水都极易导致生态环境恶化，不适当的采煤还可能导致水资源破坏和水质污染。对于矿区发展而言，需要综合考虑矿区供水、水资源和水质保护乃至地质环境、生态环境保护问题，应作为一项系统工程来研究。

在我国神榆府矿区，第四系萨拉乌苏组是最主要的供水水源，覆盖于煤系之上。煤系浅部的烧变岩也是区内的供水水源。两者之间常有密切的水力联系。区内地下水以大面积降水就地补给为主，降水量不大，但砂层分布范围大，入渗条件好，具有相当的供水能力。但是具有这种特征的水资源，在矿区开发过程中极易受到破坏和污染，同时大规模的采煤和采水也可能超过环境容量，使得本来就十分脆弱的生态环境进一步恶化，如何保护水资源问题十分突出。

从水体下采煤保护水资源角度出发，需要正确处理采煤和水资源保护的关系，要合理选择开采方案，落实好采煤保水措施。

5.1.3　按照水体下压煤条件的不同，因地制宜地采取相应的水体下压煤资源开发对策和开采措施

我国煤炭储量丰富，水体下压煤条件复杂多样，处理水体下压煤资源的技术方法及开采对策等也必然有所不同。针对受水害威胁严重煤层或水资源匮乏、地区生态环境恶化、巨厚坚硬顶板、急倾斜煤层条件、受水害威胁有限煤层而且水资源条件可以不受煤层开采限制的常规条件、某些异常特殊并会对区域经济发展起到制约作用的水体下压煤开采条件以及涉及水体下采煤整个技术领域开采安全预测预防方面的安全预警系统的开发和应用等问题，应按照不同的水体下压煤问题和相应的关键技术内涵，并坚持因地制宜的基本原则，密切结合实际的水体下压煤特征，采取相应的宏观开发战略，以切实处理和解决好水体下采煤问题。所以，在这里，结合水体下压煤问题宏观战略分类及水害类型和特征等情况，对具有明显宏观分类特征和典型水害特征的水体下压煤问题的处理原则和解决措施等予以探讨。此外，为了使复杂的水体下采煤问题简单化，以水体类型和水体下压煤资源的煤层赋存条件等方面作为主要切入点而加以展开。其中的基岩含水层水体又根据水体下采煤特点及对策等不同而作了进一步区分。

5.1.3.1　地表水体下压煤的宏观开发战略

存在地表体下压煤问题的煤田遍及全国各地，并以东部较多，江、河、湖、海、水库等各种水体种类齐全。地表水体溃入矿坑事故比较普遍，尤以雨季发生的透水事故居多。地表水体具有直观可见、位置清楚、情况明确、分布范围及水量大小较易测定、水害防治方法相对简单等特点，解决地表水体下采煤问题时大多采取处理水体和顶水开采等措施。

地表水体下采煤除了具有一般水体下采煤的共同特性以外，还具有不同于地下水体下采煤的特殊性。这是因为，煤层开采的采动裂缝除了从下向上发展形成一般的垮落带、裂缝带以外，还会从地表向下发展而形成地表裂缝。所以，处理地表水体下采煤问题与处理地下水体下采煤问题的最大不同就是必须考虑地表裂缝的发育深度及其与井下的沟通情况，同时还要密切注意并解决好采煤所产生的地表裂缝是否引起水体边界尤其是水体底部边界发生改变等问题。此外，还需要对基岩风化带的渗透性及其对矿井涌水量大小的影响作用进行正确评价。

新生代松散层厚度不同，底部水体对水体下压煤影响的情况也不同，如海、湖等底部水体下的煤田在煤系之上覆盖着厚层新生代松散层时，厚层松散层常常能够起到阻隔海、湖等地表水体对矿井直接充水的作用，其对矿井开采的威胁一般有限。但当松散层厚度很薄，或者松散层为全砂含水砂层，或者没有松散层而煤系露头直接出露地表时，尤其是河流直接切割煤层露头时，地表水体对矿井开采构成的威胁将会比较严重甚至会十分严重。

按照地表水体的规模、赋存条件及允许采动影响程度考虑，一般情况下，直接位于基岩上方或底界面下无稳定的黏性土隔水层的各类地表水体、急倾斜煤层上方的各类地表水体、要求作为重要水源和旅游地保护的地表水体，应属于Ⅰ类水体，不允许导水裂缝带波及水体，原则上应留设防水安全煤岩柱。底界面下为具有多层结构、厚度大、弱含水的松散层或松散层中上部为强含水层，下部为弱含水层的地表中小型水体，应属于Ⅱ类水体，允许导水裂缝带波及松散孔隙弱含水层水体，但不允许垮落带波及该水体，原则上应留设防砂安全煤岩柱。但随着地表水体规模等的不同，其所应采取的宏观开发战略也各有不同。

地表水体按照规模可分为大、中、小型及季节性统一型水体等不同类型。大型统一型水体，如江、河、海、湖、水库等，其水量大，补给来源充足，对矿井生产威胁大，属灾害性水体，一旦突水可淹没矿井。大型统一型地表水体下压煤的宏观开发战略必须以防止矿井溃水作为基本对策，原则上应是严格禁止该类水体的水流入井下。一般情况下，应在准确地测定开采煤层与地表水体的相互位置与关系的基础上，采取留设足够的防水安全煤岩柱的措施，同时还应采取可靠的防止抽冒等避免覆岩出现异常破坏的措施，以确保防水安全煤岩柱能够起到可靠的阻隔水作用。而当该类水体与开采煤层之间的岩层因不具备足够的阻水条件而不能满足留设防水安全煤岩柱条件时，原则上应留设煤柱不采。除此以外，江、河、湖、海、水库等大型地表水体下压煤的开发还普遍面临着对堤坝等地面水工建构筑物的保护问题。一般有对堤坝等采取维修加固措施后开采或适量开采堤坝等地面水工建构筑物下压煤或保留煤柱不采等措施。开采堤坝等地面水工建构筑物下压煤时，一般要在采前对堤坝等进行预先填高、预先加固、预先注浆或铺设防渗层，并在回采过程中进行密切监测和实时维护，以确保堤坝等地面水工建构筑物各项功能的正常发挥。

中小型统一型水体，如沼泽、坑塘、水渠、采空区上方地表下沉盆地积水等，其水量较小，补给来源有限，对矿井生产威胁较小。中小型统一型水体下压煤的宏观开发战略应因地制宜，一般可采取留设防水安全煤岩柱措施，或者采取留设防砂安全煤岩柱甚至留设防塌安全煤岩柱措施，或者采取水体处理措施后再开采。在矿井排水能力允许并存在经济合理性的条件下，原则上也允许该类水体的水有限度地甚至可以不受限制地流入井下。总之，对于水体与煤系地层之间的黏土层很薄甚至没有黏土层条件下的中小型水体，或者有厚度较大的黏土隔水层条件下的中型水体等，一般可以按照防止矿井溃水的要求留设防水安全煤岩柱；而对于水体与煤系地层之间有厚度较大的黏土隔水层条件下的部分中小型水体，则可以按照防止超限涌水的要求留设防砂或防塌安全煤岩柱。

季节性统一型水体，如洪水、山沟水、稻田水、季节性河流等，对矿井生产的影响受季节限制。季节性统一型水体下压煤的宏观开发战略应是充分利用水体的季节性来实现安全合理开采，同时必须密切注意并解决好防止地表水通过采动裂缝等通道大量进入井下等问题。一般可采取在枯水季节开采，而在雨季水量增大时停采，并及时充填压实处理地表出现裂缝和井下开采所产生的导水通道等地面防水等措施。

地表水体下压煤宏观开发战略中还需要给予充分重视的就是必须做好地面防水工作。地面防水一般可从蓄洪、截流、排水、导水、堵漏等方面入手，如河流改道、人工填铺河床、自然淤造河床、地面防渗、防漏等方法。做好地面防水工作，重视雨季尤其是突降暴雨等突发状况时的水害预防，防止地表水体防水煤柱破坏，以及加强管理和保持高度警觉等，对于避免地表水害尤为重要。

针对存在地表水体下压煤问题的急倾斜煤层条件，还必须时刻注意保持所留设安全煤岩柱的完整性和可靠性，要严禁因采煤方法选择不合适或因开采不当引起的沿煤层顺层抽冒等而破坏所留设的防隔水安全煤岩柱。

地表水体下压煤的开发，还应充分注意安全煤岩柱的产状变化及其影响。一般情况下，具有水平产状的安全煤岩柱，由于水平方向及垂直方向岩性及岩相的变化，位于导水裂缝带以上岩层的防隔水性等能够充分发挥作用；具有倾斜、急倾斜产状的安全煤岩柱，易于接受地表水体的直接补给；具有背斜产状的安全煤岩柱，根据岩性不同，其作用也各不一样。当背斜地层为砂岩、页岩且背斜产状连续性好时，能够对急倾斜煤层采空区上边界所采煤层本身的抽冒起抑制作用；具有断层、褶曲破坏的安全煤岩柱，对于急倾斜煤层有利。如在煤层浅部存在断层、褶曲破坏时，使煤层向上延展中断或改变产状，可能对采空区上边界所采煤层本身的抽冒破坏起抑制作用，减少地表塌陷的危险性。所以，在地表水体下压煤的开发过程中，应扬长避短，充分利用安全煤岩柱中产状变化的有利因素，避免其不利因素。

地表的江、河、湖、海等大中型水体一般属灾害性水体，在进行水体下采煤设计时，应根据水量大小、煤（岩）层厚度和强度及安全措施等情况酌情考虑水压力作用因素。

总之，地表水体下压煤宏观开发战略的一个总体原则就是，无论任何情况下都不允许地表水大量进入井下。从安全角度出发，绝不允许大量的地表水进入井下而造成淹没事故；从经济角度考虑，也不允许大量的地表水进入井下而造成较大的排水负担。所以，绝不允许在地表水体与井下之间存在相互连通的透水通道，无论是采动形成的还是自然存在的任何透水通道都是不允许的。一般而言，对于非季节性水体，原则上始终都不允许出现与井下相互连通的透水通道；对于季节性水体，在丰水期原则上同样不允许出现与井下相互连通的透水通道，在枯水期无水时原则上允许短时出现井上下相互连通的通道，但同时要求必须在雨季来临之前做好通道封堵工作，确保任何时候都不能出现井上下透水现象。

5.1.3.2　松散含水层水体下压煤的宏观开发战略

松散含水层水体属孔隙水，具有流动缓慢、流量小、仅依靠渗透补给和排泄，且分布较均匀等特点。松散含水层水体下采煤不同于其他类型水体下采煤的特点，主要是既有涌水问题，也有溃砂问题，而且水、砂溃入矿井一般需要有个过程。松散含水层水体下压煤安全开采的关键，是合理地留足风化带煤岩柱和保护风化带煤岩柱的完整性，工作的重点主要是防止溃水或溃泥砂。在矿井第一生产水平浅部采掘工作面，特别是急倾斜煤层的浅部采掘工作面，普遍存在着松散层水体下压煤开采问题，必须合理地确定开采上限，留设好风化带煤岩柱，作为保护松散层（冲积层）的"依托"，形成保护层（带），以形成隔离和阻挡水或流砂（包括砂姜、砾石）、流泥溃入井下的屏障。在开采松散层水体下压煤时，必须针对其可能引发水害事故的原因采取相应的防范措施。通过长期的生产实践及科学试验，我国在这方面取得了丰硕的成果，积累了大量的经验。

以煤系盖层形式赋存的新生代地层，基本上保持着原始的近水平状态，或仅发生断裂而未遭受强烈褶皱。尤其是第四纪沉积物，大体上仍维持松散状态，在饱水状态下，其含水砂层仍具有流动性。所以，此类松散层水体下压煤的宏观开发战略应是以防止泥砂溃入井下和防止矿井超限涌水为主。解决松散含水层水体下压煤问题的宏观战略，基本上是根据松散层水体的富水程度等留设相应类型的安全煤岩柱（防水、防砂、防塌），然后在安全开采深度以下进行开采，同时采取必要的安全防范措施，而且随着开采工作的深入和对含水层的疏降甚至疏干，所留设的安全煤岩柱类型也可以随之而变更，即原来留设的防水安全煤岩柱通过对含水层进行疏降或疏干后，可以重新变更为留设防砂或防塌安全煤岩柱。按照松散层水体的规模、赋存条件及允许采动影响程度等的不同，直接位于基岩上方或底界面下无稳定的黏性土隔水层的松散孔隙强、中含水层水体和急倾斜煤层上方的各类松散含水层水体以及要求作为重要水源和旅游地保护的松散层水体，一般应属于Ⅰ类水体，不允许导水裂缝带波及水体，原则上应留设防水安全煤岩柱；底界面下为稳定的厚黏性土隔水层或松散弱含水层的松散层中上部孔隙强、中含水层水体和有疏降条件的松散层水体，应属于Ⅱ类水体，允许导水裂缝带波及松散孔隙弱含水层水体，但不允许垮落带波及该水体，原则上应留设防砂安全煤岩柱；底界面下为稳定的厚黏性土隔水层的松散层中上部孔隙弱含水层水体和已经或接近疏干的松散层水体，应属于Ⅲ类水体，允许导水裂缝带进入松散层孔隙弱含水层，同时允许垮落带波及该弱含水层，原则上应留设防塌安全煤岩柱。但随着松散层水体规模及赋存条件等的不同，其所应采取的宏观开发战略也各有不同。

从整体角度考虑，解决松散层水体下压煤问题的途径主要有顶水开采、疏干或疏降开采、顶疏结合开采、处理补给水源后开采、迁移水体开采和留设煤柱不采等方面。

顶水开采是对需要防护的水体留设防水安全煤岩柱，一般在水体规模较大、富水性较强且不易疏干或者需要将水体作为水资源加以保护时采用。

疏干或疏降水体开采有先疏后采和边疏边采之分，先疏后采是在开采之前就预先对含水层进行疏干或疏降，一般在回采上限接近第四纪强含水松散层等情况下可以采用。边疏边采是在采煤的同时进行疏干或疏降，一般在回采上限接近第四纪弱含水松散层等情况下采用。疏干或疏降开采有钻孔、巷道、巷道与钻孔联合、回采以及多矿井分区排水联合疏干或疏降等多种方法。在回采上限接近第四纪松散含水层时可以采用回采疏干或疏降方法，通过先采深部、后采浅部等办法还能够实现对第四纪全砂含水松散层或松散层底部厚含水砂层等的逐步疏干或疏降。对于富水性较强的第四系含水层可以采用钻孔或巷道与钻孔联合疏干或疏降的方法。对于区域分布范围大、渗透性强、连通性好、局部疏干或疏降难以奏效的强富水砂砾含水层，有时也可以采取多矿井分区排水联合疏干或疏降方法。

顶疏结合开采一般适用于受多种水体或多层含水体威胁的条件，其基本原则是对远离煤层的水体采用顶水开采方法，对煤层直接顶或离煤层距离较近的水体采用疏干或疏降开采方法。

处理补给水源后开采可达到边采边疏或先疏后采的目的和效果，迁移水体后开采可以从根本上消除水体对开采的威胁，但需要具备经济合理性和可操作性。对松散层水体来说，有时可以考虑采取含水层局部注浆等措施来达到改造含水层和减弱其富水性等目的。而疏干含水层也可以起到处理补给水源或迁移水体的作用。

保留煤柱不采是在靠近松散层水体的煤层露头部位普遍采取的办法，所保留的煤柱类型有防水、防砂、防塌安全煤岩柱等。

针对存在松散含水层水体下压煤的急倾斜煤层条件，为了避免导致溃水、溃砂等灾害，必须时刻注意所保留安全煤岩柱的完整性和可靠性，要严禁因采煤方法选择不合适或因开采不当引起的沿煤层顺层抽冒等而导致安全煤岩柱被破坏。

松散含水层水体下压煤的开发，同样不能忽视安全煤岩柱的产状变化及其影响。安全煤岩柱具有水平产状时，由于水平方向及垂直方向岩性及岩相的变化，位于导水裂缝带以上岩层的防隔水性一般能够充分发挥作用；安全煤岩柱具有倾斜、急倾斜产状时，其露头广泛与上覆松散层接触，往往易于接受松散含水层水的直接补给；安全煤岩柱具有背斜产状时，其作用一般与岩性等有关。如果背斜之上覆盖含水砂层，背斜地层为砂岩、页岩，而背斜产状连续性又较好，一般能够对急倾斜煤层采空区上边界所采煤层本身的抽冒起抑制作用；安全煤岩柱遭受断层、褶曲破坏时，对于急倾斜煤层往往有利。如在煤层浅部存在断层、褶曲破坏时，使煤层向上延展中断或改变产状，可能对采空区上边界所采煤层本身的抽冒破坏起抑制作用，减少松散层和地表塌陷的危险性。所以，在松散含水层水体下压煤的开发过程中，应扬长避短，充分利用安全煤岩柱中产状变化的有利因素，避免其不利因素。

进行松散含水层水体下采煤设计时，原则上不应忽略水压力作用因素，在水压大于或等于2.0 MPa条件下，一般应考虑水压力作用因素。对于松散含水层水体的富水性很强、一旦突水可淹没矿井的灾害性水体，在水压小于2.0 MPa的条件下，也应根据水量大小、煤（岩）层厚度和强度及安全措施等情况综合考虑水压力作用因素。

随着松散含水层厚度不同，其压煤开采的宏观开发战略也随之不同。

5.1.3.2.1　巨厚新生代松散含水层水体下压煤的宏观开发战略

在我国东北、华东、华北等地的平原地区的煤田，如东荣、开滦、大屯、巨野、梁宝寺、兖州、济宁、峰峰、焦作、淮南、淮北、邢台等，普遍存在着巨厚新生代松散含水层水体下压煤问题。巨厚新生界一般为含隔水层交互沉积，其中的隔水层大多能够阻隔上部含水层对下部含水层的垂向渗透补给，从而阻隔了大气降水和地表水对煤系中含水层的直接补给，所以，巨厚新生界对矿床的充水主要取决于新生界底部含水层的富水性及其与其他含水层的水力联系状况等。

巨厚新生代松散层水体下压煤的宏观开发战略应是以防止泥砂溃入井下和矿井超限涌水为主，主要是留设合理、可靠的煤层露头安全煤岩柱，即合理留设防水、防砂、防塌安全煤岩柱。

覆盖着巨厚新生界的煤田，对于新生界含隔水性等条件的认识和掌握一般都需要一个过程，往往需要随着矿井的生产揭露甚至有针对性的研究等才能逐步认识和掌握。所以，为了确保矿井安全及合理开发，在矿井设计及投产阶段所选择的安全煤岩柱类型都偏于安全或偏于保守，所设计的安全煤岩柱尺寸往往都有所偏大，开采上限偏低。随着矿井的持续开采、有关工作的不断深入以及对新生界底部含水层的逐渐疏降甚至疏干，再将原来设计的开采上限逐步提高，将原设计的安全煤岩柱尺寸逐步缩小，甚至使得原设计的安全煤岩柱类型也随之而变更，即通过对含水层进行疏降或疏干后，将原来留设的防水安全煤岩柱逐步变更为防砂或防塌安全煤岩柱。

在巨厚新生代松散含水层下留设防水安全煤岩柱时，应注意基岩风化带的深度及其导、隔水等情况，需要评价基岩风化带的渗透性及其对矿井涌水量大小的影响作用。当巨厚新生界底部为砂砾层且含水较丰富时，由于含水层水压明显增大，其对矿井开采的充水影响将变得十分严重，此类条件在留设防水安全煤岩柱时还应充分考虑水压力作用问题而适当增大防水安全煤岩柱尺寸。尤其是对于高水压松散含水层原生纵向裂隙发育覆岩的异常突水危害等特殊地质采矿条件下的水害问题，更应予以充分重视。

针对存在巨厚新生代松散含水层水体下压煤的急倾斜煤层条件，为了避免导致溃水、溃砂等灾害，必须时刻注意所保留安全煤岩柱的完整性和可靠性，要严禁因采煤方法选择不合适或因开采不当引起的沿煤层顺层抽冒等现象而破坏安全煤岩柱。

5.1.3.2.2　较薄新生代松散含水层水体下压煤的宏观开发战略

位于厚度较薄的新生代松散含水层水体下的煤层在全国多数煤田中都存在。其中大多数是在河谷砂砾层含水层覆盖下，如内蒙古东部元宝山早白垩世褐煤煤系上覆厚度约60 m的第四纪卵石含水层等；其次是覆盖砂层含水层，如西北地区。在山间河谷地带，煤系上覆的第四纪砂砾含水层厚度一般较薄，其含水性往往较强，对浅部煤层开采的威胁虽然程度不一，但一般不容忽视。此类松散层水体下压煤的宏观开发战略应是以防止矿井突水和防止泥砂溃入井下为主，主要是留设合理、可靠的煤层露头防水安全煤岩柱，而对于能够实现疏干开采的情况，则可以留设合理的防砂甚至防塌安全煤岩柱，同时还应采取必要的安全防范措施。此类防水安全煤岩柱的设计还必须充分考虑基岩风化带的深度和透隔水性能及地表裂缝的发育深度，要避免地表裂缝与采动裂缝连通，同时需要评价基岩风化带的渗透性及其对矿井涌水量大小的影响作用。对于留设防砂、防塌安全煤岩柱的情况，还必须注意雨季的防水问题，有时必须在雨季来临之前对地表裂缝等进行认真的回填处理等。

在山间河谷地带以及除西北等干旱地区以外的淮地台、中低山区、丘陵等地区，煤系之上第四纪盖层很薄，有的煤系直接出露地表，第四系多为冲洪积、坡积、残积等沉积，渗水性能好，无阻水作用，基岩风化裂隙较发育，有的风化裂隙深度很大，这些地区的薄层松散层孔隙水与风化带裂隙水往往形成统一含水层水体，并直接接受大气降水和地表水的补给，成为矿井充水的充足水源，原则上主要应留设防水安全煤岩柱。

我国南方除江汉平原、南阳盆地第四纪下降外，大部分属于上隆遭剥蚀的中低山、丘陵及山间盆地，山区风化剥蚀经淋漓坡积红土发育。这些地区矿井充水水源是风化带裂隙水、薄层松散层孔隙水、大气降水和地表水，第四系同样无阻水作用。原则上主要应留设防水安全煤岩柱。

西北气候干旱，雨量稀少，在构造抬升隆起区内的煤田地势较高，第四系很薄，多数地区有黄土覆盖，大气降水多能顺沟渠流走，透过黄土层补给基岩的水量有限。原则上可留设防砂甚至防塌安全煤岩柱。对于富水性较好的砂层，如陕北的榆神府煤田等，原则上主要应留设防水安全煤岩柱，尤其是对于需要作为供水或地区生态环境保护水源的松散含水层，则更应该严格按照防水安全煤岩柱设计要求留设露头安全煤岩柱。

存在较薄新生代松散层含水层水体下压煤的急倾斜煤层条件时，为了避免导致溃水、溃砂等灾害，除了必须时刻注意所保留安全煤岩柱的完整性和可靠性，要求严禁因采煤方法选择不合适或因开采不当引起的沿煤层顺层抽冒等现象而导致安全煤岩柱被破坏以外，同时还必须充分注意在急倾斜煤层露头附近是否有地表水体的存在及其规模大小等。

5.1.3.3　砂岩含水层水体下压煤的宏观开发战略

砂岩含水层水体下压煤问题普遍存在于各煤田中。砂岩含水层水体属孔隙、裂隙水体类型，其中孔隙水的水量小，裂隙水的水量一般不是十分丰富，富水性不均衡。大多数砂岩含水层仅存在溃水或淹没危害，个别的砂岩含水层如古近纪、白垩纪半胶结砂岩含水层还同时存在溃砂危害。砂岩含水层的产状往往与煤层一致或相近，尤其是煤系地层内的砂岩含水层更是如此。所以，砂岩含水层水体下压煤开采问题往往会伴随着有关开采煤层的大部分甚至全部。

从生产实用角度出发，按砂岩含水层水体的规模、赋存条件及允许采动影响程度考虑，一般情况下，底界面下无稳定的泥质岩类隔水层的砂岩强、中含水层水体以及要求作为重要水源和旅游地保护的水体，应属于Ⅰ类水体，不允许导水裂缝带波及水体，原则上应留设防水安全煤岩柱；有疏降条件的半胶结砂岩弱含水层水体，应属于Ⅱ类水体，允许导水裂缝带进入该砂岩，但不允许垮落带波及该水体，原则上应留设防砂安全煤岩柱；已经或接近疏干的半胶结砂岩含水层水体，应属于Ⅲ类水体，允许导水裂缝带进入该砂岩，同时允许垮落带波及该砂岩。

砂岩含水层水体下压煤的宏观开发战略，基本上是对采动影响范围内的水体进行疏水降压或疏干，要在确保涌水量不超限的情况下开采，否则要采取有效措施以限制采动破坏性影响范围使其不波及基岩含水层水体，如短壁、条带乃至充填开采等。对于砂岩含水层水体下压煤的宏观开发战略主要应是对距离开采煤层较近的含水层以疏干开采为主，尤其是具有防止溃砂要求时更须采取预先疏干开采措施，此时如果含水层富水性较弱时较易实现疏干，而含水层富水性较强时则不易疏干，有时还需采取必要的处理水体等措施；对于距离开采煤层较远的含水层则以顶水开采为主。采取顶水开采措施的含水层，在对其评价防水安全煤岩柱尺寸时，在开采深度较大情况下还要注意评价水压力作用的不利影响。针对煤层直接顶板为砂岩含水层的情况，一般需要采取先疏后采的疏干或疏降开采措施，具体方法一般有钻孔疏干或疏降、巷道疏干或疏降、巷道与钻孔联合疏干或疏降等；针对煤层基本顶为砂岩含水层的情况，一般需要采取边疏边采的疏干或疏降开采措施。为了防止砂岩含水层造成的水害，在巷道掘进揭露前，一般应进行超前探放水，有时还需要采取截流疏水等技术措施。

防止半胶结砂岩含水层溃砂所需遵循的一个重要原则是必须要防止垮落带波及该砂岩含水层或者必须将该砂岩含水层的水在回采之前预先疏干并能保证在回采时顶板不漏砂。

5.1.3.3.1 砂岩裂隙含水层水体下压煤的宏观开发战略

砂岩裂隙含水层水体下压煤的开发战略应是以疏放开采为主，以顶水开采为辅，其方案的取舍需要同时考虑矿井安全及经济合理性等问题。疏放开采时需要考虑裂隙的分布及其连通性，在裂隙分布较均匀、裂隙间连通性较好的条件下，可先疏后采；在裂隙分布不均匀且裂隙间连通性很差的条件下，可边采边疏。

在煤系风化裂隙发育、风化裂隙带深度较大、上部强风化裂隙带富水性较强、下部弱风化裂隙带富水性较弱的条件下，对于上部强风化裂隙带富水性较强的区域，一般需要留设防水安全煤岩柱。而对于下部富水性较弱的弱风化裂隙带，一般可以随着采掘工作的进行而随之疏干，多数情况下可采取边采掘边疏放的措施，无须采取专门的预先疏放水措施，仅少数情况下需要采取钻孔预先疏放等专门的疏放水措施。

在煤系地层中砂岩、砾岩、砂砾岩裂隙水富水性较弱的情况下，可以采取边采掘边疏放的开采技术措施，仅在砂岩裂隙水富水性较强的少数情况下才需要采取预先疏放水措施，而对于某些富水性很强、含水层距离开采煤层又很近的情况下，则必须采取专门的预先疏放水技术措施，以确保开采安全。

对于具有溃砂威胁的白垩纪半胶结砂岩含水层，应首先采取疏干开采措施，尤其是对于靠近开采煤层的含水层，更应采取预先疏干措施，防止回采时超限涌水和溃砂。

5.1.3.3.2 砂岩孔隙含水层水体下压煤的宏观开发战略

砂岩孔隙含水层水体下压煤的宏观开发战略取决于含水层的富水性、胶结状态及其与开采煤层的距离等，一般多采用边采边疏措施，但在含有一定数量的亲水矿物的未固结饱水粉砂层即流砂层等条件下，则需要采取可靠的预先疏干措施。

对于东北聚煤区的早白垩世半胶结砂岩含水层，一般要对靠近开采煤层的砂岩含水层实行疏干开采，一般可采取井下仰上钻孔预先疏放措施和边回采边疏放等措施。而对于远离开采煤层的砂岩含水层则实行顶水开采。

对于东北聚煤区的古近纪煤层顶底板流砂层，为了防止溃水、溃砂，一般需要采取地面钻孔预先疏放措施，提前对含水层进行疏降或疏干。

5.1.3.4 石灰岩岩溶含水层水体下压煤的宏观开发战略

石灰岩岩溶含水层水体下压煤的宏观开发战略需要考虑到岩溶水体的特性，具备顶水开采条件时可以进行顶水开采，具备疏干条件时可以进行疏干开采，既不具备顶水开采条件又无法疏干时只能留设煤柱不采。防治工作的重点应是防止矿井溃水和超限涌水。

由于岩溶分布的不均匀性和偶然性，对其分布状况往往难以查清，常常是将整个岩层均作为含水层考虑，这不仅造成了某种程度上的资源浪费和技术经济上的不合理，而且也不能完全避免突水灾害。这是因为岩溶水体有时会沿裂隙侵入到其邻近岩层内，致使水体与煤层之间的距离进一步减小而小于预测值。所以，该类水体下压煤宏观开发战略的首要问题应该是详细了解岩溶的分布状况，含水层的边界位置，岩溶洞穴的充填程度，充填物的性质以及地下水的补给、径流、排泄条件等，并采取相应的综合防治措施来保证矿井及人身安全。

石灰岩岩溶含水层水体下压煤的宏观开发战略，主要应是对于距离开采煤层较近的含水层以疏干开采为主，此时如果含水层富水性较弱时较易实现疏干，而含水层富水性较强时则不易疏干，有时还需采取必要的处理水体等措施，如截流、帷幕等；对于距离开采煤层较远的含水层则以顶水开采为主。采取顶水开采措施的含水层，在评价其防水安全煤岩柱尺寸时，在开采深度较大情况下还要注意评价水压力作用的不利影响。针对煤层直接顶板为灰岩含水层的情况，一般需要采取先疏后采的疏干或疏降开采措施，具体方法一般有钻孔疏干或疏降、巷道疏干或疏降、巷道与钻孔联合疏干或疏降等；针对煤层基本顶为灰岩含水层的情况，一般需要采取边疏边采（薄层灰岩）或先疏后采（厚层灰岩）的疏干或疏降开采措施。

为了防止灰岩类含水层造成的水害，在巷道掘进揭露前，原则上必须进行超前探放水，有时还需要采取截流疏水等技术措施。

5.1.3.4.1　*薄层石灰岩岩溶含水层水体下的宏观开发战略*

存在薄层石灰岩岩溶含水层水体下压煤问题的煤田主要分布于华北地区。

薄层石灰岩岩溶含水层水体下的宏观开发战略，主要是在查明含水层赋存状态及富水性的基础上，针对具体条件分别采取疏干开采、截流（帷幕）补给水源后疏干开采、顶水开采等技术措施。同时，在巷道掘进揭露前，原则上必须进行超前探放水，有时还需要采取截流疏水等技术措施。

对位于采动破坏性影响范围以内的薄层灰岩含水层，当补给水源不足时，可采用疏干方法；当富水性强并有丰富补给水源时，则应进一步查明补给边界或通道位置，进而采用截流方法切断补给水源，然后再予以疏干。对位于采动破坏性影响范围以外的薄层灰岩含水层，则要准确地测定开采煤层与薄层灰岩含水层的相互位置与关系，留设足够的防水安全煤岩柱，以保证安全开采；当薄层灰岩含水层处在开采煤层与其他含水层之间时，还可以作为“中间层”，通过对其水位进行监测，防止其他强含水层水突入矿井。

5.1.3.4.2　*厚层石灰岩岩溶含水层水体下压煤的宏观开发战略*

存在厚层石灰岩岩溶含水层水体下压煤问题的煤田主要分布于华南地区。厚层石灰岩岩溶含水层富水性强，一旦突水可淹没矿井，对矿井生产的危害程度严重。

厚层石灰岩岩溶水体下压煤的宏观开发战略，一般是在满足需要留设防水安全煤岩柱的条件下进行顶水开采；在开采煤层与岩溶水体之间的距离不能满足留设防水安全煤岩柱条件的情况下，则需要采取疏干开采技术措施；对于开采煤层与岩溶水体之间的距离不能满足留设防水安全煤岩柱条件而岩溶水体又不能够予以疏干的情况下，则往往只能留设煤柱不采。

根据灰岩岩溶水的赋存状态及可疏性条件等不同，其水体下压煤的宏观开发战略也应区别对待。在我国南方，厚层灰岩岩溶含水层有的位于当地侵蚀基准面以上，一般可采用泄水平硐疏放水为主的方法；有的位于侵蚀基准面以下，则需要在探明主要导水通道的基础上，采取截流疏放的方法或采用改造岩溶系统的方法。对位于采动破坏性影响范围以外的厚层灰岩含水层，在准确地测定开采煤层与厚层灰岩含水层相互位置与关系的基础上，则留设足够的防水安全煤岩柱。

5.1.3.5　老空区积水下压煤的宏观开发战略

老空区积水下压煤问题大多出现于多煤层开采条件，倾角较大时也会出现于本煤层。老空区积水有旧、新之分，对其具体的分布及积水情况等又有掌握与不掌握之分。对于多年前的旧采空区，如我国许多矿区浅部的废弃老窑，数量很多，大多缺乏较详细的资料记载，对矿井安全构成了极大隐患。对于新形成的采空区积水区，虽然现时对其情况了解比较清楚，但随着时间的延续和人员的更替，其具体情况是否能够详细记录并保存下来，尤其是记录、归档等工作是否完备也还存在着某些不确定性，从而有可能为以后开采该采空区积水区下的压煤带来新的困难和安全隐患。所以，老空区积水下压煤的宏观开发战略，首先是要全面掌握老空区积水区的位置、深度、分布及积水量等情况，对于情况不清的，应采用各种可能的技术方法和措施，要想方设法查清；对于已经查清的或者新形成的采空区积水区，要建立并保存详细的资料记载档案。

多数情况下，老空区积水的水量都比较有限，往往通过超前探放水就可奏效。但随着煤矿开采逐步向深部发展，采空区的面积越来越大，采空区积水的体积越来越大，老空水的水量越来越多，对安全的威胁越来越严重，对防范措施的要求也越来越高。

老空区积水下压煤的宏观开发战略与老空区积水的水量大小、补给来源的充足性及强弱等因素密切相关。一般情况下，老空区积水下压煤应该以疏干开采为主，在采掘前及采掘过程中采取可靠的超前探放水技术措施是防止老空水水害的重要的不可缺少的关键措施，对于补给水源充足的老空区积水尤其是大面积老空区积水还应该考虑采取堵截充水水源后再加以疏干等措施；对于某些水量充足而又无法疏干的老空区积水下压煤，可以留设足够的防水安全煤岩柱，此时要充分注意防水安全煤岩柱的隔水性能及其可靠性，要对断裂构造等对防水安全煤岩柱的不利影响作出正确评价。水量充足的老采空区水体属于灾害性水体，一旦突水可淹没矿井，进行该类灾害性水体下采煤设计时，在水压小于1.0 MPa条件下，应根据水量大小、煤（岩）层厚度和强度及安全措施等情况酌情考虑水压力作用因素；在水压大于或等于1.0 MPa条件下，应根据水量大小、煤（岩）层厚度和强度及安全措施等情况充分考虑水压力作用因素。

老空区积水水体下压煤的开发，在采用顶水开采方案时，必须考虑采空区底板采动破坏深度问题，同时要注意防水安全煤岩柱保护层的防隔水可靠性，既要充分注意采空区底板以下煤系岩层作为防水安全煤岩柱保护层时其防隔水性不是很好这一特点，还应充分注意安全煤岩柱产状变化及其对防隔水性的不同影响，以确保防水安全煤岩柱能够起到有效的防隔水作用。

从水体形成角度看，位于地下的采空区积水区水体属于受人为因素影响而形成的人为水体。该类人为水体往往具有更大的危险性。其原因就在于该类人为水体紧靠开采区域，水体的赋存形式又十分集中，甚至类似于明水体，一旦形成导水通道，其出水的形式一般十分突然和集中，往往在极短的时间内突出大量的涌水，对井下现场作业人员的生命安全常常构成极大的威胁。所以，防止采空区积水区类人为水体危害的原则应该首先从源头上进行预防，即从避免形成采空区积水区角度做起。在矿井设计及井下开拓开采过程中，要始终注意防止形成采空区积水区。对于有可能形成的采空区积水区，要积极利用现有采掘工程及时对采空区积水进行疏放，防止形成大面积的采空区积水区；对于已经形成的采空区积水区，首先应考虑采取有效的预先疏放水措施处理采空区积水区的积水，这是因为采空区积水区往往紧靠采掘作业场所，引发突水的概率较高，而且一旦突水则水势迅猛，所造成的后果往往十分严重，只有将采空区积水区的水体疏干才能从根本上解除水患威胁。在无法疏干采空区积水区的水体时，也可采取隔离措施。如果既无法疏干，又无法隔离，则只能留设煤柱不采。

5.1.3.6 火烧岩含水带下压煤的宏观开发战略

火烧岩广泛分布于西北地区的一些侏罗世煤田中。火烧岩埋藏浅、透水性强，是裂隙比较发育、透水性和储水能力较煤系明显增强的特殊的含水或透水岩带。火烧岩一般厚度20~30 m，厚者可达50~60 m。火烧岩含水带一般位于煤层露头区，其水害防治同时兼有基岩含水层和松散含水层的特点，既有本层水的防治问题，也有顶板垮落后水体赋存区域扩大问题的防治。

火烧岩含水带水体下压煤的宏观开发战略，首先应该是查清条件，即查清火烧岩带的分布及其富水性等情况，然后再根据具体情况采取必要的技术措施。

从火烧岩含水带水体的类型、赋存条件及允许采动影响程度，多数情况下应属Ⅰ类水体，不允许导水裂缝带波及该水体，应留设防水安全煤岩柱；在其充水能力有限，有疏降条件并已疏干时，可以允许导水裂缝带或垮落带波及已疏干的火烧岩；对于带有季节性充水特征的火烧岩含水带，如果能够做到在雨季充水期到来之前封堵好火烧岩带与井下之间的所有透水通道，则可以选择疏干火烧岩含水带后在旱季不充水时开采，而在充水季节到来之前封堵好井上下的连通裂缝，防止火烧岩含水带透水。否则，必须留设防水安全煤岩柱。

火烧岩含水带下压煤的宏观开发战略应是以防为主、以治为辅。首先，应采取有效措施尽量避免形成火烧岩含水带；对于已形成的火烧岩含水带，应首先考虑对水体进行处理等措施，如疏干水体后开采、填实火烧岩裂隙等，并考虑采取在旱季开采和在雨季水量增大时停采以及在雨季到来之前封堵填实采动裂缝等措施；对于火烧岩含水带分布范围广泛、充水水源较充足，或者火烧岩含水带中的地下水需要作为供水层和维系地区生态环境的重要水体而需要保护时，则要留设足够的防水安全煤岩柱。对于火烧岩厚度较大、富水量较充沛的情况，在设计防水安全煤岩柱时，还需要酌情考虑水压力作用因素。

火烧岩含水带下压煤的开发还应充分注意安全煤岩柱的产状变化及其影响。一般情况下，具有急倾斜产状的火烧岩含水带，对于安全开采的威胁尤为严重，原则上必须将火烧岩含水带的水予以疏干后允许开采。

5.1.3.7 采动离层带水体下开采的宏观开发战略

采动离层带蓄积水体位于基岩内，是伴随着回采而产生的人为水体，由于距离采场近，一旦蓄积水量较多时往往会对回采安全构成明显的甚至十分严重的威胁。

尽管离层带蓄水状况较难查清，一旦发生突水灾变时来势迅猛，常常是猝不及防。但离层带蓄水以及形成突水灾变的过程始终与回采工作面推进及其所产生的采动影响紧密相连。所以，采动离层带蓄积水体下开采的宏观开发战略也必须要考虑煤层回采的过程。首先，就是要根据煤层的回采方案及其覆岩等具体条件，对可能形成危及回采安全的离层带蓄积水体的层位作出判断；接着，则是尽量避免形成离层带蓄积水体，最为简捷的办法就是在离层带形成之前就向可能形成危及回采安全的离层带的层位施工疏放水钻孔，提前构建好透水通道，以便及时疏排可能进入到采动离层空间内的地下水，从而有效地避免在采动离层带内形成蓄积水体；然后，则是对于已经形成的离层带蓄积水体及时进行疏放，以便解除该水体对回采安全的威胁。此外，还要提高认识，增强防患意识，重视离层带突水的隐蔽性、突发性和危害性，切实做好预防工作。

总之，防止采动离层带蓄积水体类人为水体危害的原则应该首先从源头上进行预防，即从避免形成采动离层带蓄积水体角度做起。在矿井设计时应结合具体的覆岩条件预测有无产生大面积采动离层带蓄积水体的具体条件，对于存在采动离层带蓄积水体的条件，首先应在矿井设计及开拓布局、开采顺序和采煤方法的选取等方面采取必要的预防措施；其次，在井下开拓开采过程中，要始终注意防止形成采动离层带蓄积水体；一旦形成采动离层带蓄积水体，则要积极采取有效的疏放水措施进行疏放，防止形成大面积的采动离层带蓄积水体。

分析认为，随着初次回采的采高增大、工作面长度的增加、工作面推进速度的加快，离层空间将会随之增大，能够蓄积的水量也会随着蓄水空间的增大而增大，对于回采安全的威胁也会随之加重。所以，在今后，正确面对并解决好大采高、长工作面、高强度回采条件下的离层带蓄积水体疏放及其突水灾变防治等问题，有可能会成为采动离层带水体下开采宏观开发战略的重要内容。

5.1.3.8　封闭不良钻孔造成复合水体下压煤等新问题的宏观开发战略

封闭不良钻孔造成复合水体下压煤等新问题的宏观开发战略，首先应是从源头抓起，重视质量，严格管理，避免出现封闭不良或未封闭钻孔。对于已经存在的封闭不良或未封闭钻孔，则应查清具体情况。然后再结合封闭不良钻孔的具体情况，从对钻孔重新封闭等方面采取有针对性的措施；对于无法做到重新封闭的钻孔，可以在钻孔穿过开采煤层的附近区域内局部留设防隔水煤柱。

5.1.4　按照水体下压煤条件的不同因地制宜地开发相适应的水体下压煤资源开采技术

5.1.4.1　特殊地质采矿条件水体下压煤的宏观开发战略

类似大同侏罗系煤层覆岩巨厚坚硬顶板条件下（如辽源矿区的安山岩、新疆艾维尔矿区的十分坚硬砂岩与砾岩互层）的水体下压煤问题，存在着开采煤层顶板易发生大面积切冒等异常覆岩破坏和由此而产生的异常灾害问题，为了防止因切冒等破坏而引起溃水灾害，需要研究控制顶板及上覆岩层切冒破坏并能够实现与水体下安全开采相适应的高产高效的采煤工艺和方法。

据2000年统计，国有重点煤矿开采急倾斜煤层的矿井数占17%，产量占3.88%，地方煤矿中开采急倾斜煤层的产量比重还要大些，所以急倾斜煤层开采在我国也是不可缺少的一部分。急倾斜煤层条件下的开采，极易引起沿煤层的顺层抽冒，以往所采取的“长走向、小阶段、分段间歇开采”等措施对于抑制急倾斜煤层的顺层抽冒曾起到了一定的积极的作用，但随着煤矿开采技术水平的提高和煤矿开采技术经济效益水平需求不断增加，需要研究解决适宜于急倾斜煤层水体下压煤开采的采煤方法、开采工艺和水体处理等技术，总之应具有一套有针对性的综合配套技术。

5.1.4.2　考虑不同技术内涵的水体下压煤开采安全预警系统宏观开发战略

水体下压煤开采的安全预警系统，对于安全开采水体下压煤资源十分重要。对于涉及水体下采煤整个技术领域开采安全预测预防方面的安全预警系统的开发和应用问题，应按照不同的水体下压煤问题和相应的关键技术内涵，并密切结合处理和解决水体下采煤问题时必须要因地制宜的基本原则，针对水体下压煤问题的不同类型和特点研究开发相应的安全预警技术和预警系统，以便真正解决好水体下采煤的安全预警问题。

水体下压煤开采的安全预警系统的开发，应是一个整体性较强的综合系统，既有软件系统，也要有硬件系统；既有内业分析与处理，也要有外业采集和在线监测。其功能应包括：水体下压煤开发战略的总体预测与分析、水体下压煤处理技术和途径的分析、水体下压煤开采方案的制定与优化、水体下采煤安全可靠性及合理性等的预测分析与评价、水体下压煤生产（包括掘进及回采等阶段）过程中的实时监测、水情和水害等的预报和报警以及水害安全事故的监测、诊断、预控及井上下互动与保障等。

5.1.5 水体下压煤与水资源保护及利用统筹协调开发的宏观开发战略

煤炭作为能源予以开发是为了满足人民生活及国民经济发展等需要，而水资源则是人民生活及国民经济发展尤其是保证人民生命安全所不可缺少的重要资源，在一定程度上讲，水资源较煤炭资源更为重要。所以，在做到保护水资源满足人民生活及国民经济发展需要等前提下开发煤炭资源，应该是煤炭资源开采与水资源保护及利用统筹协调开发的基本原则。而要想做到这一点，最重要的就是在规划设计阶段就统一考虑煤炭开采与水资源保护及利用的统筹协调开发问题，也就是说在一个区域内，矿井设计与区域内的居民生活用水及工农业用水的设计应该是建立在高度统一的基础上，要保证将矿井开采所影响到的水资源完全加以利用，不能出现任何浪费现象，否则，该区域内的矿井建设就是不允许的。

显然，这样的要求已经不是一个部门、一个系统能够做到的，而是需要相应的政策环境、管理权限、执法权限才是可以的，而现阶段要想做到这一点还有很大难度。考虑到现实的局限性，在现阶段应该从两个方面做一些力所能及的工作。

一是在矿井开采时，尽最大可能保护区域性的水资源不遭受破坏。为此，就要对受保护的水资源留设防水安全煤岩柱，以避免遭受采动影响的破坏，有时为了控制采动破坏影响的范围，还需要在开采方面采取一些限制性的技术措施，如采用充填开采工艺等。

二是对矿井涌水进行净化处理，然后再循环利用，避免水资源浪费。目前已有不少矿井在做这样的工作，并且取得了可喜的成绩。

5.2 我国煤矿水体下压煤开采的宏观管理战略

我国煤矿水体下压煤开采的宏观管理战略应考虑到我国水体下压煤资源的合理开发和利用、水体下采煤技术的整体提高和有序发展以及有利于避免水害事故的发生等，并应与煤炭工业建设和国民经济的整体战略及发展等相适应。应针对管理、研究、设计、生产等部门和单位的不同分工而赋予相适应的责任和权力，并配套相应的甄别、审定和考核机制，甚至不妨考虑建立必要的准入机制，有利于发挥各自的能力、水平和避免不负责任现象。同时还应该注意对于相关人员进行基本技能的培训和加强知识普及的宣传以及提高矿井对水害的防御抗灾能力等。

5.2.1　按照水体下采煤要求进行水体下压煤开采设计

因地制宜地采取技术措施，是水体下采煤的一个显著特点。这些技术措施主要有：保留煤岩柱；选择适当的开采方法，如采用充填方法开采，采用房柱式等保留煤柱的采煤方法开采（缓倾斜煤层），采用人工强制放顶措施开采（急倾斜煤层），采用小阶段长走向（急倾斜煤层）、多分层（缓倾斜煤层）的间歇式开采方法，采用分采区封闭方法开采，加大矿井排水能力以及先采深部后采浅部、先采远处后采近处、先采隔水层厚的地点后采隔水层薄的或无隔水层的地点、先采条件简单的地点后采条件复杂的地点、逐渐接近水体；采用可能的水文地质、工程地质措施，如进行地面防水工程、将河流进行永久性或临时性改道、处理地表水体和地下水的补给源；对含水层预先疏干或降低水位，然后进行开采等。

5.2.2　在矿井设计前对水体下压煤开采可行性进行前期专题评估

在矿井设计前首先由专门从事水体下采煤研究的技术人员对水体下压煤开采可行性进行前期专题评估是十分必要的。这是因为，水体下压煤开采问题是一个十分复杂的专业性很强的技术问题，只有专门从事水体下采煤研究与实践并具有一定实践经验的科技人员和工程技术人员才能够对该类问题作出正确评价。从目前实际情况来看，矿井设计之前所做的地质勘探工作，一般对于水文地质方面所作的勘探和掌握程度都难以达到水体下压煤开采的实际需要，对于存在着较严重的水体下压煤开采问题的条件，往往都需要再进行专门的补充勘探，而这样的勘探以往基本上都是由勘探部门独自完成，所做工作往往仍不能完全满足水体下压煤开采的实际需要，往往是等到矿井投产后再由研究单位或机构介入，再重新进行相应的补充勘探。这种做法的结果除了造成时间和勘探投入的浪费，更重要的是极易导致矿井设计局部甚至是整体的不合理，严重的还会使得矿井设计极易出现致命的缺陷，从而对矿井安全生产造成不安全困难局面，甚至是造成无法弥补的水患威胁困难局面。所以，在矿井设计之前，由专门从事水体下采煤技术研究与工程实践的专业人员对所存在的水体下压煤开采问题进行前期可行性专题评估，并对水体下压煤开采的技术途径和解决问题的思路乃至在矿井开拓等方面所应该考虑的水体下压煤开采的总体方案等进行专题分析和论证，对于正确处理水体下压煤开采难题、合理优化矿井设计和有效地预防和避免矿井水害等都尤为重要。

5.2.3　按照生产实际情况和需要适时调整变更安全煤岩柱

处理水体下采煤问题的一项重要措施就是在矿井设计时留设适宜的安全煤岩柱。由于水体下采煤问题的复杂甚至多变，致使矿井设计阶段留设的各类水体的安全煤岩柱往往不能保证在矿井整个生产期间都是合理的，甚至在投产初期就不尽合理，因而面临着随时需要调整和变更的实际需求。这是因为，矿井设计时留设的安全煤岩柱，主要是基于勘探期间及相邻矿井的实际资料，按照建井前的含水层条件进行设计，缺乏矿井投产后对实际条件进一步揭露和对含水层水位进行疏降等实际情况的掌握。

因此，尽管矿井设计时留设的安全煤岩柱符合投产初期的实际情况，是合理的，但随着采煤生产的继续和采掘活动对有关含水层的不断疏降，原设计的安全煤岩柱就会显得越来越偏大，需要逐步加以缩小。此外，也不能排除矿井设计时留设的安全煤岩柱尺寸就偏大或偏小的情况，当设计尺寸偏大时，就会造成资源的浪费和开采的不合理，此时需要适当缩小；而当设计尺寸偏小时，则会造成生产的不安全，此时则必须要增大。所以，对矿井设计留设的水体下压煤的各类安全煤岩柱，往往有着在矿井生产过程中需要适时调整和变更的实际需求。

5.2.4　在水体下采煤的设计、审批、实施过程中严格把关

水体下采煤是一个十分复杂的、专业性很强的技术问题，这一点毋庸置疑。同时，水体下采煤安全与否还涉及设计、生产、研究、管理等多个方面，并贯穿于矿井设计、建设、生产甚至矿井报废后的整个过程。能否实现水体下安全开采，与设计、审批以及贯彻落实等各个环节有着密不可分的关系，需要充分注意和重视。所以，为了确保水体下压煤的安全合理开采，在设计、管理、生产过程中，必须在技术、审批、落实等方面严格把关，绝不放过任何疑点，尽可能地杜绝各种安全隐患。

5.2.5　编制切实可行的防治水应急预案并及时启动

鉴于煤矿井下地质、水文地质条件的复杂性和现有技术手段等和技术水平的局限性，对于煤矿井下所存在着的突水隐患还不能做到完全查清和彻底掌握，而且从部分典型水害案例所表现出的某些平时无水的生产矿井也发生突水灾害，并更易导致人员伤亡的情况来看，应本着“以人为本，以防万一”等原则，对于所有井下作业尤其是存在着突水隐患的矿井，都要加强防治水管理并提高要求，原则上应要求编制应急预案，以防一旦出现突水时及时启动，从而达到限制灾害扩大和及时救援等目的。

5.2.6　提高相关人员的能力和水平

从事水体下采煤技术研究、设计、采煤作业乃至管理等方面的有关人员，对于水体下采煤知识的了解和掌握程度等，将直接影响到水体下压煤开采的效果。所以，应通过积极宣传、技术培训、普及提高等不同的方式和方法，达到有效提高相关人员对于水体下采煤技术了解和掌握的程度。

5.2.7　提高矿井抵御水害的抗灾能力

矿井可抵御水害的抗灾能力是指矿井一旦发生意外情况下的水害时其抵御水害以免遭损失的综合能力，即一旦发生突水、溃砂等意外灾害时仍然能够确保井下所有人员和矿井、采区乃至工作面安全的保障体系，其中最主要的是矿井的排水能力和排水系统的有效性、可靠性及所富余的抗灾能力和一旦突水、溃砂时时确保不伤及井下所有人员安全乃至确保井下所有人员能够安全撤离的措施以及应急抢险预案的实时启动等完整、可靠的安全保障体系等。所以，提高矿井抵御水害的抗灾能力，建立相应的安全保障体系，对于实现水体下压煤的安全开采十分必要，同样是水体下压煤开采宏观管理战略中的一项重要内容。

5.2.8　充分注意水体下采煤的作业环境处于危险源内的特征

水体下采煤的作业环境处于危险源内，重要的是必须要时刻做好预防工作。即必须要因地制宜地采取有效的预防措施，同时还要做到预防与整理并重，这是水体下采煤的一个显著特点。与经济利益相比，人的生命安全与健康是更为重要的。所以，充分注意水体下采煤的作业环境处于危险源内的特征，在水害危险出现并危急人员安全时，及时、迅速地把有关人员暂时撤离到安全地带尤为重要。

5.3　我国煤矿水体下采煤的技术开发与技术发展战略

我国煤矿水体下采煤技术的发展特点是：采深采厚比值小；采煤方法多样化；开采效果较好；开采措施因地制宜；水体下采煤的规模由小到大，采煤的条件由简单到复杂，采煤的方法由单一到多样，采煤的经验由少到多；水体下机械化采煤的普及越来越广泛；水体下安全采煤的技术水平越来越高；水体下采煤方法的发展变化与高产高效安全生产紧密结合；水体下采煤控制技术的发展与当前技术水平和现实需要紧密结合；现场监测及室内测试分析技术手段的进步与新技术的发展紧密结合；逐步形成了一套适合我国煤矿生产建设实际的认识和措施。我国煤矿水体下采煤的技术开发与技术发展战略，原则上应该是在确保安全的前提下，经济、合理、高效回收煤炭资源，既要继续发扬、光大我国传统的水体下采煤技术，又要面对煤矿开采环境的变化以及采矿规模和开采技术水平的发展而不断发展、创新我国的水体下采煤技术。为此，我国煤矿水体下采煤的技术开发与技术发展战略不仅要从采煤方法、控制技术、现场观测及监测技术、室内测试分析技术、预测分析技术及理论、综合防治水安全技术等方面加以阐述；而且还应从水体类型、煤层赋存条件以及水害类型等方面加以区分。

5.3.1　灵活运用“采、迁、留”的总原则正确处理和解决我国煤矿的水体下压煤问题

“采、迁、留”是处理水体下压煤的总原则。其中的“采”是基本立足点，“迁”的目的也是为了采，“留”只有在“采、迁”都无法实现时才不得不采用。“采、迁、留”必须统一考虑，灵活处理。

根据水体下压煤的处理原则，解决水体下压煤问题的途径主要有顶水开采、疏干或疏降开采、顶疏结合开采、处理补给水源后开采、迁移水体开采和保留煤柱不采等方面。

这里的保留煤柱不采是具有相对含义的，或者说是有时限性的，而并非是永久性的。这是因为，由于受到现有技术水平和客观条件等方面的限制，在现阶段，有些水体下压煤的开采是不安全的，按照当前技术水平和客观条件等是属于非保留煤柱不可的，但随着煤炭科学技术水平尤其是随着水体下采煤技术水平的不断提高，这些水体下压煤往往又具备了能够安全开采的条件，这时，原来保留的煤柱就变得可以安全开采了，从而使得原设计的水体下压煤储量得以解放。此外还有另外一种情况，那就是本来设计时没有按照保留煤柱对待，而在开采时却出现了安全问题，并发生了灾害，这时，按照原设计开采不能保证安全的那部分煤炭资源就需要重新按照保留煤柱不采来对待。因此，处理水体下压煤的“采、迁、留”总原则中的“采”和“留”有时是会相互转化的，需要灵活运用，以便做

到正确处理水体下压煤开采问题。

5.3.2 按照不同的水体类型区别对待我国煤矿的水体下采煤问题

5.3.2.1 单纯地表水体下采煤的技术途径

海、湖、江、河、水库等大型水体属灾害性水体，在该类水体下采煤时必须防止矿井溃水，其技术途径主要是留设防水安全煤岩柱。沼泽、坑塘、水渠、采空区地表下沉盆地积水属中小型水体，该类水体下采煤的技术途径应因地制宜，有时可以按照防止矿井溃水要求留设防水安全煤岩柱，有时则可以按照防止超限涌水要求留设防砂或防塌安全煤岩柱。洪水、山沟水、稻田水、季节性河流等属于季节性水体，该类水体下采煤的技术途径主要是利用季节性特点，一般可以选择在枯水季节开采，而在雨季水量增大时停采。同时要做好地面防水工作，及时封堵地表裂缝，防止出现井上下相互连通的透水通道。

5.3.2.2 单纯松散含水层水体下采煤的技术途径

松散含水层水体下采煤时必须防止溃水或溃泥砂。防止溃水的技术途径主要是留设防水安全煤岩柱，一般采取顶水开采措施，如补给、径流、排泄条件好、对矿井生产威胁较大的松散含水层水体；防止溃砂的技术途径主要是防止出现溃砂通道或者是降低流砂层中的含水量和水压，应保留防砂或防塌安全煤岩柱，一般采取先疏后采或边采边疏等措施，如补给、径流、排泄条件不好、对矿井生产威胁较小的松散含水层水体。

5.3.2.3 单纯基岩含水层水体下采煤的技术途径

基岩含水层下采煤时必须防止矿井溃水和超限涌水，有的还必须要防止溃砂。其技术途径主要是，对于远离开采煤层的含水层，并具有能够起到阻水作用的隔水层，如含水层底界面与开采煤层的距离大于导水裂缝带高度并有足够厚度的隔水层作为保护层时，可以采取顶水开采措施，否则应采取疏降（干）开采措施。对于富水性强的含水层，如岩溶水、裂隙间连通性好的裂隙水等，应采取先疏降（干）后开采的措施，或者采取处理补给水源等措施；对于富水性弱的含水层，如孔隙水、裂隙间连通性很差的裂隙水等，可采取边采边疏的措施。

5.3.2.4 两种或两种以上水体下采煤的技术途径

两种或两种以上水体下采煤的技术途径一般取决于距煤层最近的水体的富水程度、含水岩层的渗透性以及水体之间的水力联系情况等。

对于地表水体和松散含水层二者构成的水体，其水体下采煤的技术途径主要受松散含水层富水性、赋存状态以及松散层总厚度等影响。在松散层总厚度很小时，可按单纯的地表水体情况对待。在松散层总厚度较大时，可按单纯的松散含水层水体情况对待。

对于松散含水层和基岩含水层二者构成的水体，其水体下采煤的技术途径主要受开采深度、松散含水层富水性、赋存状态以及松散层总厚度等影响。在煤层开采上限至基岩面的距离小于导水裂缝带高度的浅部区开采时，既要考虑松散含水层的影响，又要考虑基岩含水层的影响。在煤层开采上限至基岩面的距离大于导水裂缝带高度的深部区开采时，仅需考虑基岩含水层的影响。

对于地表水体和基岩含水层二者构成的水体，其水体下采煤的技术途径主要受开采深度影响。在煤层开采上限至基岩面的距离小于导水裂缝带高度的浅部区开采时，应同时考虑纯地表水体和基岩含水层的影响。在煤层开采上限至基岩面的距离大于导水裂缝带高度的深部区开采时，可按单纯的基岩含水层水体情况对待。

对于地表水体、基岩含水层水体和松散含水层水体三者构成的水体，其水体下采煤的技术途径主要受开采深度、松散含水层富水程度等影响。在煤层开采上限至基岩面的距离小于导水裂缝带高度的浅部区开采时，如松散层总厚度很小，应同时按地表水体和基岩含水层二者构成的水体情况对待；如松散层总厚度很大，应同时考虑地表水体、松散含水层水体和基岩含水层水体的影响。在煤层开采上限至基岩面的距离大于导水裂缝带高度的深部区开采时，可按单纯的基岩含水层水体情况对待。

5.3.3　在水体下采煤领域积极推广应用并开发高产高效的采煤方法

水体下采煤的基本宗旨是安全、经济、合理、高效地开采水体下压煤，“采”是根本，并且是按照水体下安全采煤的要求去采。为此，在水体下采煤过程中积极推广应用高产高效的采煤方法，仍应是水体下采煤技术发展战略的主体。但是，高产高效采煤方法的开采强度较大，覆岩破坏较剧烈，如综放开采方法、大采高综采方法等，对实现水体下安全采煤十分不利，其推广应用的范围往往受到一定程度的限制。影响水体下安全采煤的最根本原因是开采空间，而充填开采则能够最大限度地以充填材料置换煤炭开采的空间，可以从根本上解决缩小开采空间的问题，是最有利于实现水体下安全开采的一种采煤工艺方法。因此，积极研究试验经济、高效的充填开采工艺，实现某些困难、特殊条件下水体下压煤的安全合理开采，应是我国煤矿水体下采煤开采方法发展战略的主攻方向之一。

5.3.4　研究发展水体下采煤的控制技术

水体下采煤中的安全危害主要是由于采掘活动使得水体中的水或泥砂溃入采掘空间，而如何通过有效的控制，使得水体中的水、泥、砂不溃入采掘空间，或者使得涌水量不超限以实现安全合理开采，也是水体下采煤技术发展战略的重要内容。根据水体下采煤技术的特点，控制技术主要体现在两个方面，其一是控制覆岩破坏的范围及程度，以达到对涌水、涌砂、溃泥通道加压限制或控制的目的，如对于综合机械化采煤如何保持覆岩均匀、匀速破坏以及如何实现局部区域减轻破坏；对于综放开采如何均匀放顶煤以保持覆岩破坏均衡以及如何实现开采厚度等的可控制和可量测等。其二是控制工作面的涌水量和充水形式，使得其涌水量不超限，充水过程对采煤作业环境的影响程度降到最低，这里则包括了对含水层的处理措施，如通过采前疏降或疏干和回采过程中的边采边疏、对采动破坏性影响程度的控制和灵活利用等，最终达到控水采煤的目的。这是因为，随着煤矿开采技术水平的不断提高、回采工作面疏排水能力的不断增强和采煤工艺的不断进步，回采工作面承受涌水量的能力也在不断增大，使得原来需要留设防水煤柱进行安全开采的水体条件具备了留设防砂煤柱实现安全开采的可能；采动破坏性影响的发生与发展有着渐变的过程，如导水裂缝带的裂缝开裂程度是由下而上逐步减弱的，位于其上部的微小开裂部分对于工作面涌水量的大小是可以起到限制作用的，从安全合理开采水体下压煤角度出发，应该很好地研究利用之。

5.3.5 研究发展我国煤矿水体下采煤的现场观测及监测技术

覆岩破坏的现场观测是获取覆岩破坏数据的重要手段。除了传统的钻孔冲洗液方法，并与钻孔声速法、钻孔超声成像法、彩色钻孔电视法及直流电法、瞬变电磁、探地雷达、EH－4 电磁法探测系统等物探方法相结合以外，还应该积极地研究探索并发展覆岩破坏的动态监测技术，以实现对覆岩破坏全过程的了解和掌握。

勘探期间对于开采煤层上覆岩层以及含水层条件的探查一般难以完全满足水体下采煤的实际需要，在开展水体下采煤工作过程中，往往需要按照水体下采煤的特殊要求补充部分地质、水文地质勘探工作，包括钻探、物探和一些专门的测试手段等，这方面的投入是必不可少的，应引起足够的重视。

水体下采煤的安全监测技术对于预防灾害事故的发生以及防止灾害事故的扩大都具有非常重要的实际作用，而且对于实现水体下安全采煤是非常必要的，也是至今一直未能很好解决的难题。目前地下水水位、矿井涌水量自动监测系统的应用已十分普遍，水质的自动监测也已经实现，尤其是光栅传输技术的应用使得监测系统的可靠性等明显提高，但对于完整的水害预警技术来讲，还缺少对覆岩采动破坏过程的动态监测和实时预警部分，近年来这方面的工作一直有人在做，但难度较大，结果不是很理想，应该加大研究力度。

5.3.6 研究发展我国煤矿水体下采煤的室内测试分析技术

安全煤岩柱性能的好坏是决定水体下采煤成败以及能否合理确定回采上限的关键因素，室内测试分析技术是研究掌握相应基础资料的重要手段，具体方法一般有：岩性、赋存结构、力学强度、节理裂隙的发育状况等宏观特征的观察与分析，显微分析技术和矿物成分鉴定技术对安全煤岩柱微观结构、矿物成分的定量测定，力学试验、水理试验的相结合等，需要对安全煤岩柱的含隔水性能进行全面研究及评价，为充分利用安全煤岩柱中隔水岩层的良好隔水性和再生隔水能力以及更有效地避免安全煤岩柱中透水岩层的不利影响提供了技术保证。

通过相似材料模拟分析技术研究采动覆岩破坏发育特征乃至地下水渗流场的变化规律等，也是室内分析技术的一个重要方面。

5.3.7 发展提高煤矿水体下采煤的预测分析技术及理论水平

覆岩破坏情况的预测是决定水体下采煤成败的重要内容，而正确掌握覆岩破坏规律则是正确预测覆岩破坏状况的基础。各种类型覆岩及岩性结构条件下的综采分层、综放开采、综放重复开采等一系列不同采煤工艺方法的覆岩破坏规律及其演变关系和特征，裂隙岩体上覆高水压作用条件下的覆岩破坏规律，条带开采的覆岩破坏特征等研究工作还明显不足，迄今为止还缺少对于大多数矿区都普遍适用的预计综放开采、条带开采、裂隙岩体上覆高水压作用条件下覆岩破坏高度的计算公式，安全煤岩柱中保护层尺寸的选取也同样需要做进一步的工作。

高产高效放顶煤开采技术应用于水体下压煤开采的成功试验还有局限性，加之放顶煤开采在放煤均匀性的控制等方面尚存在着不确定因素，从而为放顶煤开采技术在水体下的全面推广应用带来了一定难度。所以，对于水体下放顶煤开采在预测方法及理论、方案设计及优化、安全监测及风险控制等诸多方面都需要不断研究与提高，尤其是在大面积采空区积水等水体下采用综放开采方法时，仍然需要进行充分研究和论证。

工作面涌水量预计仍属世界难题，应加强探索研究，除从孔隙裂隙岩体与渗流特征方面研究外，还应考虑到采动破坏对岩体渗透性影响方面的研究。

松散层水体或半胶结砂岩含水层水体下开采时存在溃水、溃泥、溃砂危害，探索研究溃水、溃砂的临界条件及判别依据等也应予以重视。

5.3.8 完善我国煤矿水体下采煤的综合防治水安全技术

我国煤矿水体下采煤的综合防治水安全技术主要包括地下水动态监测、井下探放水技术、地下水疏干或疏降技术、地面水体处理技术、注浆堵水技术等方面。在实际应用过程中，必须注意与新技术、新手段相结合，在具体内容、具体技术方面不断发展、不断提高。如地下水动态监测方面，在对水位、水量、水温、水质等进行监测时，应该采用地下水动态自动监测系统，以实现对水位、水量、水温、水质等按照任意间隔时间定期监测和实时巡回检测，并自动成图，便于使用分析；在井下探放水及地下水疏干或疏降方面，应该积极利用先进技术，如大功率井下钻机长距离钻孔疏放水及其与水资源循环利用相结合、地面直通钻孔疏放水等；在注浆堵水方面，应积极采纳新技术、新手段、新材料等，如在河床铺设土工膜等防隔水材料封堵地表裂缝向下渗水以实现雨季安全开采、采用定向钻进分支钻孔群及径向射流钻孔等技术进行地下注浆堵水或建造隔水层、地下帷幕注浆堵水等。

5.3.9 研究发展我国煤矿水体下采煤的安全预报预警系统及应急预案体系

水体下采煤的安全预报预警系统及应急预案体系的研究与发展对于水体下采煤安全至关重要，是至今一直未能很好解决的难题。以往所开展的我国煤矿水体下采煤的现场观测与监测技术以及水体下采煤的预测分析技术等，对于预防灾害事故的发生以及防止灾害事故的扩大都具有非常重要的实际作用，对于实现水体下安全采煤也是非常必要的，如覆岩破坏的现场探测研究、地下水水位及矿井涌水量自动监测系统的普遍应用、水质自动监测的实现、应用光栅传输技术提高监测系统的可靠性以及对于水害预警技术不断探索和研究等，都为我国煤矿水体下采煤安全预报预警系统及应急预案体系的研究与发展奠定了良好基础。

我国煤矿水体下采煤的安全预报预警系统及应急预案体系应是一项包含着我国当前水体下采煤技术水平、实践经验、管理能力等多种因素在内的系统工程，它既需要有高技术含量的支持，尤其是现代高智能监测技术的支持，也需要满足安全正常生产乃至组织管理的要求。从预警技术角度来看，需要研发能够监测采动破坏性影响作用及其对地下水影响结果的动态过程并能够实时报警的高智能技术手段和技术方法。

5.3.10 重视我国煤矿在深部开采及特殊地质采矿条件下的水体下采煤技术难题

随着煤矿开采越来越向深部发展，水体下采煤的新问题也越来越多，该类问题的解决也是水体下采煤技术发展的重要内容。

特殊地质采矿条件下的水体下采煤更易于发生水害，且一般都有一个共同的特点，就是大都具有特殊性、偶然性、隐蔽性、突发性，往往有悖常理，不易被人察觉，有时甚至超出现有技术、知识水平的认知程度，较难预测，令人防不胜防。所以，更容易酿成灾害，损失更加难以预测，后果常常触目惊心，教训极为惨痛。因此，研究解决特殊地质采矿条件下的水害问题，对于保证矿井安全有序开采具有十分重要的现实意义，其技术难度也更大，任务更艰巨，同样也是水体下采煤技术发展的重要内容。

5.3.11 开展大江大河等大型水体下安全高效开采技术研发与装备研制及工程示范

5.3.11.1 *淮河下煤炭资源安全高效开采技术与装备的研发及工程示范*

据不完全统计，淮河下压煤量高达 30.2×10^8 t。存在淮河下压煤开采问题的矿区主要有淮南和辛集等，均处于我国东部经济发达地区，其煤炭资源的合理开发对于地区经济的发展起着重要的支撑作用。但是，纵观历史进程，淮河流域曾多次发生洪水泛滥和淮河堤坝溃决灾害，并造成了大量的灾民流离失所，无家可归。所以，淮河下压煤的开采不仅关系到矿井自身的安全和更好地满足地区经济发展的需求，更涉及淮河堤坝保护及两岸附近居民及工农业设施的安全以及人民生命财产保护等重大社会问题。淮河下压煤的特点主要有：煤系地层上覆厚冲积层；煤层隐伏露头区普遍存在着松散层水体下压煤问题；煤层层数多，单层厚度最大者约 7 m，煤层总厚度约 24 m，既有薄及中厚煤层，也有厚煤层；煤的变质程度较高，煤质优良；煤层倾角多变，既有近水平及缓倾斜煤层，也有急倾斜煤层，甚至存在推覆构造。因此，需要研发高产高效和安全可靠的煤炭资源开发技术和装备，并进行相应的工业性试验和工程示范。其主要内容如下：

（1）淮河流域水体下压煤安全高效开采技术的分类研究、近水平及缓倾斜煤层防止隔水岩层破坏技术、急倾斜煤层防止抽冒破坏技术、采动破坏性影响监测与控制技术及矿井防治水综合技术的研发与工程示范。

（2）淮河河床下安全高效强力开采技术、装备的研发及工程示范。

（3）淮河河堤下安全高效充填开采技术、装备的研发及工程示范。

（4）淮河河堤保护及维护技术的研发与工程示范。

（5）淮河下压煤矿井的井上下水文、水文地质观测与实时监测。

5.3.11.2 *新疆天山流域煤炭资源合理开发与地区水资源环境综合保护技术的研发及工程示范*

我国新疆境内的煤炭资源十分丰富，其预测煤炭资源量高达 16210×10^8 t，约占全国煤炭资源总量的32%。在新疆，天山流域的煤炭资源量十分可观，具有煤层厚度大、煤层倾角大、埋藏深度浅、隔水岩层很薄甚至无隔水岩层、煤层开采破坏所产生的导水通道往往直达地表等特点，其煤炭资源的开发不仅具有风险大、易于造成矿井淹没等灾害，而且还对区域水文地质环境尤其是对天山流域的地表径流等产生根本性的破坏。因此，随着新疆天山流域煤炭资源开发规模的逐步增大和地区经济发展步伐的不断迈进，天山流域煤炭资源的合理开发与地区水资源环境及优美的自然风光的有效保护并举成为当前急需解决的重大课题。其主要内容如下：

（1）天山流域煤炭资源高效开发及矿井安全保障技术与装备的研发和工程示范。

（2）采动破坏性影响监测、控制技术的研发及工程示范。

（3）水资源环境监测、保护综合技术与装备的研发及工程示范。

（4）矿井水循环利用技术与装备的研发及工程示范。

5.3.12　煤矿开采地下水扰动区采空区上方隔水层再造治理技术研究与工程示范

我国东部煤田大量开采露头区煤柱，提高了资源回收率，取得了良好的经济效益，同时造成上覆松散层底部隔水层的破坏，引起含水层向采空区长期排水，造成水资源的浪费、增加矿井长期的排水投入，并引起地层沉降以及井筒破坏等一系列环境地质灾害。特别是许多关闭矿井，停止排水后将造成采空区积水，造成区域水环境的改变和地下水资源的污染，成为区域水环境的安全隐患。我国西部煤矿埋藏随地形起伏变化较大，随着煤层的开采，在浅部区域引起上覆含水层和隔水地层的破坏，造成井下的长期涌水和地表潜水的漏失，破坏当地的生态环境。研究采动后采空区上覆地层变形破坏形态及其变化规律，采用适当的工程技术措施对其进行改造，在含水层与老空区之间再造隔水层，对于减少矿井排水投入，制止水资源的长期流失，恢复矿区生态环境，实现区域可持续发展具有非常重要的意义。

1. 受采动影响岩层含（隔）水性时空演变规律研究

我国对煤矿开采引起的覆岩破坏规律有较深入的研究，但主要是针对采动中和采动后导水裂缝扩展过程，而对采动结束后导水裂缝在地质应力和含水层压力作用下的闭合或开展研究较少。以前人的研究为基础，在典型矿区进行现场观测和取样，结合室内实验，采用数值模拟和物理模拟相结合，研究受采动影响岩层含（隔）水性时空演变规律。

2. 受采动影响岩层含（隔）水性改造技术研究

以受采动影响岩层含（隔）水性时空演变规律研究为基础，合理选择适当层位及区域，研究注浆、井下封堵等工程技术措施对岩层含（隔）水性的影响，以及相关工艺和设备的研制。

3. 矿区采动影响区域探测和水环境长期监测技术研究

研究受采动影响岩层含（隔）水性的探测技术，进行矿区水环境随采矿活动的变化监测，特别是关闭矿井影响的含水层水位、水质长期自动检测等技术。

参 考 文 献

[1] 张先尘，钱鸣高，等．中国采煤学［M］．北京：煤炭工业出版社，2003.

[2] 徐永圻．采矿学［M］．徐州：中国矿业大学出版社，2003.

[3] 杨孟达．煤田地质学［M］．北京：煤炭工业出版社，2000.

[4] 戴俊生．构造地质学及大地构造［M］．北京：石油工业出版社，2006.

[5] 胡明，廖太平．构造地质学［M］．北京：石油工业出版社，2007.

[6] 郑彦鹏，韩国忠，王勇，等．台湾岛及其邻域地层和构造特征［J］．海洋科学进展，2003，21（3）：272－280.

[7] 臧绍先，宁杰远．菲律宾海板块与欧亚板块的相互作用及其对东亚构造运动的影响［J］．地球物理学报，2002，45（2）：188－197.

[8] 环文林，时振梁，郡家全．中国东部及邻区中新生代构造演化与太平洋板块运动［J］．地质科学，1982（4）：179－190.

[9] 刘振湖，王英民，王海荣．台湾海峡盆地的地质构造特征及演化［J］．海洋地质与第四纪地质，2006，26（5）：69－75.

[10] 王永红，沈文．中国煤矿水害预防及治理［M］．北京：煤炭工业出版社，1996.

[11] 孙平．煤田地质与勘探［M］．北京：煤炭工业出版社，1996.

[12] 姜在兴．沉积学［M］．北京：石油工业出版社，2003.

[13] 路凤香，桑隆康．岩石学［M］．北京：地质出版社，2002.

[14] 中国煤炭工业劳动保护科学技术学会．煤矿水害防治技术［M］．北京：煤炭工业出版社，2007.

[15] 刘天泉．露头煤柱优化设计理论与技术［M］．北京：煤炭工业出版社，1998.

[16] 康永华，等．水体下放顶煤开采研究现状及其发展趋势［J］．煤矿开采，2008（2）.

[17] 康永华，等．兴隆庄煤矿提高回采上限的试验研究［J］．煤炭学报，1995，20（5）：449－453.

[18] 康永华，等．巨厚含水砂层下顶水综放开采试验［J］．煤炭科学技术，1998，26（9）：35－38.

[19] 李志伟，康永华，刘秀娥，等．兴隆庄煤矿4303综放工作面松散含水层下试采研究［J］．煤矿开采，2007（4）.

[20] 申宝宏，等．厚含水松散层下留设防砂煤柱综放开采方法适应性研究［J］．煤炭科学技术，2000，28（10）：35－38.

[21] 康永华，等．兴隆庄煤矿综采覆岩破坏规律的分析研究［J］．煤炭科学技术，1987（8）：37－42.

[22] 康永华，等．综采重复开采的覆岩破坏规律［J］．煤炭科学技术，2001，21（1）：22－24.

[23] 康永华，等．覆岩破坏的钻孔观测方法［J］．煤炭科学技术，2002，30（12）：26－28.

[24] 康永华，等．煤矿井下工作面突水与围岩温度场的关系［M］．北京：煤炭工业出版社，1996.

[25] 康永华，等．综采顶水开采条件下提高回采上限的试验研究［J］．煤炭科学技术，1995，23（6）：1－5.

[26] 刘秀娥，等．ADINA程序在覆岩破坏规律研究中的应用［J］．煤矿开采，1995，4（19）：32－33.

[27] 康永华．采煤方法变革对导水裂缝带发育规律的影响［J］．煤炭学报，1998，23（3）：262－266.

[28] 康永华，等．覆岩性质对“两带”高度的影响［J］．煤矿开采，1998（1）：52－54.

[29] 康永华，等．覆岩破坏规律的综合研究技术体系［J］．煤炭科学技术，1997，25（11）：40－43.

[30] 康永华，等．试论水体下采煤的综合研究技术体系［J］．煤矿开采，2001，1（24）：9－11.

[31] Yonghua Kang, Ruidian Ru, Xuekuan Wen. Classification of capping rocks for coal mining below water bodies, Proceedings of the International Symposium on New Development in Rock Mechanics and Engneering［M］．沈阳：东北大学出版社，1994.

[32] 张金才，等．裂隙岩体渗流特征的研究［J］．煤炭学报，1997，22（5）：481－485.

[33] 张玉军，康永华．岩体渗流与应力耦合理论及在近水体采煤的应用［J］．煤矿开采，2005（10）．
[34] 张玉军，康永华，刘秀娥．松软砂岩含水层下煤矿开采溃砂预测［J］．煤炭学报，2006，31（4）：429－432.
[35] 煤炭科学研究院北京开采研究所．煤矿地表移动与覆岩破坏规律及其应用［M］．北京：煤炭工业出版社，1981.
[36] 徐乃忠，张玉卓．采动离层充填减沉理论与实践［M］．北京：煤炭工业出版社，2001.
[37] 李伟．一起特殊突水事故发生的原因及对策［C］.2005 年矿难事故分析及煤矿安全技术研讨会，2005.
[38] 葛家德，康永华，赵开全．高水压松散含水层原生纵向裂隙发育覆岩的异常突水及其防治［J］．煤矿开采，2008（2）．
[39] 中国统配煤矿总公司生产局，煤炭科技情报研究所．煤矿水害事故典型案例汇编［G］.1992.
[40] 国家煤矿安全监察局.2003～2006 年全国煤矿重大及特别重大事故案例汇编［G］.2007.
[41] 国家煤矿安全监察局.2009 年全国煤矿水害防治工作座谈会暨技术研讨会论文集［G］.2009.
[42] 赵铁锤．全国煤矿典型水害案例与防治技术［M］．徐州：中国矿业大学出版社，2007.
[43] 徐志英．岩石力学［M］．北京：水利电力出版社，1986.
[44] Goodman R E. Introduction to rock mechanics［M］. New York：Wiley，1980.
[45] 李造鼎．岩体测试技术［M］．北京：冶金工业出版，1983.
[46] 中国煤田地质总局．中国煤田水文地质学［M］．北京：煤炭工业出版社，2001.

图书在版编目（CIP）数据

水体下采煤宏观分类与发展战略/康永华，申宝宏等著．--北京：煤炭工业出版社，2016

ISBN 978-7-5020-5552-3

Ⅰ.①水… Ⅱ.①康… ②申… Ⅲ.①水下采煤—发展战略—研究—中国 Ⅳ.①TD823.83

中国版本图书馆 CIP 数据核字（2016）第 259696 号

水体下采煤宏观分类与发展战略

著　　者　康永华　申宝宏 等
责任编辑　尹忠昌　赵　冰
责任校对　高红勤
封面设计　盛世华光

出版发行　煤炭工业出版社（北京市朝阳区芍药居 35 号　100029）
电　　话　010-84657898（总编室）
　　　　　　010-64018321（发行部）　010-84657880（读者服务部）
电子信箱　cciph612@126.com
网　　址　www.cciph.com.cn
印　　刷　北京建宏印刷有限公司
经　　销　全国新华书店

开　　本　787mm×1092mm 1/16　**印张**　17　**字数**　406 千字
版　　次　2016 年 12 月第 1 版　2016 年 12 月第 1 次印刷
社内编号　8415　**定价**　56.00 元